한국의

새

생태와 문화

THE ECOLOGY
AND CULTURE OF
BIRDS IN KOREA

한국의 새

생태와 문화

—

THE ECOLOGY
AND CULTURE OF
BIRDS IN KOREA

지은이 이우신
사진 조성원 · 최종인

GEOBOOK 지오북

머리말 | *Introduction*

어린 시절 농촌에서 살았던 필자는 텃새인 까치, 박새, 쇠박새 그리고 꿩을 보면서 자랐습니다. 아마도 곤줄박이와 오목눈이, 쇠딱다구리, 붉은머리오목눈이도 있었겠지만 기억에 뚜렷하게 남아있지 않습니다. 아마도 주변에 새들이 늘 함께 살고 있었지만 그때만 해도 새는 저에게 큰 관심의 대상은 아니었던 것 같습니다.

그런데 부산에서 고등학교를 다닐 때 낙동강하구의 을숙도 갈대밭에서 창공을 나는 수많은 새들을 보았습니다. 기역자를 그리며 날아가는 기러기떼, 온 하늘을 뒤덮은 오리떼, 그리고 온몸이 하얀 큰고니떼들이 강물을 차고 날아오르던 광경은 지금도 진한 감동 그 자체로 남아 있습니다. 더욱이 낙동강하구 모래톱에서 큰 독수리를 처음 본 순간의 감동은 지금도 잊을 수 없습니다. 그러나 낙동강하구의 붉은 노을과 겨울철새가 그리는 그 멋들어진 실루엣과 전경은 이제 먼 전설이 되고 말았습니다.

대학원을 다니며 비로소 서울대학교 수원캠퍼스에서 안개그물로 꾀꼬리와 큰밀화부리, 노랑때까치, 까치 등을 잡아서 조류의 동정과 생태를 공부했습니다. 캠퍼스 잔디밭에는 먹이인 땅강아지를 찾는 수십 마리 찌르레기가 날아 들어 관찰하기 좋았습니다.

때로는 울창한 광릉숲 시험림을 혼자서 거닐면서 새들을 탐조했습니다. 짙은 녹음 속을 여유롭게 날아다니는 노란색 꾀꼬리의 멋진 자태를 보았고, 지금은 남한에서 사라져 버렸으며 새벽에 스님보다 먼저 목탁을 치고 간다는 전설의 새, 크낙새가 '클락, 콜락, 클락, 콜락' 소리를 내며 날아가는 모습과 나무줄기에 붙어 있는 모습도 직접 관찰했습니다. 오색딱다구리의 드러밍 소리, '교르르르르 삐요오' 하는 붉은 호반새의 울음 소리를 들으며 새와 숲을 함께 즐기기도 했습니다. 그러나 지금은 남한에서 마지막 서식지였던 광릉에서도 크낙새는 더 이상 볼 수 없게 되었습니다. 또한 겨울의 진객, 두루미, 재두루미의 월동지였던 한강하구 그리고 도요물떼새의 중간휴식지인

새만금과 영종도도 개발에 의하여 이전보다 도래하는 수가 현저히 줄어들었습니다.

반면에 두루미는 주요 월동지인 DMZ 철원지역이 군사보호지역이며 주변에는 논농사가 확대되어 풍부한 먹이 자원이 있어 1,000여 마리 이상으로 증가하였습니다. 최근에는 겨울철새 먹이주기 등 보전운동으로 재두루미 4,000여 마리도 월동하게 되었습니다. 그리고 흑두루미의 월동지인 순천만에서는 지역민과 행정당국의 협력으로 전봇대 뽑기, 벼 존치, 먹이주기, 갈대 차단막 설치 등을 하여 1990년대에 100여 마리가 날아왔으나 현재는 20배가 넘는 2,500여 마리로 증가하여 멸종위기종의 보호의 청신호가 되었습니다.

돌이켜 보면 세월의 변화만큼 자연과 새에 대한 인식이 크게 변화하고 있으며 새의 생태, 행동 등 연구도 활발하게 이루어지고 있습니다. 많은 새 애호가들의 새의 생태관찰기록이 도감과 책으로 출판되고 있습니다. 중앙정부와 지방자치단체, 국민들은 멸종위기종인 황새와 따오기의 복원과 더불어 반달가슴곰과 산양, 붉은여우 등의 포유류의 복원에 많은 노력을 쏟고 있으며 조금씩 결실을 맺어 가고 있어 다행이란 생각이 듭니다.

이번에 출판하는 『한국의 새, 생태와 문화』는 새들의 학명에 대한 어원과 라틴어의 의미 등을 설명하여 일반인들이 학명에 대하여 친근감을 가지도록 하였으며, 영명에 대한 해설도 곁들여 기술하였습니다. 그리고 우리 조상들이 사용한 새들의 옛 이름을 실어 오늘날 이름의 근원을 알 수 있도록 소개하였습니다.

또 새들의 생태, 곧 새들이 어디서 살고 무엇을 먹고 어디서 먹이를 구하고 그들 사이의 생존 경쟁은 어떠하며, 또 새들이 호흡과 물질대사, 체온조절, 채식과 소화, 그리고 철새들의 이동 시의 생리 등에 대한 내용을 담으려 노력하였습니다.

최근, 필자와 연구실 제자들은 남극 세종과학기지 근처에 있는 펭귄마을에서 젠투

머리말

펭귄과 턱끈펭귄의 생태를 연구하면서 이들의 번식을 위한 노력과 인류의 공동자산인 남극생태계에 대하여 경외심을 가지게 되었습니다. 이 책에 극히 일부분이지만 소개를 하고 남극연구의 기회를 제공해주신 환경부와 극지연구소에 감사의 말씀을 전합니다.

그리고 동서양을 막론하고, 인류는 새와 함께 살아오며 이들의 아름다운 모습과 생태 등을 시와 문화 및 예술에 녹여 왔습니다. 새와 관련된 우리 민족의 문화에 대한 정보가 매우 부족한 것이 현실이므로 가능한한 심도 있게 고찰해 보았으며, 한 마리 새에 관한 세밀한 관찰뿐 아니라 새와 관련된 많은 정보들을 담아 내려고 노력하였습니다. 조사 연구차 그리고 여행으로 방문하였던 아시아, 남극, 남미, 북미, 유럽 그리고 아프리카 등의 여러 대륙에서도 만났던 새들의 생태와 전설 그리고 문화도 소개하고자 하였습니다.

필자는 1991년부터 서울대학교 산림과학부에서 야생동물의 생태와 서식지 관리에 관한 강의를 통하여 교육을 해왔으며, 1997년부터는 야생동물생태학자로서 서울대학교 야생동물학연구실 제자들과 이 분야에 연구를 계속하여 인력양성에 심혈을 기울였습니다. 어느덧 올해 정년을 맞이하게 되었으며 호칭도 교수에서 명예교수로 바뀌게 되었습니다. 그동안 새의 생태와 행동에서 출발한 연구가 야생동물까지 확대되며 연구영역과 연구실도 커졌지만 늘 마음에 간직했던 새에 대한 초심이 이 책을 다시 쓰게 한 것 같습니다.

이 책이 나오기까지 자료조사와 원고 정리에 많은 노력과 시간을 할애하여 준 서울대학교 야생동물학 연구실의 김유민군을 비롯해 전종훈군, 서해민양, 백민재양 등의 대학원생들에게도 감사드리며, 책 전반에 대한 검토를 하여준 서울대 최창용 교수, 그동안 많은 조언과 응원하여 준 충남발전연구원 정옥식 박사, 국립생물자원관 허위행 박사, 극지연구소 김종우 박사, 오리건주립대학교 정민수 박사와 김한규 선생, 마지막 교정검토를 해준 국립산림과학원의 박찬열 박사 등의 제자들과 국립생물자원관

국가철새연구센터 박진영 박사님께도 마음으로부터 감사의 뜻을 전합니다.

오랜 시간 동안 물새들의 서식지보전에 노력하며 아름다운 새들의 모습을 카메라에 담아오며 생태적으로 학술적으로도 의미 있는 수많은 사진을 촬영하여 온 오랜 친구 최종인 선생님과 산과 강에서 미적으로 학술적으로 뛰어난 새사진을 촬영하여 이 책을 함께 출판하는 조성원 선생님께도 진심을 다하여 감사의 말씀을 전하고 싶습니다.

또 필자가 촬영한 원앙사촌을 이 책에 사용하도록 허락하여 준 일본 야마시나조류연구소와 두루미의 러시아 번식지의 자료와 사진을 제공하여 주신 일본 오비히로축산대학 명예교수이신 유조 후지마키 선생님과 국제두루미네트워크의 율리아 모모세님께 감사드립니다.

그리고 부족한 사진을 보완해주신 여러 선생님들의 친절한 마음에 대하여 진심으로 감사드립니다. 이 분들의 성함과 소속은 별도의 페이지에 수록하였습니다.

또, 이 책을 출판하는 데 실질적인 힘이 되어 준 지오북 황영심 대표와 오늘도 변함없이 좋은 책 만드는 일에 여념이 없으실 편집자, 디자이너 분들에게도 감사한 마음을 보냅니다.

마지막으로, 항상 나의 일에 응원과 지원을 아끼지 않는 사랑하는 아내와 두 딸 특히, 논문검색과 토론 등으로 책의 집필작업을 적극적으로 도와준 작은 딸 승경에게 고마운 마음을 전합니다.

그리고 이 책이 독자에게 동적 자연인 새와 정적 자연인 그 서식지를 진실로 지켜내고자 하는 마음과 더불어 우리의 자연과 삶을 풍요롭게 만들고 우리의 후손들에게도 아름다운 새와 자연을 물려주기 위한 밑거름이 되기를 바라 마지 않습니다.

2020년 11월

이우신

차례 | Table of contents

차례

차례

차례

일러두기 | *Explanation*

분류

1 | 이 책에 소개하는 조류의 항목은 총 15목 52과 122종이며, 참조가 될 만한 국내외의 다양한 종류의 새에 대한 내용도 함께 다루었다.

2 | 모든 종은 한글이름(국명), 학명, 북한이름을 표기하였으며, 한글이름은 한국조류학회의 한국조류목록(2009)을, 분류체계를 포함한 학명과 '이름의 유래'에서 설명한 영명은 International Ornithologists' Union의 IOC World Bird List version 4.1과 10.2(2020)를 기초로 하여 표기하였다. 그러나 일부 분류학적인 논란이 있는 종이나 아종은 한국조류학회의 조류목록을 따랐다. 또한 2009년 이후에 확인된 한국미기록종 중 학회에 보고되었거나 근거가 명확한 종은 본 책자에 포함하였다.

3 | 본문에 수록된 종의 순서와 배치는 분류학적인 차례와 상관없이 야외에서 종을 식별하는 데 편리하도록 구성하였다.

4 | 한국에서 기록된 조류의 학명과 분류체계는 새로운 연구결과 발표와 검증과정을 거쳐 계속 변화해 가므로 앞으로도 꾸준히 보완해야 할 것이다.

본문

1 | 항목으로 소개된 종은 '이름의 유래', '생김새와 생태', '종류와 분포'와 같은 생태적 정보를 설명하면서 한국을 중심으로 한 아시아 동부지역의 '분포도'를 실었다. 분포도상의 분홍색 부분은 번식지를, 연두색 부분은 월동지를, 갈색 부분은 일 년 내내 서식하는 지역을 나타낸다.

2 | 인류의 역사 속에서 인간에게 정서적, 문화적으로 영향을 끼쳐 온 새에 관한 다양한 이야기를 '새와 사람', '새의 생태와 문화'라는 제목으로 다루었다. 각 종마다 특별히 언급할 만한 특징이 있을 경우, '비슷한 새' 등과 같이 별도의 항목을 두었다.

이 책을 보는 방법 | *How to read this book*

쓰임말 풀이 | Dictionary

- 겨울깃 (冬羽, winter plumage)

  비번식깃(non-breeding plumage)과 같은 의미로서 비번식기에 갖는 깃털색을 말한다. 여름깃과 겨울깃의 차이가 없이 같은 종도 많다.

- 겨울철새 (冬鳥, winter visitor)

  겨울철 동안 우리나라를 찾아오는 새. 주로 시베리아 등지에서 번식하고 10~11월경에 우리나라에 찾아와 겨울을 나고 2~3월에 다시 북쪽으로 돌아간다. 대표적으로 기러기류, 오리류, 고니류, 두루미류 등이 있다.

- 길잃은새 (迷鳥, vagrant)

  태풍이나 다른 새들의 무리에 합류하는 등 어떠한 사고로 본래의 이동 경로나 분포지역을 벗어나 찾아오는 새. 알바트로스, 적갈색따오기, 쇠재두루미, 노랑정수리멧새 등이 대표적이다.

- 깃털갈이 (換羽, moult)

  깃털이 빠지면서 새로운 깃털이 자라나는 것. 새의 종류에 따라서 깃털갈이의 시기와 횟수가 다르지만, 많은 새들이 가을에 깃털갈이를 한다. 참새목의 일부 종들은 봄에도 깃털갈이를 하며, 몸 전체가 아닌 일부만 깃털갈이 하는 경우도 있다. 일반적으로 새로운 깃털이 자라면서 몸 색깔이 변화하지만, 때로는 깃털의 가장자리가 닳으면서 깃털색이 변화하기도 한다.

- 나그네새 (旅鳥, passage migrant)

  우리나라를 중간기착지로 이용하는 새. 주로 고위도 지역에서 번식하고 저위도 지역에서 월동하는 새들이 북상 또는 남하하는 과정에서 봄, 가을에 우리나라를 잠시 들린다. 도요물떼새류가 대표적이다.

- 날개편길이 (翼開長, wing-span)

  날개를 펼쳤을 때, 날개의 한쪽 끝에서 다른 쪽 끝까지의 길이.

- 만성성 (晩成性, altricial)

  미성숙한 상태로 알에서 깨어나는 새. 알에서 깨어난 후 몸에 깃털이 없거나 소수의 솜털만 나 있으며, 눈을 뜨지 못하고 걸을 수 없어 이소를 위해 지속적으로 어미새의 육추가 필요하다. 많은 산새류와 맹금류가 이에 속한다.

- 머리깃 (crest)

  머리 부분에 있는 긴 깃털. 끈 모양으로 길게 아래로 처질 경우 댕기깃이라고도 한다.

- **몸길이** (全長, total length)

새의 부리 끝에서부터 꼬리 끝까지의 수평선상의 길이.

- **몸(의) 윗면**(upperparts), **아랫면**(underparts)

대체로 눈과 날개를 연결한 선을 경계로 몸의 위아래를 구별하며, 머리와 몸의 윗면에는 등, 어깨깃, 날개, 허리 등이 포함된다.

- **범상** (帆翔, soaring)

날개를 편 채로 날개짓 없이 상승 기류를 이용하여 날아가는 방법을 말한다. 대형 바다새나 수리류에서 많이 관찰된다.

- **변환깃** (eclipse)

일부 오리류 수컷의 수수한 겨울깃을 의미하며, 화려한 번식깃을 가진 종에서 번식 후 다음 번식쌍을 이룰 때까지 가지는 암컷과 비슷한 몸의 색깔이다. 흔히 암컷과 매우 유사한 색깔을 띠나 부리의 색이나 날개의 패턴으로 성별이 구별되는 경우가 많다.

- **새끼(새)** (雛, chick)

알에서 깬 뒤부터 깃털이 다 갖추어질 때까지의 새. 소형조류에서는 둥지를 떠난 뒤부터 어린새로 취급한다.

- **어린새** (幼鳥, juvenile)

깃털이 완전히 자라서 어미로부터 독립한 후 깃털갈이를 통해 완전한 어른새깃을 갖추기까지의 새.

- **어른새** (成鳥, adult)

성적으로 성숙하여 번식 능력이 있는 새. 깃털색에 큰 변화가 일어나지 않으며, 작은 새들은 태어난 다음해 봄에 완전히 성숙하기도 하지만, 일부 맹금류와 바닷새들은 어른새가 되기까지 몇 년이 걸린다.

- **여름깃** (夏羽, summer plumage)

번식깃(breeding plumage)과 같은 의미로서 번식기인 여름에 갖는 깃을 말한다. 오리류나 쇠백로 등을 비롯한 일부 새들은 1, 2월에 이미 여름깃을 가지기도 한다.

쓰임말 풀이

- 여름철새 (夏鳥, summer visitor)
  봄에 동남아시아 등 남쪽으로부터 찾아와 우리나라에서 번식하고 가을에는 다시 남쪽으로 이동하는 새이다. 우리나라에는 주로 4~5월경 찾아와 9~10월까지 머문다. 대표적인 새들로 꾀꼬리, 뻐꾸기, 제비, 백로류 등이 있다.

- 육추 (育雛, parental care)
  어미새가 새끼새를 기르는 것으로서 먹이 공급, 체온 유지, 포식자 방어 등을 포함한다.

- 장식깃
  번식에 관계되어 나타나는 화려한 깃털을 말하며 번식기가 끝나면 사라진다. 장식깃이 나타나는 대표적인 새로는 백로류 등이 있다.

- 정지비행 (停止飛行, hovering)
  날갯짓을 빠르게 하여 공중의 한 점에서 움직이지 않고 나는 방법. 물수리, 말똥가리, 제비갈매기, 물총새 등이 아래에 있는 먹이를 노릴 때 자주 이루어진다.

- 조성성 (早成性, precocial)
  알에서 새끼가 깨어났을 때 온몸에 솜털이 나 있으며 이내 눈을 뜨고 얼마 안 있어 걸을 수 있는 새끼를 말한다. 물떼새류, 꿩 등이 이에 속한다.

- 집단 번식지 (colony)
  같은 종의 새들이 무리를 지어 번식하는 곳. 백로류, 갈매기류 등에서 많이 관찰된다.

- 탁란 (托卵, brood parasitism)
  자기 스스로 둥지를 만들지 않고 다른 새의 둥지에 알을 낳아 새끼를 키우도록 하는 것. 두견과의 새(뻐꾸기류)가 탁란을 하는 것으로 널리 알려졌지만 두견과 139종 가운데 탁란을 하는 것은 약 50종이다.

- 텃새 (留鳥, resident)
  일정 지역에서 일 년 내내 관찰되는 종.

- 포란 (抱卵, incubation)
  어미새가 알을 품는 것.

새의 각 부분 명칭 | *The name of each part of a bird*

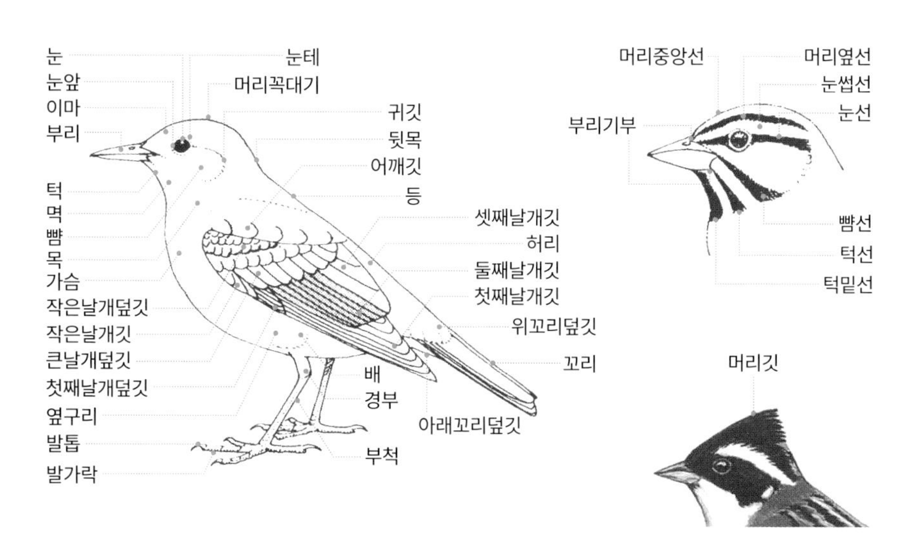

| 날개 윗면

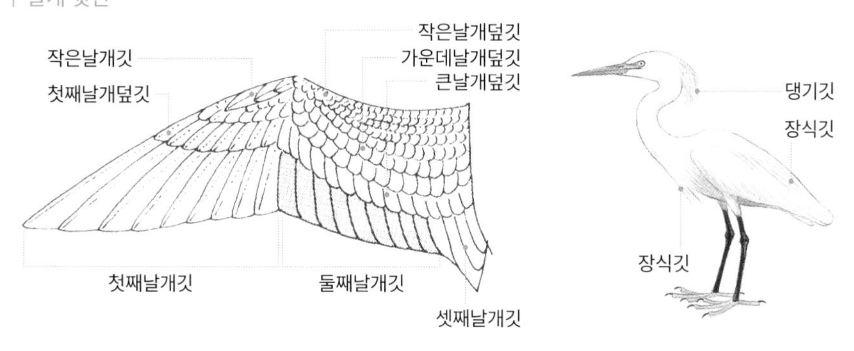

| 날개 아랫면

새의 관찰과 식별 방법 | *Bird observation and identification method*

한반도에서 기록된 조류는 573종으로, 이들의 서식지나 계절이 서로 다르기 때문에 단기간에 이들을 모두 관찰하는 것은 매우 어려운 일이다. 특히 야외에서 새의 종류를 식별하려면 상당한 시간과 노력이 필요하다. 새를 식별하는 능력을 기르기 위해서는 평소에 책이나 도감을 활용해 그림과 글을 자세히 보고 특징을 익히는 것이 중요하다. 그러나 무엇보다도 중요한 것은 실제로 야외에 나가 새를 관찰하는 일이다.

새를 식별할 때 가장 흔히 사용하는 방법 중 하나는 관찰한 새와 특징이 일치하지 않는 종을 차례로 지워나가는 것이다. 이를 위해서는 관찰한 새의 특징에 주목하여 후보군을 줄여 나가는 것이 가장 우선적이다. 딱새류일지, 딱다구리류일지, 아니면 백로류일지에 대해 먼저 확인하려면 새의 크기나 전체 모습뿐만 아니라 자세와 행동, 서식지 주변 환경에 대해서도 주의 깊게 살펴봐야 한다. 그 다음에 부리, 머리, 다리, 발, 날개, 꼬리의 형태와 길이 등을 순차적으로 관찰하는 것이 좋다.

크기와 형태

우리가 잘 알고 있는 새와 크기를 비교하여 본다.

몸의 형태가 콩새처럼 통통한가, 할미새처럼 날씬한가?

부리의 크기와 생김새

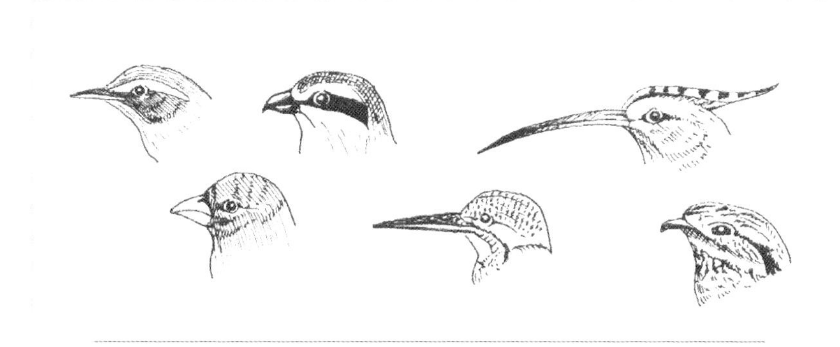

짧은가, 긴가? 굵은가, 가는가? 곧은가, 굽었는가?

머리

눈이나 머리꼭대기를 지나는 선이 있는가? 눈테가 있는가?

새의 관찰과 식별 방법

몸의 아랫면

가슴과 배 부분은 어떤 색을 띠고 있는가?
줄무늬, 얼룩무늬, 점무늬가 있는가?

몸과 날개의 윗면

등이나 날개에 무늬나 줄이 있는가?

허리와 꼬리

허리는 무슨 색인가?
꼬리에 눈에 띄는 무늬가 있는가?

꼬리의 길이와 생김새

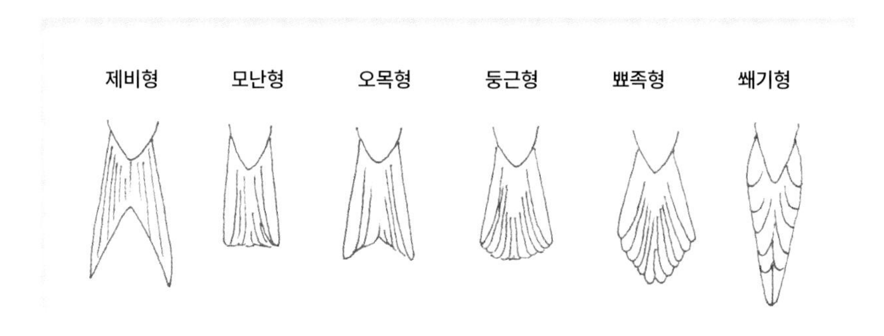

야외에서 날고 있는 새를 식별할 때는 색과 무늬, 날개 모양과 형태, 나는 모습, 날갯짓을 하는 속도, 나는 방법 등을 자세히 관찰하면서 단서를 얻을 수 있다. 그 외 새의 종류에 따라 다른 독특한 동작도 식별하는 데 도움이 된다. 헤엄치는 방법, 걷는 방법, 앉는 모습, 꼬리의 움직임 등이 있다. 또한 새들의 개성적인 울음소리는 중요한 식별 단서이므로 새들이 내는 소리도 주의 깊게 듣고 기록하는 것이 좋다.

새의 관찰과 식별 방법

나는 모습

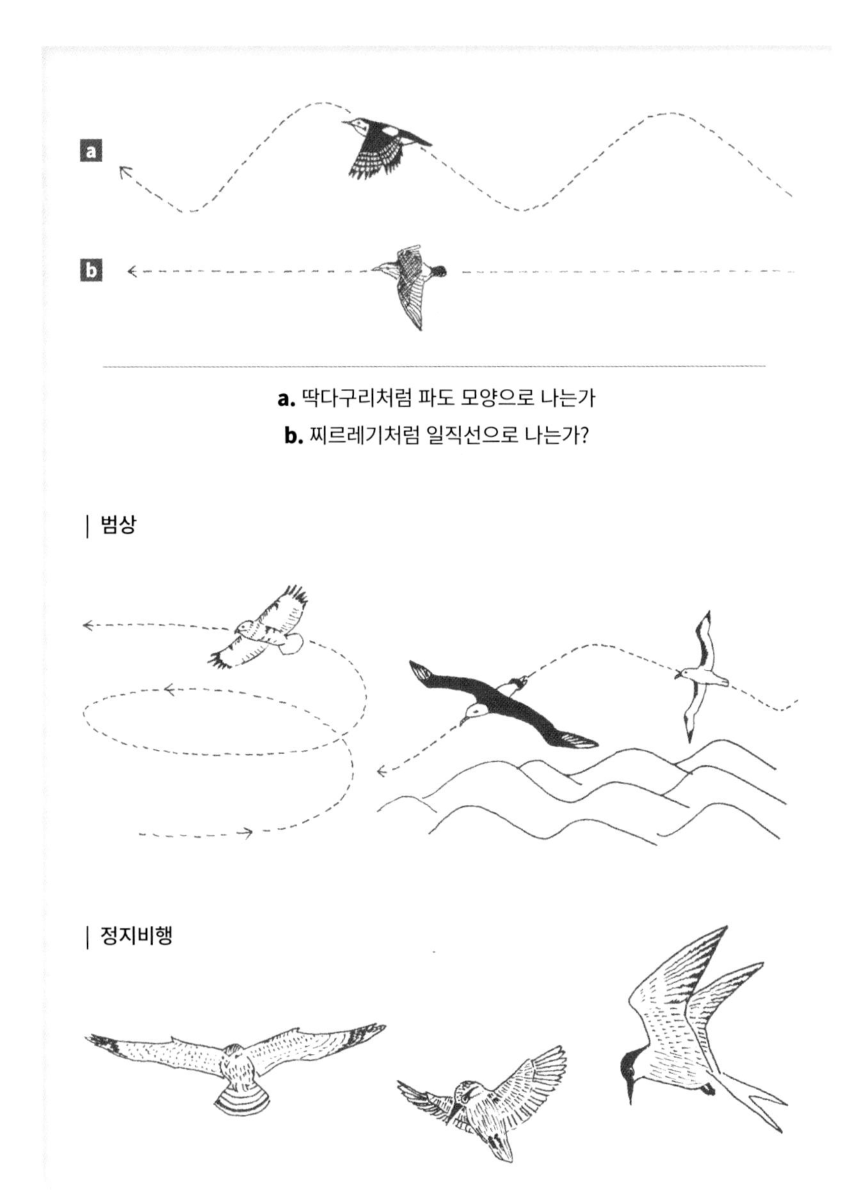

날개의 형태

날개는 긴가, 짧은가?
끝은 둥근가, 뾰족한가?

날 때 날개의 윗면

날고 있을 때 윗면에 하얀 띠나 무늬가 있는가?
등과 날개의 대비는 어떠한가?

새의 관찰과 식별 방법

앉아 있을 때의 자세

자세는 수평인가, 수직에 가까운가?

앉아 있을 때 꼬리의 움직임

때까치처럼 돌리는가,
딱새처럼 미세하게 움직이는가, 할미새처럼 크게 위아래로 흔드는가?

나무줄기에 앉는 모습

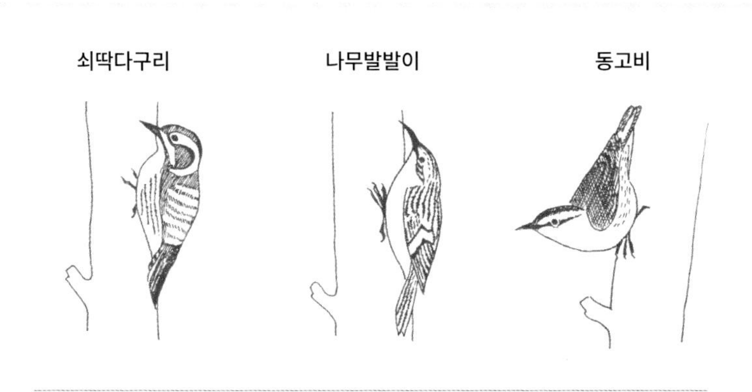

딱다구리처럼 위로 똑바로 오르는가,
나무발발이처럼 나선형으로 오르는가, 동고비처럼 거꾸로 앉아 있는가?

야외에서 새를 관찰하는 상황은 매우 다양하며, 언제나 모든 새의 이름을 바로 알기는 어렵다. 새를 정확하게 식별하기 위해서는 단편적인 새의 특징만으로 속단하지 않는 것이 중요하며, 새를 발견했을 때 충분한 관찰을 통해 다양한 특징을 살피고 종합하는 것이 바람직하다.

특히 야외에서 관찰한 새의 외부 형태, 행동, 울음소리, 서식지 등을 꾸준히 기록하는 습관이 필요하다. 이러한 습관은 자신만의 탐조경험과 종 식별 능력을 쌓아가는 가장 좋은 방법이다. 기록하는 방법에는 글로 적는 것뿐만 아니라 간단하게 그림을 그리거나 사진을 찍어 정리하는 것도 포함된다. 따라서 탐조를 갈 때는 도감과 함께 작은 수첩과 필기도구를 지참하는 것이 좋다.

야생조류에 해박한 이들은 순간적인 관찰만으로도 새를 식별하기도 한다. 이는 오랜 경험을 통해 관찰한 새의 외적 특징은 물론, 생태나 서식지에 대한 정보를 이용하여 어떤 종류의 새인지 대상범위를 빠르게 좁힐 수 있기 때문이다. 그러나 계절, 서식지, 지역에 따라 그렇지 않은 새가 있기 때문에 이 책의 지도나 생태 부분을 참고하여 관찰한다면 도움이 될 것이다.

새들의 학명 | *Scientific Name Of Birds*

만약, 한국인, 일본인, 미국인이 "뻐꾹, 뻐꾹, 뻐꾹"하고 우는 뻐꾸기 울음소리를 들으면, 이 종을 한국인은 '뻐꾸기' 일본인은 '캇꼬(カッコウ)', 미국인은 'Common Cuckoo'라고 부른다. 이렇게 하나의 종을 부르는 이름은 나라와 민족, 언어에 따라 다르고, 한 나라에서도 지역에 따라 다른 경우가 많다. 우리나라에서는 이러한 생물에 붙이는 이름을 국명이라고 한다. 같은 종을 여러 가지 이름으로 부르면서 생기는 혼란을 없애고 전세계의 조류 학자를 포함한 많은 사람들이 원활하고 정확하게 표현할 수 있는 표준이름이 학명(Scientific Name)이다.

정해진 규칙에 따라 조류 등 생물에게 이름을 붙여 분류하는 학문을 분류학이라고 한다. 분류군(taxon. 복수형은 taxa)이라는 것은 분류할 때 인식되는 임의의 동물그룹이다. 예를 들어, 조강(鳥綱, Aves)이라는 분류군에는 모든 조류 종이 포함된다. 분류학에서 사용되는 규칙은 스웨덴의 식물 학자 린네(Carolus Linnaeus)가 1735년부터 1738년에 걸쳐 개발한 명명체계(nomenclature system)로 정리한 이명법을 이용한다. 그는 하나의 종에 대해 라틴어 또는 라틴어화 이름을 2개씩 부여하였다. 첫번째 이름은 속(屬, 비슷한 종을 모아 놓은 것, genus)을 나타내고, 두번째 이름은 그 종(species)을 가리킨다. 따라서 꾀꼬리의 학명은 *Oriolus chinensis*로 이 종의 모든 개체를 포함한 분류군이다. 이 두 이름의 조합은 종마다 다르며, 다른 어떤 동물도 동일한 조합의 이름을 가지지 않는다. 린네의 업적이 발표되기 이전에는 이름의 길이에 기준이 없었다. 당시에는 라틴어로 쓴 기재를 그대로 이름으로 사용하였던 것이다. 종(種)은 속명(屬名)과 종소명(種小名)을 나란히 써서 이명법(二名法)이라고 하며, 종소명 다음에 학명의 명명자 이름과 기재한 연도를 붙인다. 그러나 분류학과 관련된 논문이 아니면 명명자의 이름과 연도를 붙이지 않는 경우도 흔하다. 학명을 결정할 때 라틴어 또는 라틴어화된 문자를 사용해야 하며, 속명의 첫 글자는 반드시 대문자로 종소명은 소문자로 사용해야 되며 모두 이탤릭체로 기재한다.

왜가리의 학명을 표기하면 아래와 같다. 라틴어로 '백로'를 의미하는 *Ardea*가 속명이고, '회색'을 의미하는 cinereus의 여성형인 *cinerea*가 종소명이다. 즉 왜가리는 1758년에 스웨덴의 식물학자인 린네(Carolus Linnaeus)가 '회색의 백로'라는 의미의 학명을 처음으로 붙여주었다.

종의 하위개념으로 지리적으로 격리되어 외부형태와 색상 등에 차이가 있지만 집단 간 상호번식이 가능한 동일 종내의 집단을 아종(亞種, subspecies)이라고 한다. 학명을 표기할 때 종 다음에 아종까지 표기할 경우 삼명법(三名法)이라고 한다. 크낙새를 삼명법으로 표기하면 아래와 같다.

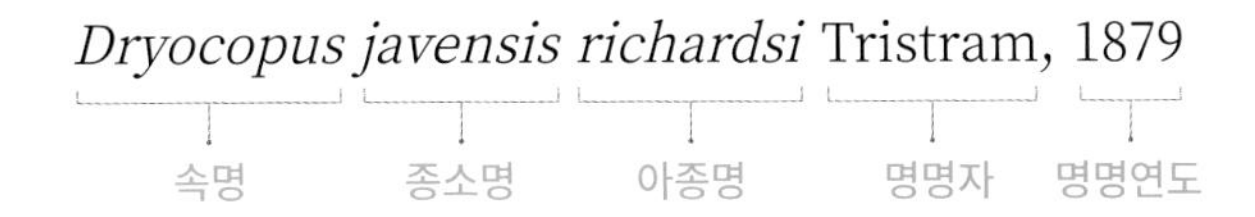

학명은 공식적으로 확증표본과 함께 먼저 발표된 학명이 선취권을 가지게 되나, 시대와 학자에 따라 분류하는 방법이 변화하면서 같은 생물의 학명이 몇 번이나 바뀌는 것도 드문 일이 아니다. 최근에는 분류학에 유전자 분석방법이 적용되며, 종에 대한 분류가 재정리되어 학명에 변동이 생기는 경우가 많다. 동물은 국제동물명명규약(International Code of Zoological Nomenclature, ICZN), 식물은 국제조류균류식물명명규약(International Code of Nomenclature for algae, fungi, and plants, ICN)에 학명을 정하는 규칙이 정해져 있다.

이 책에 수록한 새들의 학명의 라틴어 또 그리스어의 뜻은 각 항목마다 맨 앞에 기록해 두었으나 몇 종을 다시 소개한다.

1 | 황새의 학명은 *Ciconia boyciana*으로 속명 *Ciconia*는 라틴어로 '황새'를 뜻하고, 종소명 *boyciana*은 중국 상하이의 공무원이었던 영국인 Robert Henry Boyce의 이름에서 유래되었다.

2 | 원앙의 학명 *Aix galericulata*에서 속명 *Aix*는 본디 그리스어로 '산양'이라는 말이었으나 아리스토텔레스(기원전 384~322)가 쓴 『동물지(Historia Animalium)』라는 책에서는 '발에 물갈퀴가 있는 새'라고 하였으며, 이는 아마도 오리류와 기러기류 가운데에 한 가지를 지칭한다고 생각된다. 종소명 *galericulata*는 라틴어 galericulatum의 여성형으로서 galeum(모자)+culus+atum의 합성어인데 '작은 모자를 썼다'는 뜻으로 원앙의 댕기깃(冠羽, 관우)을 지칭하는 것으로 생각된다.

3 | 어치의 학명 *Garrulus glandarius*에서 속명 *Garrulus*는 '잘 떠들다'는 뜻이며 '갸아 갸아 갸아, 과아 과아 과아' 하고 시끄럽게 우는 이 종의 습성에서 비롯한다. Glans가 '도토리와 같은 견과'를 뜻하므로 종소명 *glandarius*는 '도토리를 좋아하는'이란 뜻으로 기을에 도토리를 주로 먹으며, 또한 겨울에 대비하여 도토리를 저장하는 이 새의 생태를 잘 표현하였다

이처럼 새들의 학명의 라틴어 또는 그리스어의 뜻과 유래를 알게 되면 이들 종에 대한 이해를 더 쉽게 할 수 있다.

한국의 새, 생태와 문화

The Ecology And Culture Of Birds In Korea

회색머리아비 | 짧은부리다마지 · *Gavia pacifica*

IUCN 적색목록 LC

우리나라 남해 연안 일원에 규칙적으로 찾아와 겨울을 나는 철새이나 흔하지는 않다.

1

이름의 유래

회색머리아비의 학명 *Gavia pacifica*에서 속명 *Gavia*는 라틴어로 '갈매기'를 뜻하며, 종소명 *pacifica*는 '태평양'을 뜻하는 pacific과 '-에 속하는'이란 뜻의 -icus가 합성되어 '태평양에 속하다'는 뜻인데 pacificus인 남성형이 여성형으로 변하여 pacifica가 되었다. 이는 회색머리아비가 주로 북태평양 연안에 서식하는 것과 관계가 깊다. 영명 또한 '태평양에서 서식하는 잠수를 잘하는 아비'라는 뜻으로 Pacific Loon이다.

생김새와 생태

온몸의 길이는 65cm이다. 생김새를 보면 부리는 똑바르고 여름깃의 윗면은 까맣고 흰 체크 모양이 있다. 머리에서 목까지는 회색이고 뒷머리는 하얗고 멱은 까맣고 푸른 광택이 있다. 겨울깃은 몸 위쪽이 까만 갈색이고 아래쪽은 하얗다.

겨울 바다에 1~2마리 또는 몇십 마리의 무리가 모여서 겨울을 보내며 잠수에 능숙해 물속에서 먹이를 찾아먹는다. 회색머리아비는 거제도의 남쪽 바다에서 큰회색머리아비와 함께 큰 무리를 지어 멸치떼를 따라 옮겨 다닌다. 겨울철에는 거의 울지 않지만 '과인, 귀이' 하고 울며, 경계할 때는 '과- 과-, 헤이, 헤이, 헤이'와 같은 소리를 낸다.

해안, 호수나 늪, 물가의 풀밭, 풀이 빽빽한 곳이나 땅이 움푹하게 들어간 곳에 마른 풀을 깔고 지름이 40cm쯤 되는 접시 모양의 둥지를 튼다. 알을 낳는 시기는 6~7월이며, 한배산란수는 2개이다. 암수가 함께 알을 품는다. 새끼는 품은 지 28일이면 깨어난다. 주로 어류를 잡아먹으며 갑각류, 연체동물, 극피동물 등이 주된 먹이이다.

분포

시베리아 북동부, 알래스카, 캐나다 북극 지방 등에서는 텃새이며 한국, 일본, 캄차카반도, 미국과 캐나다 서부 해안 지역 등지에서 겨울을 난다.

1 물위에서 휴식 중인 회색머리아비. 국내에는 멱이 흰색이고 등의 흰 점무늬가 작은 겨울깃이 주로 관찰되나, 이 개체는 멱과 등에 여름깃이 나고 있다.

2

3

새의 생태와 문화

멸치떼를 따라 몰려다니는 바닷새, 회색머리아비

우리나라에서는 거제도 연안의 아비 도래지가 천연기념물 227호로 지정되어 있다. 과거 이 지역을 찾아와 겨울을 나는 잠수성 조류의 생태조사 결과를 보면 평균 11~15m의 물 깊이에서는 검은목논병아리, 뿔논병아리, 검둥오리사촌, 바다비오리가 우점종으로 분포하였다. 또한 16~20m의 물 깊이에서는 바다쇠오리가, 30~36m의 물 깊이에서는 회색머리아비가 우점종으로 분포하였고 41~45m의 깊이에서는 큰회색머리아비가, 46~50m의 깊이에서는 가마우지가 우점종으로 분포한다고 보고되었다. 이처럼 아비류들은 30~45m 사이의 깊은 바다에서 먹이활동을 하는 것을 알 수 있으며, 특히 이 종들은 잠수 실력이 대단한 것을 알 수 있다. 그리고 경쟁 관계에 있는 아비류들은 물 깊이에 따라 먹이 자원을 분할 이용함으로써 공존의 길을 꾀하는 것을 알 수 있다. 또한 일본의 자료에 따르면 회색머리아비는 최대 수심 46m에서 최장 302초 동안 잠수한다고 한다.

거제도 지역에서 회색머리아비를 비롯한 잠수성 조류가 대규모로 몰려드는 까닭은 겨울이면 아비류의 먹이가 되는 멸치 어장이 매우 광범위하게 형성되기 때문이다.

아비와 같은 바닷새들을 잘 관찰하면 콧구멍에서 물이 나오는 것을 관찰할 수 있는데, 이는 단순한 체액이 아니라 극히 농축된 소금물이다. 바다에서 서식하는 새들은 수분을 바닷물에서 얻어야 하기 때문에 소금샘(鹽腺, 염선, salt gland)이라는 배설기관을 발달시켜 바닷물 속의 염분을 제거한다. 소금샘은 눈 위에 위치하고 있으며, 성장 환경에 따라 또는 시기에 따라서 그 크기가 변화한다. 바다를 터전으로 사는 새들은 이런 소금샘이 어릴 때부터 발달하므로 염분이 있는 물과 먹이를 큰 문제없이 섭취할 수 있다.

2007년 서해 태안 앞바다에서 기름유출사고가 났을 때 그곳의 생태계가 심각한 피해를 입었는데, 이를 대표하는 사진이 기름을 뒤집어 쓴 회색머리아비의 모습이었다. 회색머리아비와 같이 잠수를 하는 조류는 기름유출사고에 첫 번째 희생자가 되며, 기름을 쓴 아비들은 깃털이 제 역할을 하지 못해 체온유지와 채이행동에 문제가 생긴다. 때문에 결국 죽음에 이르게 되는데, 당시 이와 같은 피해를 입었던 바닷새들이 얼마나 될지 쉬이 짐작하기도 힘들다.

2 3 물위에서 휴식 중인 회색머리아비

뿔논병아리 | 뿔농병아리 · *Podiceps cristatus*

국가적색목록 LC / IUCN 적색목록 LC
비교적 흔한 겨울철새이며 흔치 않은 텃새이다.

이름의 유래

뿔논병아리의 학명 *Podiceps cristatus*에서 속명은 '뒤쪽의 다리'라는 뜻의 podcipes의 단축형으로 '엉덩이'를 뜻하는 라틴어 podex의 속격 podicis와 '다리'를 뜻하는 라틴어 pes의 합성어로, 결국 '몸의 후방에 다리가 있다'는 뜻이다. 종소명 *cristatus*는 '관 모양의 머리깃을 가진 새'라는 뜻으로 이 새의 생김새를 잘 나타내고 있다. 영명 또한 Great Crested Grebe로서 Grebe는 '논병아리'를, Great Crested는 '큰 투구의 장식깃을 가졌다'는 뜻으로 뿔논병아리의 뿔 모양의 머리깃을 반영한 이름이다.

생김새와 생태

논병아리류 가운데 가장 크며 특히 목이 길다. 눈 위쪽은 하얗고 부리에서 눈을 연결하는 검은 줄이 특히 두드러진다. 여름깃은 검은 뿔모양의 머리깃과 뺨을 장식하는 적동색 깃이 있으며 겨울깃은 목의 앞쪽과 뒤쪽의 흑백이 대비되는 것이 인상적이다.

남해안의 항만, 연안, 바닷가, 호수와 하구에서 한 마리 또는 2~3마리씩 떨어져 있는 무리를 곳곳에서 볼 수 있으며 만입된 항만에서는 비교적 가까운 거리에서도 관찰할 수 있다. 또한 한강을 비롯한 하천, 저수지, 큰 연못에서도 관찰된다. 최근에는 시화호에서 뿔논병아리 수십 쌍이 둥지를 만들고 번식하는 모습을 볼 수 있다. 암수가 같이 '킷, 킷, 킷, 과-' 하는 높은 소리를 지르며, 싸울 때의 수컷은 '부-, 부-' 하고 울며 새끼는 '삐-요, 삐-요' 하고 운다.

혼자 또는 암수 한 쌍이 등까지 물속에 잠겨 수상 생활을 한다. 5월부터 8월 상순 무렵까지 알을 낳고, 한배산란수는 3~5개이다. 암수가 번갈아가며 알을 품지만 암컷이 맡는 몫이 더 크며 둥지를 떠날 때는 물풀로 덮어 위장한다. 알을 품은 지 21~28일이면 새끼가 깨어난다.

민물고기와 같은 어류를 비롯하여 양서류와 연체동물의 복족류, 수서곤충의 딱정벌레목, 잠자리의 유충, 매미목 등을 잡아먹고 식물성인 벼과의 갈대 싹도 먹는다. 논병아리류는 낙동강 하구나 주남저수지, 그 밖의 호수 등에서 살면서 먹이를 구한다. '킷 킷, 과- 과-' 하고 울며 잠수하는 것을 쉽게 볼 수 있다. 이 종류는 물에서 생활할 뿐만 아니라 잠수 또한 빼어나게 잘하는 새이다. 이 새들이 물속으로 들어갔다 나오기를 거듭 되풀이하는 잠수행동을 관찰하고 있으면 즐거움마저 느끼게 된다. 잠수의 귀재가 따로 없는 셈이다. 논병아리류는 늘 물위나 속에서 살기 때문에 몸의 구조가 여기에 맞춰 진화되었다. 몸은 물에 직접 닿지 않고 체온을 유지할 수 있도록 2만여 개에 이르는 날개깃으로 완전히 덮여 있고 발은 헤엄치기 좋게 극단적으로 몸 뒤에 붙어 있다. 물갈퀴는 물을 젓기 쉽게 하려고 나뭇잎과 같은 형태로 되어 있다. 탄력 있고 부드러운 발가락은 어느 쪽으로도 물을 저을 수 있어 물을 젓는 것과 방향타의 두 가지 역할을 한꺼번에 한다.

위에서 설명한 대로 논병아리류는 물에서 살기에 알맞게 진화하여 땅에 오르거나 하늘을 나는 것을 별로 좋아하지 않는 것으로 알려졌다. 다리가 너무 몸 뒤에 있기 때문에 서 있는 것 자체가 어려우며 실제로 비가 오지 않아서 호수나 저수지가 메말랐을 때는 조금만 걸어도 넘어지곤 한다. 비행도 그리 썩 잘하지 못하며 먼 거리가 아니면 잘 날지 않는다.

1 새끼에게 먹이를 주고 있는 뿔논병아리 가족

2 아직 깨어나지 않는 알을 포란 중에 먼저 깨어난 새끼가 어미 등을 타고 있다.

3 4 5 뿔논병아리 암컷과 수컷의 구애행동과 교미행동

분포

유럽, 우랄 지방, 중국, 몽골, 만주, 한국 등지에서 번식하고 티베트, 중국 남부, 한국, 일본 등지에서 겨울을 난다.

새의 생태와 문화

장거리 이동을 위해 몸 전체를 바꾸는 검은목논병아리

뿔논병아리와 유사한 종으로 검은목논병아리(*Podiceps nigricollis*, Black-necked Grebe)가 있는데, 이 종의 신체 변화는 놀랍다. 캘리포니아의 모노 호수에 모인 검은목논병아리의 연구에 의하면, 이 새들은 먼 거리를 이동하기 전까지 몸속에 지방을 저장하여 체중을 약 260~600g으로 2배 이상 빠르게 증가시킨다. 이때 먹이인 바다새우를 대량으로 소화시키기 위해 소화기관의 크기가 거의 2배로 늘어난다. 반대로 가슴 비행 근육은 반으로 줄이며 깃털갈이로 날개깃을 탈락시키기 전까지는 날 수 없게 된다. 그리고 장거리 이동을 하기 전 2~3주 동안 단식을 한다. 체중을 줄이고 소화기관을 늘어난 무게의 3분의 1로 줄이고 심지어 다리 근육도 줄인다. 한편 심장을 비대하게 하고 비행 근육은 크기를 2배로 늘여 본래대로 되돌린다.

다시 정리하면 검은목논병아리는 지방축적을 위해 이동에 필요한 운동기관과 근육을 줄이고 소화기관을 발달시킨다. 이후 소화기관을 위축시켜 장거리 이동에 필요한 근육과 심장의 힘을 증가시킨다. 축적된 지방은 오랜 시간의 비행이 가능하도록 에너지를 제공할 뿐 아니라 이동 중 지방 분해로 생성되는 수분을 이용할 수 있게 한다. 따라서 이동을 하며 수분을 보충하기 위해 쉬어갈 필요가 없게 된다. 이렇듯 장거리를 이동하는 조류는 이동에 앞서 지방을 축적하고 몸의 기관을 재편성하는 모습을 보인다.

민물가마우지

| 갯가마우지 · *Phalacrocorax carbo*

IUCN 적색목록 LC

한국에서는 흔한 텃새이자 흔한 겨울철새이다.

1
2

이름의 유래

민물가마우지의 학명 *Phalacrocorax carbo*에서 속명 *Phalacrocorax*는 '가마우지'를 뜻하는 라틴어이고, 종소명 *carbo*는 '숯'을 뜻하는 라틴어로 영어의 carbon과 같은 의미이며 민물가마우지의 검은 빛깔을 뜻한다. 옛날에는 민물가마우지를 로ᄌᆞ, 덥펄새, 우지 등으로 불렀다. 영명은 Great Cormorant로 '큰 가마우지'라는 뜻이다.

생김새와 생태

중대형 물새류로 부리 끝이 갈고리처럼 휘어 있고, 목이 길다. 몸 윗면은 푸른색 광택을 띤 갈색이고, 햇빛에 따라 색깔이 조금씩 다르게 보인다. 부리의 기부는 노란색이고 부리 바깥쪽의 나출부는 흰색이며 그 경계가 둥근 편이다. 가마우지의 경우 나출부의 경계가 각이 진 것으로 구별된다. 민물가마우지는 가마우지보다 꼬리가 길어서 날 때 다리 뒤로 꼬리가 길게 나오며, 날개가 몸 중앙에 위치한다. 여름깃의 경우 다리 위쪽으로 흰색 반점이 생기며, 뒷머리와 뒷목에 흰색 깃털이 있다. 겨울깃의 경우 뒷머리와 목, 옆구리에 흰색 반점이 없고, 몸 전체가 짙은 갈색빛이다. 어린새의 경우, 몸이 검은색을 띤 갈색이며, 몸 아랫면은 색이 흐리다.

깃털의 방수가 완벽하지 않기에, 물속에 들어갔다 나온 후에는 바위, 땅, 나무 위에 앉아 날개를 펴고 깃털을 말리는 행동을 하는 것을 볼 수 있다. 무리 지어 비행할 때는 V자로 일정한 대형을 이룬다. 날 때 날개의 위치가 몸의 중앙에 있고, V자 편대를 만든다는 점에서 기러기처럼 보이기도 한다.

해안의 암초, 하구, 하천, 호수에서 무리 지어 서식한다. 번식은 나무에 무리 지어 하며, 둥지는 암초나 죽은 나뭇가지를 이용해 접시 모양으로 만든다. 알을 낳는 시기는 5월 하순에서 7월이며, 한배산란수는 4~5개이다. 약 34일간의 포란 기간을 가지며, 부화한 새끼는 약 40일간 둥지에서 자라게 된다.

민물가마우지는 잠수를 잘하는 새로, 약 2m 이상의 수심까지 잠수해 물고기를 사냥한다. 약 30m 깊이의 잠수도 가능한 것으로 알려져 있으며, 5~10m의 깊이를 약 30초 동안 헤엄칠 수 있다. 대부분의 잠수하는 새는 비교적 비중이 무겁고 잠수할 때 깃털(대개는 보온을 위해 중요한) 사이로 공기의 절반 이상을 내보냄으로써 부력을 감소시킨다. 특히 민물가마우지는 물에 잘 젖는 깃털을 가지고 있으므로 공기를 내보내기 쉽게 되어 있다. 그렇기에 민물가마우지는 사냥을 한 뒤 날개를 펴 햇볕에 말리는 행동을 한다.

분포

연해주, 사할린, 중국 등지에서 번식하고, 일본, 한국 등지에서 겨울을 난다.

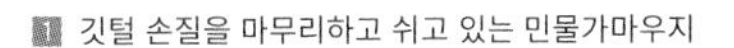

1 깃털 손질을 마무리하고 쉬고 있는 민물가마우지

2 무리 지어 휴식하는 모습

새와 사람

민물가마우지 물고기잡이

민물가마우지는 갈고리 모양의 부리를 이용해 물속에서 물고기를 잡으며, 머리부터 통째로 삼켜 버리는 습성이 있다. 이러한 습성 때문에 일본의 나가라가와강(長良川)과 중국에서는 오래 전부터 어업에 민물가마우지를 이용해 왔다. 어업은 5~10월까지 이뤄지며, 어부들은 민물가마우지 목에 끈을 매 물고기를 삼킬 수 없도록 한다. 민물가마우지가 물고기를 잡아 입에 물고 있으면 어부가 물고기를 가져가는 것이다.

새의 생태와 문화

민물가마우지의 배설물

민물가마우지의 무리 짓는 습성 때문에, 자주 앉는 장소는 배설물로 뒤덮여 희게 보인다. 한강의 밤섬에는 몇 년째 민물가마우지의 개체수가 점점 늘어나고 있어, 2019년 기준 약 1,200마리 이상이 서식하는 것으로 알려져 있다. 겨울철이면 밤섬의 나무와 땅은 민물가마우지의 배설물로 하얗게 뒤덮인다. 민물가마우지가 무리 지어 비행할 때는 군무의 장관을 보여주기도 하지만, 배설물 문제는 밤섬 내 버드나무 고사 및 도시경관 훼손 문제로 이어지고 있다. 서울시에서는 민물가마우지의 월동 시기 이후, 번식기 전에 배를 타고 섬의 나무에 접근해 살수기로 쌓인 배설물을 제거하는 등의 대책을 마련하고 있다. 도심 속 새들과 사람의 지속 가능한 공존을 위해서는 서로에게 주어지는 불편을 이해하고, 해결방안을 모색하려는 끊임없는 노력이 있어야 한다.

새들이 체내의 수분을 조절하는 능력

조류가 체온을 내리기 위해서는 물이 가장 중요하며 수분을 얻기 위해 다양한 행동을 한다. 물을 구하기 힘든 사막이나 바다 같은 곳에 서식할 경우 새들은 먼 거리를 이동해서라도 물을 구해 온다. 사막꿩류는 가슴에 물을 적셔 둥지로 돌아온다. 먹이를 통해서도 잃어버린 수분을 보충한다. 화밀이나 과일을 먹는 조류와 육식성 맹금류 등 대부분의 조류는 먹이에 필요한 수분이 포함되어 있는 경우가 많다. 한낮의 그늘의 온도가 49°C 이상인 사하라의 건조지역에 사는 청회색매(Sooty Falcon)도 필요한 수분을 먹이로부터 얻는다. 곤충을 먹는 조류도 먹이의 체액으로 필요한 수분을 얻지만, 종자를 먹는 조류는 때때로 웅덩이를 방문해야 한다. 그 외에도 수분을 얻는 여러 방법이 있는데, 지방을 분해하는 물질대사를 통하여 부산물로 생성된 물을 이용하기도 한다. 해양성 조류는 소금샘(salt gland)이 있어 바닷물을 통해 수분을 획득하기도 한다. 또한 물을 보전하는 독특한 배설계 구조인 세뇨관의 재흡수율이 높아 이를 통해 수분을 확보하기도 한다. 조류는 고체온(hyperthermia)이기 때문에 체온이 기온보다 높을 때 기화냉각을 이용하지 않아도 열발산이 가능하기 때문에 수분을 절약할 수 있게 된다. 타조는 체온을 일주기 중 약 4°C 올려, 하루에 수 리터의 수분을 기화냉각으로 사용되는 것을 방지할 수 있다.

3 둥지를 짓기 위한 재료를 옮기는 어른새
4 물고기 사냥을 성공하자 빼앗고자 하는 모습
5 잠수 후 물에 젖은 날개깃을 말리는 행동
6 번식깃이 달린 수컷 민물가마우지
7 번식 완료 후 어린새가 무리 지어 휴식하는 모습

덤불해오라기 | 쇠물까마귀 · *Ixobrychus sinensis*

IUCN 적색목록 LC

흔한 여름철새이다.

1
2
3

이름의 유래

덤불해오라기의 학명 *Ixobrychus sinensis*에서 속명 *Ixobrychus*는 Ixo-는 '겨우살이'를 뜻하는 그리스어로 ixos에서, -brychus는 '탐내어 먹는다'는 그리스어 brychō에서 유래하므로 *Ixobrychus*는 '겨우살이를 탐내어 먹는 새'라는 의미가 된다. 이것은 사실과 맞지 않다. '덤불해오라기가 갈대 잎에 부리를 넣어서 소리를 내는 새(brychaomai)'라는 고대로마의 구전을 그리스풍으로 잘못 기록한 것이라고 생각된다. 종소명 *sinensis*는 영어 China를 라틴어화 한 Sina인데 중국어 Chin(秦)과 라틴어로 '-에 속하다'라는 뜻의 -ensis가 합성되어 '중국산의' 의미로 쓰인다. 즉 이 종이 주로 중국에서 번식하는 것과 깊은 관련이 있다고 생각된다. 영명은 이 종이 앉아 있을 때 몸 전체가 노랗게 보이기 때문에 Yellow Bittern으로 또는 '중국의 작은 해오라기'를 의미하는 Chinese Little Bittern이라고 한다.

생김새와 생태

온몸의 길이는 37cm이며 해오라기류 가운데에 제일 작다. 생김새를 보면 수컷은 머리 꼭대기가 까맣고 몸은 황갈색이다. 날 때는 날개깃이 까맣고 덮깃은 황갈색으로 보인다. 암컷은 머리 꼭대기가 붉은 갈색이고 몸 아래쪽에는 세로로 희미한 갈색 줄무늬가 있다. 어린새는 몸 아래쪽이 세로로 하얗고 흑갈색의 무늬가 섞여 있다.

알을 낳는 시기는 5월 하순부터 8월 상순까지이며, 한배산란수는 5~6개이다. 새끼를 칠 무렵이 되면 '우-, 우-, 우' 또는 '오-, 오- 오-' 또는 '이부-, 이부-, 이부-' 하고 일정한 사이를 두고 울부짖는다. 둥지는 갈대나 물풀이 우거진 늪과 못에서 수면 위 0.3~1m 높이에 갈대를 비롯한 물풀 줄기를 한데 모으고 줄기와 잎을 접시 모양으로 쌓아올려 만든다. 더러는 한 곳에 3~4개씩 둥지를 짓고 집단을 이루어 산다. 한정된 초습지에서만 번식하며 혼자 또는 암수 한 쌍이 갈대밭, 초습지, 물가의 풀 숲, 논 등 키가 큰 풀숲에 숨어 산다. 주로 야행성인데 해가 질 무렵부터 먹이를 찾기도 한다. 멱, 가슴, 배의 세로줄무늬를 드러내 적으로 하여금 갈대와 헷갈리도록 의태 행동을 취한다. 어류를 주로 먹으며 개구리와 갑각류도 먹는다.

분포

중국, 만주, 한국, 일본 등지에서 번식하며 인도, 인도차이나반도, 인도네시아, 필리핀, 타이완 등지에서 겨울을 난다.

1 부화된 새끼를 돌보는 덤불해오라기

2 놀라서 몸을 세우고 경계하는 모습

3 물고기 사냥에 성공한 모습

새의 생태와 문화

먹고, 놀고, 씻고, 잠자기

야생 조류는 다른 생물과 마찬가지로 자연에서 스스로 살아남으려고, 다시 말해 생존과 번식(자신의 유전자를 많이 남기는 것)을 목적으로 하루하루 살아가고 있다. 그 가운데에서도 먹이를 얻는 것, 번식하는 것, 휴식을 취하는 것이 생활의 기본인데 이를 위해서 날아다닌다든지 나뭇가지에 앉는다든지 울음소리를 낸다든지 한다.

먹이와 관련한 행동으로는 먹이 자원의 탐색, 먹이 자원의 채취, 먹이의 불필요한 부분 제거, 먹이를 먹기와 같은 일련의 움직임이 있으며 알에서 깬 새끼들을 위한 먹이 나르기가 있다. 먹이는 보통 발이나 부리 또는 혀를 써서 채취하지만 더러는 도구를 사용하는 새들도 있다.

한편 배설은 간단하게 총배설강이라고 하는 꼬리 부분에 있는 한 구멍을 통하여 자주 배출하는데, 몇몇 조류는 펠릿(pellet) 상태로 남아 있는 불소 화합물을 입을 통하여 토해 낸다.

야생 조류가 잠자리에 들기 위해서는 따뜻하고 천적이 오지 않는 곳이 필요하며 잎이 무성한 곳이나 나무 구멍 안쪽에서 잔다. 나뭇가지에 앉아서 자는 새들은 잠자리에 들더라도 나무에서 떨어지지 않도록 발가락 근육구조가 발달해 있다. 좀 특별한 보기를 들어 보면 칼새류는 공중을 날면서 잠깐잠깐 수면을 취하는 것으로 알려졌다. 반면 멕시코나 아메리카에 서식하는 쏙독새는 추운 계절이 되면 바위틈에 들어가서 오랜 동안 휴면을 취하는 것으로 알려졌다.

자는 것 말고도 활동하는 사이에 자주 휴식을 취하고 몸을 청결하게 하기 위하여 수욕(水浴), 모래욕(砂浴), 개미욕(螺浴), 설욕(雪浴), 이슬욕(露浴), 비욕(雨浴) 등을 한다. 또한 먹이를 먹는 것 말고도 물을 마신다든지, 먹이를 소화시키려고 모래나 조개껍데기들을 주워 먹어 모래주머니를 채우기도 한다.

조류의 가장 큰 특징은 비행과 보온을 위한 깃털을 가지고 있는 것인데, 깃털을 단정하게 다듬는 것(preening)도 매우 중요한 일이다. 수욕 등으로 청결을 유지할 뿐만 아니라 종종 부리나 발로 깃털을 정돈한다. 또한 깃털은 1년에 한 번씩 갈게 된다. 이것을 '깃털갈이(換羽)'라고 부르고 이 시기에는 날기가 힘들기 때문에 안전한 장소에서 조용하게 생활하는 경우가 많다. 두루미 종류 가운데 번식기에 시베리아나 몽골 초원에서 깃털갈이를 하는 종류가 있는데 이때는 날지 못한다고 한다.

번식기가 지난 야생 조류가 하루 동안 어떤 행동을 하는지 유럽에서 조사한 자료를 살펴보면 푸른박새(Blue Tit)의 경우 깨어 있는 시간의 80%는 먹이 찾기에 쓰고 나머지 시간은 날개 깃털을 정돈한다든지 휴식을 갖는다든지 또는 몇 가지 다른 행동으로 구성되었음을 알 수 있다. 특히 야생 조류도 휴식 시간에는 인간처럼 '놀기'에 흥미를 가지는 경우도 드물게 보인다. 까마귀가 등에 눈을 얹고 사면에서 썰매 타기를 한다든지 작은 가지를 공중에서 떨어뜨려 땅바닥에 떨어지기 전에 부리로 다시 낚아챈다든지 하는 예가 곧잘 관찰된다.

4 먹이를 잡기 위해 목을 길게 빼고 접근하고 있다.

5 포란하는 덤불해오라기

검은댕기해오라기 | 물까마귀 · *Butorides striata*

IUCN 적색목록 LC

우리나라 어디서나 흔히 볼 수 있는 여름철새이다.

이름의 유래

검은댕기해오라기의 학명 *Butorides striata*에서 속명 *Butorides*는 라틴어로 '검은댕기해오라기'를 뜻하고, 종소명 *striata*의 stria-는 '줄무늬'를 뜻하여 '줄무늬가 있는 해오라기'라는 뜻이 된다. 영명 역시 '줄무늬 해오라기'라는 뜻의 Striated Heron이다.

생김새와 생태

어른새의 머리는 검은색이며 검은색의 댕기깃이 있다. 날개깃은 청록색의 광택이 있는 검은 갈색이며 아랫배 부분은 옅은 자회색이고 다리와 눈은 노란색이다. 제법 크게 자란 어린새의 깃은 검은 갈색으로서 날개에는 회백색의 반점이 있고 목의 양 옆에는 하얀 줄이 눈에 띈다. '큐-, 쿄' 하는 울음소리를 낸다.

알을 낳는 시기는 5월 상순에서 6월 중순까지이고 한배산란수는 3~6개이다. 둥지는 5~10m에 이르는 잡목과 교목의 줄기와 가지 사이에 만든다. 논, 개울가, 야산을 낀 못, 웅덩이, 계류, 하천 등지에서 서식하며 주로 낮에 활동하지만 밤에 먹이를 찾아다니기도 한다. S자 모양으로 움츠린 채로 땅에 내리거나 나뭇가지에 앉아 있는 경우가 많고 날 때도 목을 S자로 구부리지만 다리는 뒤로 뻗는다. 작은 물고기, 개구리, 갑각류, 수서곤충 등을 잡아먹고 새끼는 미꾸라지, 모래무지, 피라미 등의 민물고기와 개구리나 올챙이 등 양서류도 먹는다.

분포

세계적으로는 중국 남부와 동부, 한국, 일본, 타이완, 미국 남부 등지에서 번식하며 아프리카 중남부, 인도, 동남아시아, 중남미 등지에서는 텃새이다.

1 물가에서 먹이를 찾고 있는 검은댕기해오라기

2 물고기를 사냥하기 위해 목을 길게 빼고 있다.
3 먹이를 찾기 위해 이동하는 모습
4 어린새가 먹이를 찾는 모습
5 물고기 사냥에 성공한 검은댕기해오라기
6 사냥에 유리한 장소로 이동하는 모습

새의 생태와 문화

가짜 먹이로 물고기를 사냥하는 검은댕기해오라기

검은댕기해오라기는 매우 영리한 방법으로 물고기를 잡기도 한다. 가령, 가짜 먹이인 모형 먹이(루어)를 써서 물고기를 잡는다. 가짜 먹이를 물위에 띄워 물고기가 수면 가까이 올라오는 순간 부리로 재빠르게 낚아채는 것이다. 검은댕기해오라기가 가짜 먹이로 쓰는 것은 나뭇잎, 나뭇조각, 새들의 깃, 발포성 스티로폼 등이며 때로는 파리, 지렁이 등과 같은 살아 있는 먹이를 쓰기도 한다. 또 물위에 띄운 가짜 먹이가 흘러가면 다시 처음 장소로 가져다가 띄운다. 여러 번 가짜 먹이를 사용하여 한 장소에서 물고기를 잡는 것이 불가능할 경우는 가짜 먹이를 물어다가 장소를 바꾸기도 한다. 언제부터 가짜 먹이를 쓰게 되었는지는 잘 모르지만 호수나 연못에서 사람이 먹이를 물속에 던져 주면 물고기가 모이는 것을 열심히 관찰한 검은댕기해오라기가 따라한 행동으로 생각된다. 여러 마리의 검은댕기해오라기가 이렇게 도구를 써서 물고기를 잡게 된 것은 결국 학습에 의한 결과인 것으로 추측해 볼 수 있다. 영어권에서는 속어로 새머리(chicken head)라고 하면 좀 모자란 사람을 멸시하는 뜻을 가지고 있는데 요즘 새들에게는 이 말이 어울리지 않는다.

새들의 영리한 먹이 먹기방법과 도구사용

새들 중에는 먹이를 먹기 위하여 도구를 사용하는 경우가 있다. 여기에 몇가지 사례를 소개한다. 1940년대, 영국에 서식하는 박새들 중에는 우유병의 종이뚜껑을 벗겨 크림을 먹는 소수의 개체가 나타났다. 아무래도 이 행동은 일반적인 나무껍질을 벗기는 행동을 새롭게 응용한 것 같았다. 이 기술이 다른 개체에 급속히 확산되었기 때문에 우유업체는 종이뚜껑을 튼튼한 알루미늄뚜껑으로 교체할 수밖에 없었다. 그런데, 이 박새들은 알루미늄 뚜껑마저 여는 것을 창안하였다고 한다.

굴올빼미(*Athene cunicularia*, Burrowing Owl)는 남북아메리카에 서식하는 소형올빼미로 초원, 농경지 등에 서식하며 토굴에 영소하며 다른 올빼미와 달리 주행성이다. 이 종은 포유류의 배설물을 이용하여 주먹이 중의 하나인 똥풍뎅이류를 유인한다. 이 올빼미는 매일 벌레를 유인하기 위해 미끼로 배설물을 모아 둥지의 입구 부근에 둔다. 실험에서 배설물을 추가하거나 제거하면 배설물이 없을 때보다 있을 때 개체수는 10배, 종 수는 6배의 똥풍뎅이를 얻을 수 있었다고 한다.

딱따구리핀치(Woodpecker Finch)는 갈라파고스제도에 서식하는 다윈핀치(Darwin's Finch)로 잘 알려져 있다. 이 종은 작은 가지 또는 선인장의 가시를 부리에 물고 이를 사용하여 선인장 균열에서 애벌레를 잡아내어 먹는다.

또 뉴칼레도니아까마귀(*Corvus moneduloides*, New Caledonian Crow)는 무척추동물, 알, 소형포유류, 뱀, 종자 등 다양한 먹이를 먹는데, 바늘 모양의 물건을 찾거나 나뭇가지와 같은 재료를 선택하고 불필요한 부분을 제거하여 다양한 갈고리가 달린 도구를 만든다. 이 도구로 나무 틈에 있는 애벌레를 후벼내어 먹는다. 과학자는 뉴칼레도니아까마귀의 이러한 채식행동을 야생 조류가 도구를 사용하고 현명하다는 모델종으로 인식하기도 한다.

흰날개해오라기 | *Ardeola bacchus*

IUCN 적색목록 LC

흔치 않은 나그네새이자 드문 텃새이다. 1980년대에 처음으로 기록된 이후 규칙적으로 통과하는 것이 관찰되고 있으며, 일부 번식 기록이 존재하고 남부 지방에서 일부 개체군이 월동한다.

1 물가에서 휴식을 취하는 모습

이름의 유래

흰날개해오라기의 학명 *Ardeola bacchus*에서 속명 *Ardeola*는 라틴어로 Ardeola는 '작은 백로류'를 의미하고, 종소명 *bacchus*는 로마 신화에 나오는 '바쿠스'를 의미한다. 바쿠스는 술을 담당하는 신으로 다시 말해 흰날개해오라기는 술의 신을 상징하는 새가 된다. 영명은 Chinese Pond Heron으로 '중국의 연못에 서식하는 해오라기'를 뜻한다.

생김새와 생태

흰날개해오라기라는 이름에 맞게 비행 시 날개와 꼬리의 흰색이 뚜렷하며, 등의 어두운 색과 뚜렷한 대조를 이룬다. 부리는 노란색이고 그 끝이 검다. 번식깃은 머리와 목, 가슴이 적갈색이며 갈색 댕기깃을 가지고 등은 검은색이다. 겨울깃은 머리에서 가슴까지 갈색 줄무늬가 있으며, 등은 어두운 갈색이다.

'쿠-, 쿄-' 하는 울음소리를 낸다. 다른 백로류와 바찬가지로 비행 시에는 목을 S자로 구부리고 다리를 뒤로 뻗는다. 한배산란수는 4~6개이며, 18~22일간 알을 품는다. 둥지는 다른 백로류에 섞여서 잡목과 교목의 줄기와 가지 사이에 만들고, 논, 저수지, 호수, 하천에서 어류나 곤충류를 먹는다.

분포

세계적으로는 중국, 베트남, 미얀마 동남부에서 번식하고, 타이완, 말레이반도, 보르네오에서 겨울을 난다.

새와 사람

기후변화가 새들에게 미치는 영향

흰날개해오라기는 본래 중국과 동남아에서 서식하며 국내에서는 관찰할 수 없는 새였으나, 최근에 들어와 계속해서 관찰되는 개체수가 증가하고 있다. 뿐만 아니라 철원과 김포에서 번식하는 개체도 관찰되어 국내 환경에 완전히 적응하였다고 볼 수 있다. 흰날개해오라기와 같은 아열대성 조류의 국내 발견이 갈수록 빈번해지고 있는데 이는 기후변화로 인한 한반도의 기온 상승이 영향을 준 것으로 보고 있다. 영국에서 흑꼬리도요의 이주를 장기 모니터링한 연구가 있었는데, 번식지인 영국의 기온이 상승하자 빠른 이주와 번식이 이루어질 뿐 아니라 점점 더 북쪽으로 번식지가 이동하는 양상을 보였다고 한다. 이처럼 기후변화는 다방면에서 새들의 생태에 영향을 주며, 국내 흰날개해오라기의 증가는 그 단적인 측면이라 할 수 있겠다.

2
3
4

새의 생태와 문화

농민과 새의 아름다운 약속, 생물다양성관리계약

야생동물의 지속가능한 서식을 위해서는 먹이와 안전한 서식지가 필요하다. 국내에는 생물다양성의 증진을 위해 야생동물에게 먹이를 제공하고, 서식지를 보전하며, 참여 시민들의 인식을 증진하고자 하는 제도가 있다. 이는 환경부에서 실시하는 '생물다양성관리계약'으로 생태적으로 우수한 지역의 보전을 위하여 지방자치단체의 장과 지역 주민이 생태계 보전을 위한 계약을 체결하고, 계약 내용을 지킴에 따른 인센티브를 지방자치단체의 장이 제공하는 제도이다. 이 제도는 아래의 「생물다양성 보전 및 이용에 관한 법률」 제16조에 따라 시행되고 있으며 2002년도에 창원시의 주남저수지, 군산시의 금강호, 해남군의 영암호, 고천암호, 금호호의 3개의 시, 군에서의 시범사업을 시작으로 점차 확대되고 있다. 2019년 기준 27개 시, 군이 국고 및 지방비를 이용해 이 제도에 참여하고 있다. 특히, 시흥시와 신안군은 지방비로만 사업을 운영하고 있다.

생물다양성관리계약은 사업 내용에 따라 경작관리계약과 보호활동관리계약으로 나뉜다. 경작관리계약의 경우, 농경지에 지역 주민이 보리(겉보리, 쌀보리, 맥주보리 등) 등을 계약을 통해 경작하고, 철새의 먹이로 제공함에 따라 인센티브를 제공하는 계약 방식이다. 보호활동관리계약은 철새의 먹이를 제공하기 위해 벼를 미수확 존치하거나, 볏짚을 존치하거나, 쉼터 및 생태둠벙을 조성·관리하게 하여 지역 주민의 철새 및 생태계 보전 활동에 따른 인센티브를 제공하는 계약 방식이다. 실제 이 제도를 실시하고 있는 지역을 방문해 보면 먹이를 제공한 곳에는 많은 수의 철새가 몰려 있는 것을 볼 수 있다. 따라서 생물다양성관리계약은 대상종의 서식지를 보전하고, 먹이를 제공함으로써 해당 서식지에 도래하는 개체수의 존속을 가능하게 하며, 나아가 제도에 참여하는 지자체 및 주민들의 생태계 보전 활동을 지지해 줌으로써 생물다양성에 대한 인식을 증진해 나간다는 데 의의가 있다. 현재까지는 이 제도가 기러기류, 오리류, 두루미류 등 겨울철새를 대상으로 진행되었으나, 생물다양성 증진을 위한 수원청개구리, 물장군, 매화마름 등의 대상종 확대 방안에 대한 논의가 이뤄지고 있다.

야생동물, 특히 겨울철새로서는 먹이를 구하기 어려운 시기인 겨울철에 먹이를 확보해주는 것은 해당 종이 굶주림에서 벗어나고, 이듬해 시베리아에서 번식 성공도에도 긍정적인 영향을 미친다. 따라서 생물다양성관리계약과 같은 제도를 통한 겨울철새 보전은 일종의 우리나라의 국제적인 책무라 생각된다.

2 먹이를 삼키고 있는 겨울깃의 흰날개해오라기

3 주변을 경계하며 먹이를 찾는 모습

4 놀라서 자리를 옮기는 모습

황로 | 누른물까마귀 · *Bubulcus coromandus*

우리나라 전역에서 번식하는 여름철새이다.

이름의 유래

황로의 학명 *Bubulcus coromandus*에서 속명 *Bubulcus*는 '소와 관계 있는 것'이라는 뜻이며 영명 또한 '소와 관계가 있는 백로류'라는 뜻인 Cattle Egret이다. 이는 논이나 습지에 살면서 말이나 소의 뒤를 따라가며 말이나 소의 몸에 붙은 파리를 잡아먹는다든지 소나 말 때문에 놀라 달아나는 개구리나 메뚜기를 잡아먹기 때문에 지어진 것으로 보인다. 종소명 *coromandus*는 coromadel 해안(인도)이란 뜻으로 coromandelus의 단축형이다.

생김새와 생태

얼핏 보면 쇠백로와 비슷하지만 쇠백로보다 작고 부리는 짧으며 목이 굵고 몸집이 해오라기처럼 통통하다. 여름 날개깃, 머리, 목, 장식 날개깃이 있는 등은 등황색이고 나머지는 모두 흰색이다. 부리는 노란색으로 시기에 따라서 눈 앞이 빨간 것도 있다. 겨울깃은 몸 전체가 희고 머리가 약간 노란빛을 띠는 것도 있다.

잘 울지 않으며 번식기에는 둥지 가까운 곳에서 '과' 또는 '고아' 하는 소리를 낸다. 왜가리, 중대백로, 쇠백로의 무리에 섞여서 번식한다. 번식기가 지나면 4~5마리씩 작은 무리를 이룬다. 알을 낳는 시기는 5월 중순에서 7월 상순이며 한배산란수는 3~4개이다. 소나무를 비롯한 교목의 2~10m 높이의 가지에 죽은 나뭇가지를 모아 조잡한 접시 모양의 둥지를 튼다. 곤충류, 개구리, 파충류, 어류, 갑각류, 설치류 등을 주로 잡아먹는다.

분포

세계적으로는 중국 남부, 한국, 일본 남부, 동남아시아 등지에서 번식하고 호주, 아프리카 중남부 등지에서 겨울을 난다.

1 논둑에서 휴식을 취하다가 목을 길게 빼고 접근하는 포식자 삵을 경계하고 있는 황로 무리

2 논에서 먹이를 찾고 있는 비번식깃(왼쪽)과 번식깃(오른쪽)의 황로

3 나뭇가지에 앉아 있는 휴식을 취하는 모습

4 눈과 얼굴에 짙은 붉은색을 띤 번식기의 황로

새의 생태와 문화

전설의 새, 봉황

새들 가운데 '전설의 새'로 알려진 봉황이 있다. 옛날 중국에서는 기린, 거북이, 용과 더불어 봉황을 상서로운 동물로 꼽았다. 옛 기록을 보면, 봉황은 '앞부분은 기린이요, 뒷부분은 사슴이고, 목 부분은 뱀의 형태를 하며, 꼬리는 물고기, 등은 거북이, 턱은 제비, 부리는 닭과 비슷하고, 온몸이 오색 현란하며, 울음소리는 매우 아름답고, 잠자리는 오동나무에 정하고, 대나무 열매를 먹으며, 단물이 나는 샘에서 물을 마신다'고 나와 있다. 봉황은 동방 군자의 나라에서 나와서 사해의 밖을 날아 곤륜산을 지나 지주의 물을 마시고 약수에 깃을 씻고 저녁에 풍혈에 잔다고 묘사되었으며, 봉황이 나오면 세상이 안녕해진다고 하여 성군의 상징으로 여겨졌다. 우리나라는 봉황을 중국만큼 신성하게 여기지는 않은 것으로 보이며『삼국사기』와『삼국유사』에는 봉황이 나오지 않고『고려사』에 봉황이 등장한다. 조선시대에는 봉황을 성군의 덕을 상징하는 의미로 노래와 춤에 사용되었다.

또한 봉황의 문양은 건축과 공예품에 두루 쓰였는데, 봉두(鳳頭, 봉황의 머리 모양을 조각한 전각의 기둥), 봉장(鳳欌, 봉황 문양을 새긴 장롱), 봉잠(鳳簪, 봉황을 새긴 비녀 머리), 봉소(鳳簫, 봉황의 날개처럼 대나무로 만든 악기), 봉미선(鳳尾扇, 봉황의 꽁지를 닮은 부채), 봉침(鳳枕, 봉황을 수놓은 베개) 등 일상생활에 두루 사용되었다. 설화로는 봉이 김선달의 이야기가 유명한데, 김선달에게 닭을 봉황이라고 속여 파는 닭장수를 김선달이 꾀를 내어 크게 혼쭐내는 이야기이다.

새는 얼마나 다양할까?

일반적으로 새라고 하면 동물계 척삭동물문 조류강에 속하는 동물을 의미하며, 이들은 부리와 깃털을 갖고 알을 낳는 항온동물이다. 새는 사막에서부터 남북극까지, 심지어는 에베레스트산 상공과 수심 100m 이상의 깊은 바닷속에서도 관찰된다. 북극의 흰올빼미(Snowy Owls), 중동 사막의 검은배사막꿩(Black-bellied Sandgrouse), 페루 안데스 산맥에서 고도가 가장 높은 곳에 사는 흰날개츄카핀치(White-winged Duica Finch), 그리고 남극 바다 수백 미터 깊이를 수영하는 황제펭귄(Emperor Penguin), 거대한 수리와 선명한 앵무새는 세계의 열대 우림 상공을 날고, 느시(Bustard), 물떼새 그리고 종달새는 초원의 하늘을 난다.

새는 날개를 가지고 있어 쉽게 이동이 가능하며, 기온의 영향을 적게 받는 항온동물이기에 다양한 환경에서 서식할 수 있게 되었고, 그 환경에 맞추어 적응과 진화가 이루어졌다. 때문에 새들은 높은 다양성을 가지게 되었고, 종에 따라서 번식 생태, 먹이, 비행, 크기 등의 수많은 변이가 존재한다. 새는 전세계에 약 11,000여 종이 발견되었으며, 우리나라에서는 약 573종의 새가 관찰된 바 있다. 이는 전세계적으로 5,500여 종이 알려져 있는포유류에 비해 종수가 2배 가까이 차이가 난다.

현재 지구상에는 약 4,000억 마리 이상의 조류가 서식하고 있다고 한다. 이러한 조류의 다양성은 수억 년에 걸친 기나긴 세월 동안 진화적 변화와 적응의 결과이다. 현생조류는 36목(目, oder) 243과(科, family) 9,700~11,000여 종(種, species)으로 분류된다고 알려져 있다.

최근 시민 과학자들의 탐조기록 바탕으로 전세계 조류의 서식 개체수를 추정하였는데 약 500억 마리 정도가 지구상에 서식하는 것으로 추정하였다. 서식 개체수가 가장 많은 새는 집참새(House Sparrow)로 전세계에 약 16억 마리로 추정한다. 또한 10억 마리 이상 서식하는 종으로는 유럽찌르레기(European Starling)가 약 13억 마리, 북미갈매기(Ring-billed Gull)가 약 12억 마리, 제비(Barn Swallow)가 약 11억 마리로 추정하고 있다.

중대백로

중대백로 · *Ardea alba*

IUCN 적색목록 LC

우리나라 전역에서 널리 번식하는 흔한 여름철새이다.

1

2

이름의 유래

중대백로의 학명 *Ardea alba*에서 속명 *Ardea*는 라틴어로 '백로류(ardea)'에서 유래하며 종소명 *alba*는 라틴어 '희다'라는 뜻의 albus의 여성형이다. 영명은 '크다(great)'와 '백로류(egret)'가 합쳐진 Great Egret이다.

생김새와 생태

온몸의 길이는 89cm이며 부리, 목, 다리가 길고 암컷과 수컷 모두 온몸이 순백색이다. 번식기에는 등에서 장식깃(飾羽)이 나오는데 이 깃은 목의 아랫부분에서도 나온다. 그런데 이 깃은 겨울에는 사라지며 어린 새끼는 이 깃이 없다. 부리는 검고 눈 앞과 눈 주위는 녹청색이며 다리는 까맣다. 검은 부리는 겨울에 노랗게 변한다.

번식기에는 등에 있는 장식깃을 부채 모양으로 펼치며 과시행동(display, 대체로 수컷이 번식할 때 암컷에게 취하는 행동을 조류생태학에서는 디스플레이 또는 과시행동이라고 한다.)을 한다. 또 번식기에는 혼자 또는 2~3마리에서 7~8마리가 평지에서 노는 모습을 쉽게 볼 수 있으며, 새끼가 둥지를 떠난 뒤에는 번식지 부근의 논에 20~30마리 또는 40~50마리가 무리 지어 모여 있는 것을 볼 수 있다. 어미새는 '과-과-' 또는 '고아, 고아' 하는 소리를 낸다. 중대백로는 잡목림, 잎갈나무, 소나무, 참나무 등 2~20m에 이르는 높은 나무에서도 번식한다. 왜가리나 황로, 쇠백로 등의 무리와 함께 집단 번식하기도 하는데 200~300여 마리에서 2,000~3,000여 마리에 이르는 대집단을 이루기도 한다.

중대백로는 왜가리의 둥지 아래에 둥지를 만든다. 둥지는 접시 모양으로 나뭇가지를 써서 엉성하게 만들고 알을 낳을 자리에는 솔잎이나 나뭇잎을 깐다. 4월 말에서 6월 하순 사이에 알을 낳는데 한배산란수는 2~4개이다. 알은 청록색 타원형이다. 알을 품는 일은 암수가 교대로 하여 25~26일쯤이면 깨어나고 새끼는 30~42일 동안 어미가 기른다. 중대백로는 잠자리로 나무 위를 이용하며, 주변의 논이나 개울, 하천, 초습지 등지에서 먹이를 찾는다. 목을 S자 모양으로 굽히고 다리는 꼬리 끝으로 길게 내놓고서 날개를 천천히 펄럭이며 난다. 어류를 주로 먹으며 그 밖에 개구리, 올챙이, 들쥐, 새우, 가재 등의 갑각류와 수서곤충 등을 먹는다.

비슷한 새

백로속(*Egretta*)에는 중대백로를 비롯하여 중백로, 쇠백로, 노랑부리백로와 흑로가 있다. 겨울철에는 유독 크고 다리 기부가 노란 백로들을 흔히 볼 수 있는데 이는 아종인 대백로(*A. a. alba*)이다. 대백로는 왜가리보다 크고 전국적으로 도래한다. 또한 다리의 경부가 흐린 노란색이나 주황색을 띠고 있어 중대백로(*A. a. modesta*)와 쉽게 구별할 수 있다. 여기서 중대백로의 아종명에 붙는 *modesta*는 '조용하고 겸손하다'는 뜻이며 modestus의 여성형이다.

1 번식기에 둥지에서 장식깃을 펼쳐보이는 중대백로

2 다른 개체의 공격을 피해 날개를 펴고 달아나는 모습

3
4
5

분포

필리핀, 타이, 인도네시아 등의 동남아 지역에서 겨울을 난다.

새와 사람

고결함의 상징, 백로

까마귀 싸우는 골에 백로야 가지 마라.
성낸 까마귀 흰 빛은 새오나니,
창파에 조희 씻은 몸을 더러일까 하노라

이 시조는 포은 정몽주의 어머니가 지은 것이다. 이 시조에서도 볼 수 있듯이 우리 조상들은 백로(흰색)는 깨끗함, 특히 인간의 고고함을 상징한다고 여긴 데 반하여 까마귀(검은색)는 불결함, 더러움 등의 상징으로 여겼다.

새의 생태와 문화

조류의 피부 색깔의 변화

부리와 표피 색깔의 변화는 번식기 동안 성숙한 개체임을 배우자에게 알리는 소통의 역할을 한다. 이러한 변화는 펠리칸이나 얼가니새에서 더욱 두드러지며, 건강하고 사냥을 잘하는 개체일수록 화려한 색깔의 피부를 가진다고 알려져 있다. 조류의 표피는 그 외에도 다양한 역할을 하며, 기본적으로 외부로부터 물리적인 위협에 대한 방어역할을 할 뿐 아니라 온도를 조절하고 움직임을 돕는 역할도 한다.

3 겨울철 물가에서 먹이를 찾는 중대백로. 비번식기로 장식깃이 없으며 부리는 노랗다.

4 부리가 검고 눈주변이 녹청색인 번식기의 중대백로

5 동지를 향해서 날아가는 모습

노랑부리백로

노랑부리백로 · *Egretta eulophotes*

멸종위기 야생생물 I급 / 천연기념물 제361호 / 국가적색목록 EN / IUCN 적색목록 VU
우리나라에서는 보기 드문 여름철새이다.

이름의 유래

노랑부리백로의 학명은 *Egretta eulophotes*이며, 속명 *Egretta*는 프랑스어로 '백로'를 뜻하는 aigrette에서 유래하였다. 종소명 *eulophotes*는 '훌륭한 댕기깃이 있는'이라는 뜻으로, 그리스어로 '훌륭한'이라는 뜻의 eu와 그리이스어 댕기깃의 의미인 lophos가 합쳐진 말이다. 영어식 이름은 Chinese Egret인데 이것은 중국 남부 지역에서 서식한다고 가장 먼저 알려졌기 때문에 붙여진 이름인 듯하다.

생김새와 생태

노랑부리백로는 쇠백로와 비슷한 크기의 백로로서 온몸이 흰색 깃털로 덮여 있으며 번식기인 여름에는 머리 뒤쪽에 길지는 않은 20여 가닥의 댕기깃이 있고 가슴과 등에도 장식깃이 발달한다. 부리는 진한 노란색이며 눈 앞부분은 푸른색을 띤다. 다리는 검고 발은 노란색이다. 겨울이 되면 댕기깃과 장식깃이 없어지며 눈앞의 선은 황록색으로 변하고 다리는 녹갈색으로 바뀐다.

노랑부리백로는 여름철새로 3월 중순부터 첫 도래를 시작하여 4월 중순이면 최성기를 이루는데, 북한지역에는 4월 초 도래하기 시작하여 5월 초순 및 중순경 번식지에 도착한다. 한반도에서는 10월 중순경 월동지로 떠난다.

노랑부리백로는 만입된 해안, 해안 갯벌, 하구의 삼각주, 호수, 양어장과 논 같은 곳에서 서식한다. 신도(新島)에서 관찰된 바로는 쑥과 명아주 등이 빽빽히 자라는 경사진 곳과 정상 부근에 있는 선반 모양으로 생긴 바위에 풀을 이용하여 둥지를 지으며 알은 3~4개 낳는다.

남한의 주요 번식지는 나무섬, 납대기섬, 예도, 장구엽도, 섬어벌, 황서, 연평도, 비도 등의 도서지방이며 이곳에서 이대, 보리밥나무, 찔레나무 등에 둥지를 짓는다. 칠산도, 서만도는 노랑부리백로의 집단 서식지로 천연기념물과 특정도서로 각각 지정하여 보호하는 지역이다. 이처럼 서해안 섬에서 주로 번식을 하며 강화도, 영종도, 송도 등의 번식지의 배후 서해안 갯벌에서 먹이를 찾는다. 노랑부리백로의 먹이로는 망둥어를 비롯한 작은 물고기류와 새우, 게, 갯강구 등의 갑각류 등이 있다. 북한의 주번식지는 평안남도 온천군 덕도, 평안북도 곽산 앞바다, 무인도, 선천 앞바다 랍도, 묵이도, 참차도 등으로 알려져 있다.

전세계 집단의 대부분이 한국 서해안 무인도에서 번식하고, 봄부터 가을까지 서해안 갯벌지대에서 관찰되며, 드물게 부산 낙동강, 강원도 속초에도 도래한다.

1 구애행동을 하는 모습
2 만조시 갯벌 주변의 제방 위에 무리를 지은 노랑부리백로
3 먹이를 찾기 위하여 갯벌을 걸어가는 모습
4 날고 있는 번식깃의 한 쌍

5
6
7
8
9
10

| 분포

한반도, 러시아 극동지방, 중국 동남부 해안지역의 열도와 섬 등에서 번식하고 태국, 필리핀, 베트남, 말레이시아, 싱가포르, 부르나이(Brunei)와 인도네시아의 수마트라(Sumatra), 자바(Java), 칼리만탄(Kalimantan), 술라웨시(Sulawesi) 섬 등이 주요 월동지이다.

남한에서는 약 1,000~1,600개체가, 북한에서는 1,000~1,200개체가 번식하는 것으로 추정되어 한반도 내 노랑부리백로의 전체 번식개체군은 2,000~2,800개체로 추산된다. 이것은 전세계 노랑부리백로 번식개체수의 약 70%에 해당하므로 멸종위기조류인 노랑부리백로의 국제적 보호를 위해 한반도내 번식지 보호 및 번식개체군의 유지가 종의 보전에 중요할 것으로 생각된다.

| 새와 사람

노랑부리백로를 위협하는 요인

노랑부리백로는 과거 깃털 장식을 얻기 위한 사냥의 성행과 인간의 다양한 간섭에 의한 영향으로 19세기 이후 급격하게 개체수가 감소하였고, 또 북한에서는 이 시기에 많은 여성들이 노랑부리백로의 알이 피부에 좋다고 하여 채집하여 먹었다고 한다. 제2차 세계대전 이전까지만 해도 겨울에는 홍콩 근처의 중국 남부와 타이완, 필리핀 등지에서 집단 서식했고 여름철에는 만주와 한반도, 서해안 등지에서 번식했기 때문에 그렇게 드물지는 않았다. 그러나 한국전쟁이 끝나고 갯벌 매립을 포함한 주요 서식지에 대한 개발이 계속된 데다가 먹이인 민물고기 등이 농약에 오염되면서 그 수가 눈에 띄게 줄어들어 지금은 개체군이 얼마 남지 않은 것으로 알려졌다. 홍콩에서는 1962년까지 유엔 롱(Yuen Long)에서 10쌍까지 번식한 적이 있었지만 개체수가 감소하다가 1985년에는 아예 번식을 하지 않았다고 한다. 그러나 1987년 8월 12일 경기도 옹진군 북도면 장봉리 서남쪽 약 20.5km쯤 떨어진 곳에 있는 무인고도인 신도(5,945㎡, 약 1,800평)에서 남한지역에서는 처음으로 노랑부리백로 어른새(成鳥) 약 50여 개체와 어린 새 약 350여 개체 등 400여 개체 안팎의 대번식 집단을 발견하였다. 지금은 노랑부리백로가 번식하는 신도를 천연기념물 제360호, 칠산도를 천연기념물 제389호, 노랑부리백로를 제361호로 지정하여 보호하고 있다.

노랑부리백로는 주로 섬 지역에서 번식하므로 사람의 침입이 지속적으로 빈번하게 방해요인으로 작용한다. 또한 집토끼, 집쥐(시궁쥐) 등의 외래동물의 유입 또한 이 종의 번식과 서식에 큰 위협이 될 뿐 아니라 새롭게 방목되는 염소도 노랑부리백로 번식에 큰 위협이 되고 있다. 노랑부리백로를 보호하기 위해서는 유입동물의 구제 및 민간인의 출입을 통제할 필요가 있을 것으로 판단된다.

5 6 번식깃인 댕기깃과 장식깃을 가진 노랑부리백로
7 번식기에 서로 다투는 모습
8 둥지의 새끼를 돌보기 위해 내려앉는 모습
9 장식깃을 펼치고 새끼를 품은 모습
10 새끼를 돌보는 어미새

왜가리 | 왁새 · *Ardea cinerea*

IUCN 적색목록 LC

한국을 찾아오는 흔한 여름철새이자 일부 개체군은 흔한 텃새이다.

이름의 유래

왜가리의 학명 *Ardea cinerea*에서 속명 *Ardea*는 라틴어 ardea에서 유래되었고, 이는 그리스어 herōdius가 기원으로 '백로류'를 뜻한다. 종소명 *cinerea*는 라틴어 cinereus의 여성형이며 '회색의'라는 뜻으로 왜가리 몸 전체의 색깔이 회색인 것과 관계가 깊다. 영명은 '회색의 해오라기'라는 뜻으로 Grey Heron이다.

생김새와 생태

온몸의 길이는 91~102cm이고 부리, 목, 다리가 길고 머리는 검은색, 등은 회색, 몸 아랫면은 흰색, 가슴과 옆구리에는 짙은 회색 줄무늬가 있다. 다리와 부리는 계절에 따라 분홍색과 노란색을 띤다. 비행 시에는 목이 S자로 굽어지며, 다리는 꼬리 쪽으로 곧게 뻗는다.

논, 개울, 강, 하구 등지의 물가에서 단독 또는 2~3마리의 작은 무리를 지어 다니며, 주로 낮에 활동한다. 소리는 '왝- 왝' 하는 단음을 낸다. 번식은 4월 상순에서 5월 중순에 이뤄진다. 번식은 침엽수, 활엽수림에서 집단으로 이뤄지며, 단독 또는 백로와 함께 약 200~300마리에서 2,000~3,000여 마리에 이르는 대집단을 이루기도 한다. 한배산란수는 3~5개이며, 알은 하루에 1개씩 낳는다. 알을 품는 기간은 약 28일이고, 새끼는 만성성으로, 부화 후 약 50일간 암컷과 수컷이 함께 새끼를 기른다. 집단 번식지에서 왜가리는 나무의 상층부에 둥지를 틀며, 둥지는 나뭇가지를 엉성하게 얽어 접시 모양으로 만든다. 알을 낳을 자리는 오목하게 만들고, 나뭇잎을 깔아둔다. 먹이는 물고기, 개구리, 뱀, 쥐, 곤충 등 다양하며, 사냥 시에는 물가에 가만히 서 있다가 먹잇감을 부리로 낚아챈다.

우리나라에서는 백로와 왜가리의 집단 번식지를 천연기념물로 지정되어 보호되고 있다. 한편 왜가리와 백로의 집단 번식은 법적으로 보호되고 있지만, 인근 도시 및 마을에서는 배설물, 소음, 악취 등의 불편을 겪고 있어 새들과 주민들의 지속가능한 공존을 위한 협의가 필요한 상황이다.

분포

전세계적으로 일본, 중국(동북부), 몽골, 인도차이나, 미얀마 등에 분포한다. 우리나라에서 여름에 번식하고, 비번식기인 겨울에는 동남아시아 등지에서 나는 것으로 알려져 있으나, 지구온난화로 인해 기온이 점차 증가함에 따라 겨울철에도 비번식지로 이동하지 않고 텃새로 남는 개체군이 늘고 있다.

1 물가에서 휴식 중인 모습
2 커다란 물고기 사냥에 성공한 모습
3 소나무위에서 잠시 휴식 중인 모습

4 먹이를 갖고 둥지로 날아드는 왜가리
5 물가에서 먹이 사냥에 성공한 모습
6 어린새가 먹이를 찾을 수 있는 습지를 향해 내려앉고 있다.

 멸종위기·보호 정책

집단 번식지로는 충청북도 진천군 노원리(천연기념물 제13호), 경기도 여주시 신접리(천연기념물 제209호), 전라남도 무안군 용월리(천연기념물 제211호), 강원도 양양군 포매리(천연기념물 제229호), 경상남도 통영시 도선리(천연기념물 제231호), 강원도 횡성군 압곡리(천연기념물 제248호) 등이 있다.

새의 생태와 문화

조류의 배설(Excretory)

조류의 배설물인 물과 질소화합물의 배출은 콩팥(신장)과 장 등에서 이루어진다. 조류의 배설계 특징으로 콩팥(신장)은 구조나 기능이 포유류나 파충류와 다르며 부분적으로 조절이 가능한 네프론(nephrons)을 지녔으며 또한 총배설강(cloaca)과 대장, 맹장에서도 오줌의 조절이 가능하다. 그러나 포유류와 달리 방광이 없다. 이는 조류가 날기 위하여 몸무게를 최소화하기 위한 것으로 생각된다. 노폐물 제거에 있어 오줌은 콩팥의 세뇨관(renal tubules, 細尿管)에서 고농축된다. 이때 67~99%의 물이 세뇨관에서 모세혈관으로 재흡수되는데 포도당과 많은 양의 염분도 재흡수된다. 재흡수되고 남은 노폐물(소변)은 구아노처럼 풀 같은 흰색의 물질로 대변과 함께 배설된다. 대부분의 포유류는 오줌을 요소로 배설하는데 비하여 조류는 오줌을 요산(uric acid)으로 배설된다. 요산은 독성을 가진 질소 노폐물을 단위 분자 당 2배 이상 포함하여 배출할 수 있기 때문에 조류는 배설물을 요산으로 배출한다. 요산은 요소처럼 물에 녹지 않고 반고체성으로 배설되므로 많은 양의 물을 절약할 수 있으며 이로 인해 소변의 양이 적다. 예로 포유류의 경우 요소 1g에 물 60ml가 필요한 반면 요산은 1.5~3ml만 필요하다. 이렇게 조류는 비행에 적합하도록 체중을 줄이는 방법의 하나로 적은 양의 물만 있어도 되는 요산을 배출하는 쪽으로 진화했다고 할 수 있다.

새들의 배설물 구아노

구아노(스페인어: guano)는 농업 비료로 사용되는 모든 형태의 똥을 의미하는 안데스 원주민 언어 케추아(Quechua)어의 'wanu'에서 유래하였다. 이것은 바다새(Seabird)가 집단번식지인 바위섬에 쌓인 배설물이 시간이 지나면서 자연건조되어 단단한 덩어리로 화석화된 것이다. 이 과정에서 식물생장에 좋은 성분들이 자연 농축되어 최고의 비료가 된다. 구아노와 관련하여 역사적으로 유명한 바다새는 구아노가마우지(Guanay Cormorant: 가장 개체수가 많고 구아노의 중요한 생산자이다)를 비롯한 페루 펠리컨(Peruvian Pelican), 페루얼가니새(Peruvian Booby)가 있다. 페루 태평양해안의 친차섬(Chincha Island)은 구아노가 많은 대표적인 섬이다. 주요 구아노 산지는 남미(칠레, 페루, 에콰도르)나 오세아니아(나우루 등)이다. 페루는 구아노가 천연비료로 가치가 알려진 1840년부터 40년 동안 미국과 유럽으로 2천만 톤을 수출하여 많은 경제적인 부를 축적하였다. 1908년 독일에서 화학적으로 합성한 질소비료를 공장에서 생산하면서 구아노의 가격은 폭락하게 되고 서서히 잊혀졌다. 그러나 최근 유기농업에 대한 관심이 높아지며 천연비료의 수요가 늘어 구아노가 새롭게 주목받고 있다. 우리나라도 페루에서 수입하여 유기농 비료로 사용하고 있다.

황새

| 황새 · *Ciconia boyciana*

멸종위기 야생생물 I급 / 천연기념물 제199호 / 국가적색목록 EN / IUCN 적색목록 EN
매우 드문 겨울철새이자 더러는 나그네새이기도 하다. 예전에는 우리나라 어디서나 쉽게 볼 수 있는 텃새였지만, 1971년 마지막 야생 황새 쌍의 수컷이 사냥당하고 암컷은 서울대공원에서 수명이 다하며 1994년 폐사하였다.
근래에는 통과 시기나 겨울에만 아주 적은 무리가 관찰된다.

1
2

이름의 유래

우리나라에서 관찰되는 황새의 학명은 *Ciconia boyciana*으로 속명 *Ciconia*는 라틴어로 '황새'를 뜻하고, 종소명 *boyciana*은 중국 상하이의 공무원이었던 영국인 Robert Henry Boyce의 이름에서 유래되었다. 영명은 Oriental Stork로, 아시아에서 관찰되었음이 이름에 표현되어 있다. 유럽과 아시아의 황새는 서로 다른 종이며 유럽의 황새는 *Ciconia cionia*가 학명이고, 영명은 European White Stork로 크기도 국내 황새에 비해 작은 편이다.

생김새와 생태

온몸의 길이는 112cm이고, 날개편길이는 200cm이다. 황새는 두껍고 긴 부리를 가진 큰 물새로서 두루미와 헷갈리기 쉽다. 몸이 하얗고 날개 뒤의 반쪽은 검고 그 사이에 은회색 반점이 있다. 눈 주위는 붉고 부리는 검은색이며 다리는 엷은 핑크색이다.

호반, 하구, 소택지, 논, 밭 등 넓은 범위의 습지대 물가에서 살며 혼자 혹은 2마리 더러는 작은 무리를 이루어 생활을 하는 조용하고 경계심이 강한 새이다. 황새는 소나무를 비롯하여 미류나무, 느릅나무, 팽나무, 물푸레나무, 감나무, 은행나무 등 주로 마을 가까운 곳에 홀로 선 큰 나무에서 새끼를 치고, 소나무가 드문드문 자라는 야산 솔숲에서도 새끼를 친 예가 있다. 일본에서는 숲속의 교목에 둥지를 틀고 해마다 같은 둥지를 이용하는 것이 많았다고 한다. 둥지는 5~20m에 이르는 키가 큰 나무의 가지 위에 있기도 하지만 주로 나무 꼭대기를 골라 나뭇가지를 엉성하게 쌓아 올린 다음에 짚과 풀과 흙으로 굳혀 접시 모양의 큰 둥지를 튼다. 둥지 밑바닥에는 부드러운 풀과 볏짚 등을 깐다. 둥지는 새로 틀기도 하지만 낡은 둥지를 이용할 때는 새 나뭇가지를 주워 보수하므로 차츰 둥지의 높이가 더해 간다.

황새는 소리를 내지 못하며 대신 번식기에는 부리를 부딪쳐서 가늘게 떨며 '고록, 고록, 고록, 가락, 가락' 하는 둔탁한 소리를 낸다. 알을 낳는 시기는 3~4월이며, 한배산란수는 3~4개이다. 새끼는 품은 지 30일 만에 깨어나 53~55일 동안 어미새에게서 먹이를 받아먹고 나서는 둥지를 떠난다. 민물고기, 개구리, 포유류 등의 척추동물을 비롯하여 거미류와 곤충류를 잡아먹지만 민물고기와 개구리를 잘 먹는다.

분포

시베리아의 동쪽에 자리잡은 아무르 분지에서 번식하며, 중국 회남, 한반도, 일본 등지에서 겨울을 난다. 황새의 이주를 연구한 결과에서, 독일에서 번식하는 황새 부부가 가을에 이주 시에 암컷은 스페인으로 수컷은 아프리카로 따로 가고, 번식기에는 독일에 수컷이 먼저 도착해서 기다리는 것이 확인되었다.

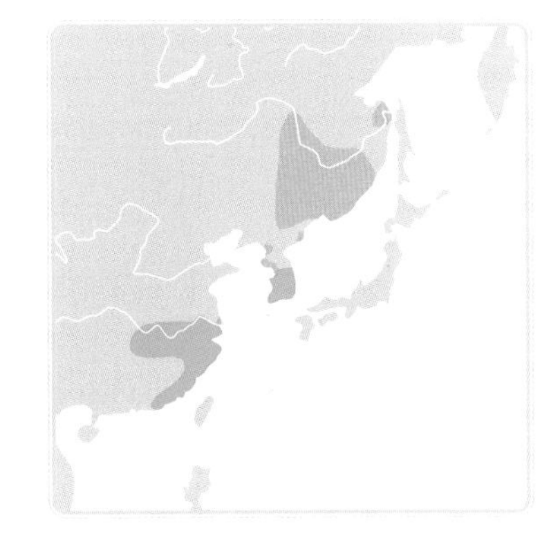

1 먹이를 찾기 위해 이동하는 모습

2 둥지를 지으려고 나뭇가지를 물고 나는 모습

3 번식기에 상대와 교감을 위한 날갯짓을 하는 황새

4 먹잇감인 물고기를 잡은 모습

새와 사람

모성애가 깊고 어미새에게 효도하는 황새

우리나라에서는 예부터 이 황새를 백관(白鸛), 부금(負金), 흑구(黑勾), 조근, 관됴(鸛鳥), 한새, 항새, 참항새 등으로 불러왔다. 예부터 소나무 위에 앉은 학으로서 사람들 입에 오르내리던 새가 바로 두루미가 아니라 황새였다. 두루미는 나무에 앉는 법이 없다. 서양에서는 옛날부터, 황새는 어미새가 늙으면 자식 황새가 자신을 키워 준 세월만큼 어미에게 공양하여 은혜를 갚는다고 하는 이야기가 전해진다. 또 근대에 와서는 새끼를 아끼는 모정이 깊은 새로 알려져 북유럽에서는 사람의 아기는 황새가 데려온다고 아이들에게 일러 준다. 이는 유럽에서 황새가 인가 가까이 집 근처 또는 지붕이나 굴뚝에 둥지를 지어 번식을 하는 경우가 많아 사람과 친숙한 새임을 알 수 있는 이야기이다.

한편, 중국에서는 황새의 뼈에는 독이 있다고 믿어 왔는데, 이 뼈를 넣은 탕(湯)을 머리에 끼얹으면 머리카락이 다 빠져 버리고 다시는 머리카락이 나지 않는다는 이야기가 전해진다.

새의 생태와 문화

야생 황새의 복원

황새는 1900년대 초반까지만 해도 동북아시아 지역에 광범위하게 서식하였으며 극동아시아 지역에서 봄과 여름철에 번식기를 보내고 주로 한국과 중국 남쪽지방에서 월동하였다. 그러나 서식지와 먹이의 감소, 남획 등의 이유로 인해 1970년대 이후 한국과 일본에서는 번식 개체군이 멸종하였으며 러시아와 중국의 번식 개체군도 크게 감소하였다. 현재는 전세계적으로 1,000~2,500마리 가량 생존해 있는 것으로 알려져 있다.

이에 따라 국내에서는 야생 황새를 복원하고자 1996년 한국교원대학교에서 황새복원센터(現 황새생태연구원)를 건립하고 독일과 러시아로부터 황새 3마리를 도입하였으며, 1999년에 일본으로부터 수정란 3개를 수입하여 새끼 2마리를 인공부화하는 데 처음으로 성공하였다. 이후 주변에 황새 서식지 조성을 위해 황새마을을 조성하고, 단계적 방사장을 설치하였으며 둥지탑을 만들어 주는 등 황새 복원을 위한 노력이 이어졌다. 이와 같은 노력 덕분에 2002년에 처음으로 번식쌍을 형성하여 인공번식(2마리), 2003년에는 자연번식(1마리)에 성공하였다. 이후, 2018년을 기준으로 사육개체는 160마리까지 증가하였으며 43마리의 황새가 야생에 방사되었다. 방사개체에는 개체 인식을 위한 가락지와 이동 경로 파악을 위한 위치추적기가 부착되었으며 이를 이용하여 생태 정보를 모니터링하고 있다. 드디어 국내 황새 복원이 본 궤도에 진입하게 된 것이다.

멸종위기종의 복원에 있어 번식 및 증식 기술만큼 중요한 것이 개체의 유전적 다양성을 확보하는 것이다. 소수의 개체로부터 증식이 되었을 경우, 유전자 타입이 다양하지 않아 번식력과 생존력이 떨어져 야생에 방사했을 경우 적응력이 떨어지게 된다. 이러한 문제를 해결하고자 황새복원센터에서는 1996년부터 2010년까지 총 38개체(야생 24개체, 사육 14개체)의 황새를 러시아와 독일, 일본 등지에서 수입 또는 교환을 통해 복원 개체군의 유전적 다양성을 확보하고자 노력하였다. 또한, 질병으로 인한 집단 폐사와 같은 비상상황에 대응하고자 2014년에는 충남 예산군에 황새공원을 조성하여 사육 시설을 지리적으로 분리하였다.

일본의 도요오카는 황새마을로 불리며 멸종된 황새를 복원하여 마을 어디서나 황새를 볼 수 있는 곳이다. 인공증식을 24년 동안 성공하지 못하다가 1989년 러시아에서 들여온 한 쌍의 황새가 산란과 부화에 성공하면서 황새마을을 조성될 수 있었다.

저어새 | 저어새 · *Platalea minor*

멸종위기 야생생물 I급 / 천연기념물 제205-1호 / 국가적색목록 VU / IUCN 적색목록 EN
드문 여름철새이자 겨울철새이다.

1 둥지 근처에서 휴식 중인 저어새

2 논에서 먹이를 찾기 위해 이동하는 어른새(앞)와 어린새(뒤)

이름의 유래

저어새의 학명 *Platalea minor*에서 속명 *Platalea*는 그리스어로 '부리의 끝부분이 넓다'는 뜻의 platys에서 유래한다. 또한 '부리가 숟가락같이 생겼다'고 하여 저어새류를 영어로 Spoonbill이라고 하는데, 저어새의 경우 눈 주위의 검은 부분이 부리 기부와 폭넓게 연결되어 있어 Black-faced Spoonbill이라 한다. 종소명 *minor*는 '작다'는 뜻이다. 우리나라 이름의 경우, 저어새의 섭식행동, 즉 주걱처럼 생긴 부리를 얕은 물속에 넣고 좌우로 휘휘 저으면서 먹이를 찾는 모습에서 이름 붙여졌다.

생김새와 생태

온몸의 길이는 약 74cm이다. 생김새를 보면 부리는 끝이 평평하고 주걱 모양으로 매우 길며 목과 다리도 길다. 몸은 흰색으로 여름에는 뒷머리에 등황색의 댕기깃이 생기고 목에는 등황색의 띠가 있다. 겨울이 되면 댕기깃이 짧아지고 목 부분의 등황색도 없어진다. 어린새의 경우, 부리가 어른새보다 연한 색을 띠며, 나이가 들면서 점점 색깔이 진해지고 주름이 만들어진다.

저어새가 약 20cm인 부리를 이용해 먹이를 찾으려면 다리가 조금 잠길 정도의 얕은 물이 고인 곳이 적합하다. 그렇기에 저어새는 탁 트인 습지나 얕은 호수, 큰 하천, 하구의 갯벌 또는 바위와 모래로 덮인 작은 섬 등지에서 산다. 저어새의 최대 번식지는 서해 남북한 접경지역에 있는 무인도이며 저어새는 인간의 간섭이 없는 곳을 선호한다. 또 북한 서해안의 대감도, 덕도, 함박섬 같은 무인도와 두만강 하류, 중국 랴오닝성에서도 번식한다. 얕은 해안, 갯벌, 습지에서 가까운 숲을 잠자리로 삼는다. 무인도의 관목숲 또는 지면, 바위 등에서 집단 번식하며, 마른 나뭇가지나 식물 줄기를 이용하여 지면, 바위 위에 둥지를 짓는다.

한배산란수는 2~3개이며 약 25~26일 정도 알을 품고, 알에서 깬 새끼는 40일 동안 둥지에서 자란다. 한강 하구, 강화도 일대, 시화호 등의 논, 습지, 갯벌에서 먹이를 구하며, 작은 민물고기, 개구리, 올챙이, 연체동물의 조개류, 곤충 등을 잡아먹으며 수생식물과 그 열매도 먹는다.

비슷한 새

저어새와 근연종인 노랑부리저어새(*Platalea leucorodia*, Eurasian Spoonbill)는 겨울에 우리나라를 찾는다. 두 종을 구분하는 가장 큰 특징은 얼굴이다. 노랑부리저어새는 부리 끝이 노란색이며 눈 주변은 하얀 반면, 저어새는 검은 가면을 쓴 듯 눈 주변 얼굴이 검고 부리도 전체가 검다. 시화호에서 종종 노랑부리저어새와 저어새가 함께 관찰되기도 하는데, 이때 얼굴을 살펴보면 둘을 쉽게 구분할 수 있다.

분포

저어새는 우리나라에서 번식하고, 황해를 건너 중국 동남해안이나 타이완, 홍콩 등지에서 겨울을 난다. 서해안을 따라 이동하거나 내륙을 가로질러 남해안을 통과하는 무리는 우리나라의 제주도, 일본 규슈 지역, 오키나와로 이동하여 겨울을 나기도 한다. 최근에는 캄보디아, 태국, 필리핀에서도 월동한 기록이 있다.

3 간섭을 피해 이동하는 저어새

4 두 개체가 서로 깃을 다듬어 주고 교감하는 모습

5 물가에서 부리를 좌우로 움직이며 먹잇감을 찾고 있다.

새의 생태와 문화

저어새의 멸종위기와 서식지 감소

저어새는 현재 어른새가 2,300여 마리밖에 남지 않은 멸종위기종으로, 우리나라의 서해안, 강화도 등의 일대가 중요한 번식지이지만, 간척사업, 매립 등으로 인한 주요 서식지의 감소가 계속되고 있으며, 이는 저어새 멸종의 가장 큰 원인으로 여겨지고 있다. 수도권에서 저어새를 가장 쉽게 볼 수 있는 장소는 아마도 인천광역시의 남동유수지일 것이다. 인천광역시 남동구, 연수구 일대의 상당한 면적이 갯벌을 매립한 지역이기 때문에, 이로 인해 발생하게 되는 홍수를 막고자 만든 남동유수지의 인공섬에서 2009년부터 저어새가 번식을 하기 시작했다. 원래 무인도에서나 번식하는 저어새가 도시 한가운데서 번식을 한 데에는 서식환경이 좋아서라기보다는 대부분의 인근 갯벌이 매립되어 저어새가 쉴 수 있는 공간이 부족하기 때문인 것으로 판단된다. 때문에 저어새의 번식을 돕기 위해서는 기존의 번식지에 사람의 간섭을 줄이고, 먹이터를 보전할 필요가 있다.

야생동물 멸종위기의 원인

멸종위기에 처한 야생 조류, 포유류 등의 야생 동물 종이 차츰 늘어나고 있다. 야생동물 생태학자들은 그 주요한 원인으로 지나친 이용, 외래종의 도입, 환경오염, 서식지 파괴 등을 손꼽아 말한다. 첫째, 지나친 이용이란 사냥이나 상업적인 쓰임에서 비롯된 것을 말한다. 마지막 도도새는 17세기에 멸종했으며 또 날지 못하는 큰바다쇠오리과의 새인 큰바다오리(*Pinguinis impennes*, Great Auk)라는 새는 19세기 중반에 멸종하였다. 현재 아프리카코끼리는 상아를 위하여 밀렵이 이루어지고 있으며, 우황청심환을 만드는 데 들어가는 코뿔소의 뿔은 아시아 국가들에서 지나치게 많이 소비하는 탓에 코뿔소가 거의 멸종위기에 처하고 있다. 그러므로 이들 종은 국제협약에 의해 거래가 제한된다. 또 우리나라에서는 곰의 쓸개인 웅담을 매우 많이 쓰는 까닭에 반달가슴곰이 멸종 직전에 이른 바 있으며, 복원사업이 진행 중인 아직까지도 지리산 국립공원 내 곰을 잡기 위한 덫이 발견된다고 한다. 둘째, 외래종의 도입은 우리의 고유 자연 생태계에 여러 가지 문제를 일으키고 있다. 우리나라의 경우에는 뉴트리아를 외국에서 들여온 후 국내 자연 생태계에 유입되어 남부 지방의 수서 생태계를 어지럽혀 토착종에게 피해를 주고 있으며 또 외국에서 도입한 담수어의 방류로 말미암아 우리나라의 고유 토착종이 밀려나는 현상까지 빚어지고 있다. 그러므로 어떠한 이유에서라도 외래종의 도입은 삼가는 것이 좋다. 셋째, 환경오염 때문에 빚어진 것으로서 DDT나 DDE 같은 농약에 의한 오염이나 산성비 등에 의한 생물의 생존 위협 때문에 야생 조류, 특히 맹금류가 눈에 띄게 줄어들고 있다. 넷째, 서식지 파괴를 들 수 있다. 지나친 도시화와 산업화에 따른 야생동물의 서식지 면적이 줄어들고 그 질 또한 떨어짐으로써 야생동물의 생활환경이 열악해지고 있다. 특히 도로의 건설이 야생동물의 서식지를 격리시킴으로써 야생동물의 이동을 방해할 뿐만 아니라 사람의 간섭에 따른 서식지의 질을 떨어뜨리는 까닭에 야생동물은 차츰 더 멸종위기로 치닫고 있는 것이다. 또한 기후변화도 야생동물의 멸종에 기여하고 있으며, 조류의 경우 기후변화가 초목들의 개엽, 개화시기를 변화시키고, 이는 곤충의 발생에 영향을 주게 된다. 이는 전과 동일한 시기에 번식을 위해 이주한 조류들이 먹이 부족으로 성공적인 번식을 하지 못하게 되어 개체군이 지속적으로 감소하게 만든다.

따오기

| 따오기 · *Nipponia nippon*

멸종위기 야생생물 II급 / 천연기념물 제198호 / 국가적색목록 RE / IUCN 적색목록 EN
우리나라 전역에 서식하였다. 국내에서 흔한 겨울철새로 알려졌으나,
한국에서 포획된 개체 표본이 번식깃을 가지고 있어 일부는 텃새로 존재하였던 것으로 보인다.

1
2
3

이름의 유래

따오기의 학명 *Nipponia nippon*은 일본에서 잡힌 따오기가 서양에 처음 소개되었기 때문에 붙여진 이름이다. 영명은 Crested Ibis로 관과 같은 댕기깃을 가진 따오기를 의미한다. 우리나라에서 부르는 이름은 동요에 나오는 것처럼 따오기의 울음소리가 '따옥, 따옥'이 아니라 '당옥, 당옥'이라 하여 본래 당옥이로 불리다가 이후 따오기가 되었다. 우리 조상들은 쥬로(朱鷺), 쌰오리라고 불렀다.

생김새와 생태

부리는 검은색이며 끝이 붉고, 얼굴과 다리는 붉은색이다. 머리 뒤에는 댕기깃이 늘어져 있다. 겨울깃은 몸 전체가 흰색을 띠며 여름깃은 머리와 등이 검은색을 띤다. 게, 미꾸라지, 곤충 등을 먹으며 근처 소나무나 잡목에 둥지를 튼다.

따오기는 국내 농촌에 매우 흔했던 새로, 19세기 말 외국 학자들의 기록에서 서울 근교에서 약 50여 마리의 따오기를 관찰하였고, 쉽게 사냥할 수 있었음을 확인할 수 있다. 그러나 1979년 1월 경기 파주시 문산 비무장지대(DMZ) 근처에서 마지막으로 관찰된 뒤 지금까지 국내에서 야생 따오기가 관찰된 기록이 존재하지 않는다. 따오기는 청정한 농촌 서식 환경을 나타내는 지표종이라 할 수 있었으나 과도한 농약 사용과 산업화, 개발로 인한 서식지 파괴로 인해 사라졌다.

분포

세계적으로는 극동 러시아, 중국, 일본, 한국, 타이완에서 서식했던 기록이 있다. 20세기 말에 거의 멸종한 것으로 알려졌으나 1981년 중국 산시성에서 7개체가 발견되어 인공증식을 통해 개체수가 증가하고 있다.

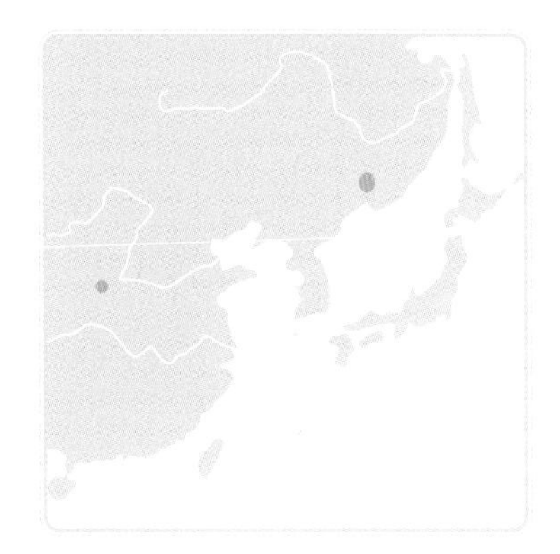

1 우포따오기복원센터에 있는 번식깃의 어른새
2 따오기복원센터에서 자연 회복 훈련 중인 집단
3 번식깃의 한 쌍

4 비상하는 따오기

5 경계를 취하고 있는 비번식기의 어른새

새와 사람

농촌의 새

따오기는 우리나라에서 겨울철새이며, 일부는 텃새이다. 일본에서는 텃새이다. 1981년 전세계 마지막 따오기 개체군 7마리가 발견된 중국 산시성, 간쑤성에서는 텃새였다. 이 지역들은 주로 논농사가 이루어지고 마을숲의 소나무에서 둥지를 틀었던 공통점이 있으며 따오기가 우리 인간과 매우 긴밀한 공생의 역사를 가지고 있음을 알 수 있다. 우리나라를 비롯한 3개국이 따오기 복원센터를 건립한 곳은 이러한 환경조건에 부합하는 곳에 건립되었다. 우리나라에서는 따오기에 대한 설화와 동요가 전해지고 있다.

최근 창녕 우포 따오기복원센터에서 2019년과 2020년 5월에 40마리씩 방사된 따오기들이 둥지를 트는 곳은 모두 인가와 가까운 마을숲의 소나무였고 2020~2021년도 겨울에 잠자리로 선택한 곳도 인가로부터 100여m 떨어진 마을 소나무숲에서 수십 여 마리가 잠을 잤다고 한다. 따오기의 서식조건은 미꾸라지, 물고기, 수서곤충 등 충분한 수생생물이 먹이자원으로 공급될 수 있는 무논과 늪, 습지가 있어야 한다. 또한 안전하게 둥지를 틀고 잠자리를 확보할 수 있어야 하며 지역사회가 따오기 보호와 관심이 많은 곳이어야 한다. 앞으로도 따오기는 인간의 보살핌으로 함께 살아가야 할 종으로 생각된다.

새의 생태와 문화

따오기의 복원

현재 따오기는 멸종위기에 처한 조류로 세계 각국에서 보호종으로 지정, 보호하고 있다. 한국, 중국, 일본에서는 따오기 복원 작업이 진행 중이며, 중국의 경우 약 3,000여 마리까지 개체수를 증식시켰다. 국내에서는 중국으로부터 양저우, 룽팅이라는 이름의 따오기 한 쌍을 2008년에 도입하였으며, 창녕 우포늪에 우포따오기복원센터를 건립하여 복원·증식시키고 있다. 또한 2013년 두 마리 수컷을 더 도입하여 근친교배를 최소화하고자 하였다. 그 결과, 2019년까지 총 363마리의 따오기가 증식되었으며, 2019년 5월 40개체가 야생 방사되었다. 따오기의 복원은 단순히 우리나라의 자연에 한 종이 늘어난다는 의미로 그치지 않는다. 옛 조상들에게 있어 따오기 소리는 농촌 문화의 일부였으며, 현대에 와서는 점점 귀해지는 생명 유전자원을 복원하고 지켜낸다는 의미가 있다. 또한 외부 자극에 민감한 따오기를 온전히 복원한다는 것은 따오기가 살아가던 청정한 자연을 함께 복원함을 의미한다. 즉 따오기의 복원은 고유 생물종 다양성을 확보함과 동시에 농촌 생태계를 회복하는 일이다. 따오기 복원사업의 가장 큰 문제는 유전적 다양성의 확보다. 현재 국내에 복원된 개체수가 300마리를 넘었지만, 이는 단 3마리의 수컷과 1마리의 암컷으로 비롯된 것으로 근친교배가 지속되어 개체군의 유전적 다양성은 매우 낮다. 낮은 유전적 다양성은 생존과 생식에 불리한 자손이 생성되도록 유도하기에 따오기 복원에 큰 걸림돌이 될 수 있다. 현재 따오기들은 중국에서 처음 발견된 7개체로부터 증식된 것으로 다양한 유전적 다양성이 확보되기 힘들 것이며, 이를 해결하기 위해서는 중국과 일본, 한국이 서로 따오기를 상호 교환함으로써 유전적 다양성을 높이는 과정이 필요하다. 머지않아 이 땅에 복원된 따오기의 울음소리를 들을 수 있는 날이 오길 기대해 본다.

개리 | 물개리 · *Anser cygnoides*

멸종위기 야생생물 II급 / 천연기념물 제325-1호 / 국가적색목록 EN / IUCN 적색목록 VU
우리나라에서는 드문 겨울철새이자 나그네새이다.

이름의 유래

개리의 학명 *Anser cygnoides*에서 속명 *Anser*는 '기러기'라는 뜻으로 이 종이 기러기속에 속하는 것을 알 수 있다. 종소명 *cygnoides*는 라틴어 cygnus(백조)와 그리스어 -oides(어떤 모양새를 한)의 합성어이다. 이는 '백조와 비슷한' 또는 '백조를 닮은'의 뜻이며, 영명 또한 이와 같은 의미로 Swan Goose이다.

생김새와 생태

몸이 크고 부리와 목이 길다. 머리 꼭대기에서부터 목덜미까지는 검은 갈색이며 눈 밑에서부터 목까지는 엷은 갈색으로 농담의 차가 뚜렷하다. 몸은 회색을 띤 갈색으로 몸 옆으로 엷은 반점이 있다. 부리는 검고 기부에 흰 줄이 있으며 다리는 황색이다.

호수나 늪, 논, 초습지, 소택지, 해만, 간척지 등지에서 살며 아침과 저녁에는 논과 간척지에 무리를 지어 내려앉아 먹이를 찾는다. 하천의 섬이나 작은 도서 등지에서 번식하며 땅 위의 움푹 들어간 곳에 마른 풀의 줄기를 깔고 접시 모양의 둥지를 튼다. '과-, 과-' 또는 '관, 관' 하고 울며 둥지 가까이에서는 '과아- 오-, 과아- 오-' 하고 거위처럼 운다. 한배산란수는 4~6개이다. 조류(藻類), 수생식물, 육생식물 또는 벼, 보리, 밀 등의 씨앗이나 그 잎을 먹으며 그 밖에 조개류도 먹는다.

과거에는 우리나라 어디에서나 흔하게 겨울을 나는 철새였지만 갈수록 겨울철 월동하는 개체를 확인하기 힘들어졌다. 중국과 몽골의 일부 지역에서 겨울을 나는 무리는 많아서 조류 탐조가들이 즐겨 찾고 있다. 개리는 거위의 원종이기도 한데, 유럽의 흰 거위는 회색기러기로부터, 중국의 거위는 개리로부터 유래되었다고 한다. 아직도 가축을 키우는 시골 농가를 찾으면 개리를 똑 닮은 거위를 볼 수 있다.

분포

지구상에서 기러기목 조류는 150종이 알려져 있지만 순수한 기러기는 17종에 지나지 않으며 우리나라에는 6종의 기러기류가 정기적으로 찾아온다. 이 가운데에 개리와 흑기러기 2종을 천연기념물 325호, 환경부 지정 멸종위기 야생생물 II급으로 지정하여 보호하고 있다. 시베리아 중남부 지역의 오브강과 토볼강 배수 지역에서 동쪽의 캄차카까지 이르는 지역에서 번식하며, 중국 중부, 한국, 일본 등지에서 겨울을 난다. 북한에서는 평안북도 용암포 압록강가, 평안남도 청천강 하구와 해안이나 습지 또는 논밭 등지에서 10여 마리의 작은 집단이 관찰되었다.

1 무리 지어 이동하는 모습

2 번식지의 습지에서 무리 지어 먹이를 찾는 모습

3 갯벌에서 먹이를 찾아 이동하는 개리
4 기지개를 펴는 모습
5 번식지의 풀 숲에서 먹이를 찾거나 천적을 경계하는 모습

새의 생태와 문화

동물지리구

생물지리학은 동식물의 지리적 분포를 연구하며, 지구상의 전 지역을 각각의 독특한 생물상에 따라 생물지리구를 나누고 있다. 동물지리구는 전세계 동물상의 지리적 분포에 따라 구분한 지리구인데, 다윈과 함께 진화론의 창시자로 알려진 앨프리드 러셀 월리스(Alfred Russel Wallace)의 포유류 분포를 기초로 구분하고 있다. 지구상의 동물은 크게 6개의 지리구로 구분하며, 구북구, 신북구, 에티오피아구, 동양구, 오스트레일리아구, 신열대구가 이에 해당한다. 각각의 지리구에는 다른 지리구에 존재하지 않는 종이 존재하며 이를 고유종(endemic species)이라 부른다. 조류도 각 지리구별로 독특한 분류군이 관찰되며, 신열대구(NEOTROPICAL)는 남미를 중심으로 95과 3,370종, 전세계종의 1/3이 서식한다. 과일과 꿀을 먹는 종이 많으며, 31개 고유과가 있으며, 투칸(Toucan)이 대표적인 고유종이다. 가장 높은 종다양성을 가지고 있다. 구북구(PALEARCTIC)는 유라시아대륙을 중심으로 69과 937종이 서식하며 1개 고유과가 있으며, 아비(Loon)가 대표종이다. 대부분은 철새로 구성되며 곤충을 주식으로 하는 종들이 많다. 다른 지리구와 겹치는 종이 많다. 신북구(NEARCTIC)는 61과 732종이 있으며 고유과가 없다. 철새가 대부분이며, 구북구와 관련성이 깊으며, 남미 원산의 벌새, 풍금조 등이 서식하고 종다양성이 낮다. 인도말레시아구(INDOMALAYAN)는 69과 1,700종이 서식하며, 13개 고유과가 있다.아프리카열대구와 관계가 많다. 과일과 종자를 먹는 종이 다수 서식한다. 아프리카열대구(AFROTROPICAL)는 73과 1,950종이 서식하며, 사막, 초원 등 육지성 조류가 우점한다. 종자를 먹는 종이 다수를 점하며, 고유종으로서는 쥐새(Mousebird)가 대표적이다. 오스트레일리아구(AUSTRAILIAN)는 35과 1,593종이 서식하며, 13개 고유과가 있는데, 요정굴뚝새(Fairywren)가 대표종이다. 물총새류, 앵무새류, 비둘기류가 풍부하다. 오세아니아구(OCEANIC)는 약 35과 200종이 서식하며, 고유종이 다수 서식하고 있다. 대부분 섬지역으로, 면적에 비하여 종다양성이 매우 높으며, 전세계종의 2%가 서식하고 있다. 남극구(ANTARTIC)는 12과 85종이 서식하고 있으며, 종다양성이 낮지만 많은 개체가 서식하고 있다. 대부분 해양성 조류로 펭귄을 제외한 대다수가 여름철새이다.

중남미를 포함하는 신열대구는 다른 지리구에 비해 생물다양성이 높은데 이는 신열대구의 기후와 관련이 있으며, 적도 인근에 위치한 지역의 높은 생산성과 온도가 풍부한 자원을 바탕으로 진화를 촉진하여 다양한 종으로 분화시켰을 것으로 추정하고 있다. 다시 말해 자원이 풍부한 환경에서 개체가 많은 자손과 짧은 세대를 가지게 되면서 이처럼 많은 종으로 분화될 수 있었다는 것이다. 신열대구의 높은 종풍부도는 아마존 열대우림에서 상당수 기인하고 있으며 아직까지 확인되지 않은 종들도 상당수 존재할 것으로 추측되고 있다. 그러나 많은 종들이 서식하고 있는 신열대구는 인간의 간섭과 기후변화로 인한 영향을 지속적으로 받고 있어 우선적인 보전이 필요하다.

세계의 조류 분포

쇠기러기

| 쇠기러기 · *Anser albifrons*

IUCN 적색목록 LC
우리나라 어디서나 흔히 볼 수 있는 겨울철새이다.

1

2

이름의 유래

쇠기러기의 학명 *Anser albifrons*에서 속명 *Anser*는 라틴어로 '기러기'라는 뜻이다. 종소명 *albifrons*는 '앞 이마 부분이 희다'는 뜻으로서 '희다'는 뜻의 albus는 복합어의 앞부분에서는 albi-로 되며 frons는 '이마'라는 뜻이다. 영어로 White-fronted Goose인데 이것도 학명과 같이 '앞 이마가 희다'는 뜻이다.

생김새와 생태

몸의 생김새를 보면 전체적으로 회갈색이고 등 줄기 옆으로 엷은 무늬가 있으며 배에는 불규칙하게 검은색의 가로줄무늬가 있다. 위꼬리덮깃과 아래꼬리덮깃은 하얗고 꼬리 날개의 끝부분도 하얗다. 부리 기부의 주위는 하얗고 다리와 발은 노란색이다. 제법 자란 어린새는 부리의 흰색과 배 부분의 검은 띠가 없다.

겨울에 금강이나 주남저수지 등지에서 큰 집단을 볼 수 있다. 대개 10월 중순부터 2월까지 머물고 우리나라에 찾아오는 기러기 가운데에 가장 많은 비율을 차지하며 한반도의 중부보다는 남부 지역에서 많이 볼 수 있다. 해만, 간척지, 소택 습지, 하구와 하천 부근, 논, 밭 등지의 앞이 트인 넓은 지역을 좋아한다. 겨울에는 큰 무리를 지어 낮에는 만이나 파도가 잔잔한 호수나 늪 또는 간척지에서 잠을 자고, 아침과 저녁에는 논밭으로 날아와서 어정어정 걸어 다니면서 낟알 등의 먹이를 주워 먹는다. 잠을 잘 때는 머리를 뒤로 돌려 등의 깃털에 파묻고 한쪽 다리만으로 서거나 또는 배를 바닥에 댄다. 날아오를 때는 활주하지 않고 곧바로 떠오르며 목을 앞으로 뻗고 난다. 처음 날아오르면서는 제멋대로 흩어지지만 하늘에 오르면 V자 모양으로 줄을 지어 날아가며, 날면서 '과아한 과아한' 때로는 '큐위이 큐위이' 하는 높은 소리를 낸다.

하천의 섬, 소택지의 풀숲에 접시 모양의 둥지를 트는데 둥지 안쪽에는 가슴과 배의 솜털과 깃털을 깐다. 알을 낳는 시기는 5월 상순에서 7월 상순까지이며, 한배산란수는 6~7개(보통 4개)이다. 새끼는 알을 품은 지 21~28(보통 23일)이면 깨어나고 짧게는 45일 동안 길게는 55~56일 동안 자란 다음 둥지를 떠나는데, 특이한 점은 알 품기를 끝낸 어미새는 새끼와 마찬가지로 약 35일 동안 날지 못하는 털갈이 기간을 맞는다는 것이다. 먹이는 식물성이 주를 이루며 각종 풀잎, 줄기, 뿌리를 비롯해 밀이나 보리 등의 파란 싹과 초습지나 해안의 풀도 잘 먹는다.

분포

북극해와 가까이 있는 시베리아 툰드라 지대와 알래스카 툰드라 지대에서 번식하며, 중국 동부, 한국, 일본, 미국 서부, 영국, 발칸반도 등지에서 겨울을 난다.

1 간섭을 피해 먹이터에서 날아오르는 쇠기러기 무리

2 한쪽다리를 품속에 넣고 휴식 중인 모습

3 벼 낟알을 먹다가 다른 장소로 이동하기 위해 비상하는 모습

4 배의 가로줄무늬가 비상할 때 뚜렷하게 보인다.

5 가족끼리 비상하는 쇠기러기

새와 사람

기러기의 깃털과 상징

기러기와 오리 깃털을 이용한 옷은 현재에도 널리 이용되는데, 이는 추운 지방에서 번식하는 기러기의 깃털 구조가 보온에 적합한 형태를 띠고 있기 때문이다. 깃털을 이용한 의복은 과거 장식으로 사용되었으며 남북 아메리카, 아프리카 및 서태평양에서 기록이 있는 가장 오래된 시대부터 사용되었다고 한다. 하와이의 왕이 몸에 걸친 정교한 깃털 망토와 마야와 아즈텍의 깃털 모자이크는 곧 예술이었다. 북미 원주민 사이에는 깃털은 지위를 나타내는 배지로 사용되었다.

기러기를 대상으로 한 「이별의 노래」라는 가곡이 있다. 이 노래는 먼 곳을 떠나 온 기러기의 애달픈 심정과 이별하는 사람의 외로운 마음을 잘 일치시키고 있다.

먼 곳을 떠나는 기러기의 처량한 마음은 '기러기 아빠', '기러기 가족'이라는 말에서도 나타나는데, 이는 멀리 떨어진 곳에서 일하며 가족을 위해 돈을 버는 아버지나 가족의 형태를 일컫는 말이다. 기러기는 부모가 공동으로 새끼를 키우며 가족애가 남다른 새일뿐 아니라 먹이를 구하기 위해 먼 거리를 이동해야 하기에 해외에 가족을 보내고 외롭게 돈을 벌어 가족을 지탱하는 가장의 모습과 겹쳐 보인 것이 아닌가 싶다.

새의 생태와 문화

기러기가 V자 편대로 나는 이유

낙동강 하구나 주남저수지, 금강 하구 지역에서 기러기류를 관찰하면 기러기가 만드는 V자 모양으로 나는 것을 볼 수 있다. 왜 편대를 만들어 V자형으로 날아가는 것일까? 앞의 기러기가 날갯짓을 하면 공기가 움직여 그 뒤에 소용돌이 기류가 남는다. 그러면 그 뒤의 기러기는 소용돌이 기류의 위로 향하는 흐름, 곧 상승 기류를 받아 이용하는 것이 가능하다. 맨 앞의 한마리를 빼고 나면 뒤의 다른 새들은 에너지를 아끼면서 날아가는 것이 된다. 알고 보면 새들은 비행 역학을 몸에 익혀 본능적으로 실천하고 있는 것이다.

북한의 회령 근방에 회응산(回鷹山)이 있다. 남쪽에서부터 번식지인 시베리아로 돌아가는 기러기들이 회응산 근방에 와서 상승 기류를 타고 빙글빙글 돌면서 이 산을 넘는다고 하여 회응산이라고 일컫게 되었다. 또한 기러기에게는 장유(長幼)의 예가 있다고 한다. 기러기는 대열을 지어 비행할 때 어린새와 경험 많은 새의 자리가 다르다는 것이다.

혹고니

| 혹고니 · *Cygnus olor*

멸종위기 야생생물 I급 / 천연기념물 제201-3호 / 국가적색목록 EN / IUCN 적색목록 LC
드문 겨울철새로 강릉 경포대, 속초 청초호, 송지호, 화진포 저수지 등지에서
소규모 무리가 겨울을 난다.

1 날개를 치켜올린 혹고니와 이동하는 혹고니
2 깃털을 다듬는 중인 혹고니와 날개를 펴보이는 혹고니
3 다른 고니류와 달리 날개를 다소 치켜올리는 자세를 취하는 경우가 많다.

이름의 유래

혹고니의 학명 *Cygnus olor*에서 속명 *Cygnus*는 라틴어로 고니(백조)를 뜻하며 그리스어 Kyknos에서 기원했다. 종소명 *olor*는 라틴어로 '고니'를 나타낸다. 혹고니는 큰고니나 고니처럼 시끄럽지 않은 조용한 새이므로 영명은 Mute Swan으로 이름 붙여졌다. 우리나라에서는 부리와 머리 사이에 혹이 있는 모습에서 혹고니라 부른다.

생김새와 생태

암컷과 수컷 모두 온몸이 흰색이며 부리의 대부분은 등황색을 띤 붉은색인데 부리와 머리 사이에 혹이 있으며, 이 혹은 검고 다리는 어두운 회색이다. 헤엄을 칠 때는 목을 S자 모양으로 굽히며 날개를 위로 조금 들어올린다. 먹이를 구할 때는 물속 깊이 머리를 넣어 먹이를 찾은 다음에 수면과 부리를 평행으로 하여 먹는다. 알을 낳는 시기는 4월 중순에서 5월까지이며 한배산란수는 5~7개이다.

혹고니는 미국, 호주, 뉴질랜드, 일본 말고도 여러 나라에서 도입하여 각지의 호수나 공원의 연못 등에서 많이 사육하고 있다. 보통 날개를 끊기 때문에 날지는 못하지만 이 중에는 날아오르는 능력이 있거나 야생종처럼 날아다니는 예도 있다. 그러나 우리나라에 찾아오는 것은 야생종이다.

필자는 1992년 3월 일본 교토에서 개최된 CITES(워싱턴 협약, 절멸 위기에 처한 야생 동식물의 국제 거래에 관한 협약) 제8차 당사국 회의 참가한 적이 있다. 회의장인 교토 국제회관 앞의 연못에는 혹고니가 유유히 떠다니고 있어 여러 나라 국가 대표들은 이 혹고니와 국제 회의장을 배경으로 열심히 사진을 찍던 광경이 지금도 눈에 선하다. 이 혹고니야말로 교토 국제회의장의 진정한 심볼이었다.

2020~2021년 겨울에 40여 마리의 혹고니가 시화호에서 월동하는 것을 관찰하였다. 그동안 동해안의 석호에서 소수가 발견되곤 했는데 이렇게 많은 혹고니가 시화호에서 월동하는 것은 매우 특이한 일이다. 점차 개발이 활발해지는 동해안과 달리 서해안 시화호는 엄격하게 보호하고 있기 때문에 혹고니가 월동하기 좋은 안정적인 환경이라 개체수가 늘어난 것으로 보인다.

분포

혹고니는 영국, 덴마크, 독일 북부에서는 텃새이고 우랄 지방, 시베리아 동부, 우수리 강 등지에서 번식하며, 아프리카 북부, 흑해, 아시아 서남부, 인도 서북부, 우리나라, 일본 등지에서 겨울을 난다.

새와 사람

작곡가의 뮤즈, 백조

고니를 지칭하는 백조는 서양의 음악과 오페라에 자주 등장한다. 프랑스의 작곡가인 생상스의 작품으로서 1886년 오스트리아에서 초연한 관현악 조곡인 「동물의 사육제」는 14개의 소품으로 구성되어 있다. 이 가운데에 '백조'가 특히 유명하며 첼로 독주곡 편곡으로도 연주되는데 청아한 백조가 물에서 노니는 평화로운 모습을 멋진 선율로 묘사하고 있다. 1828년에 슈베르트가 작곡한 「백조의 노래(Schwanengesang)」도 있다. 1823년 작곡된 「아름다운 물레방앗간의 소녀」와 1827년에 작곡된 「겨울 나그네」

4 시화호에서 혹고니와 큰고니가 함께 무리 지어 있다.

5 혹고니 무리

6 갈대숲 부근에서 먹이를 찾아 유유히 이동하는 모습

7 이마에 혹이 부풀어 오르고 부리가 붉은빛을 띠고 있는 번식깃의 어른새. 먹이를 찾기 위해 물속에 머리를 넣기 직전의 모습

와 함께 슈베르트의 3대 가곡집으로 꼽힌다.

또 백조와 관련된 유명한 발레 음악으로 러시아 작곡가 차이코프스키가 작곡한 「백조의 호수(Le lac des cygnes)」는 널리 알려진 뛰어난 작품이다. 작품의 내용은 다음과 같다. 독일 공국(公國)의 왕자 지그프리트는 깊은 숲에서 사냥을 하다가 백조로 변신한 왕녀 오데트를 만난다. 왕자는 오데트를 초대하였지만 마법사인 로트바르트의 딸 오딜이 끼어 들었고 왕자는 오딜을 오데트로 잘못 알고 그녀와의 약혼을 발표한다. 나중에서야 자신의 실수를 깨달은 왕자가 숲으로 달려가 오데트와 함께 호수에 몸을 던지자 오데트에게 씌인 마법이 풀리고 발레는 막을 내린다.

 새의 생태와 문화

혹고니이야기

혹고니는 일부일처제의 조류로 성성숙에는 3년 정도 걸리며, 수명은 21년 정도 생존한 기록이 있다. 둥지를 큰 마운드에 트는데, 큰 마운드는 호수 가장자리나 중간수역의 얕은 물에 수생식물로 만든다. 또 매년 동일한 둥지를 재사용하는 경우가 많고 필요에 따라 복원하거나 재건한다. 수컷과 암컷 고니는 둥지를 같이 돌보며, 일단 새끼고니(cygnet)가 이소하면 온 가족이 먹이를 찾아 나선다. 혹고니는 목이 닿을 수 있는 깊이의 수생식물과 곡류를 주로 먹으며, 지상에서도 소량의 풀을 채식하며 다양한 식물을 먹는다. 양서류 그리고 연체동물, 곤충, 벌레 등의 수서무척추동물도 먹는다. 혹고니는 일반적으로 작은 호수에서 한 쌍으로 세력권을 강하게 형성하지만, 큰 면적의 먹이 서식지가 있는 장소에는 집단으로 서식하기도 한다. 혹고니는 둥지를 방어하는 데 매우 공격적이며 배우자와 새끼들을 강력하게 보호한다. 혹고니의 대부분의 방어 공격은 큰 소리로 시작하며, 이것이 포식자를 몰아내기에 충분하지 않으면 물리적 공격이 뒤따른다.

혹고니는 시끄러운 큰고니보다 울음소리가 작다. 그러나 혹고니는 새끼고니와 소통할 때나, 경쟁자나 침입자가 자신의 세력권에 침입할 때는 다양한 신호울음소리를 낸다. 혹고니의 가장 친숙한 소리는 고유한 비행 중 활기차게 날개짓을 할 때 내는 소리이며 1~2km 범위에서도 들을 수 있다.

혹고니는 다른 고니류와 같이 배우자나 새끼고니를 잃어버리거나 또는 죽었을 때 슬퍼하는 것으로 알려져 있다. 혹고니는 배우자를 잃은 경우, 매우 슬퍼하며 배우자가 살았던 곳에 머물러 있거나, 무리에 합류하기 위해 다른 곳으로 날아가기도 한다고 한다. 새끼고니가 있는 상태에서 어버이새 중 한쪽이 죽으면 나머지 한쪽이 양육한다고 한다.

아일랜드는 2004년 아일랜드유로기념주화를 만들었는데 혹고니가 조각되어 있고 아일랜드인이 유럽연합대통령직 수행 동안에 10개의 새로운 회원국의 가입을 하게 되는데 이 또한 표시하였다. 핀란드 등의 유럽국가의 유로주화에 고니가 새겨져 있다.

덴마크의 국조(national bird)는 그 전(1960년 이후)에는 종달새였으나 1984년부터 혹고니가 새로운 국조가 되었다.

한스 크리스티안 안데르센(Hans Christian Andersen)의 동화 「미운 오리새끼 Ugly Duckling」는 "처음 한 오리가 낳은 둥지알 모두가 부화했는데, 같은 둥지의 오리새끼와 외모가 다른 오리가 태어났다. 그 오리는 형제들과 기타 다른 동물로부터도 자기들과 다르고 못생겼다는 이유로 구박을 받게 되었다. 다르게 생긴 오리는 이들 무리로부터 떠나서 어느 할머니댁에서 살게 되는데 암탉과 고양이의 놀림과 괴롭힘에 다시 떠나게 되었다. 강에서 고니떼를 만나 가장 아름다운 새인 혹고니로 성장하여 간다"는 스토리이다.

보스턴 퍼블릭 가든에는 고니 한 쌍이 살고 있었는데, 이 고니들은 암수의 부부일 것으로 생각하여 사람들은 셰익스피어의 불후의 명작인 <로미오와 줄리엣>에서 영감을 얻어 이 한 쌍을 아름다운 연인의 이름인 로미오와 줄리엣으로 불렀다. 그런데 나중에 둘 다 암컷으로 밝혀졌다.

큰고니 | 큰고니 · *Cygnus cygnus*

멸종위기 야생생물 II급 / 천연기념물 제201-2호 / 국가적색목록 VU / IUCN 적색목록 LC
흔하지 않은 겨울철새로서 주로 한강 하구, 금강 하구, 부산 을숙도, 경남 주남저수지 등의 습지에서 겨울을 나는 새이다.

1
2

이름의 유래

큰고니의 학명 *Cygnus cygnus*에서 속명과 종소명 *cygnus*는 라틴어로 '고니'를 뜻한다. 우리 선조들은 고니를 예부터 '홋호, 홋호' 운다고 하여 혹(鵠), 그리고 '하늘의 거위'란 뜻으로 텬아(天鵝)라고 불렀다. 오늘날 쓰이는 고니의 옛날 표기는 '곤이'이다. 고대 중국에서도 고니를 톈허(天鶴)라고 불렀고 한서(漢書)에는 고니의 울음소리를 형용하여 고고(鵠鵠)라고 썼으며 또 황고(黃鵠)라고도 하였는데 이는 어미새의 부리에 보이는 노란색과 깊은 관계가 있다. 나팔 비슷한 소리로 운다고 하여 영명은 Whooper Swan이라 이름 붙여졌다.

생김새와 생태

암컷과 수컷 모두 몸 전체가 하얗지만 눈 앞에는 뚜렷한 황색 살갗이 드러나 있고, 부리도 뚜렷한 황색이나 끝에서 콧구멍 가까운 곳까지는 검은색이며 아랫부리도 검은색이다. 그리고 다리도 검은색이다. 큰고니는 땅 위에서나 물위에서 큰 무리로 행동할 때는 '홋호, 홋호, 홋호, 홋호' 또는 '호, 호, 호' 등 나팔 소리와 비슷한 소리로 울고, 날 때는 '과안, 과안' 또는 '곽고-, 곽고-' 하고 운다.

큰고니는 월동지에서 암수와 새끼들이 큰 무리를 이루어 겨울을 보낸다. 잠을 잘 때는 만, 간척지, 하구, 하천 등지에서 무리를 이루어 한쪽 다리로 서서 머리를 등으로 돌려 깃털 사이에 묻는다. 헤엄을 칠 때는 목을 S자 모양으로 굽히고, 경계할 때는 목을 수직으로 세운다. 채이(採餌, foraging, 먹이를 먹는 것) 때는 긴 목을 물속에 깊이 넣어 바닥에 있는 먹이를 찾는다. 담수성의 수생식물 줄기 또는 뿌리와 식물의 열매도 먹으며 또 수서곤충, 담수성의 작은 동물도 먹는다. 수면에서 발로 물을 차듯이 뛰어 올라가며, 하늘로 날아오를 때의 모습과 물을 발로 차며 내리는 광경은 비행기가 이착륙하는 장면과 매우 비슷하다. 알을 낳는 시기는 5월 하순에서 6월 상순까지며 한배산란수는 3~7개(보통 5~6개)이다. 알을 품는 기간은 35~42일쯤 된다.

큰고니는 일반적으로 우리나라에 11월 하순 무렵에 찾아오며 저수지, 호수와 늪, 소택지, 하구, 해안 등의 습지를 따라 남하한다. 황해도 옹진군 호도, 장연군 몽금포, 함경남도 차호, 강원도 경포대 경호, 경상남도 합천, 창녕, 창원, 낙동강 하구, 전라남도의 진도와 해남 등이 중간기착지 또는 월동지로 유명하였으나, 지난 몇십 년간 서식지가 개발되면서 많은 곳에서 큰고니를 보기 힘들어졌다.

분포

스칸디나비아반도, 아이슬란드, 우랄 지방에서부터 시베리아를 거쳐 몽골 북부, 오호츠크 해안, 아무르강 유역, 우수리강 북부, 사할린 등지에서 번식하며, 스코틀랜드, 지중해, 흑해, 카스피해, 중국 양쯔강, 한국, 일본 등지에서 겨울을 난다.

1 먹잇감을 찾다가 수면 위에서 날갯짓을 하는 모습

2 발로 물을 힘차게 박차고 비상하는 모습

새와 사람

신화와 백조

그리스 신화에는 백조자리를 뜻하는 시그너스(cygnus)와 관계 있는 이야기가 있다. 제우스 신이 스파르타의 왕 '틴다레오스'의 왕비인 '레다'의 아름다움에 반하여 그녀를 몹시 사랑하였는데, 레다는 깊은 숲속의 호수에서 목욕을 하는 것이 취미였다. 어느 무더운 여름날, 레다가 그 숲속의 호수에서 목욕을 할 때 제우스 신이 백조로 변신하여 레다와 관계를 맺었다. 그리고 얼마 뒤에 레다는 알을 2개 낳았는데 그 알들에서는 쌍둥이자리가 되는 카스토르와 폴룩스, 그리고 트로이 전쟁의 원인이 되었던 경국(傾國)의 미인인 헬레네가 태어났다.

새의 생태와 문화

반쪽 잠을 자는 조류의 수면

주로 꿈을 꿀 때 일어나는 수면 현상으로 몸은 자고 있으나 뇌는 깨어 있으며 안구가 빠른 운동을 하는 상태를 '급속 안구 운동 수면' 또는 '렘(REM: Rapid Eye Movement) 수면'이라고 한다. 렘 수면은 깨어 있는 듯한 얕은 수면으로 수면의 한 단계이다. 렘 수면의 한 단계가 지난 짧은 시간 동안, 많은 동물과 일부의 사람은 도중에 깨거나 아주 얕은 잠을 경험하는 경향이 있다. 성인의 경우 렘 수면은 총 수면의 약 20~25% 정도 발생하며 밤 시간 수면의 약 90~120분을 차지한다. 갓난아이는 총 수면의 80%가 렘 수면으로 알려져 있다.

조류와 포유류의 큰 뇌와 온도를 유지하는 고도의 내온성 물질대사는 복잡한 수면 패턴과 함께 진화해왔다. 수면은 뇌의 신경 회로를 유지하는 하나의 방법이다. 예를 들어, 동면 중인 북극땅다람쥐(Arctic Ground Squirrel)의 뇌 시냅스는 1시간의 잠으로 4시간의 안정을 취할 수 있다.

조류가 수면 중일 때 뇌파를 보면 꿈을 꾸기도 하는 것 같다. 한 연구에 따르면 금화조가 꿈 속에서 새로운 울음소리의 패턴을 연습하는 것을 밝혀내기도 하였다.

이러한 조류의 수면은 완만한 뇌파가 지속되는 서파 수면(SWS: slow-wave sleep), 중정도의 뇌파가 발생하는 수면, 포유류처럼 안구가 빠르게 움직이는 렘 수면으로 3단계가 있다.

조류의 수면 가운데 특이한 점은 서파 수면으로 한 번에 한쪽 뇌만 사용된다. 이러한 수면은 반구 수면이라고 하며 13목 29종의 조류에서 확인되고 있다. 일반적으로 조류는 잠을 잘 때 양 눈을 감지만, 반구 수면을 할 때는 한쪽 눈만 감는다. 이를 통해 위험을 계속 감지할 수 있다. 오리류는 반구 수면 중에 한쪽 눈은 감아 잠을 자고, 한쪽 눈은 떠서 혹시 모를 포식자에 대한 경계를 하는 것으로 보인다. 청둥오리의 경우, 무리의 가운데 안전한 장소에 있는 개체에 비해 무리의 주변부에 있는 개체가 반구 수면을 자주 한다는 보고가 있다. 렘 수면일 때는 두 눈을 다 감는다. 조류의 수면의 특징은 짧은 렘 수면을 자주한다는 점이다. 검은등제비갈매기와 칼새류는 단시간의 렘 수면과 반구 수면을 결합하여 날아가면서도 잘 수 있다.

3 가족끼리 비상하는 큰고니

4 먹이를 찾아 이동하는 회색을 띤 어린새(앞)와 흰색의 어른새(뒤)

5 짝을 이루어 먹이를 먹는 큰고니 한 쌍

6 발로 물을 힘차게 박차고 비상하는 모습

고니 | 고니 · *Cygnus columbianus*

멸종위기 야생생물 II급 / 천연기념물 제201-1호/ 국가적색목록 VU / IUCN 적색목록 LC
겨울철새로서 큰고니의 무리에 섞여서 겨울을 난다.

이름의 유래

고니의 학명 *Cygnus columbianus*에서 종소명 *columbianus*는 미국의 '콜롬비아강'을 뜻한다. 이 종이 북아메리카 대륙에서는 북극 해안 남부에서 알래스카반도 그리고 캐나다 북부 툰드라 지대까지 번식하고 알래스카 남부, 태평양주, 남부 캘리포니아, 콜롬비아강, 콜로라도강에서 많이 관찰되었다. 영명은 Tundra Swan인데, 이 새의 번식지인 시베리아 툰드라 지방이 이름에 반영되었다.

생김새와 생태

큰고니보다 조금 작으나 생김새는 매우 비슷하다. 몸 전체가 하얗지만 머리에서부터 목은 황갈색인 것이 많다. 부리의 끝 부분은 까맣고 콧구멍 위쪽에서 눈 부분까지 황색이고 끝부분이 둥글다. 큰고니와 고니는 부리의 노랑과 까만색의 배색 패턴이 개체별로 다르고 그것은 시간이 지나도 변하지 않는다.

일본 나가노시의 하야시 토시오(林俊夫) 씨는 1974년 처음 고니 한 쌍을 부리 색의 패턴을 보고 개체 식별하여 추적하였다. 이 고니 한 쌍은 처음 찾아온 장소에 해마다 어린 새끼를 데리고 다시 찾았다. 1986년 일본 조류학회에 보고한 바에 따르면 12년 동안 줄곧 가족 무리를 이루어 찾아왔다고 한다. 이것은 두루미나 매류와 같이 크고 수명이 긴 새들이 긴 세월에 걸쳐 짝을 바꾸지 않고 부부애를 이어 가는 구체적인 사례 가운데 하나이다. 알을 낳는 시기는 6월 무렵이며 한배산란수는 3~5개(보통 4개)이다. 우리나라에서는 월동하는 개체가 적으며, 대부분 겨울이 시작될 때 큰고니 무리에 섞여 지내다가 일본으로 내려간다. 고니의 주식은 식물의 뿌리인데, 그중에서도 기수역에서 자라는 새섬매자기의 뿌리를 좋아한다. 그러나 최근 월동지들의 환경변화로 먹이원이 계속해서 줄고 있어, 갈수록 개체수가 감소하는 추세이다.

분포

고니는 지리적으로 2~3아종으로 나누는데, 유라시아 북부 툰드라에서 번식하는 고니아종(*C. c. bewickii*, Tundra Swan)은 서쪽개체군이 덴마크, 네덜란드와 영국 제도 등지에서 월동한다. 동쪽개체군은 중국 동부, 한국, 일본 등지에서 월동한다.

알래스카와 캐나다의 북부에서 번식하는 아종(*C. c. columbianus*, Whistling Swan)은 북미의 남알래스카에서 캘리포니아까지의 태평양 연안, 일부 내륙, 멕시코 등지에서 월동한다.

1 물위에서 먹이를 찾아 이동하는 어른새

2 암수 한 쌍이 주변을 경계하고 있다.

3

4

| 새와 사람

백조의 마지막 노래

일본에는 옛날부터 '백조는 언제나 혼탁한 목소리로만 울다가 죽음을 눈앞에 둔 순간에 딱 한 번 아름다운 목소리로 운다'는 이야기가 전해 내려온다. 이것을 '백조의 노래'라고 하며 이것이 상징적으로 가수의 마지막 노래, 연극인의 마지막 무대, 시인의 마지막 시, 화가의 마지막 그림 그리고 작곡가의 마지막 곡같이 예술가의 최후를 표현할 때 흔히 쓰인다.

새의 생태와 문화

하늘을 날기 위해 진화한 새

지구상에 생명이 처음 나타난 뒤로 약 30억 년의 시간이 흘렀지만 그 사이에 하늘을 날 수 있는 능력을 가진 생물은 매우 드물었다. 바람을 이용하여 분산하는 거미 등을 빼면 스스로의 힘으로 비행할 수 있는 생물 가운데 가장 처음 출현한 것이 곤충이다. 뒤이어 공룡 시대에 이르러 비로소 익룡이 출현하였으며 이것은 매우 큰 비행 동물로 지금의 소형 비행기 크기와 비슷했다. 그러나 이들은 중생대 말기에 다른 공룡과 더불어 멸종하고 말았다. 지금의 조류는 날개를 지탱할 수 있는 골격만 비교해 보아도 익룡의 후손은 아닌 것으로 여겨진다. 중생대 중기에는 새의 선조라고 할 수 있는 시조새가 출현하였고, 신생대에서는 포유류와 더불어 조류가 번성하였다.

- 중력을 벗어나 하늘을 날기 위한 적응

새는 중력을 벗어나 하늘을 날기 위해서 그 몸 자체가 여러 가지로 비행에 적응할 수 있게 진화되어 왔다. 따라서 비교적 작은 머리와 크면서 강한 날개를 갖게 되었고, 긴 꼬리깃은 중심을 잡으며 마음먹은 대로 비행하기 위해서 매우 안정된 형태로 변화한 것이다. 새는 부리를 가진 대신 이빨이 없어 치아를 지탱하는 무거운 턱뼈가 퇴화되었다. 뼈는 속이 비어 있기 때문에 가볍지만 매우 강하다. 예를 들어, 멧비둘기의 골격은 자기 체중의 4.3%에 지나지 않지만 날개의 움직임을 이겨내기 위한 강한 가슴뼈와 골반대가 있고 두개골도 가볍고 튼튼하다. 이 뼈들이 여러 개 합쳐서 그물 모양으로 조류의 뼈대를 유지한다. 새의 몸 내부 기관도 몸무게를 가볍게 하는 쪽으로 진화되었는데, 포유류의 암컷은 좌우 1:1의 난소와 난관을 가지고 있지만 조류는 오른쪽의 난소가 퇴화해 버렸으며 왼쪽의 난소와 난관도 번식기 때만 발달하고 다른 때는 작아진다. 또 수컷의 정소는 좌우에 1:1로 있지만 마찬가지로 번식기에만 발달하고 다른 기간에는 흔적 정도로 남는다. 새의 암컷은 난관에서 1회에 1개의 알만을 성숙시키며 알이 성숙하면 곧 알을 낳아 버리는데 이는 날기 위한 진화의 결과이다. 또한 포유류가 몸 안의 자궁 속에 태아를 키우는 것과는 크게 다른 점이다.

조류의 성별을 지배하는 2개의 성 염색체(W, Z)는 포유류의 성 염색체(X, Y)와는 달리 독립적으로 진화했다. 조류의 암컷은 2개의 서로 다른 성 염색체 (WZ)을 갖고, 수컷은 2개의 같은 염색체 (ZZ)를 갖는다. 성 염색체에서 유전자의 활동은 생식선의 발육과 마찬가지로 뇌의 신경 회로에 직접 영향을 준다.

3 물위에서 먹이를 찾아 이동하는 모습

4 이동 중인 고니 한 쌍

5 고니가 긴 목을 물속에 넣고 수초 뿌리를 찾을 때 깊은 물속에서 나오는 수초 부스러기를 얻어먹기 위해 물닭이 함께 따라가고 있다.

6 습지에서 수초 먹이를 찾는 고니. 부리의 검은색과 노란색 무늬는 개체별로 차이를 보인다.

- 비행과 보온을 위해 발달한 깃털

새의 몸을 덮고 있는 깃털은 새에게만 있는 특수한 것이다. 그것으로 체온을 유지할 수 있고, 또한 생물 역사를 돌아보더라도 조류와 포유류만이 늘 일정한 체온을 갖도록 하는 신체를 발달시켜 왔기에 새에게서 깃털은 특히 중요한 것이다. 깃털은 비상에 필요한 양력과 추진력 발생에 도움을 주어 비행에 필수불가결하다. 화학 반응의 속도는 온도에 의존하기 때문에 외부 온도에 의해 체온이 변하는 변온동물은 높은 대사율을 유지하는 것이 불가능하다. 그러나 새의 체온은 인간의 체온보다 높기 때문에 추운 밤에도 그리고 극한의 겨울에도 어렵지 않게 비행할 수 있을 뿐만 아니라 몇 천 m의 고공과 극지의 상공에서도 비행할 수 있다.

- 비행을 위한 최적의 효율을 가진 에너지 대사 체계

물론 이렇게 하려면 먼저 그에 맞는 대사량을 확보하기 위해 에너지량이 많은 먹이와 높은 동화율이 필요하다. 이를 위해서 새들은 곤충 등을 비롯한 동물성이나 식물이라 할지라도 곡류를 비롯한 에너지 발생률이 높은 식물을 섭취하며 영양이 낮은 식물의 잎 등을 주식으로 하는 경우는 드물다. 치아가 없기 때문에 조류는 모래주머니를 이용하여 딱딱한 먹이를 부셔서 소화하는데 칠면조나 핀치 등 곡물과 종자를 먹는 조류에서 특히 모래주머니가 발달하였다. 또 동화 속도는 놀라울 정도이며 과일을 먹는 북미황여새의 새끼가 섭취한 먹이는 16분만에 소화관을 빠져 나온다. 대사율을 높이기 위해서는 혈액 순환을 빨리 할 필요가 있는데, 다시 말해 혈액을 빨리 순환시켜 노폐물을 제거할 필요가 있다. 새의 심장은 포유류와 같이 4개의 방(四室)으로 되어 있고 온몸을 돌아온 혈액은 폐에 보내져 다시 순환된다. 심장 맥박 수는 인간을 포함한 포유류보다도 훨씬 많으며 호흡계의 부속 기관으로서 공기 주머니 5개가 온몸을 덮고 있다. 이것은 폐에 연결된 큰 띠 모양의 기관인데 폐의 보조 역할과 더불어 비행 중에 과열되지 않도록 하는 냉각 기관의 역할도 한다. 이와 같이 새는 날기 위해서 몸의 구조와 형태, 생리가 그에 맞도록 적응, 발달, 진화되어 왔다.

새끼새들의 먹이 먹는 법

둥지 안에 있는 새끼새들이 어미새로부터 먹이를 받아 먹는 방법은 조류의 종류에 따라 다르다. 1) 박새류와 같은 만성성 조류는 어미새가 곤충의 애벌레를 새끼새의 입안에 넣어 주면 받아먹는데 종에 따라서는 소화기관까지 넣어주는 경우도 있다. 2) 벌새류는 어미새의 긴 바늘 같은 부리에서 새끼새들이 과즙이나 곤충을 받는다. 3) 바다새들 가운데 제비갈매기와 쇠제비갈매기는 어미새가 새끼의 입안에 먹이를 토해 넣어 주면 새끼새들이 먹는다. 괭이갈매기는 어미새가 새끼새의 눈앞 땅위에 먹이를 토해내면 새끼새들이 쪼아 먹는다. 4) 펭귄류나 펠리칸류의 새끼새들은 어미새의 식도까지 머리를 집어넣고 먹이를 얻어먹는다. 5) 저어새와 알바트로스류는 어미새가 큰 부리를 새끼의 부리와 교차하는 듯한 행동으로 부리를 약간 벌리면 새끼새는 어미새의 부리 안으로 부리를 넣어 먹이를 받아먹는다.

혹부리오리 | 꽃진경이 · *Tadorna tadorna*

IUCN 적색목록 LC

흔한 겨울철새로서 금강, 낙동강 하구에서 한 해에 500~1,000마리의 무리를 볼 수 있으며 그 밖에 남해 도서에서도 적지 않은 무리가 겨울을 난다.

1 2 3

이름의 유래

혹부리오리의 학명 *Tadorna tadorna*에서 속명과 종소명 *tadorna*는 프랑스어로 '혹부리오리'를 뜻하는 tadorna에서 유래한다. 영명은 Common Shelduck이라고 한다.

생김새와 생태

수컷의 머리와 목의 위쪽은 녹색 광택이 있는 검은색이고 몸은 하얗다. 배에서부터 등에 걸쳐 폭이 넓은 고리 모양의 밤색 띠가 있으며, 가슴과 배에는 가운데로 뻗은 검은색을 띤 폭이 넓은 세로 얼룩무늬가 있고 어깨깃은 검은색이다. 부리는 붉은색이며 번식기에는 기부에 혹이 있다. 발은 등적색이며 암컷은 전체적으로 색이 연하고 부리의 기부에 흰 줄이 있다.

하구의 갯벌에서 생활하며 낮엔 주변의 바다, 밤에는 내륙의 농경지에서 볼 수 있다. 겨울에는 해만, 하구, 해안의 간척지 등 바닷물이 있는 곳에서 살며, 만조 시에는 하구의 모래밭이나 삼각주에서 한쪽 다리만으로 서서 머리를 뒤로 돌려 등깃에 넣고 쉰다. 수컷은 '코로-, 코로' 하고 울며 암컷은 '악, 악, 악'소리를 내며 우는데, 번식기에는 '위-, 오' 하는 휘파람 소리를 낸다. 떼지어 날 때는 혹부리오리 전체가 흰색으로 보이며 20~30마리에서 200~300마리, 때로는 2,000~3,000마리의 큰 무리를 이루어 겨울을 보낸다.

번식지인 유럽의 켄트 북부와 영국에서는 흔히 18m에서 3km까지의 간격을 두고 둥지를 볼 수 있는데 나무 구멍과 키가 큰 건초용 풀이 우거진 풀밭 또는 토끼 구멍 등이 있는 곳에 둥지를 튼다. 한배산란수는 8~16개(보통 9개)이고, 품는 기간은 30일이며 암컷이 품는 일을 도맡는다.

작은 물고기, 갓 깬 물고기 새끼, 수서곤충과 그의 유충 그 밖에 아주 적은 양의 조류(藻類)도 먹지만, 장소와는 관계없이 일년 내내 하구, 갯벌 같은 곳에서 달팽이를 즐겨 먹는다. 혹부리오리는 연체동물인 하구의 달팽이 분포나 그의 우점도와 매우 관련이 깊다. 유럽에서는 주로 썰물 때 먹이를 찾는다고 하지만 낙동강 하구에서는 대개 밀물 때 먹이를 찾는다.

분포

스칸디나비아반도, 중앙아시아, 몽골, 바이칼호 등에서 번식하고 북아프리카, 인도, 중국 남부, 한국, 일본 둥지에서 겨울을 난다.

1 3 물위에서 먹잇감을 찾아 이동하는 모습

2 하안에서 휴식을 취하는 어른새(왼쪽)과 어린새(오른쪽)

원앙

| 원앙 · *Aix galericulata*

천연기념물 제327호 / 국가적색목록 LC / IUCN 적색목록 LC

전국의 산간 계류에서 서식하는 그리 흔하지 않은 텃새이며 일부 겨울철새 개체군도 존재한다.

1 짝을 이루고 암수 함께 물위를 이동하는 모습

2 무리 지어 이동하는 모습

이름의 유래

원앙의 학명 *Aix galericulata*에서 속명 *Aix*는 본디 그리스어로 '산양'이라는 말이었으나 아리스토텔레스(기원전 384~322)가 쓴 『동물지(Historia Animalium)』라는 책에서는 '발에 물갈퀴가 있는 새'라고 하였으며, 이는 아마도 오리류와 기러기류 가운데에 한 가지를 지칭한다고 생각된다. 종소명 *galericulata*는 라틴어 galericulatum의 여성형으로서 galeum(모자)+culus(축소형)+atum(구비하다)의 합성어인데 결국 '작은 모자를 썼다'는 뜻으로 원앙의 댕기깃(冠羽, 관우)을 지칭하는 것으로 생각된다. 우리 조상들은 원앙을 계칙(鸂鶒), 원앙(鴛鴦), 증경이, 비오리 등으로 불렀다. 북아메리카에는 미국원앙(Wood Duck)이 서식하고, 동아시아 지역에는 생태적대응종(ecological equivalent)으로 원앙이 각각 한 종씩 서식하는 까닭에 영명은 Mandarin Duck으로 이름 붙여졌는데, Mandarin은 중국의 북부 지방을 일컫는 말로서 그 이름 자체는 '중국 북부 지방에 사는 오리'라는 뜻이다. 그러나 실제로 중국의 남부 지역에서는 월동한다. 옛날 중국에서는 원앙의 암컷과 수컷의 깃털 모양과 색의 차이가 큰 탓에 서로 다른 종으로 다루어 수컷을 원(鴛), 암컷을 앙(鴦)이라고 불렀지만, 그 뒤로 분류학의 발달에 힘입어 같은 종의 암수인 것을 알게 되어 원과 앙을 합쳐 '원앙'이라고 부르게 되었다.

생김새와 생태

번식기 수컷의 깃은 아름다울 뿐만 아니라 복잡한 색채와 무늬가 있으며 머리 뒤쪽의 깃털은 관우(冠羽)즉, 댕기깃으로 되어 있다. 세 번째 날개의 안쪽 날개는 폭이 넓어 마치 돛처럼 보인다. 은행나무 잎과 모양이 비슷하여 은행깃(銀杏羽)이라고도 한다. 부리는 빨갛고 끝은 하얗다. 다리는 붉은 황색이다. 날 때는 날개의 뒤쪽 끝에 하얀 줄이 보이며 배는 계란 모양처럼 생겼고 색깔은 하얗다. 다른 오리류에 비해 머리가 크고 꼬리는 조금 길게 보인다. 암컷은 회갈색으로 다른 오리류의 암컷보다 잿빛이 강하고 눈 주위가 하얗다. 부리는 잿빛을 띤 검은색이지만 엷은 붉은색의 띠가 있는 개체도 있다. 수컷의 변환깃(eclipse, 오리류의 수컷이 번식이 끝난 뒤 다음 짝짓기까지 암컷과 마찬가지로 갖는 소박한 색깔의 깃)은 암컷과 비슷하며 부리는 붉은색이다.

원앙은 한배산란수가 9~12개로 알을 품은 지 28~30일이면 새끼가 깨어난다. 어느 정도 시간이 지나면 나무 위 구멍에서 스스로 땅 위로 뛰어내리는데 어미새는 전혀 도와주지 않는다. 이때 어미새는 나무 밑에서 '켓, 켓'거리며 울고만 있다가 무사히 뛰어내린 새끼들을 물까지 데려간다. 물가로 간 새끼들은 곧 활발히 움직이게 된다. 그런데 나무둥지의 깊이는 경상북도 일원에서 조사한 것을 보면 가장 얕은 것이 60cm, 가장 깊은 것이 150cm, 평균 깊이는 92.4cm였다. 작은 원앙 새끼가 이 깊은 곳에서 어떻게 올라와 밖으로 나갈 수 있는지를 알아내는 데 약 50여 년의 세월이 걸렸다. 새끼는 알에서 깬 지 24시간 정도가 지나면 약 하루 동안 계속 위쪽으로 뛰어오르는 본능이 있고 두 발을 번갈아 딛으며 둥지의 벽면을 갈고리처럼 날카로운 발톱으로 기어올라 구멍 밖으로 나간다.

겨울에는 북쪽에서 남하해 오는 무리가 있어서 봄과 가을 이동 시기에는 여러 곳에서 볼 수 있으며 추운 겨울에는 거제도, 제주도, 남부 영남 지방에서 쉽게 찾아볼 수 있다. 서식지는 내륙의 물가, 숲속의 연못, 얼지 않는 웅덩이, 물이 고여 있는 논 등이며 탁 트인 수면에는 잘 나타나지 않는다. 담수 오리류와 생태가 비슷하여 지상이나 수면에서 주로 식물성 먹이를 주워 먹는다. 담수 오리류보다 나무에 앉아 있는 경우가 많고 둥지는 대개 나무 구멍에 만든다. 둥지를 만드는 데 알맞은 나무로는 왕버들과 느티나무, 감나무, 밤나무가 있다.

분포

한국, 일본, 중국, 러시아 연해주가 원 분포지였고, 북아메리카 대륙에는 원앙과 비슷한 생태를 가진 미국원앙이 서식한다.

새와 사람

원앙은 진짜 금슬이 좋을까?

일반적으로 원앙은 부부가 절대로 떨어지는 일이 없이 같이 사는 사이좋은 새라고 알려져 있다. 그래서 부부싸움이라고는 모르는 사이좋은 부부를 원앙 같은 부부라고 했다. 또 원앙은 한 쌍 가운데에 한 마리가 죽거나 사람에게 잡히면 또 한 마리는 자기 짝을 너무도 잊지 못하여 끝내 자신도 죽음의 길을 가고 만다고 한다. 우리나라와 옛날 중국에서도 원앙은 부부 사이의 금슬을 좋게 한다고 해서 혼례를 치를 때마다 원앙 한 쌍을 선물하여 왔다. 또한 사이가 좋지 않은 부부가 이 새의 고기를 먹게 되면 애정이 다시 싹튼다고도 하였다.

그러나 실제로 원앙의 생태를 보면 사람들의 생각처럼 사이좋게 일생을 함께 사는 새가 아님을 알 수 있다. 원앙은 월동지에서 자기 짝을 결정하여 부부가 된다. 암컷의 주위에는 10마리 안팎의 수컷이 몰려들어 암컷에게 잘 보이려고 머리에 있는 관 모양의 장식깃인 댕기깃(冠羽)를 펼친다든지 큰 은행깃을 수직으로 세워 열심히 구애 작업을 벌인다. 여기서 암컷은 마음에 드는 수컷 한 마리를 고른다. 따라서 이것만을 보더라도 원앙은 해마다 자기 짝을 바꾸는(changing partner) 사실을 알 수 있다. 혼례식에서 주례가 '두 사람은 원앙 같은 부부가 되시오'라고 말하는 것이 수사학적으로는 맞는 말이기는 하지만 동물 생태학적으로는 매년 이혼하고 새 사람을 만나라는 뜻이 된다.

3 둥지를 떠난 원앙 어미와 새끼들

4 나무 구멍 둥지에서 바깥을 내다보는 어미새

5 짝짓기를 하고 있는 원앙

6 비상하는 암수 원앙
7 물가에서 물을 마시는 수컷 원앙
8 원앙사촌 암수(야마시마조류연구소 소장 표본)

새의 생태와 문화

새의 번식 형태

우리 전통 혼례에서는 부부의 금슬 좋은 생활을 바라며 한 쌍의 기러기 조각을 주는 풍습이 있다. 실제로 기러기는 일부일처(monogamy)의 생활을 하고 새끼를 공동으로 양육하며, 짝을 잘 바꾸지도 않는다. 그러나 모든 조류들이 이와 같은 번식 형태를 가진 것은 아니며, 지역적인 환경과 분류군에 따라 다양한 번식 형태를 가진다. 일부일처는 새들의 세계에서도 가장 흔한 번식 형태이며, 암수 모두 파트너와 함께 새끼를 키워 번식 성공률을 높인다. 긴 수명을 가진 조류는 배우자가 바뀌는 경우가 드문 반면, 많은 일부일처 조류는 배우자가 매년 바뀌고 수컷이나 암컷이 다른 짝과의 교미를 하는 경우도 드물지 않다. 짧게는 짝이 5분, 길게는 평생까지 가는 경우가 있으며 두루미와 같이 성적으로 성숙하기까지 시간이 오래 걸리고 구애행동이 복잡한 경우는 대부분 한번 짝이 지어지면 쉽게 바뀌지 않으나, 비교적 단순한 구애 과정이 진행되는 경우 짝이 금방 바뀌는 경향이 있다.

소형 조류는 일부일처제와 함께 일부다처제(polygyny)가 일반적이며 한 종 내에서도 먹이가 제한적이거나 수컷의 도움 없이 새끼를 기르기 힘든 환경에서는 일부일처를, 먹이가 풍부하고 암컷 혼자 육추가 가능한 환경에서는 일부다처가 이루어지는 경우도 있다. 일부다처가 이루어지는 조류는 수컷이 암컷보다 화려하며 꿩이 이에 해당한다. 반대로 일처다부제(polyandry)를 가진 새들은 극히 일부이며, 암컷이 수컷보다 화려한 외형을 가지고 있다. 우리나라에서는 호사도요, 물꿩, 지느러미발도요가 이에 해당하며 암컷이 산란을 하면 수컷이 포란과 육추를 모두 홀로 수행한다. 한편으로 뻐꾸기와 같이 다른 새의 둥지에 알을 낳고 육추를 수행하지 않는 탁란과 꾀꼬리처럼 형제자매들이 육추를 돕는 공동육아 역시 새들의 번식 형태 중 하나이다.

원앙사촌은 멸종한 것일까?

원앙사촌(*Tadorna cristata*)은 원앙보다 수수하지만 전체적으로 기품 있는 모습이 원앙을 연상시켜 '원앙사촌'이라는 이름을 얻었다. 한반도에 분포했을 것으로 추정되는 오리류의 일종으로, 전 세계에 단 3점의 표본이 남아 있는 것으로 알려져 있다. 이 중 1점은 1877년 러시아 블라디보스토크에서 채집되어 코펜하겐박물관에 소장되어 있으며, 나머지 2점은 일본인 조류학자 구로다 나가미치에 의해 1914년 한국의 전라남도 군산 금강 하구와 1916년 12월 부산에서 각각 채집 및 습득되어 야마시나조류연구소에 소장되면서 기준 표본이 되었다. 한때 황오리와 청머리오리의 교잡 개체로 추측되기도 했으나 현재는 별개의 종으로 분류되어 혹부리오리, 황오리 등과 함께 *Tadorna*속에 속해 있다.

1800년대 일본 화가의 그림에 원앙사촌이 묘사되면서 고서 『관문금보』에 '한국 원앙'이라는 이름으로 등장하고, 관상조류로서 일본에 종종 수출하기도 했던 것으로 보이는 기록이 전해지는 것으로 미루어 18세기 무렵의 한반도 일대에서는 드물지 않게 분포했던 것으로 추정된다. 그러나 표본으로 기록된 개체들 이후로는 분명치 않은 관찰 기록들만 조금씩 남아 있으며, 1964년 이후로는 그러한 기록조차 찾아볼 수 없어 사실상 멸종한 것으로 추정되고 있다.

청둥오리

| 청뒹오리 · *Anas platyrhynchos*

IUCN 적색목록 LC

우리나라 어디서나 흔히 볼 수 있는 가장 흔한 겨울철새이지만 텃새로 남아 번식하는 개체도 쉽게 볼 수 있다.

이름의 유래

청둥오리의 학명 *Anas platyrhynchos*에서 속명 *Anas*는 '오리류'를 뜻한다. 종소명 *platyrhynchos*의 platy는 그리스어로 '넓음'을 나타내고 rhynchos는 '부리'라는 말로서 '넓은 부리를 가진 새'를 말한다. 영명은 Mallard이다.

생김새와 생태

수컷의 머리는 녹색 광택이 있는 흑색이며 목에는 하얀 테가 있고 가슴은 밤색이다. 몸은 회백색이고 부리는 황록색이며 다리는 황적색이다. 그러나 암컷은 전체적으로 갈색에 검은 갈색의 무늬가 있고 꼬리에는 하얀 기운이 감돈다. 부리는 수컷은 황록색이며 끝이 검고 암컷은 오렌지색으로 검은 무늬가 있다. 날 때는 암수 모두 날개에 넓고 푸른 띠가 있고 그 둘레에 하얀 띠가 있는 것을 관찰할 수 있다. 수컷의 변환깃은 암컷과 비슷하지만 머리는 검은 빛이 강하고 부리는 황록색이다.

하천, 호수나 늪, 해만, 소택지, 농경지, 간척지, 연못, 개울 등의 습지에서 서식한다. 월동지에서는 낮에 하천, 호수나 늪, 해만 등의 앞이 트인 곳에서 먹이를 찾아다니며 저녁에는 논이나 연못 등에서 먹이를 찾으면서 아침까지 머무는데 안전한 경우에는 그대로 머물기도 하지만 그렇지 않으면 다시 다른 곳으로 날아간다. V자 모양으로 날갯짓을 하는데 '휫, 횟, 횟' 소리가 난다.

알을 낳는 시기는 4월 하순에서 7월 상순까지이며 한배산란수는 6~12개이고, 암컷만 알을 품는데 그 기간은 28~29일이다.

분포

전세계적으로 유럽, 중앙아시아, 시베리아, 만주, 캐나다, 미국 등지에서 번식하고 북부 아프리카, 인도, 중국 남부, 한국, 멕시코 등지에서 겨울을 난다.

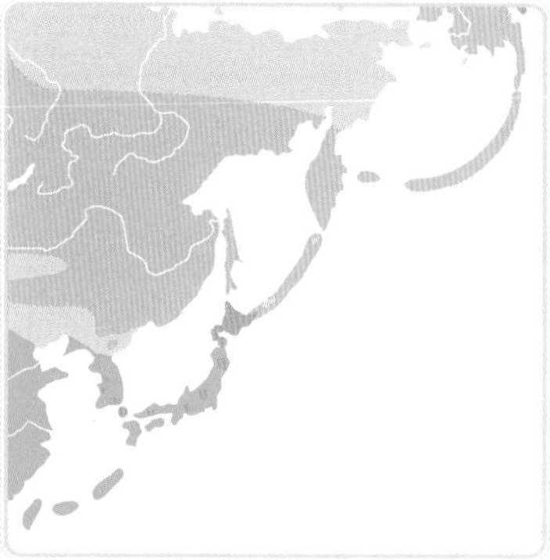

1 먹이를 찾아 한가로이 이동하는 청둥오리

2 무리 지어 비상하는 청둥오리

3 비상하는 수컷 청둥오리

4 휴식 중인 암수 청둥오리

5 얕은 물가에서 흰뺨검둥오리와 함께 먹이를 놓고 다투고 있는 청둥오리 무리

새와 사람

오리의 가축화

청둥오리의 옛 이름은 부(鳧), 야부(野鳧), 야목(野鶩), 야압(野鴨), 들오리, 물오리, 참오리 등이었다. 예부터 우리나라에서는 겨울이 되면 오리 사냥이 매우 성행하였다. 잡은 것은 구워 먹거나 양념을 해서 먹기도 했고 튀겨 먹기도 한다. 사람에 따라 다르겠지만 해양성 오리와는 달리 담수성 오리류는 곡식류도 잘 먹기 때문에 맛이 좋은 편이다. 사람과 새의 관계는 사람이 새를 먹는 것에서부터 시작하는데 가장 오래된 기록은 계란이 인간의 식생활의 일부가 된 것이다. 붉은열대가금(Red Junglefowl)에서 가축화된 닭은 기원전 3000년 인도에 존재했으며, 기원전 1500년 중국, 기원전 700년 그리스에도 존재했던 것으로 알려져 있다. 가축화된 닭에 대해 가장 오래된 기록은 유적 발굴을 통해 현재는 중국의 기원전 6000년이 정설로 되어 있다. 청둥오리 역시 맛이 좋아 동양에서 기원전 1000년 무렵 거위와 함께 가축화되어 지금의 집오리가 되었다.

새의 생태와 문화

철새들의 이동에 따른 위험과 희생

철새들은 밤에 이동하든 낮에 이동하든 이동하는 동안에 여러 가지 위험이나 곤경에 처하게 되고 목적지에 다다르기도 전에 죽거나 죽임을 당하는 경우가 대단히 많다. 특히 체력이 약하고 경험이 적은 어린새는 먼 거리를 이동한다는 것 자체가 매우 힘들기 때문에 대부분은 죽음도 불사하는 여행이라 할 수 있다. 새의 생리적인 측면으로 보아도 이동시 필요로 하는 에너지는 매우 크다. 따라서 새들은 피곤에 지쳐 날다 말고 땅으로 떨어지기도 한다. 먹이를 찾아 겨우 땅에 내린다 할지라도 먹이를 충분하게 먹지 못해서 도저히 먼 거리를 이동하기 어려울 정도로 체력이 떨어지기도 한다. 방향을 잘못 잡아 생각지도 못한 장거리 여행을 하게 되는 경우도 있다. 하지만 무엇보다 두려운 것은 어딘가에서 호시탐탐 목숨을 노리는 맹금류의 공격이다. 또 철새들이 이동할 무렵의 날씨는 변화가 매우 심한 까닭에 자주 돌개바람에 휘말려 목숨을 잃기도 하고 폭풍우가 몰아치는 바다에서 먹이를 먹지 못해 탈진하여 죽는 새도 많다. 남반구 오스트레일리아에서 5~6월에 걸쳐 일본 해안으로 크게 무리 지어 북상해 오는 쇠부리슴새는 탈진할 대로 탈진하여 바다에 떨어져 죽는다든가 폭풍우를 견디며 찾아온다 할지라도 쇠약할 대로 쇠약해져 바다에서 표류하다가 겨우 해안에 다다른다. 이렇게 죽는 숫자만 해도 실로 엄청나서 일본의 어느 현에서만 해마다 1만 마리 안팎의 사체를 거뒀다고 한다. 급격히 기온이 떨어지는 바람에 그 추위를 이기지 못하여 죽어 버리는 새도 매우 흔하다. 이동하다가 인공구조물에 부딪혀 죽는 새들도 많다. 가을에 남쪽으로 돌아가던 새들이 유리창에 부딪혀 죽는다든지 도요새나 물떼새 종류들이 야구장의 조명판이나 가로등, 등대의 불빛 때문에 눈에 장애를 일으켜 장애물과 충돌하여 죽는 예도 대표적이다. 이러한 위험을 무릅쓰고 겨우 도착한 곳이라고 해서 반드시 안전하고 살기 좋다고 할 수는 없다. 작년에 둥지를 틀었던 숲이 개발되어 버리거나 다른 동물로부터 공격을 받거나 인간의 총에 맞아 죽거나 그물에 걸리는 등 그 밖에도 다른 어려운 환경 때문에 목숨을 잃는 경우가 허다하기 때문이다.

조류충돌, 버드 스트라이크

버드 스트라이크(bird strike)는 조류가 인공구조물에 충돌하는 사고를 뜻한다. 조류충돌이라고도 한다. 그러나 최근 포유류 등의 충돌도 문제시되므로 야생동물 충돌(wildlife strike)이라는 용어도 사용되고 있다.

조류충돌 즉, 버드 스트라이크는 주로 항공기 기체에 조류가 부딪치는 것을 말한다. 이외에도 철도나 자동차와 같은 교통수단, 풍력발전의 풍력원동기, 송전선, 송전철탑, 건물의 유리구조물, 등대, 고속도로 소음차단벽 등에서도 일어나고 있다. 고속으로 이동 중인 인공구조물에 충돌하면 소형새라도 매우 충격이 크고 큰 사고로 발전할 수 있다. 항공기의 이착륙 및 순항 중 조류가 항공기 엔진이나 동체에 부딪치는 버드 스트라이크에 대해 알아보자.

역사상 최초의 항공기 버드 스트라이크는 1905년에 일어났다. 라이트 형제가 비행기를 발명하고 지속적으로 새로운 모델을 제작하며 시험 비행을 하는 과정에서 버드 스트라이크를 당했다고 한다.

오늘날 비행기는 제트엔진이 주류를 이루고 있는데, 비행기의 공기 흡입구로 조류가 빨려 들어가는 흡입 사고가 많다. 특히 여객기의 제트 엔진 공기 흡입구는 지름과 추진력이 매우 크고 지상에서 가까운 경우에 버드 스트라이크가 발생하기 쉽다. 가령 시속 370km로 상승 중인 항공기에 중량 900g 청둥오리 한 마리가 충돌한다면 항공기가 받는 순간 충격은 4.8톤이나 된다고 한다. 이륙과 상승, 하강과 착륙 중인 항공기와 부딪힐 때는 역학상 엄청난 타격을 주는 것이다.

실제로 외국에서는 버드 스트라이크로 엔진이 고장나서 비행기가 추락하거나 불시착하는 일이 발생하기도 하는데 대표적인 사건이 있다. 보스턴 로건국제공항에서 이륙하던 항공기가 찌르레기 떼에 부딪히면서 엔진 4개 가운데 3개가 직접적인 충격을 받아 작동이 불능 상태가 되어 추진력이 떨어져 보스턴 항구에 추락한 사고로서 탑승한 승객 72명 중 62명이 사망한 사건이다.

2009년 1월 15일 미국 뉴욕주 라과디아 공항에서 US 에어웨이즈 1549편 에어버스항공기가 공항을 이륙한 직후 캐나다기러기떼와 충돌하고 두 엔진이 멈추어 조종사는 허드슨강의 물위에 기체를 불시착하였으나 승무원 승객 155명이 무사한 사고이다. 이 실화를 바탕으로 영화「설리: 허드슨 강의 기적」이 제작되어 버드 스트라이크 영화로 알려지게 되었다.

우리나라의 경우, 국토교통부 통계에 의하면 2011년 92건에서 2015년에는 287건으로 증가하고 있다. 국내 민간 항공사들이 2011년에서 2016년 7월 사이의 버드 스트라이크의 발생건수는 1036건에 달한다고 한다. 사고종류별로는 엔진에서 발생한 버드 스트라이크가 286건으로 가장 많았고, 날개충돌 188건, 레이돔충돌(위성수신 초정밀부품) 141건, 조종석 전면유리충돌 124건의 순이었다. 버드 스트라이크로 인한 항공기운항 차질로 승객들이 많은 불편을 겪었으며, 후속처리로 인한 피해도 막대한 것으로 추정된다.

인천공항의 경우는 까치, 제비, 종다리, 황조롱이 등이 문제가 되고 있으며 갈대를 제거하여 관리하거나, 청둥오리와 흰뺨검둥오리는 공포탄을 발사하여 관리하기도 한다. 백로류와 맹금류의 휴식처로 사용되는 나무 제거 등의 관리가 이루어지며, 조류가 서식하는 공항 주변의 습지를 메우는 방법도 이용되기도 한다. 포유류인 고라니의 경우는 침입방지시설을 설치하고 잠자리로 이용하는 갈대를 제거하여 종합적인 관리를 한다. 인천공항은 이러한 조류와 포유류 퇴치를 통해 버드 스트라이크를 예방하는 전담반을 운영하여 관리하고 있다.

최근 지구온난화를 막기 위한 청정 에너지원으로 주목받고 있는 풍력발전시설이 육상과 해상에서 적극적으로 설치되고 있다. 풍력발전시설은 발전효율을 높이기 위하여 평균적으로 강한 바람이 불고 탁 트인 지역에 건설할 필요가 있기 때문에 높은 곳, 연안지역, 먼바다가 건설후보지가 되는 경우가 많다. 이러한 지역은 철새의 이동경로와 겹쳐서 조류충돌이 발생할 가능성이 높다. 그리고 조류에 대한 영향은 충돌사고뿐만 아니라 풍력발전, 송전선 등 부대시설을 건설로 서식지 소실과 감소가 일어날 수 있다. 또한 서식방해 요인이 생겨나면 철새들은 서식지포기와 풍력발전시설이 장벽이 되어 장벽효과가 일어날 수 있다.

풍력발전시설의 버드 스트라이크는 일본의 경우 흰꼬리수리 및 기타 맹금류, 갈매기류, 오리류, 까마귀류 등에서 충돌에 의한 사망사고가 보고되고 있다. 풍력발전 선진국인 덴마크, 네덜란드, 영국, 미국 등에서는 장기간에 걸친 상세하고 양적인 조사보고가 이루어지고 있다.

이동성 야생동물의 보전에 관한 협약(CMS: Convention on the Conservation of Migratory Species of Wild Animals, 통칭: 본 조약)의 제7회 당사국회의에서는 풍력발전소 건설에 관한 결의안이 채택되었으며, 특히 대규모 해상 풍력발전이 철새와 바다에 미치는 영향을 고려할 것을 요구하고 있다. 우리나라에서도 하루 빨리 이러한 풍력발전이 조류에 미치는 영향을 최소화하기 위한 여러 대책의 수립과 실행을 해야 할 것으로 판단된다.

6 공항에서 착륙하는 비행기 주변을 나는 새떼

흰뺨검둥오리

| 흰뺨오리 · *Anas zonorhyncha*

IUCN 적색목록 LC

우리나라 어디서나 서식하는 텃새이자 겨울철새이며, 겨울에는 우리나라 전역에서 청둥오리 다음으로 개체수가 많은 오리류이다.

1

2

3

이름의 유래

흰뺨검둥오리의 학명 *Anas zonorhyncha*에서 속명 *Anas*는 '오리류'를 의미하고, 종소명 *zonorhyncha*는 '띠'를 뜻하는 zono와 '부리'를 뜻하는 rhycha가 합해져 '부리에 띠가 있는 오리'를 의미한다. 흰뺨검둥오리의 부리는 검고 끝부분만 황색을 띠어 띠처럼 보이며 영명도 같은 뜻의 Spot-billed Duck이다.

생김새와 생태

다른 오리와 다르게 암컷과 수컷의 몸 색깔이 같은데 몸 전체가 갈색이면서도 흑갈색의 무늬가 섞여 있다. 얼굴은 담색인데 검은 줄 2개가 지나고 몸 뒤쪽으로 갈수록 검은색이 강해지지만 꼬리 부분에는 흰색이 있다. 날개에 있는 띠는 푸른색으로 부리는 검고 끝 부분이 등황색이며 발은 황적색이다.

여름에는 암수 한 쌍이 짝을 지어 줄풀, 갈대, 창포 등이 무성한 곳에서 번식하고 큰 무리를 지어 겨울을 난다. 하구나 해상에서 청둥오리를 비롯한 다른 오리류들과도 무리를 지어 먹이를 찾지만 보통 청둥오리와 무리를 짓는 경우가 흔하다. 알을 낳는 시기는 4~7월이며, 한배산란수는 7~12개이고 알을 품는 기간은 26일이다. 둥지는 호수나 늪, 하천, 소택지, 간척지 등의 습지에 있는 풀숲에 짓고 안전한 곳에서는 집단 번식도 한다. 하천, 호수, 늪, 소택지, 간척지 등의 습지에서 흔히 볼 수 있다. 풀씨나 나무 열매뿐만 아니라 곤충류나 무척추동물 같은 동물성 먹이를 먹는다.

분포

전세계적으로는 아무르강 유역과 만주, 한국, 일본, 중국 등지에서 서식한다.

새와 사람

흰뺨검둥오리를 위해 차를 멈춘 사람들

대전에서 흰뺨검둥오리 가족이 도로를 지나가자 차들이 멈추고 건너가는 걸 기다렸다는 미담이 있다. 필자도 이와 비슷한 경험이 있는데 조사차량을 타고 경부고속도로를 달리던 중 어미 흰뺨검둥오리와 새끼 7~8마리가 갑자기 도로로 뛰어들어 차가 급정거하는 바람에 큰 교통사고가 날 뻔하였다. 이러한 사고는 야생동물 때문에 일어날 수 있는 일이기는 하지만 단순히 야생동물의 책임이라기보다 우리 인간이 져야 할 책임이다. 고속도로 또는 도로 건설이 마구잡이로 야생 생태계를 격리시켜 야생동물의 이동에 장애가 되기 때문이다. 길을 새로 닦을 때마다 야생동물의 이동을 위한 지하도나 육교 등 생태통로의 건설이 반드시 필요한 이유이다.

1 먹잇감을 찾아 물위를 이동 중인 모습
2 얼음 위를 뒤뚱뒤뚱 걸어가고 있다.
3 기지개를 펴고 있는 흰뺨검둥오리

새의 생태와 문화

서식지 파편화와 생태통로

인간의 많은 활동들은 새들의 서식지를 파괴하고 있다. 벌목을 통해 도로를 건설하고 목장을 만드는 등의 행위는 커다란 서식지를 작은 여러 개의 서식지로 파편화하기도 한다. 파편화된 서식지에서는 포식의 위험이 커질 뿐 아니라 공간이 제한되어 자원이 부족하게 되고, 외래종의 침입도 쉽게 일어난다. 이에 따라 개체의 번식 성공률과 생존율이 감소하여 결국 개체수가 계속해서 줄어드는 현상이 나타나곤 한다. 파편화된 서식지에서 생물다양성을 보전하기 위해서는 생태통로가 필요하다. 생태통로는 파편화된 서식지를 이어주는 역할을 하며, 생태통로를 따라 각 서식지에서 다른 서식지로 개체의 분산이 가능하도록 만들어준다. 이는 넓은 행동권을 갖는 동물에게 충분한 서식공간을 제공해 주고, 한 서식지의 개체군이 감소하더라도 다른 서식지의 개체군이 이주하여 전체 서식지에서 개체군이 안정화되도록 도와준다.

새들의 합동미팅

우리 인간사회에서도 청춘남녀가 연애 및 결혼을 목적으로 단체로 미팅(meeting)하는 경우가 종종 있다. 반드시 성공한다는 보장은 없어도 상대방을 잘 만나기 어려운 청춘남녀에게는 만남의 기회가 주어지고 서로 잘 맞는 상대방을 만날 확률이 높기 때문에 매우 효율적이라고 볼 수 있다.

새들도 이러한 합동미팅을 하는 종들이 있다. 좋은 예로서 겨울 저수지, 강 등에서 헤엄치고 있는 원앙을 비롯한 겨울철새들인 오리류들이 있다. 오리류의 혼인관계는 매년 결혼과 이혼을 반복을 한다. 이 새들은 우리나라의 봄철에 짝을 구하고 번식을 하는 새들처럼 새끼들을 키울 수는 없다. 그러므로 오리류들은 겨울에 상대를 만나 짝을 맺어야 하기 때문에 많은 새들이 몰려 있는 저수지, 하천, 강과 같은 곳에서 좋은 짝을 만나기 위한 방법으로 합동미팅 같은 것이 이루어진다.

오리류의 수컷은 광택이 나는 화려한 깃털을 가지고 있는데 수컷 원앙은 그 중 가장 화려하다. 암컷으로부터 선택되어야 하므로 수컷은 아름다움을 뽐내기 위해 목을 길게 뺀다든지 암컷 앞에서 깃털을 펼치는 춤을 춘다든지 하는 다양한 행동으로 구애를 한다.

이러한 구애행동의 최전성기는 1월경으로 오리류의 큰 무리에서 한 마리의 암컷을 여러 마리의 수컷이 둘러싸고 필사적으로 구애하는 행동을 여기저기서 볼 수 있다. 암컷이 수컷을 선택하여 짝짓기(mating)가 이루어지면 짝이 된 암수 2마리는 시베리아 등의 번식지로 함께 이동한다. 이후 번식지에서 교미와 산란, 포란 등의 번식이 이루어지고 새끼새들이 자라서 어미새로부터 독립한다. 성장한 새와 어미새들은 가을에 다시 우리나라로 도래하여 겨울을 나게 된다. 봄철에 번식지로 가지 않고 텃새로 남아 있는 일부의 원앙과 흰뺨검둥오리는 3월에서 4월에 둥지를 만들고 번식을 한다.

4 흰뺨검둥오리의 알

5 6 어미를 따라 이동하는 새끼들

7 무리 지어 물에서 이동하는 흰뺨검둥오리

가창오리 | 반달오리 · *Anas formosa*

국가적색목록 LC / IUCN 적색목록 LC

군집성이 강한 소형 오리이며 흔히 볼 수 있는 겨울 철새다.

이름의 유래

가창오리의 학명 *Anas formosa*에서 속명 *Anas*는 라틴어로 '오리류'를 의미하고, 종소명 *formosa*는 '아름답다'는 뜻의 라틴어 formosus로부터 왔다. 가창오리 뺨 부분의 무늬가 바람개비가 돌아가는 모양이라 하여 일본어로는 'トモエガモ(도모에가모)'라고 부르며 이는 '바람개비 오리'라는 뜻이다. 북한에서는 태극무늬처럼 생겼다 하여 '태극오리'라고도 한다. 우리나라의 경우, 가창오리의 화려한 무늬가 춤추고 노래하는 무희를 닮았다 하여, 가창(歌娼)오리라고 이름 붙여졌다. 영명으로는 Baikal Teal인데 이 종이 바이칼호수 근방에서 번식하는 것과 관계가 있는데, '바이칼의 오리'라는 뜻이다.

최근, 이 종의 학명은 International Ornithologists' Union의 IOC World Bird List version 10.2(2020)에 의하면 새로운 학명은 *Sibirionetta formosa*이다. 속명 *Sibirionetta*는 *Anas*와 동일어로 Sibirio-는 Siberia를 의미하고 -netta는 그리스어로 오리를 뜻하므로 이 종이 시베리아에서 번식하는 것과 관계가 깊다.

생김새와 생태

부리는 검은색이며, 수컷은 얼굴에 노란색, 녹색, 검은색의 독특한 바람개비 모양의 무늬가 있으며, 길게 늘어진 어깨깃이 뚜렷하다. 암컷은 수컷에 비해 수수한 모습을 띤다. 암컷은 쇠오리와 비슷하나 부리 기부에 흰색의 둥근 점이 있고, 목과 멱이 더 희다는 특징이 있다. 수컷의 화려한 모습은 번식기에 볼 수 있으며, 번식이 끝난 뒤부터는 암컷과 같은 수수한 색깔의 변환깃을 갖게 된다. 시베리아와 러시아 지역에서 번식한다.

야행성이기 때문에 낮에는 안전한 호수 한가운데에서 쉬고 있다가 해가 질 무렵이면 먹이를 찾아 인근 논으로 이동한다. 수십만 마리가 한꺼번에 이동하기 때문에, 가창오리 떼의 군무는 장관을 연출한다. 이 놀랍고 경이로운 모습은 우리나라의 여러 매체를 통해서도 알려져 있어, 많은 사람들이 가창오리를 보기 위해 서산, 금강호 등을 방문하곤 한다. 2003년 영국의 방송사 BBC에서도 이 장관을 찍기 위해 방문한 바가 있다. 가창오리는 벼 낟알과 풀씨를 주식으로 하며, 그 외에도 작은 수생 무척추동물과 작은 물고기 등을 먹는다.

분포

시베리아와 러시아 지역에서 번식하며, 중국 북부, 한국, 일본 등지에서 겨울을 난다. 특히 우리나라의 금강 하류 지역에서 전세계 개체군의 대부분이 겨울을 난다.

1 갈대밭에서 몸을 은폐하고 휴식 중인 암수 가창오리
2 물위를 비상하는 모습
3 가창오리 수컷

새와 사람

한때 멸종위기였던 가창오리

1960년대까지만 해도 가창오리는 흔히 볼 수 있는 오리류였으나, 지나친 남획으로 인해 개체수가 급감하였다. 특히 일본에서는 1980년 1만 마리, 1987년 2,756마리로 감소했다. 1947년 일본 서남부 월동지에서 사냥꾼 3명이 한 호수에서 20년 동안 5만 마리의 가창오리를 사냥했다는 기록이 남아 있을 정도로, 남획의 정도가 심하였음을 알 수 있다. 1980년대에 가창오리는 전세계에 2만 개체가 되지 않았기 때문에 이전의 개체수를 회복하지 못하고 절멸할 것이라고 예측했다. 이에 국내에서도 환경부 지정 멸종위기 야생생물 II급으로 지정하여 보호하였다. 1984년 주남저수지에서 약 5,000여 개체의 월동군이 처음 관찰된 이후 점차 증가하여 1996년에는 약 6~7만 개체가 관찰되었다. 2002년에는 20여만 마리의 가창오리 무리가 서산 천수만에서 관찰되었다. 현재는 전세계적으로 수십 만 마리의 개체가 존재하고 그 중 90%가 우리나라에서 월동하며 2012년 멸종위기 야생생물에서 해제되었다.

새의 생태와 문화

탐조 가이드

탐조 시 갖추어야 할 장비로는 쌍안경(또는 망원경), 조류도감, 기록을 위한 필기도구, 편한 복장 등이 있다. 멀리 있는 새를 가까이서 보고자 다가가면 새는 날아가 버리기 때문에, 멀리서도 관찰할 수 있는 망원경이나 쌍안경을 갖추도록 한다. 망원경이나 쌍안경을 통해 멀리서도 새를 보다 자세히 관찰할 수 있다. 조류도감이나 안내책자를 활용하면 새의 이름과 생태를 알 수 있고, 이를 통해 새에 대한 관심이 높아지하면, 지식을 쌓을 수 있게 된다. 또한 탐조 시 관찰한 새의 모습, 날짜, 특징, 주변 서식지 등을 기록하면 새를 이해하는 데 수월하다. 작은 수첩과 필기구를 준비하여 기록하는 습관을 갖도록 한다. 새는 시력이 매우 좋고 예민하기 때문에 주변 환경과 다른 복장을 하거나 진한 향수를 사용하면 조류에게 자극을 줄 수 있다. 그러므로 주변 환경과 비슷한 녹색, 갈색 등의 어두운 계통의 복장을 입도록 한다.

새는 경계심이 많은 동물이므로 탐조를 할 때 특별히 주의를 기울여야 한다. 또한 탐조를 하는 장소들이 주로 새들이 휴식을 취하거나 먹이 활동을 하는 등 중요한 서식지이므로 이들의 서식에 방해를 주지 않도록 하여야 한다. 이를 위해서 망원경이나 쌍안경을 이용하여 원거리를 유지하는 것이 중요하다. 고정 탐조시설이나 임시 은폐시설, 위장텐트 또는 은폐망 등을 활용하여 몸을 은폐한 후 탐조하는 것도 한 방법이다. 철새 서식 등에 방해를 줄 우려가 있는 집단 행동, 먹이를 직접 주는 행위나 접촉하는 행위, 둥지나 알에 접근하는 행위를 하지 않도록 하며, 큰소리를 내거나 뛰어서도 안 되고, 돌 등을 던지는 행위 또한 삼가야 한다. 또한 풀이나 나무를 훼손하거나, 열매를 함부로 채취하는 등 서식지를 훼손하는 행위도 하지 않도록 한다. 특히 멸종위기에 처한 새들이 번식하거나 휴식을 취하는 장소에는 절대로 들어가지 않도록 한다.

4 해질 무렵 떼지어 비상하는 가창오리

5 물가에서 수컷 두 마리가 깃털을 손질하며 휴식을 하고 있다.

청머리오리 | 붉은꼭두오리 · *Anas falcata*

국가적색목록 LC
흔한 겨울철새이다.

1
2

이름의 유래

청머리오리의 학명 *Anas falcata*에서 속명 *Anas*는 라틴어로 '오리류'를 뜻하는 라틴어이며 종소명 *falcata*는 '낫모양의 날개를 가진 새'라는 뜻이므로 이와 관계가 깊다. 영명 또한 '낫 모양의 날개를 가진 작은 오리'라는 뜻으로 Falcated Teal, Falcated Duck 이다.

최근, 이 종의 학명은 International Ornithologists' Union의 IOC World Bird List version 10.2(2020)에 의하면 *Mareca falcata*이다. 새로운 학명의 속명 *Mareca*는 포르투갈어로 홍머리오리암컷를 의미하는 marreca(수컷은 marreco)에서 왔으며 브라질토착어에서 유래한다.

생김새와 생태

청머리오리는 중간 크기의 오리류로서 수컷의 머리에는 광택이 있는 녹색의 특이한 형태의 긴댕기깃이 있으며 앞이마로부터 머리 뒤까지와 녹색부분의 아래의 띠는 붉은자색이다. 머리 전체는 나폴레옹모자처럼 보인다. 목 부분은 하얗고 옆으로 검은 줄이 있다. 몸은 회색이고 셋째날개깃은 길고 낫 모양으로 늘어져 있고, 검은색 띠가 있는 노란색 엉덩이가 특징이다. 허리 양쪽에 황백색과 흰색의 무늬가 있다. 부리는 까맣고 발은 회갈색이다. 암컷에게는 검은 갈색의 무늬가 있지만 특징이 없다.

호남의 해안 지방과 영남 지방, 낙동강 하류, 남해 도서, 내륙의 강이나 호수에서도 겨울을 나는 무리가 눈에 띄지만 흔한 것은 아니며, 충청남도 서천과 전라북도 무안 지방의 해안가 등 물이 있는 곳에서 해마다 규칙적으로 찾아드는 작은 무리의 월동군을 볼 수 있다.

청둥오리보다 훨씬 잠수에 능하며 대개 10마리 안팎의 작은 무리를 연못이나 개울가에서도 드물지 않게 볼 수 있고 연안의 바다에서도 암초가 여럿 있는 해안이나 섬 여기저기에서 겨울을 나는 소규모의 무리를 쉽게 볼 수 있지만 그리 흔한 편은 아니다. 낮에는 안전한 호수나 늪, 소택 초습지에서 소규모의 무리가 낮잠을 자고 해가 질 무렵부터 논으로 날아들어 새벽까지 먹이를 찾아 돌아다닌다. 수컷은 '삐리-, 삐리' 또는 '쀼루루, 쀼루루' 하는 호각 소리를 내며 암컷은 '팟 팟 팟' 하고 운다.

강가, 호숫가, 초습지의 땅바닥, 풀숲이 우거진 곳에 둥지를 튼다. 알을 낳는 시기는 6~7월이고, 한배산란수는 6~9개이다. 알 품는 기간은 24일이고 알에서 깬 새끼를 6월 중순에서 8월 상순까지 볼 수 있다. 식물성인 낟알, 잎, 줄기, 뿌리 등을 먹고 그 밖에 수서곤충이나 연체동물인 복족류 같이 연하고 작은 수서무척추동물도 먹는다.

분포

아무르강, 우수리강, 만주 북부, 몽골 등지에서 번식하며 중국 남부, 한국, 일본 등지에서 겨울을 난다.

1 먹이를 찾아 이동하는 수컷 모습

2 암수가 함께 물위에서 휴식 중인 모습

3
4
5

새의 생태와 문화

땀샘은 없지만 기름샘은 있는 새

조류는 포유류와 다르게 노폐물을 제거하거나 온도를 조절하는 땀샘이 없다. 이는 깃털이 더럽혀지고 엉키는 것을 방지하기 위해서 다른 효율적인 체온조절 방법을 사용하기 때문이다. 조류는 체온을 낮추기 위해 1) 날개의 굽은 곳을 펴거나, 2) 숨을 헐떡여 수분을 증발시키거나, 3) 머리나 등의 깃을 세우거나, 4) 배를 물에 적시거나, 5) 다리를 노출시키는 방법을 쓴다. 조류에게 유일하게 하나의 피부샘이 존재하는데 바로 기름샘(尾脂腺, 미지선, preening gland)이다. 이것은 허리(rump)에 위치하며, 왁스, 지방산과 지방을 함유한 분비액이 나온다. 이는 깃과 부리, 비늘을 유지하는 중요한 역할을 하고 깃의 방수가 필요한 특히 물새(수생조류)에서 더욱 발달해 있으며 타조와 화식조에서는 볼 수 없다.

먹이에 따라 다른 조류의 부리형태

현존하는 조류는 종에 따라 식물의 새싹, 과일, 과즙, 씨앗, 무척추동물, 사체를 포함한 척추동물 등 다양한 먹이를 먹는다. 그런데 대부분의 조류는 과실류와 씨앗류, 곤충류 등이 중요한 영양원이다. 특히 참새목의 육상조류의 적응방산은 종자식물과 연계된 곤충류의 적응방산과 관련이 있다. 조류는 초식종(herbivore)으로 특화된 종은 매우 드물며, 포유류가 없었던 뉴질랜드에는 수많은 날지 못하는 초식성 모아류(Moas)가 진화하였다. 초식과 잎식 먹이는 복잡하고 긴 소화관이 필요하고 소화시간이 많이 걸리므로 먹이의 무게가 초식성 조류의 비상 능력을 제한하였거나 또는 타조처럼 날지 않는 것이 유리하게 되었을지도 모른다.

조류는 다양한 먹이에 따라 부리가 다양하며 먹이의 크기와 모양, 강도는 먹을 수 있는 먹이를 규정하게 된다. 육식조류인 수리류, 매류 그리고 올빼미류의 부리는 살코기와 힘줄을 찢을 수 있도록 강력한 갈고리 모양이다. 또 다른 부리의 형태로는 물고기를 찌르거나, 씨앗을 부수거나, 바위의 틈을 찾거나, 진흙의 미소 생물을 거르는 것이 있다. 오리류의 넓고 평평한 부리는 갯벌에서 진흙을 거르는 데 적합하고, 딱다구리류의 끌모양 부리는 나무 속에 숨어있는 곤충을 잡아내는 데 적합하다. 해양 포식조류인 펭귄류나 가마우지류는 부리 끝이 구부러져, 물고기를 바로 식도로 보내기 쉽다. 섭금류 부리의 다양한 길이와 곡선도는 진흙 속에서 찾아 먹을 수 있는 먹이를 결정한다. 벌새와 같은 화밀식(과즙식)조류는 가늘고 긴 부리를 화밀의 분비부위를 찾아 튜브 모양의 혀끝으로 꿀을 빨고 섭취한다. 부리의 모양은 좋아하는 꽃대의 길이와 곡선상태와 일치하는 경향이 있다. 꽃의 측면에서 보면 수분을 조류에 의존하는 것이며, 부리 길이의 근소한 차이로도 흡수비율에 영향을 준다.

새는 이빨이 없는데 이것은 몸무게를 줄이기 위해서이다. 단순히 이빨을 유지하려면 무거운 턱뼈도 함께 있어야 하기 때문이다. 대신에 모래주머니(사낭(沙囊): gizzard)와 전위(proventriculus)를 지닌다. 소화액이 나오는 전위를 지난 먹이는 두꺼운 근육층으로 이루어진 모래주머니에 의해 잘게 부서지고 소화된다. 곡물을 주로 먹는 종은 이곳에 많은 돌이 들어있다. 조류의 소화계는 단순하지만 형태에는 많은 차이가 있다. 특히 식이물에 따른 변이가 많다.

3 4 물위에서 휴식 중인 수컷 청머리오리

5 힘차게 비상하는 모습

흰죽지 | 흰죽지오리 · *Aythya ferina*

IUCN 적색목록 VU

흰죽지는 흔한 겨울철새로서 해마다 겨울을 나려고 한강에 몰려드는 200~3,000마리에 이르는 무리를 쉽게 볼 수 있다.

이름의 유래

흰죽지의 학명 *Aythya ferina*에서 속명 *Aythya*는 그리스어로 바다새의 한 종류인 aithyia에서 유래하며 종소명 *ferina*는 '사냥 동물의 고기'라는 뜻이다. 영명은 Common Pochard이다.

생김새와 생태

수컷의 머리와 목 부분이 붉은 갈색인데 가슴은 까맣고 몸은 회색을 띤 갈색이며 위꼬리덮깃과 아래꼬리덮깃은 까맣다. 부리는 까맣고 앞쪽에 푸르스름한 잿빛 띠가 있다. 암컷은 머리에서부터 목까지 갈색이고 눈 주위와 뒤에는 엷은 색깔의 줄이 있다. 몸은 회색을 띤 갈색이다. 날 때 보면 날개에는 회색 띠가 보이고 수컷의 변환깃은 색채가 둔탁하다.

하구나 호수의 얕은 물, 늪에 잠긴 물풀이나 간척지 해안에 식물로 둘러싸인 서식지를 좋아한다. 둥지는 호수를 비롯한 늪이나 못가에 자라는 갈대, 마름, 물풀 등이 우거진 곳에 지으며 갈대의 줄기와 잎을 재료로 써서 접시 모양의 둥지를 만든다. 둥지 밑바닥에는 자신의 가슴이나 배의 솜털을 뽑아서 깐다. '쿠루루, 쿠루루, 쿠루루' 하는 소리를 낸다.

알 낳는 시기는 4월 하순에서 6월 상순이며 한배산란수는 6~9개이고 암컷만이 알을 품는데 품는 기간은 24~28일이다. 새끼를 기르는 기간은 50~55일이며 이 동안에 암컷은 새끼들과 함께 생활한다. 물속에 잠수해서 먹이를 먹거나 때로 물속에 머리만 넣은 채 먹이를 먹기도 한다. 물풀의 잎이나 줄기, 열매들을 잘 먹을 뿐만 아니라 무척추동물들도 잘 먹는다.

분포

동부 유럽, 우랄, 카자흐스탄, 몽골, 바이칼호 등지에서 번식하며, 스페인, 이탈리아, 북부 아프리카, 인도, 중국 남부, 한국, 일본 등지에서 겨울을 난다.

1 휴식을 하는 암컷 모습
2 암수가 함께 먹이를 찾아 이동하는 모습
3 암컷이 먹이를 찾아 이동하는 모습

새의 생태와 문화

조류 관찰의 예절(미국조류협회)

우리나라에서도 최근에 탐조 인구가 늘어나면서 탐조에 대한 예의를 강조하고 있으며 탐조수칙 등을 쉽게 접할 수 있다. 탐조문화가 일찍이 발달한 미국에서는 어떤 탐조예의를 제시하는지 간단하게 소개해본다. 조류와 야생 조류의 관찰을 즐기는 사람이라면 누구나 야생생물이나 그 서식 환경, 그리고 무엇보다도 생물의 권리를 존중해야 한다. 조류와 관찰자 사이에 이익이 충돌할 경우에는 조류의 복지와 환경을 우선시해야 한다.

1. 새들의 복지와 그 서식환경을 소중히 하자.

조류를 관찰하거나 사진을 찍거나 울음소리를 녹음하거나 동영상을 촬영하는 등의 행위를 할 때는 조류에게 스트레스를 주거나 위험에 노출되지 않도록 정숙해야 하며 주의 깊게 행동해야 한다. 조류를 불러들이기 위해 미리 녹음한 새소리를 사용하는 행위를 삼가야 하고, 이러한 방법은 특히 관찰자가 많은 장소에서는 실시해서는 안 된다. 또한 멸종위기종이나 희귀종일 경우에는 절대 금지해야 한다. 둥지나 집단 서식지, 잠자리, 구애 장소, 그리고 중요한 채식 장소에는 되도록 접근하지 않도록 한다. 조류가 있는 도로와 소로, 오솔길 등에서는 정숙하자. 그렇게 할 수 없는 경우라면 서식지의 교란을 최소화하도록 한다.

2. 법을 준수하고, 조류들의 권리를 존중하자.

토지소유자 허가 없이 사유지에 침입해서는 안 된다. 국내는 물론 해외에서도, 도로 및 공공장소에 적용되는 모든 법률, 법규, 조례에 따르도록 한다.

3. 먹이급이대, 둥지 구조물, 그리고 기타 인공 조류 환경 등의 안전을 확인하자.

자동급이기(dispenser), 물, 먹이를 청결하게 유지하여 부패로 인해 조류가 질병에 걸리지 않도록 한다. 가혹한 날씨에도 조류에게 계속하여 먹이를 주는 것이 중요하다. 인공새집을 정기적으로 관리하고 청결하게 유지한다. 조류를 불러들이고자 할 때 고양이나 다른 동물에 의한 포식과 같은 인위적인 위험에 노출되지 않도록 주의한다.

4. 단체로 조류를 관찰할 경우, 단체가 조직적이든 즉석에서 형성되었든 서로에게 배려를 한다.

조류 관찰 그룹의 이익과 권리, 관찰 능력을 존중해야 하는데, 이는 다른 목적으로 야외 활동을 하는 사람들에 대해서도 마찬가지이다. 자신의 지식과 경험을 아낌없이 나누어 준다. 특히 초보자를 특별히 배려한다. 만약 비도덕적인 조류 관찰자의 행동이 목격된다면 상황을 판단하고 개입하여 못하도록 막아야 한다.

이 도덕률을 준수하도록 노력한다. 그리고 다른 사람들에게도 이 도덕률을 전달하고 가르치도록 한다.

4 5 수욕을 마치고 물을 털어내는 흰죽지

6 먹이를 찾아 무리 지어 가고 있다.

7 8 수욕을 하는 모습

호사비오리

| 비오리 · *Mergus squamatus*

멸종위기 야생생물 I급 / 천연기념물 제448호 / 국가적색목록 LC / IUCN 적색목록 EN
우리나라에서는 희귀한 겨울철새이지만 강원도 영월의 동강 유역 등
일부 적절한 환경이 갖추어진 지역에서는 번식도 한다.

이름의 유래

호사비오리의 학명 *Mergus squamatus*에서 속명 *Mergus*은 라틴어로 '잠수하는 새'를 의미한다. 종소명 *squamata*는 라틴어로 '비늘'이라는 의미의 라틴어 squamae가 어원이며, 영명 Scaly-sided Merganser 또한 '옆구리에 비늘이 있다'는 뜻의 Scaly-sided라는 표현이 들어가 있다. 호사비오리는 암수 모두 비늘무늬를 가지고 있다. 일본어로는 コウライアイサ(코우라이아이사)이며, 이는 '고려'를 뜻하는 コウライ와 '비오리'를 뜻하는 アイサ가 합해져 '한반도의 비오리'를 의미한다.

생김새와 생태

수컷은 짙은 초록빛 광택이 나는 검은색의 머리와 뒤로 뻗친 듯한 모양의 긴 댕기를 가지고 있다. 목 뒷부분과 어깨, 첫째날개깃은 검은색이며 등의 중간부터 윗꼬리덮깃까지는 흰색에 가까운 옅은 회색빛이다. 가슴과 배, 옆구리는 흰색이며 부리와 다리는 선명한 붉은색이다. 암컷은 수컷보다 약간 짧은 댕기를 가지고 있고 머리가 붉은빛이 도는 담황색이다. 몸은 전체적으로 수컷보다 조금 더 짙은 회색을 띠며 배는 희고, 첫째날개깃은 수컷과 마찬가지로 검은색이다. 암수 모두 눈은 검은색이다. 생김새는 전체적으로 비오리와 흡사하나 몸의 옆부분과 등을 덮은 뚜렷한 비늘무늬가 특징이다. 이 비늘무늬는 암수 모두 가지고 있다.

호사비오리는 원앙처럼 나무 구멍에 알을 낳는 수동성 조류이기 때문에 계곡 가까이에 높이 10m 이상의 굵은 나무 및 고사목이 있는 오래된 숲을 필요로 한다. 적절한 환경이 제공된다면 인공 둥지에서도 번식이 가능하다. 10~11개의 알을 낳으며 새끼들은 부화 후 털이 마르면 둥지 밖에서 보내는 어미새의 신호를 따라 둥지 아래로 뛰어내리는 이소를 감행한다. 둥지의 높이가 10m 이상인 경우도 있기 때문에 이 아찔한 탈출 이후 상처 하나 없이 일어나 어미를 따라가는 새끼들의 모습은 자연의 경이로움을 느끼게 된다. 이소 후 새끼들은 어미를 따라 물과 뭍을 오가는 생활을 한다. 여러 마리의 새끼들이 어미의 등에 줄줄이 올라타 이동하는 단란한 가족의 모습을 보여주기도 한다.

호사비오리를 비롯한 비오리류는 잠수성 오리로 물속으로 잠수하여 빠르게 헤엄치며 물고기를 잡아먹는다. 비오리는 헤엄칠 때 물의 저항을 줄이기 위해서 머리와 부리의 모양이 수면성 오리에 비하여 길고 뾰족하다. 가장 독특한 점은 부리에 마치 이빨과 같은 톱니가 존재한다는 것이다. 이 톱니는 인간의 치아와 같이 음식물을 씹어 삼킬 수 있는 진짜 이빨은 아니지만, 날카롭고 뒤를 향해 휘어진 형태로 비오리들이 사냥감을 물었을 때 놓치지 않도록 붙잡는 역할을 한다. 이러한 생활 모습으로 인해 비오리류는 먹이터로 비교적 깊은 수심의 물을 선호하는데 그 중에서도 호사비오리는 물살이 빠른 하천 중상류 지역을 선호한다. 우리나라에서는 팔당이 대표적인 월동지이며 깊은 계곡이 존재하는 경기도와 강원도 일부 지방 및 전국의 하천 상류 지역이 주 도래지이다. 종종 큰 무리를 짓는 비오리와는 다르게 보통 10마리 미만의 소규모 무리를 형성하며 전국적으로는 매년 20~30마리 정도의 적은 숫자가 찾아오는 것으로 추정된다. 호사비오리는 세계적인 멸종위기종으로 전세계에 2,400~4,500개체만이 생존해 있고 이마저도 해마다 감소하는 것으로 알려져 있어 보전을 위한 노력이 절실한 종이기도 하다.

1 바위에서 휴식을 하면서 깃털을 손질하는 수컷 모습

2 암수가 함께 헤엄치는 모습

3 배의 깃털을 손질하는 수컷 호사비오리

4 물을 박차고 날아오르는 모습

| 분포

러시아 남동부, 아무르강 유역, 북한 등 유라시아의 극동 지역에서 번식하고 한반도와 중국 남부, 타이완, 일본 등지에서 겨울을 난다.

새의 생태와 문화

펭귄 이름의 유래가 된 큰바다오리

큰바다오리(*Pinguinus impennis*, Great Auk)는 북반구에 서식했던 비행 능력이 없는 마지막 바닷새로서, 북대서양과 북극해에 걸쳐 서식하였으나, 18세기 중반에 무분별한 남획으로 멸종된 바다오리과(Alcidae)의 조류이다. 큰바다오리의 몸길이는 75~85cm, 체중은 5kg 정도로 현대에 서식했던 바다오리과 중 가장 큰 종이었다. 남반구에 서식하는 펭귄과 마찬가지로 큰 몸집과 비행 능력의 상실은 깊은 잠수를 위한 극단적인 진화의 결과로 생각되고 있다.

현재 남아있는 큰바다오리의 표본을 보면 검은 등과 흰색의 배, 두툼한 부리와 곡선형의 체형 등은 남반구에 서식하는 펭귄과 매우 비슷하다는 사실을 알 수 있다. 사실 펭귄이라는 이름은 큰바다오리의 속명인 *Pinguinus*에서 유래한 것으로, 과거 유럽에서는 '펭귄'은 큰바다오리를 의미하는 표현이었다. 영국 어선의 선원들이 큰바다오리 눈 앞쪽의 흰색 패치를 보고 웨일스어로 '흰머리'를 의미하는 pengwyn을 가져와 이름을 붙였다는 유래가 있으며, 그 외에도 '펜 모양의 날개(pen-winged)' 또는 '지방(fat)'을 뜻하는 라틴어인 pinguis에서 유래했다는 설도 있다. 종소명 *impennis*는 im-은 라틴어로 '없거나 작다'는 뜻이며 근대라틴어 penna는 날개를 의미하는데 이것의 형용사형 어미가 –pennis을 합성하여 '작은 날개'라는 뜻으로 결국 '머리가 희고 날개가 작은 새'라는 의미일 것이다. 19세기 말 큰바다오리가 멸종한 이후, 남반구를 탐험했던 유럽의 탐험가들은 큰바다오리와 유사한 바닷새를 발견하고 큰바다오리와 같다고 생각하여 펭귄(Penguin)으로 부르게 되었다.

큰바다오리는 제한된 수의 집단 번식지에서 매우 밀집해 번식하였으며, 16세기부터 인간에 의한 개체군 감소가 시작되기 이전에는 약 40만 마리가 서식했을 것으로 추정되고 있다. 높은 밀도로 서식하며 날지 못하는 큰바다오리는 매우 손쉬운 사냥감으로 식량, 기름, 깃털 등을 얻기 위해 무분별하기 포획되었다. 특히 16세기 중반, 베개를 만들기 위한 솜털(down)을 얻기 위한 사냥으로 인해 대서양 지역의 번식지가 대부분 사라졌다. 개체군 감소에 따라 1974년 영국에서는 깃털을 얻기 위해 큰바다오리를 사냥하는 것을 금지하는 보호법을 제정하였다. 1775년 세인트 존스(St. John's)에서는 깃털이나 알을 채취하기 위한 사냥을 금지하였으며, 이를 위반할 경우는 공개적으로 태형을 실시하였다. 이러한 보전 노력에도 불구하고, 개체군 감소로 인해 큰바다오리 표본에 대한 희소가치가 높아짐에 따라 유럽의 박물관 및 개인 수집가들은 선원까지 고용하여 알과 가죽 표본을 수집하였다. 이는 결과적으로 큰바다오리의 멸종을 초래하게 되었다. 마지막 번식 관찰 기록은 1844년 6월 3일 아이슬란드 해안에서 포란 중이던 한 쌍으로, 발견과 동시에 표본 제작을 위해 사살되었다. 이후 1852년 한 마리가 발견된 것이 마지막 기록이며, 전세계적으로 78점의 박제, 24점의 골격 표본, 75개의 알 표본만이 남아있다.

큰바다오리와 관계있는 흥미로운 일은 여러 소설에서 언급되기도 하고 미국 조류학회는 멸종된 이 새를 기리기 위해 학회지의 이름을 "The Auk(큰바다오리)"로 명명하였다.

물수리 | 바다수리 · *Pandion haliaetus*

멸종위기 야생생물 II급 / 국가적색목록 VU / IUCN 적색목록 LC

드문 나그네새이자 드물게 남부 지역에서 월동하는 새로 하천이나 해안에서 서식한다.

이름의 유래

물수리의 학명 *Pandion haliaetus*에서 속명 *Pandion*은 아테네의 왕인 Pandion에서 유래하며 *haliaetus*는 그리스어로 halos(바다)와 aetos(수리류)의 합성어이다. 이것은 곧 '바닷가에 사는 수리류'라는 뜻이며 또한 흰꼬리수리의 속명 *Haliaeetus*가 되기도 한다. 우리말 또한 물가에서 서식하는 수리라는 뜻에서 물수리라고 이름 붙여졌다. 우리 조상들은 이 물수리를 악(鶚), 슈악(水鶚), 져구(雎鳩), 물(ㅅ)수리 등으로 불렀다. 영명은 Western Osprey이다.

생김새와 생태

날개깃은 가늘고 길며 꼬리깃은 짧다. 머리는 하얗고 눈을 지나는 검은 띠가 있다. 날개 위쪽도 검은색을 띤 갈색이지만 날개 아래쪽에는 흰색이 많아서 공중에 떠 있을 때는 하얗게 보인다. 그리고 생김새만으로는 암컷과 수컷의 구별이 매우 힘들다. 날개편길이는 155~175cm에 이른다.

물수리의 다리는 길고 발톱은 굵고 날카롭다. 발가락은 딱딱한 비늘로 덮여 있고 뒤쪽은 날카롭게 쪼개져 있어 끈적끈적하고 미끄러운 물고기를 잡는 데에 최적화되어 있다. 길고 날카로운 발톱이기 때문에 물고기를 꽉 움켜잡으면 발톱을 빼고 싶어도 뺄 수 없을 때가 있다. 실제로 사냥물이 너무 커서 날아오를 수도 없고 발톱을 뺄 수도 없어 물고기는 살아남고 오히려 물수리가 빠져 죽어 뼈와 껍데기만이 물고기 등에 부채살처럼 붙어 있기도 한다. 독일의 한 호수에서 잡힌 4.5kg짜리 잉어는 등에 물수리의 뼈가 박혀 있었다고 하며, 스코틀랜드의 섬에서는 바다표범의 등에 흰꼬리수리가 죽어서 매달려 있었다고 한다.

암벽이나 교목 가지 위에 앉고 때로는 모래밭이나 물위에 떠 있는 마른 나무에 앉아서 먹이를 좇거나 쉰다. 해안 또는 섬의 암벽, 호수와 하천 유역의 암벽, 교목 가지 위에 둥지를 짓는다. 둥지 가까이에서는 '쿠잇, 쿠잇, 쿠잇' 또는 '킷, 킷, 킷' 하고 경계 소리를 내지만 보통 거의 울지 않는다. 알을 낳는 시기는 2월 하순에서 6월 하순까지이며 한배산란수는 3개이다. 알 품는 기간은 35일쯤이며 새끼 기르는 기간은 56~70일이다. 수컷이 먹이를 잡아오면 암컷이 부리로 잘게 찢어서 갓 태어난 새끼에게 먹이지만 40일 이상 지나면 먹이를 통째로 둥지에 놓아두고 새끼에게 먹게 한다. 주로 민물고기와 바닷물고기를 잡아먹는다.

물수리는 솔개 크기에 버금가는 큰 수리로서 주로 해안이나 호수, 큰 강 등지에서 서식하며 보통 매나 수리류가 작은 짐승이나 새를 먹이로 하지만 물수리만은 특별하게 물고기를 먹는다. 그래서 만일 다른 이름을 붙인다면 '물고기수리'라고도 부를 수 있을 것이다. 혼자서 생활할 때가 많고 물위를 빙빙 돌면서 물속의 물고기를 찾는데 물고기를 발견하면 5~20초 동안 공중에서 정지비행(hovering)을 하다가 사냥물을 목표로 하여 물속에 수직으로 곧게 뛰어든다(diving). 먹이를 잡을 때는 양쪽 다리를 밑으로 늘어뜨리고 날개는 반쯤 편 상태에서 두 발로 물고기의 머리를 움켜쥐는 것이 보통이다. 낚아 올린 물고기들은 주로 숭어나 농어 등이며 먹기에 알맞은 곳을 골라 한 시간여에 걸쳐 천천히 먹는다.

1 2 먹이인 물고기를 잡아 비상하는 모습

3 물고기를 낚아채 날아오르는 모습

4 5 까치가 있는 나뭇가지에 물수리가 옮겨 앉았다.

분포

동북부 유럽, 중앙아시아, 동북아시아, 북아메리카 중부 지역 등지에서 번식하며 아프리카 중남부, 인도, 멕시코, 남미 대륙 등지에서 겨울을 나지만 동남아시아에서는 텃새이다.

새와 사람

물수리에 얽힌 전설과 신화

옛날 일본 사람들은 물수리가 먹이인 물고기를 사냥한 다음 바닷가의 바위틈에 숨겨 놓았다가 꺼내먹는 것을 보고 물수리 몰래 물고기를 가져와서 먹었다고 한다. 이때 물고기를 조금이라도 남겨 놓으면 물수리는 의심하지 않고 물고기를 계속 숨겨놓았다. 그런데 이 물고기가 시간이 지나면서 바닷물에 절어 자연 발효가 일어나는데 이것이 일본 사람들이 즐겨 먹는 어육의 기원이 되었다는 이야기가 있다. 일본에는 '물수리의 초밥'이라는 말도 있다.

그리스 로마 신화의 니소스(Nisus) 왕과 그의 딸 스킬라(Scylla)에 관한 이야기에서는 적군의 배에 매달린 스킬라를 구하기 위해 죽은 니소스 왕이 물수리로 변했다는 전설이 있다. 지금의 물수리가 사냥을 위해 높이 날다가 물을 향해 부리와 발톱을 세우는 것은 니소스 왕이 딸을 구하기 위해 한을 품고 공격하는 모습이라고 한다. 그 전설은 다음과 같다.

아테네의 왕 아이게우스는 크레타의 미노스(Minos) 왕이 데리고 있던 거대한 황소가 마라톤 평원을 돌아다니며 난동을 부리자 마침 아테네에 머물던 크레타의 왕자 안드로게오스에게 황소를 잡아오라고 명령하였다. 그러나, 황소를 잡으러 갔던 안드로게오스는 황소의 뿔에 받혀 죽고 말았다. 이에 분노한 미노스 왕은 아들의 복수를 위하여 아테네를 응징하고자 막강한 크레타 함대를 이끌고 출전하여 아테네의 동맹국 메가라(Megara)를 먼저 공격하였다. 그러나 메가라는 아무리 공격해도 끄덕하지 않았다. 메가라의 왕 니소스에게는 자주색 머리카락이 한 가닥 있었는데 예언에 따르면 그 머리카락이 니소스 왕의 머리에 붙어 있는 한 메가라는 난공불락이라고 했다. 하지만 성벽 위에서 크레타군을 바라보다가 미노스 왕의 풍채와 용모에 반한 니소스 왕의 딸 스킬라가 아버지가 잠든 사이에 자주색 머리카락을 잘라 버렸다. 결국 메가라는 크레타에게 함락되었고 니소스 왕도 죽고 말았다. 하지만 미노스 왕은 스킬라의 기대를 잔인하게 저버렸다. 그는 사랑에 눈이 멀어 아버지와 조국을 배신한 스킬라를 바다에 던져 버리고 아테네를 향해 함대를 출발했다. 스킬라는 분노에 싸여 미노스 왕의 배에 필사적으로 매달렸다. 그러자 어디선가 물수리가 한 마리 나타나서 그녀를 쪼아 댔고, 그녀는 바다로 추락하다가 자비심 많은 신들이 한 마리의 백로로 변하게 하였다고 한다. 스킬라를 쪼아 댔던 물수리는 그녀의 아버지 니소스 왕이 변한 것이었다.

흰꼬리수리

| 흰꼬리수리 · *Haliaeetus albicilla*

멸종위기 야생생물 I급 / 천연기념물 제243-4호 / 국가적색목록 VU / IUCN 적색목록 LC
겨울철새로서 섬진강, 한강, 낙동강과 같은 큰 하천이나 하구, 동서 해안,
남해 도서 연안 등지에서 겨울을 나며 매우 드물게 국내에서 번식하는 텃새이다.

1
2

이름의 유래

흰꼬리수리의 학명 *Haliaeetus albicilla*에서 속명 *Haliaeetus*는 그리스어로 '바다'라는 뜻의 halos의 속격인 hals와 '수리'를 뜻하는 aetos(또는 aeetos)의 합성어로서 '바다수리'로 번역된다. 이것은 곧 이 새의 서식 환경이 바다라는 사실과 관계가 깊다. 종소명 *albicilla*는 라틴어로 '희다'는 뜻의 albus와 '꼬리'라는 뜻의 -cilia의 합성어로 '꼬리가 흰 새'라는 뜻이 되는데 우리말의 흰꼬리수리도 이 새의 생김새 가운데에 꼬리가 흰 것과 관계가 있으며 영명인 White-tailed Sea Eagle 역시 '꼬리가 흰 바다 수리'를 의미한다.

생김새와 생태

온몸의 길이는 수컷이 80cm이고, 암컷은 95cm이며 날개편길이는 180~230cm이다. 날개의 생김새는 폭이 넓고 사각형이다. 꼬리는 짧고 약간 쐐기형이다. 몸은 거의 갈색이지만 머리가 담색인 개체가 많다. 꼬리는 흰색이며 부리와 발은 황색이다. 제법 자란 어린새의 몸은 갈색을 띠지만 배가 약간 엷은 색이며 꼬리는 검은색을 지닌 갈색이다. 부리는 회색을 띤 검은색이며 기부만 노란 회색이다. 날 때 보면 제법 자란 새의 날개 아래쪽이 검은 갈색인데 아래날개덮깃의 끝에는 담색선이 있다.

해안의 바위, 진흙 갯벌, 늪이나 못, 내륙의 호수, 하천, 하구 말고도 개활지나 산림지에 서식한다. 나뭇가지를 두텁게 쌓아 접시 모양의 둥지를 틀고, 알을 낳을 자리에는 마른 풀이나 짐승의 털 같은 부드러운 재료를 깐다. 울음소리는 '쿠잇, 쿠잇, 쿠잇' 또는 '키잇, 키잇, 키잇' 하는 날카로운 소리를 내며 '카앗, 카앗, 카앗' 하는 큰 소리를 내기도 한다.

2월 하순에서 4월 중순쯤에 알을 낳는데 한배산란수는 1~4개이며, 주로 암컷이 알을 품는다. 새끼는 알을 품은 지 35일쯤이면 깨어나며 50여 일까지는 솜털로 덮여 있지만, 그로부터 28~35일이면 둥지를 떠난다. 새끼는 온몸에 엷은 황갈색을 띤 크림색 또는 크고 엷은 황회색의 솜털이 나 있다. 연어와 송어, 산토끼, 쥐, 오리, 물떼새, 도요새, 까마귀 등을 주로 잡아먹는데, 특히 연어를 좋아한다.

분포

유라시아 대륙의 북반부에서 번식하고 지중해 연안과 터키, 인도 서북부, 한국, 일본, 중국 남부 등지에서 겨울을 나고 동부 유럽, 중앙아시아 등지에서는 텃새이다.

1 먹이를 발견하고 발가락을 갈고리처럼 만들어 착륙하는 순간

2 잡은 물고기를 빼앗기 위해서 날아오르는 것을 방어하는 모습

3
4
5

새와 사람

서양의 상징 새로 선호된 수리

수리(Eagle)는 서양 문명에서 다양한 상징으로 사용되었는데 이는 기원전 3000년까지 거슬러 올라간다. 그리스 신화에서 수리는 제우스의 사자였고 로마 제국 시대 이후, 유럽의 상징인 수리는 검독수리(Golden Eagle)였으며, 이 종은 초기 영국 정착민 시대의 북미의 많은 원주민에게는 전쟁의 상징이었다. 1782년 흰머리수리(Bald Eagle)는 신생 미국의 상징이 되었다.

새의 생태와 문화

날지 못하는 새, 도도

루이스 캐럴의 『이상한 나라의 앨리스』에서는 토끼를 따라 굴 속으로 들어간 앨리스가 젖은 몸을 말리기 위해 여기저기 뛰어다니는 커다란 새들을 만나는 장면이 있다. 소설 속에서 도도새라고 소개된 이 새들은 실재하였으나, 현재는 멸종된 종이다.

도도(*Raphus cucullatus*, Dodo)는 거대한 몸집을 가진 비둘기과의 새로 인도양의 모리셔스섬에서 서식하다 1662년 마지막 관찰이 기록된 이후 사라진 것으로 알려져 있다(Reinhardt, 1842~1843). 도도는 멸종의 상징이며, 인간이 생물종의 멸종에 미치는 영향을 단편적으로 보여 준다. 도도라는 이름의 어원은 여러 가설이 있지만, '멍청한'이라는 뜻의 포르투갈어 doudo에서 유래되었다는 설이 유력하다. 현재 온전한 도도새의 표본은 존재하지 않으며, 일부 골격표본과 건조표본만 존재한다. 도도가 처음 기록된 것은 대항해시대였던 1598년 네덜란드 선원에 의해서였으며, 그로부터 100년을 채우지 못하고 멸종하였다. 당시 항해일지에 남겨진 기록에 따르면 도도는 약 1m, 14kg의 거대한 체구를 지녔다고 한다. 또한 포식자가 없는 섬에 적응하여 유순한 성정을 지니고, 과일과 씨앗 등을 먹었을 것이라 추측하고 있다. 모리셔스섬의 생태계에 적응한 도도는 당시 장기간 항해를 하던 선원들에게 좋은 사냥감이 되었고, 그들에 의해 도입된 필리핀원숭이와 돼지에 의해 알과 새끼가 커다란 피해를 입었다. 결국 1662년 난파된 선원들이 모리셔스 인근 섬에서 사냥한 도도를 끝으로 더이상의 관찰 기록이 남아 있지 않다. 도도새가 멸종됨에 따라서 도도새가 열매를 먹던 나무가 함께 멸종의 길을 걷고 있다는 이야기가 있으나, 해당 나무는 도도새가 없이도 번식이 가능하며, 개체수 감소에는 산림황폐화와 침입종의 영향이 더 크다고 밝혀져 있다. 도도의 멸종은 인간에 의해서 야생동물이 멸종할 수 있음을 인지한 최초의 사례였으며, 자연을 무한정 이용할 수 없음을 알게 해준 사건이었다. 도도가 멸종한 모리셔스섬은 외래종의 침입과 인간의 남획으로 인해 현대에 이르기까지 많은 종의 새들이 멸종되었다. 모리셔스의 대형 앵무새(*Lopbopsittacus mauritianus*)를 비롯한 많은 고유 조류가 도도를 따라 멸종의 길을 걷게 되었고, 육지거북과 대형 도마뱀 등의 파충류 역시 멸종에 이르렀다. 이후 모리셔스 생물종의 멸종을 막기 위해 여러 과학자들이 조류 구조 활동을 벌여 왔고, 그 성과로 과거 4개체가 생존하던 모리셔스황조롱이를 현재 400여 마리의 야생 개체로 복원시켰다. 그 밖에도 모리셔스파랑비둘기를 포함한 섬의 여러 고유종을 보호하기 위해 과학자들이 끊임없이 노력하고 있다. 이는 인간이 자연에 저지른 잘못을 책임지려 노력하고 그 잘못을 일부나마 되돌리는 좋은 사례이다.

3 물고기를 움켜쥐고 비상하는 흰꼬리수리

4 잡은 물고기를 움켜쥐고 날아가는 어른새

5 바위 위에서 쉬고 있던 어린새가 다른 지역으로 이동하기 위해서 날아가고 있다.

독수리

| 번대수리 · *Aegypius monachus*

멸종위기 야생생물 II급 / 천연기념물 제243-1호 / 국가적색목록 VU

겨울에 도래하는 흔하지 않은 철새로, 날개를 펼친 길이가 2.5~3m에 달하는 대형 맹금류이다.

이름의 유래

독수리의 학명은 *Aegypius monachus*인데 속명 *Aegypius*는 독수리를 의미하며 그리스어 aigypios에서 유래되었다. 종소명 *monachus*는 '수도승'을 뜻하는 라틴어로 이는 검은색의 깃털로 몸을 덮은 독수리의 모습이 중세시대 검은 옷을 입은 수도승과 닮아 붙은 것으로 알려져 있다. 영명은 Cinereous Vulture로, '잿빛의 또는 회색의 독수리'를 의미한다.

생김새와 생태

전체적으로 검게 보이는 깃털을 가지고 있는데, 미성숙한 개체는 몸 전체가 비교적 균일한 검은색이며 얼굴 부근의 기부는 분홍색이나 끝은 검은색이다. 성숙한 개체는 등과 날개덮깃이 갈색으로 어린새보다 뚜렷하고 밝게 보인다. 정수리와 목 부분은 피부가 드러나 회갈색으로 보이며, 동물의 사체에 머리를 집어넣어 먹이를 먹으므로 털이 있는 것보다는 피부가 나출되는 쪽이 생존에 유리하기 때문에 갖게 된 특징이다. 독수리라는 이름은 이러한 모습에서 유래된 것으로 독(禿, 대머리 독)은 머리 부분에 깃털이 없이 피부가 노출된 것을 의미하는 말이다.

동물의 사체를 먹는 데 특화된 청소부 동물(scavanger)인 독수리는 직접 사냥을 하는 경우가 매우 드물다. 월동지인 남한에서는 주로 양돈장, 양계장 등의 축사 주변에 무리를 지어 폐사체를 먹는 모습을 볼 수 있다.

비슷한 새

독수리와 비교적 가까운 근연관계에 있으며 똑같은 청소부 동물인 고산대머리수리(*Gyps himalayensis*, Himalayan Vulture)는 독수리와 함께 구대륙에서 가장 큰 맹금류로 꼽히는데, 티베트 등지의 고산지대에서 행해지는 조장(鳥葬) 혹은 천장(天葬)은 시신을 고산대머리수리가 먹도록 하는 장례 풍습이다. 예로부터 인간 문화에서 새는 하늘과 사람을 잇는 주술적 매개자를 상징해 왔고, 이러한 장례 풍습은 죽어서 비로소 하늘과 하나가 된다는 의미를 담고 있는 것이라 할 수 있다.

분포

전세계적으로 유럽 남부, 터키, 중앙아시아, 아프가니스탄, 몽골, 중국 북서부 등까지 분포하며, 인도 북부, 중국 남서부, 인도차이나반도, 만주, 한국 등에서 월동한다. 우리나라에서 월동하는 독수리는 주로 몽골에서 번식하는 개체군이 이동하여 온 것이다.

1 비상하는 모습

2 앉아서 쉬는 모습

3 먹잇감을 찾기 위해 두리번거리는 독수리

4 겨울 논에서 무리를 지어 앉아 있다.

새의 생태와 문화

우리나라에서 월동하는 독수리 보전문제

남한을 찾는 독수리는 몽골에서부터 약 6,800km을 이동하게 되는데 이들은 보통 미성숙한 개체와 약한 개체이다. 이는 세력 경쟁에서 밀리거나 번식을 하지 않는 개체들이 여름철 번식지인 몽골과 만주지방에서 더 멀리 떨어진 남쪽으로 이동하기 때문이다. 국내의 월동 개체수는 수 년 전부터 중북부지방인 철원평야, 임진강 유역, 연천, 파주, 포천, 양구 일대를 중심으로 점점 늘어나는 추세를 보이는데, 해당 지역에서 독수리를 위한 먹이주기 활동이 이루어지는 것과 관련이 있는 것으로 보인다.

인위적으로 죽은 사체를 제공하는 곳을 '독수리 식당(vulture restaurant)'이라고 하며, 독수리 식당을 찾아 남하하는 개체가 점점 증가하여 현재 약 1,700여 개체의 독수리가 남한에서 월동하는 것으로 조사되었다. 그러나 최근 조류 인플루엔자 문제가 불거지며 겨울철 독수리 먹이주기 활동 및 행사가 급작스럽게 중단되었고, 먹이 부족으로 인해 탈진하는 개체가 속출하는 등 독수리 월동 개체군의 보전이 타격을 입고 있다. 독수리의 조류 인플루엔자 바이러스 보유 혹은 전파 사례는 발견된 바 없으나, 철새와 조류 인플루엔자 전파 간의 상관관계는 현재 과학적으로 규명 중인 단계에 있는 만큼 발병의 가능성이 있는 요소는 신중히 살펴 예방하고 축산계가 적절한 대책을 마련해야 함이 옳다. 그러나 이와는 별개로 독수리는 세계적인 멸종위기종으로 먹이원과 환경오염으로 인한 중독, 인간의 사냥 활동에 의해 생존 개체수가 감소세에 있어 보전의 필요성이 큰 야생 조류이다. 월동지인 남한에서의 개체군 변화는 종 전체의 생존에 큰 영향을 미칠 수 있기에 갑작스러운 먹이원 공급의 중단은 보전적 관점에서 매우 안타까운 일이다. 예방적 차원에서 독수리와 축사의 접촉을 최소화하면서도 필요한 먹이를 효과적으로 공급하여 독수리들이 무사히 월동할 수 있도록 하는 보전 정책이 반드시 필요하다.

천장(天葬) 풍습과 고산대머리수리

천장은 티베트나 네팔의 무스탕지역에서 행해지는 장례식으로 청소동물인 고산대머리수리(Himalayan Vulture)에게 시신처리를 맡기는 풍습이다. 이것을 조류를 통하여 장례를 치른다고 하여 조장(鳥葬)이라고도 한다. 이 풍습은 1,000년 이상 전해져 내려오는 전통장례식이다.

천장에서 시신을 처리하는 고산대머리수리는 죽은 사체를 먹기 때문에 우리나라 독수리나 안데스의 콘도르처럼 머리에 깃털이 없는 대머리이다.

이 지역은 라마불교인 티베트불교가 주된 신앙이지만 불교식인 화장으로 장례를 치르는 대신 천장이 발달하였다. 그 이유는 화장에 사용할 나무가 부족하고 또 해발고도가 높기 때문에 기온이 낮으며 황량한 건조지역으로 매장을 할 경우에 시체가 잘 썩지 않기 때문이다.

이곳에서는 사람이 죽으면 라마승에게 장례를 부탁하며, 장례식장인 천장터에서 천장을 진행하는데 가족들은 망자가 극락으로 갈 것을 염원하며 마음으로 기도한다. 또 천장터 주변에서 49제를 지낸다. 이때 고산대머리수리는 시신을 먹고 날아가 영혼을 극락세계에 인도한다고 한다. 티베트불교의 수행내용은 사실상 정신적인 부분으로 마음의 수련이 중심인데 이것이 육체를 통하여 이루어지고 이 육체가 소진한 후, 즉 아낌없이 육신을 보시하면 윤회를 하여 망자는 좋은 인연으로 다시 태어난다고 믿는다고 한다. 이것은 불교에서 말하는 공수래 공수거(空手來 空手去)를 의미하는 것이다. 그러나 이러한 윤회는 생물학적으로 보았을 때는 자연 생태계에서 먹이사슬 간의 물질순환이라고 할 수 있다.

고산대머리수리는 우리나라에서는 미조이며

5 안데스산맥의 상공을 비상하는 콘도르

6 마추픽추의 석축에도 콘도르가 나는 모습을 형상화한 잉카인

2007년 진주, 포천에서 관찰 기록이 있다. 분포는 주로 히말라야, 파미르, 카자흐스탄, 티베트 고원의 고지대에서 서식하는데 고도는 1,500m에서 4,000m까지 수직분포한다. 한배산란수는 1개이며, 포란기간은 50일 정도이다. 이 종은 독수리보다 더 큰 대형 수리류이며 머리의 깃털이 없는 부분은 독수리보다 넓으며 목에도 깃털이 없다. 부리가 짧고 두툼하며 밝게 보인다. 전체적으로 밝은 갈색이지만 날개와 꼬리는 흑갈색이다.

 새의 생태와 문화

콘도르와 잉카문명

우리나라의 독수리처럼 죽은 사체를 먹는 콘도르(*Vultur gryphus,* Andean Condor)는 페루를 비롯한 남아메리카 대륙에 서식하고 있다. 콘도르는 몸길이가 109~130cm, 날개를 편 길이가 3.1m인 대형 맹금류로, 주로 죽은 사체를 먹기 때문에 머리에 깃털이 없다. 콘도르라는 말은 남미의 잉카(Inca) 원주민 케추아(Quechua)어의 콘도르를 의미하는 쿤투르(Kuntur)에서 기원하는 것으로 알려져 있다. 잉카인 세계관에서는 하층 지하세계에 씨앗과 식물의 뿌리가 있어 농경생활과 관련이 있으며 이곳의 상징동물은 뱀이고, 중간층 지상세계는 물과 땅이 있고 인간이 살고 있으며 퓨마가 상징동물이며, 최상층 천상의 세계는 해와 달이 있고 우주 또는 신들의 세계이며 콘도르가 상징동물로 생각되어 왔다. 또한 퓨마(Puma)는 잉카문명에서 성스러운 동물로서 잉카제국의 수도인 쿠스코(Cusco)도시의 전체를 퓨마모양으로 설계하였는데, 요새의 흔적인 삭사이와만(Sacsayhuaman)은 퓨마의 머리부분에, 태양의 신전인 코리칸차(Qurikancha)는 허리부분에 해당되며, 코리칸차는 현재 산토 도밍고 성당(Iglesia de Santo Domingo)의 위치이며 일부의 석조물이 남아 있다. 또 쿠스코는 원주민의 언어인 케추어언어로 세계의 배꼽이라는 뜻으로 잉카제국의 중심이라는 의미를 가진다고 한다. 잉카문명에서는 여기에 기초하여 콘도르가 기나긴 세월의 흐름 속에서 불사조처럼 부활하여 불멸의 세계 즉 천상의 세계로 데려간다는 콘도르 신앙이 있다. 페루의 잃어버린 도시이며 천상의 도시인 마추픽추(Machu Picchu)에는 콘도르의 얼굴과 날개를 편 형상을 돌로 쌓아 올린 불가사의한 건축물인 콘도르신전이 있다. 잉카인들은 마추픽추의 석축을 쌓을 때 여러 개의 돌을 콘도르 모양으로 쌓았다. 마추픽추 전경을 공중에서 관찰하면 콘도르 형상으로 설계하여 이 또한 잉카인의 콘도르 신앙에 기원하는 것으로 생각된다. <엘 콘도르 파사(El Condor Pasa)>는 다음과 같이 잉카인과 콘도르를 노래하고 있다.

> 오 위대한 안데스의 콘도르여
> 날 고향 안데스로 데려가 주오
> 콘도르여 콘도르여
> 돌아가서 내 사랑하는 잉카 형제들과
> 사는 것이 내가 가장 원하는 것이라오
> 콘도르여 콘도르여
> 쿠스코의 광장에서 날 기다려 주오
> 마추픽추와 와이나픽추에서
> 우리가 한가로이 거닐 수 있게

검독수리 *Aquila chrysaetos*

멸종위기 야생생물 I급 / 천연기념물 제243-2호 / 국가적색목록 EN / IUCN 적색목록 LC
매우 희귀한 텃새이며 겨울철새이기도 하다.

1 2 3 공중에서 비행하며 먹이를 찾는 모습

이름의 유래

검독수리의 학명은 *Aquila chrysaetos*으로 속명인 *Aquila*는 라틴어로 '수리와 같은 부리를 가진 새'를 뜻한다. 종소명 *chrysaetos*는 그리스어로 chrysos는 금을, aetos는 수리를 뜻하는 단어의 합성어로 이 종의 머리와 뒷목이 황갈색인 것과 연관이 있으며 '금색의 수리'를 의미한다. 이러한 이유로 영어로도 Golden Eagle이라 한다. 우리의 조상은 츄(鷲) 됴(鵰) 수리 등으로 불렀다. 최근에는 별명으로 검수리로도 알려져 있다.

생김새와 생태

검독수리의 몸길이는 수컷이 81.5cm, 암컷이 89cm이며 날개편길이는 167~213cm이다. 다른 맹금류처럼 암컷이 더 크다. 그 이유는 검독수리의 번식 체계가 수컷 한 마리가 암컷 한 마리와 생활하는 일부일처제로 수컷과 사이에 경쟁이 필요 없기 때문이다. 몸은 전체적으로 어두운 갈색이지만 머리부분과 뒷목부분은 황갈색이다. 간혹 꼬리 기부와 날개덮깃에 흰색 또는 노란색이 섞이기도 한다. 양날개를 약간 들어 느슷한 V자형으로 난다. 미성숙새는 날개깃의 안쪽과 꼬리의 기부가 흰색이며, 꼬리 끝에는 넓은 검은 띠가 있다. 부리와 발톱이 날카로워 동물을 사로잡는데 적합하다. 주로 절벽이나 험준한 산에서 생활하기 때문에 관찰하기가 매우 힘드나, 때로 개활지에도 서식하기도 한다. 검독수리는 155km^2 정도의 행동권을 가지며, 주행성 맹금류이다.

번식은 산악의 절벽 바위틈에 굵고 마른 가지를 쌓아 올려 둥지를 틀며 사람이나 다른 동물이 침입할 수 없고 비를 피할 수 있는 곳을 택한다. 알자리(산좌)는 벼과 식물의 잎이나 줄기를 이용하며 마른 짚이나 푸른 잎이 달린 가지도 깐다. 둥근 모양의 둥지를 트는데 해마다 보수하여 사용하기도 한다. 한배산란수는 2~3개이며, 흰색 알을 낳는다. 보통 2마리의 새끼가 자라게 되는데, 먹이가 충분하면 둘 다 성체가 되지만 먹이가 부족할 경우 한쪽이 굶어 죽게 된다. 어미새는 자연환경이 2마리 모두 육추할 수 있을 만큼 상황이 좋지 않을 경우 약한 새끼 쪽을 물어 죽이기도 하며, 심지어 죽은 새끼를 살아있는 새끼에게 먹이로 주기도 한다. 번식 후에는 암수 1쌍이 함께 생활하며 번식 중에는 3~4마리의 가족 단위로 지낸다.

검독수리는 내장산, 천마산, 두타연, 영월 동강에서 번식한 기록이 있지만 현재 번식집단이 확인되고 있지 않다. 연중 제주도에서 관찰되고 있으며, 겨울에 전국 산악지역과 개활지에 적은 수가 도래한다.

검독수리는 깊은 산악지대에 살면서 중소형 포유류와 중형 조류 등의 동물을 잡아먹고 살아간다. 먹이동물로서 포유류는 멧토끼, 노루, 고라니, 너구리 등을 조류는 꿩, 비둘기, 오리, 뇌조(들꿩류) 등을 주로 먹으나 가끔 여우와 족제비, 오소리, 담비, 수달 등도 잡아먹으며 심지어는 여우, 늑대를 사냥한다.

분포

전세계적으로 검독수리(*Aquila chrysaetos*, Golden Eagle)는 6아종(subspecies)이 있다.

첫번째는 유럽검독수리(*A. c. chrysaetos* Linnaeus, 1758, European Golden Eagle)로 북유럽과 동유럽 그리고 시베리아서부와 중앙부, 알타이지방에 서식한다. 두번째는 지중해검독수리(*A. c. homeyeri* Severtsov, 1888, Mediterranean Golden Eagle)로 이베리아반도와 북아프리카(남

4 소나무 가지에 앉아서 쉬고 있는 검독수리

5 6 사냥한 먹이를 먹고 있다.

사하라의 산악지방에 흩어져 있다), 동지중해의 대형 도서지방 그리고 중동아시아, 코카서스, 이란 및 우즈베키스탄 동부에 분포한다. 아마도 에티오피아에도 서식할 것으로 생각된다. 세번째는 북미검독수리(*A. c. cadensis* Linnaeus, 1758, American Golden Eagle)로 알래스카와 캐나다, 미국 서부에서 중앙멕시코 그리고 캐나다 동북부에서 북퀘백과 래브라도(Labrador)의 북미에 서식한다. 그리고 지역별로는 미국동부에서 월동한다. 네번째는 아시아검독수리 또는 히말라야검독수리(*A. c. daphanea* Severtsov, 1888, Asian Golden Ealge 또는 Himalayan G. E)인데 중앙아시아와 히말라야 산악지방(파키스탄 북부에서 부탄까지)에서 중국 서부와 중앙부까지 분포한다. 다섯번째는 시베리아검독수리 또는 캄차카검독수리(*A. c. kamtschatica* Severtsov, 1888 Siberian Golden Eagle 또는 Kamchatka G. E.)인데 시베리아 서부와 중앙부와 알타이동부에서 캄차카와 러시아 극동지방까지 분포한다. 여섯번째로 검독수리(*A. c. japonica* Severtsov, 1888, Japanese Golden Eagle)로 한반도와 일본 열도에 서식한다. 우리나라의 검독수리는 캄차카검독수리와 검독수리가 같이 서식하는 것으로 생각된다. 이러한 아종의 문제를 밝히기 위한 국제공동연구와 노력이 필요할 것으로 판단된다.

새의 생태와 문화

검독수리의 사냥

알타이 산맥을 중심으로 카자흐스탄과 몽골 초원의 유목민들은 오래전부터 검독수리를 길들여 사냥에 이용하는 전통이 있다. 이들은 1년생 새끼 검독수리를 바위산절벽의 둥지에서 포획하여 집으로 데리고 온다. 이후 응사와 검독수리와의 호흡을 맞추어 검독수리를 훈련시켜 여우사냥을 한다. 검독수리를 부려 사냥을 하는 사람을 “베르쿠치(자유라는 뜻)”라 부르며 먹을 것이 귀한 겨울을 나는데 이들이 사냥한 동물은 마을 사람에게 귀중한 식량 자원이 되었다. 그러므로 “베르쿠치”들은 마을 사람들의 부러움과 존경을 한몸에 받았다고 한다. 이러한 검독수리는 약 8년 후에는 자연으로 돌아 갈 수 있도록 방사하였다. 검독수리가 늑대나 여우를 사냥할 때는 추격한 후, 발톱으로 몸통을 잡고 입을 막아 물지 못하게 한 후 다른 쪽 발로 숨통을 끊는다. 이때 재빠른 속도와 민첩함, 용맹함이 필수요소이다.

검독수리와 국가문양

검독수리는 유럽에 있어서 국가문양의 상징조류로 사용되어 왔다. 이것은 고대 로마의 검독수리 깃발에서 파생되었으며 신성로마제국 황제들이 사용하기 시작했다. 프로이센 왕국, 독일 연방, 오스트리아 제국, 독일 제국, 나치 독일, 플렌스부르크 정부 등 주로 독일계 국가들이 주로 국가문양으로 사용하여 왔다. 유럽검독수리는 동유럽과 북유럽에서만 서식하는데도 불구하고 이들 국가들이 국가문양으로 검독수리를 채택한 것은 이 종의 용맹함과 민첩함 등의 상징성을 표현하고자 하였던 것으로 생각된다.

붉은배새매

| 붉은배새매 · *Accipiter soloensis*

멸종위기 야생생물 II급 / 천연기념물 제323-2호 / 국가적색목록 VU / IUCN 적색목록 LC
흔하지 않은 여름철새로 우리나라 중부의 농촌 지역에서 주로 볼 수 있다.

1

이름의 유래

붉은배새매의 학명 *Accipiter soloensis*에서 속명 *Accipiter*는 라틴어로 accipio(동물을 포획하다)에서 유래하며 새매류를 뜻하고, 종소명 *soloensis*는 인도네시아의 자바섬 중앙부에 있는 지명 solo에서 온 말인데 그곳이 이 새가 가장 처음 채집된 '기산지'임을 뜻한다. 영명은 Chinese Sparrowhawk인데, 이 새가 주로 중국에서 번식하기 때문에 이름 붙여진 것으로 알려졌다.

생김새와 생태

온몸의 길이는 30cm이고 조롱이와 비슷하며 머리 꼭대기에서부터 몸의 위쪽은 청회색으로 바깥꼬리깃에는 몇 가닥의 검은 띠가 있다. 아래쪽은 하얗고 가슴은 붉은 황갈색이다. 눈은 암홍색이며 비상 중에는 첫째날개깃 끝의 검은 부분을 빼고는 날개의 아래쪽은 모두 하얗다. 어린 새는 어린 조롱이와 비슷하지만 아래쪽의 무늬가 조금 굵다. 수컷은 '키리, 키리, 키리, 키리, 키리' 하고 연속해서 울지만 암컷은 울지 않는다.

알을 낳는 시기는 5월이며 한배산란수는 보통 4개이고, 알을 품는 기간은 평균 19.5일이다. 둥지는 참나무, 밤나무, 오리나무 등에 나뭇가지를 쌓고 바닥에 나뭇잎을 깔아 만드는데 지상에서 평균 11.7m 높이의 나뭇가지에 만든다. 번식기의 행동권은 평균 24ha이고 세력권은 약 1ha이며 먹이를 잡는 장소는 대부분 세력권 밖에 있다.

주로 평지, 구릉, 농촌 지역의 인가와 가까운 곳에서 자라는 참나무라든가 소나무 등의 숲에서 서식하지만 설악산을 비롯한 높은 산악 지역에서도 볼 수 있다. 4월 하순에서 5월 상순에 한국 중부 지역에서 주로 관찰되며 1970년대까지 흔하였으나, 농촌 환경의 변화와 서식지 감소로 최근에는 흔히 볼 수 없는 새가 되었다. 이에 환경부 지정 멸종위기 야생생물 Ⅱ급으로 지정하여 보호하고 있으며, 전세계적으로 개체군이 감소하는 추세이다. 논이나 개울 등지로 먹이를 찾아 내려오지만 때로는 하늘 높이 떠서 활공(滑空, 새가 날개를 놀리지 않고 미끄러지듯이 나는 모양)을 하기도 한다. 번식기에는 개구리를 주식으로 하지만, 개구리가 적은 환경에서는 곤충을 주 먹이로 한다.

분포

한국, 중국, 타이완 등지에서 번식하며 인도차이나반도, 인도네시아, 필리핀, 뉴기니 등지에서 겨울을 난다.

1 나뭇가지에 앉아 주위를 경계하고 있다.

2 3 새끼에게 줄 먹이를 잡아온 수컷 붉은배새매

새의 생태와 문화

생물량 피라미드와 자연 환경

생물 사이에 먹고 먹히는 관계를 먹이 연쇄 또는 더 복잡한 관계를 먹이 그물이라고 한다. 생산자인 식물이 태양의 빛을 받아 자라면 제1차 소비자인 메뚜기나 나비 등의 초식 곤충이 먹고 그 초식 곤충을 제2차 소비자인 사마귀, 잠자리 등의 육식 곤충이 먹는다. 육식 곤충은 제3차 소비자인 박새나 노랑때까치 같은 작은 새들이 잡아먹고, 작은 새들은 다시 고차 소비자인 수리나 매, 부엉이류가 잡아먹는다. 이러한 관계를 생물량(biomass)에 따라 도식화하면 피라미드상의 계층으로 표현된다. 이를 '생물량 피라미드'라고 부른다. 또 수리나 매, 부엉이 종류들이 사고나 병으로 죽으면 그 시체를 토양 중의 생물, 곧 분해자가 몸 안에 들어가 분해하여 토양 중의 양분으로 축적된다. 이렇게 먹고 먹히는 관계가 그물망과 같이 연결되어 있으므로 먹이 그물이라고 하며 이것이 무리 없이 진행될 때 균형 잡힌 환경이 된다.

아주 작은 자연 파괴일지라도 자연의 균형에는 커다란 영향을 미치는 것도 적지 않다. 자연 파괴를 막기 위해서는 균형을 유지하는 생물 모두를 자연 상태로 보호해야 한다. 일테면 야생 조류를 보호하려면 육식 곤충이나 식물, 토양까지 보호해야 한다. 나아가 자연 생태계 전체를 보호하는 것이 중요하며, 야생 조류만을 보호한다 할지라도 생태계 자체에 대해 배려하지 않으면 결국 야생 조류를 보호할 수 없다. 생물량 피라미드에서 식물의 일부를 파괴하면 그 위에 있는 초식 곤충이 줄어들고 최종적으로는 매 종류가 살아갈 수 없게 된다. 생물량 피라미드의 맨 꼭대기에 있는 야생 조류를 보면 자연 환경의 풍부함을 알 수 있다. 특히 매 종류가 서식할 수 있는 환경은 풍부한 생물량을 지닌 자연이라고 할 수 있다.

자연이 파괴되면 피라미드의 크기도 작아지므로 정점에 있는 새들이 바뀌게 된다. 풍부한 자연을 보호하기 위해서는 고차 소비자인 야생 조류의 서식 환경부터 확보하는 것이 중요하다. 자연 파괴가 진행된 상태에서 자연을 복원하고자 할 때는 좀 더 고차 소비자인 야생 조류가 서식할 수 있는 환경을 먼저 정비해 가는 것이 현명한 방법이다. 그렇게 했을 때 곤충이나 식물이나 토양 생물도 자연 생태계 전체를 보호할 수 있게 된다. 역으로 야생 조류뿐만이 아니라 우리 사람의 생존 환경도 매우 넉넉해지는 것이다. 그 무엇보다도 야생 조류의 보호가 자연 보호의 정점임은 두말할 나위가 없다.

시치미를 떼다

매사냥은 삼국시대부터 유행하였으며, 특히 고려시대와 조선시대에는 '응방(鷹坊)'을 두어 매를 기르고 훈련시켰을 정도로 '매'와 '매사냥'에 관심이 컸다. 이 시기에 벼슬아치나 한량들이 사냥매 한 마리쯤은 갖고 매사냥을 즐기는 경우가 많았다고 한다. 매사냥이 유행하며 사냥매도 많아져 매가 뒤바뀌거나 다른 사람의 매를 훔쳐가는 경우도 있었다. 그래서 매의 주인을 표시하는 '시치미'를 새의 꽁지에 달았다. '시치미'는 뿔을 얇게 깎아 네모꼴로 만든 것으로 여기에 매의 이름, 종류, 나이, 빛깔, 주인 이름 등을 기록한 뒤 매의 꽁지 위 털 속에 매달았다. 그러나 다른 사람의 매가 멋있고 사냥을 잘해서 욕심이 나면 그 매를 잡아 '시치미'를 떼어버리고 마치 자신의 매인 것처럼 행동하게 하였다. 아예 '시치미'를 바꾸고 자신의 매처럼 위장하기도 했다. 여기서 나온 말이 '시치미를 떼다'이다. '자신이 한 일을 하지 않은 척하다'와 '알고 있으면서도 모르는 체하다'와 같은 뜻으로 쓰이는 말이다.

말똥가리 | 저광이 · *Buteo japonicus*

국가적색목록 LC / IUCN 적색목록 LC

흔한 겨울철새로서 농경지, 도시, 구릉, 하천, 해안가, 산에서 자주 눈에 띈다.

이름의 유래

말똥가리의 학명 *Buteo japonicus*에서 속명 *Buteo*는 라틴어로 '말똥가리'라는 뜻이고, 종소명 *japonicus*는 '일본의'라는 뜻이다. 영명은 Common Buzzard이다. 말똥가리라는 이름이 붙여진 데는 여러 학설이 있다.

생김새와 생태

온몸의 길이는 수컷이 52cm, 암컷이 56cm 날개편길이는 122~137cm이다. 머리에는 엷은 갈색에 세로로 흑갈색 무늬가 있고 수염 모양의 갈색 무늬가 있다. 몸의 위쪽은 갈색이고 꼬리도 갈색인데 분명하지 않은 몇 개의 어두운 띠가 있다. 가슴부터 배까지는 누런 백색에 세로로 검은 갈색의 무늬가 있으며 옆구리 부분은 검은 갈색이다. 개체에 따라서는 세로무늬가 드문드문 있는 것과 촘촘하게 있는 것이 있다. 날개를 폈을 때 날개의 윗면은 갈색으로 덮깃과 날개깃은 짙고 엷음의 차이가 없으며 첫째날개깃의 기부에 흰 무늬가 있는 개체가 많다. 날개 아랫면은 엷은 갈색에 날개깃의 끝부분에는 검은 무늬가 있는데 이것은 눈에 매우 잘 띈다. 꼬리 아랫면은 엷은 갈색이며 눈 또한 갈색이다. '삐이' 또는 '히이요' 하고 길게 울며, 날면서 자주 울기도 한다.

혼자 또는 암수가 함께 생활하며 알을 낳는 시기는 5월부터 6월 무렵이고 한배산란수는 2~3개이다. 새끼는 28일쯤 지나면 알에서 깨고 깬 지 39~42일이면 둥지를 떠난다. 둥지는 잡목림에 짓는데 교목의 굵은 가지에 튼다. 지상에서 7~12m의 높이에 있는 경우가 많으며, 주로 나뭇가지를 쌓아 올려 둥글고 두터운 둥지를 만든다.

하늘에서 원을 그리며 나는 범상비행(활공, soaring)을 할 때가 많지만 때로는 날개를 완만하게 펄럭이며 날기도 한다. 날 때는 솔개와 조금 비슷하지만 그것보다 몸의 색이 엷은 편이며 날개폭이 넓고 꼬리 끝에 둥근 색깔이 있는 것 등이 다른 점이다. 공중에서 날다가 땅 위의 먹이를 발견하면 급강하해서 잡는다. 설치목, 식충목, 조류 등을 주로 잡아먹으며 양서류의 무미목, 파충류의 뱀목, 기타 곤충류의 딱정벌레목, 매미목, 메뚜기목, 나비목 등을 잡아먹는다.

분포

대부분의 유럽과 일본에서는 텃새이지만 스칸디나비아반도, 우크라이나, 카자흐스탄, 몽골, 만주 등지에서 번식하며 한국, 동부 아프리카, 인도, 인도차이나반도, 중국 남부 등지에서 겨울을 난다.

1 2 나뭇가지에서 먹이를 두리번거리며 찾는 모습

3
4
5

새의 생태와 문화

새의 행동권과 세력권

'새처럼 자유롭게'라는 말이 있다. 이것은 날개를 가진 새가 어디든 자유롭게 날아갈 수 있는 것을 보고 예부터 자유를 박탈당한 사람들의 마음이나 막힘없는 자유의지를 나타낸 말이다. "이 몸이 새라면, 이 몸이 새라면 날아가리"하는 동요 또한 같은 뜻을 가지고 있다. 실제로 새는 대단히 먼 거리를 날아서 이동하는데 우리나라로 오는 여름 철새는 동남아시아뿐만 아니라 더 멀리 오스트레일리아에서 날아오기도 한다. 상승기류를 타고 때로는 수리나 매류의 추격을 따돌리면서 곡예하듯이 날아오는 제비를 보고 있으면 '새와 같이 자유롭게'라는 표현이 한편으로는 이해가 된다. 하지만 과연 새는 자유롭게 날기만 할까?

우리 주위에 있는 새의 행동을 추적하며 그 새가 가는 곳을 지도 위에 기입하다 보면 한 시간, 두 시간, 세 시간, 네 시간까지는 차츰차츰 행동 범위를 넓혀 가는 것을 알 수 있다. 따라서 새는 어디든지 자유롭게 갈 수 있다고 생각하게 된다. 계속해서 뒤쫓는 시간을 늘려갈수록 행동 범위가 하나씩 결정되는 것을 알 수 있다. 이 행동 범위 내라 함은 새의 채이 장소, 목욕 장소, 휴식 장소, 천적으로부터의 은신처, 둥지의 위치 또는 주위의 새와 싸운 지점, 잠자리 등 모든 행동 범위가 포함된다. 이 최대 행동 범위를 행동권(home range)이라고 부른다. 행동권의 크기는 몸의 크기에 거의 비례하는데 수리나 매류의 예를 보면 다음과 같다. 대형 검독수리가 80~120km²에 이르는 넓은 행동권을 가지며 중형인 참매의 행동권은 40~80km², 암수의 몸집 크기가 크게 다른 소형인 새매류에서는 몸이 큰 암컷의 행동권은 10km²에 이르지만 크기가 작은 수컷은 5km²쯤밖에 되지 않으며 몸이 작은 참새목의 새들은 대부분 1km²에 못 미치는 경우가 흔하다.

조류의 세력권이란 '방위되는 지역'이라고 정의되며 행동권이라 함은 새가 행동하는 모든 지역이므로 세력권은 행동권 안에 형성된다. 따라서 세력권은 행동권보다 작고 주위의 새와 겹치지 않는다. 번식기의 세력권은 주로 수컷의 공격 행동과 울음소리에 의해 방위되고 세력권을 소유한 새는 세력권에 침입한 같은 종의 새를 발견하면 바로 공격하여 쫓아낸다. 세력권의 기능은 종에 따라 다르지만 번식기의 세력권은 크게 네 가지 유형으로 나눌 수 있다. 첫째, A형 세력권은 세력권 안에서는 구애, 교미, 둥지 만들기, 채이 등의 모든 것이 이루어진다. 이것은 곤충을 주로 먹는 작은 새들의 대부분과 수리류, 매류, 올빼미류 등의 맹금류에게서 보이고, 이 형태의 세력권을 갖는 종의 세력권의 크기는 몸무게에 비례한다. 둘째, B형 세력권은 채이를 뺀 모든 번식행동이 세력권 안에 한정된다. 대표적인 새는 개개비, 쇠개개비 등의 개개비류이며 이들은 갈대숲이라는 한정된 생활 장소에 높은 밀도로 서식한다. 세력권의 크기는 0.1~0.2ha에 그치고, 어미새와 새끼새의 먹이의 일부는 세력권 안에서 채집하지만 대부분의 먹이는 갈대 숲 주위의 초지나 논밭 등에서 얻는다. 셋째, C형 세력권이 있는데 이는 둥지 주변만을 방위하는 작은 세력권으로 찌르레기와 같이 나무 구멍에서 둥지를 트는 몇몇 새나 많은 바다새들에게서 볼 수 있다. 넷째, D형 세력권으로 구애나 교미를 위하여 만들어지는 일부다처인 들꿩류에서 볼 수 있다. 여기서는 수컷이 구애와 교미를 위한 작은 세력권을 가지고 구애행동을 한다. 흥미로운 것은 교미가 끝나면 암컷은 수컷의 세력권에서 벗어나 다른 곳에서 둥지를 틀고, 수컷은 세력권 방위를 그만둔다는 점이다.

3 4 힘차게 비상하는 말똥가리

5 털발말똥가리(*Buteo lagopus*). 말똥가리와 비슷하나 날개와 꼬리깃 부분의 검은테가 뚜렷하고 다리 전체에 깃털이 있다.

매 | 꿩매 · *Falco peregrinus*

멸종위기 야생생물 I급 / 천연기념물 제323-7호 / 국가적색목록 VU / IUCN 적색목록 LC
해안 절벽에서 번식하는 드문 텃새이다.

1 먹이를 찾아 비상하며 경계하는 모습

2 사람이 접근하기 어려운 절벽에 앉아 있는 모습

이름의 유래

매의 학명 *Falco peregrinus*에서 속명 *Falco*는 라틴어로 '매'를 뜻한다. 이는 라틴어 falx의 속격인 falcis로 '낫(발톱 모양)'이란 말에서 유래한다. 종소명 *peregrinus*는 라틴어로 '이방인'이라는 뜻이며 영명인 Peregrine Falcon에서 Peregrine 또한 '외국의', '이국풍의' 라는 뜻이다. 이 새의 이름은 예부터 쥰(隼), 슌, 슝, 히동쳥(海東靑), 숑골매(송골매) 등으로 불렸다. 이 새는 참매와 더불어 사냥을 잘하기로 유명하다. 특히 한반도와 만주의 매가 사냥을 잘하기로 유명하며 한반도의 매는 해동청(海東靑)이라 하여 중국, 몽골, 일본 등의 나라에서 대단한 명품으로 대접받았다.

생김새와 생태

온몸의 길이는 수컷이 42cm이고 암컷이 49cm로 암컷이 수컷보다 훨씬 크다. 이 새의 생김새를 보면 머리에서부터 목덜미까지 검은색이고 등, 날개, 꼬리는 어두운 청회색이며 꼬리는 비교적 짧고 검은 띠가 있다. 뺨 부분에는 구레나룻 모양의 검은 반점이 눈에 띈다. 배 아래쪽은 하얗고 배에는 황색 띠가 있다. 그리고 옆으로 흑색 반점이 빽빽이 모여 있다. 날개 아래쪽에는 흰색 바탕에 옆으로 검은 반점이 있다. 제법 자란 어린새는 윗면이 갈색, 아랫면이 엷은 황갈색이고 가슴부터 배까지는 세로로 흑갈색 반점이 있다.

해안의 암벽에서 주로 번식하며, 알을 낳는 시기는 3월 하순에서 5월 무렵이고 한배산란수는 3~4개이다. 새끼는 알을 품은 지 28~29일 만에 깨고, 깨자마자 수컷이 먹이를 갖고 와서 암컷에게 주면 암컷은 먹이를 잘게 찢어서 새끼에게 나누어 준다. 알에서 깬 지 14일이 되면 수컷은 자신이 잡아 온 먹이를 직접 암컷과 새끼에게 나누어 준다. 그 뒤에 35~42일이 지나면 암수가 함께 먹이를 찾아 나서고 잡아온 먹이를 공중에서 둥지에 직접 떨어뜨려 새끼가 알아서 먹도록 한다. 조류를 주로 잡아먹지만 포유류의 설치류도 먹는다.

분포

한국, 일본, 유럽, 중동아시아, 인도, 중국 동부, 아프리카 대부분, 호주 그리고 인도네시아 둥지에서 서식하는 텃새이며, 일부 개체군은 유라시아 대륙, 알래스카 등지에서 번식하고 동남아시아, 아프리카 중부, 멕시코, 대서양 연안 등지에서 겨울을 난다. 전세계적으로는 개체군이 안정되어 있어 멸종 위협이 크지 않은 새이다.

새와 사람

강한 의지를 상징하는 매

예부터 '매는 굶어도 벼이삭은 먹지 않는다'는 말이 있다. 이 말은 매가 아무리 먹이가 없더라도 참새나 까마귀처럼 논밭에 내려서 벼이삭 등의 곡물을 먹지 않는다는 말로서 정의로운 사람은 아무리 어려워도 부정한 돈은 받지 않으며 빈곤하더라도 자신의 의지를 굽히지 않는다는 뜻으로 쓰인다. 우리말에 '매눈'이란 눈이 밝고 예리한 사람을 일컫는 말이며 멀리서도 먹이를 잘 찾아내는 매의 눈에서 유래한 말이다. 일본에는 '가마우지의 눈, 매의 눈' 이

3 4 산란한 알을 포란 중인 매

5 갓 깨어난 새끼에게 먹이를 주는 모습

라는 말이 있다. 가마우지가 물속에서 물고기를 발견했을 때나 매가 하늘을 날면서 작은 새나 짐승을 노릴 때의 눈은 날카롭고 매섭다. 목표한 것에 대하여 한눈팔지 않고 그것을 손에 넣을 때까지 최선을 다하는 사람의 눈빛을 일컬을 때 쓰는 표현이다.

 새의 생태와 문화

인류무형문화유산으로 재조명되는 매사냥 풍습

매사냥은 고조선 시대 북방의 숙신족으로부터 들어온 풍습인데, 『삼국사기』와 『삼국유사』에 의하면 삼국 시대에 매사냥이 유행하였다고 한다. 그리고 『일본서기』에는 백제 사람인 주군(酒君)이 일본에 매사냥 방법을 알려주었다고 하며 일본인은 주군을 매의 신(神)으로 받들고 있다고 한다. 고려와 조선시대에는 각각 '응방'과 '내응방'이라는 매사냥 전담 관청을 두었을 정도로 성행하였다. 고려시대에는 충렬왕 때 최성기였으며, 조선시대에는 세종이 가장 많이 매사냥을 나갔고 태종이 그 다음이라고 한다.

매가 그 해에 태어나서 둥지를 떠난 뒤 반년 이상 지나 스스로 먹이를 포획할 수 있을 무렵에 잡아 길들인 매를 '보라매'라고 하며 약간 붉은빛을 띠는 것을 '격보래(赤甫羅)', 약간 흰빛을 띠는 것을 '열보래(劣甫羅)'라고 불렀다. 산에서 스스로 자란 매를 '산지니', 집에서 길들여진 것을 '수지니'라고 하였으며 꿩 사냥에는 주로 수지니를 띄웠다. 『오주연문장전산고』라는 책에 따르면 지금의 황해도 해주와 백령도에 매가 많이 있어 전국에서 제일로 쳤는데 특별히 '장산곶매'라고 불렀다. 이 매는 사냥 나가기 전날 밤, 자기 둥지를 부수면서 부리를 갈아 전의를 다진 다음 먼 대륙으로 사냥을 떠나면 매우 용맹하게 싸워 결코 물러서는 법이 없다고 한다. 예부터 고려와 만주는 매의 본고장으로 알려졌고 요동 지방의 매를 상품으로 쳤지만 고려산 매를 최상급으로 취급하였으며 몽골, 중국에서는 이를 해동청이라 하여 대단히 귀중하게 취급하였다고 한다. 또 조선시대에는 양반들이 뛰어난 매와 뛰어난 말(俊鷹駿馬)을 가지고 위세를 부렸는데 이를 두고 '제일은 매, 제이는 말, 제삼은 첩(一鷹, 二馬, 三妾)'이라는 말이 생겼을 정도이다.

일본의 도쿠가와 이에야스는 매사냥을 대단히 좋아했다고 알려졌는데, 도쿠가와 가문의 역사서인 『덕천실기(德川實記)』에 이에야스의 매사냥에 대해 한 권 분량으로 기술하고 있을 정도이다. 10세에 이미 노랑때까치를 이용하여 매사냥 흉내를 낸 일이 있었고 기르고 있던 참매가 유행병에 걸려 떼죽음을 당하자 매를 키우는 사람(鷹師, 응사)을 벌하는 한편, 매 치료에 뛰어난 의원을 초빙하여 식솔로 거느리기도 하였다. 서양에서는 현재 매사냥(鷹狩, 응수, falconry)의 부활 조짐을 보이고 있다. 매사냥의 역사는 기원전 2000년까지 거슬러 올라가며, 중세 유럽에서 성행하였다. 이후 십자군 병사들이 이슬람의 기법을 도입하여 유럽의 매사냥이 더욱 세련되어졌다. 전세계적으로 매사냥에 이용되는 매종류는 매우 다양하다. 우리나라에서는 참매를, 몽골지방에서는 검독수리를 사용하기도 한다.

1960년대, 유럽과 미국에서 매와 참매속의 여러 소형종이 급속하게 감소한 후에 증식 및 방사 프로그램이 시작되었다. 이 고대로부터 시작된 스포츠는 맹금류 연구와 보호라는 역사적 전통과 함께 부활되고 있었다.

그리고, 2010년 우리나라를 중심으로 아랍에미리트, 모로코, 몽골, 스페인, 프랑스 등 11개국이 공동으로 매사냥을 유네스코의 인류무형문화유산으로 신청하고 등재하게 되었다. 이것은 많은 나라에서 전통적으로 매사냥을 고유문화로 즐겨왔는데 인류공동의 문화유산으로 전세계가 인정한 것이라고 할 수 있겠다.

6

7

새의 생태와 문화

파라오의 화신, 호루스(Horus)

필자가 최근 이집트에 갔을 때 곳곳에서 매의 머리를 하고 있는 사람의 형상을 볼 수 있었다. 이는 이집트 신화에서 최고신 중 하나인 '호루스'로, 고대 이집트에서 태양을 상징하며 가장 신성시되었던 신이다. 호루스는 죽음과 부활의 신 오시리스와 아내인 이시스의 아들이며, 사랑의 여신 하토르의 남편이다. 이집트 신화에서 오시리스가 형제이자 악의 신인 세트에게 죽음을 맞고 시신은 조각조각 온 이집트에 뿌려졌다. 아내인 이시스는 토막 난 오시리스의 시신을 수거해 부활시킨 후 호루스를 잉태하게 된다. 오시리스의 가르침 아래 장성한 호루스는 결국 아버지의 원수인 세트를 죽이고 통일 이집트의 왕이 된다. 호루스는 통일 이집트 왕의 화신으로 받들어졌으며, 이집트의 왕인 파라오는 살아 있는 호루스로 여겨졌다. 호루스는 태양과 하늘의 화신으로서 창공을 누구보다 위풍당당하게 날아다니는 매의 머리를 하고 있다. 신들이 나오는 영화나 소설에서도 일반적으로 이집트 신화를 대표하는 신이 호루스이며, 만물을 꿰뚫어 본다는 호루스의 눈은 신비함을 더하고자 여러 창작물에서 종종 인용되기도 한다. 수많은 새 가운데 매가 호루스의 머리로 선택된 것은 어찌 보면 당연한 이야기이다. 매는 용감하고 강인하며, 매가 나는 하늘 아래에서 작은 새들이 숨죽이게 되니 말이다.

6 먹이를 잡아와 다 큰 새끼에게 주려는 매
7 바위 절벽에서 앉아 있는 매
8 이집트 왕가의 계곡에서 본 호루스 형상
9 이집트 카이로국립박물관의 호루스 조각상

새호리기 | 검은조롱이 · *Falco subbuteo*

멸종위기 야생생물 II급 / 국가적색목록 VU / IUCN 적색목록 LC
흔하지 않은 여름철새이다.

이름의 유래

새호리기의 학명 *Falco subbuteo*에서 속명 *Falco*는 라틴어로 '매'를 뜻하며 이는 라틴어 falx의 속격인 falcis, 곧 '낫(발톱 모양)'을 뜻하는 것에서 유래한다. 종소명 *subbuteo*는 라틴어로 '-에 가깝다'는 뜻의 sub-와 '말똥가리'를 뜻하는 buteo의 합성어로 '말똥가리에 가까운 새'라는 뜻이다. 영명은 Eurasian Hobby이다. 우리 조상들은 새호리기를 젼(鸇), 새홀이기 등으로 불렀다.

생김새와 생태

온몸의 길이는 수컷은 33.4cm, 암컷은 35cm, 날개편길이는 72~84cm이고 몸의 크기는 매보다 작아 거의 멧비둘기 정도이다. 날개는 길고 끝부분이 뾰족하다. 앉아 있을 때는 접은 날개의 끝이 꼬리의 끝 정도에 이르는 길이지만 활짝 폈을 때는 꼬리깃보다 좀 더 긴 편이다. 머리 꼭대기부터 몸의 위쪽은 잿빛을 띤 검은색이며 얼굴의 검은 수염 모양의 무늬가 눈에 띈다. 멱부터 몸의 아래쪽은 하얗고 가슴과 배는 검은색의 세로무늬가 있으며 대퇴부와 그 아래쪽은 붉고 엷은 갈색이다. 어린새는 몸 위쪽이 검은 갈색이고 뒷머리에는 흰 무늬 2개가 있다. 몸 아래쪽은 흰 바탕에 흑갈색의 초승달무늬와 세로무늬가 있다.

혼자서 생활할 때가 많다. 날 때는 끝이 뾰족한 날개를 빠르게 펄럭여서 곧게 날아가며 때때로 단거리를 활상(날개를 움직이지 않고 미끄러지듯이 곧게 날아가는 모양)할 때가 있으며 날개를 심하게 펄럭이면서 공중에서 정지비행할 때도 있다. 작은 새를 습격할 때는 하늘에서 날개를 오므려 급강하하며 잡은 먹이는 부리로 찢어서 먹고 소화되지 않은 부분은 펠릿(pellet, 새가 소화시키지 못해 토해 내는 고형의 배설물)으로 토해 낸다. '키리, 키리, 키리' 또는 '킷, 킷, 킷' 하는 예리한 소리로 울지만 비교적 드물게 운다.

둥지는 나무 위에 있는 다른 새의 둥지를 이용하며 10~15m 높이에 짓는다. 알을 낳는 시기는 5월 하순에서 6월 하순까지이고, 한배산란수는 2~3개이다. 새끼는 품은 지 28일 만에 깨고, 깬 지 28~32일이면 둥지를 떠난다. 먹이는 주로 풀밭, 농경지 같은 넓은 곳에서 찾고 계곡가에서도 먹이를 찾아 활동할 때가 있다. 조류와 잠자리를 비롯한 곤충류를 주로 잡아먹는다.

분포

유라시아 대륙 대부분 지역에서 번식하고, 남부 아프리카, 인도, 중국 남부 등지에서 겨울을 난다.

1 돌 위에 앉아서 먹이를 찾고 있는 모습
2 소나무 가지에 있는 새호리기 둥지
3 먹이 사냥후 암컷에게 전달하려고 나무에 앉은 수컷

황조롱이

| 조롱이 · *Falco tinnunculus*

천연기념물 제323-8호 / IUCN 적색목록 LC
우리나라 전역에서 쉽게 관찰할 수 있는 텃새이다.

이름의 유래

황조롱이의 학명 *Falco tinnuculus*에서 속명 *Falco*는 라틴어로 '매'를 뜻하며 이는 라틴어 falx의 속격인 falcis, 곧 '낫(발톱 모양)'을 나타내는 것에서 유래한다. 종소명 *tinnuculus*는 '황조롱이'란 뜻인데 이는 '첸, 첸, 하고 울다'라는 뜻의 tinnio와 축소형 어미 -ulus가 결합하여 '예리한 울음소리'를 나타내는 것에서 유래한다. 영어명은 Common Kestrel이다.

생김새와 생태

온몸의 길이는 수컷이 33cm, 암컷이 38.5cm이며 날개편길이는 68~76cm이다. 매류 가운데 꼬리가 가장 길며 날개 끝이 뾰쪽하지 않다. 수컷은 머리 꼭대기부터 얼굴까지 푸른빛을 띤 회색으로 등과 덮깃은 다갈색에 검은 반점이 있고 날개깃은 까맣고 꼬리는 푸른빛을 띤 회색으로 끝이 까맣다. 몸의 아래쪽은 엷은 황갈색으로 가슴에서 배까지 세로로 검은 반점이 있다. 암컷은 몸의 위쪽이 갈색에 검은 반점이 있고 꼬리에는 몇 가닥의 검은 띠가 있다. 몸의 아래쪽은 엷은 황갈색에 세로로 반점이 있다. 날개의 아랫면에는 수컷과 암컷 모두 흰 밑바탕에 검은 반점이 있지만 수컷의 반점이 작고 하얗게 보인다. '키키키키키' 또는 '킷, 킷, 킷' 하는 날카로운 소리를 지른다.

혼자 또는 암수가 같이 생활하며 해안이나 산지의 바위 절벽에서 번식하지만 도시의 건물에서도 번식하며, 비번식기에는 산지에서 번식한 무리가 들로 내려와 흔히 눈에 띄지만 여름에는 드문 편이다. 스스로 둥지를 틀지 않으며 말똥가리나 새매가 지은 둥지를 이용하거나 하천 흙벽의 오목한 구멍에 집단으로 번식하기도 한다. 종종 아파트의 베란다에 둥지를 틀어 주민이 깜짝 놀라는 일이 발생하기도 한다. 알을 낳는 시기는 4월 초순이고, 한배산란수는 4~6개이며 새끼는 품은 지 27~29일 만에 알에서 깬다. 27~30일 동안 새끼를 기르고 날갯짓을 시작한 새끼는 곧바로 둥지를 떠난다.

먹이를 찾으려고 공중을 돌다가 일시적으로 정지비행을 하는 습성이 특징적이다. 날개를 빠르게 펄럭이면서 직선 비상하며 때로는 범상을 하면서 땅 위의 먹이를 노린다. 설치류(들쥐), 두더지, 작은 조류, 곤충류, 파충류 등을 잡아먹는다.

분포

영국, 유럽, 중국 남부, 중남부 아프리카, 일부 북부 아프리카, 터키, 이란, 한국, 일본 등지에서는 텃새이고, 스칸디나비아반도의 세 나라를 비롯한 유라시아 대륙 대부분에서 번식하며, 인도, 히말라야, 인도차이나반도 등지에서 겨울을 난다.

1 나뭇가지에 내려앉은 황조롱이

2 비상하기 직전 날개를 편 황조롱이

3 먹이를 찾기 위해서 높은 하늘에서 정지비행하는 모습

4 사냥한 들쥐를 통째로 삼키고 있다.

새와 사람

황조롱이의 가치

옛날 매사냥에서 작은 동물의 사냥, 혹은 어린이와 부녀자들이 사냥할 때 주로 이용되었던 사냥매로 전해지며 문화적인 가치를 인정받아 천연기념물 323-8호로 지정, 보호받고 있다.

새의 생태와 문화

새들의 비행을 위한 최적의 다이어트

대부분의 새는 지방 축적을 최소한으로 억제하고 있다. 체중이 무거워지면 비행이 어렵고, 민첩성이 떨어져 포식자로부터 도망칠 수 있는 확률이 낮아진다. 온난한 지역에 사는 소형 참새류는 한 겨울의 절식 기간에 대비해 저장 지방량이 체중의 10%를 초과하지 않는다. 열대 지역인 싱가포르의 직박구리 종류(Yellow-vented Bulbul)의 축적 지방량은 1년을 통해 체중의 5% 이하로 밤을 지새우기에 충분한 양이다. 일반적으로 대형 조류는 작은 새보다 더 많은 지방을 축적하고 있으며, 보다 장시간 기아에 견딜 수 있다. 예를 들어, 기온이 약간 낮은 환경(1~9℃)에서 먹이를 얻을 수 없을 때 10g의 솔새류는 하루를 생존하는 것이 어렵지만, 200g인 황조롱이라면 5일간 생존이 가능하다. 황제펭귄 수컷은 추운 겨울 남극에서 90~120일간 잠도 먹이도 없는 상황에서 포란을 계속하는데 그동안 체중은 45%가 감소한다.

조류의 소화기관의 형태와 기능

조류의 비행능력은 진화학적으로 조류의 외부형태나 구조에 많은 영향을 준다. 이러한 외부형태가 조류의 삶의 방식을 알려주기도 한다. 또, 육안으로 직접 볼 수 없지만 체내에는 다양한 변이가 있는데 소화기관도 그중의 하나이다.

조류는 에너지를 빠르게 소비하므로 먹이를 자주 먹어서 에너지를 보충 공급해야 한다. 조류의 채식(採食)에 대한 적응은 주목할 만한 진화적 특징이다. 이러한 적응에는 먹이를 구하거나 먹기 위한 움직임뿐 만 아니라 다양한 혀의 구조부터 시작하는 소화관 전체의 특수화도 포함 된다

조류의 소화기관은 다른 동물과 다른 몇 가지 특징이 있다. 조류는 이빨이 없는데 이것은 몸무게를 줄이기 위해서이다. 만약 이빨이 있다면 이빨을 유지하기 위해 무거운 턱뼈도 있어야 한다. 조류의 소화는 부리(bill), 입(구강, oral cavity), 식도(esophasgus), 모이주머니(小囊, crop), 전위(前胃, proventriculus), 모래주머니(沙囊, gizzard), 창자(intestine), 배설강(cloaca)의 순서로 이루어진다.

1. 부리

부리와 입은 채식을 위한 주요 기능을 담당하며 부리의 형태는 매우 다양하고 기능에 따라 달라진다. 먹이를 먹는 방식에 따라 부리의 종류를 나누면 다음과 같다. 1) 견과 종자를 부수어 먹는 콩새와 밀화부리, 큰밀화부리 등의 핀치류의 부리, 2) 끝이 교차된 부리로 솔방울에서 씨앗을 꺼내어 먹는 솔잣새의 부리. 3) 진흙에서 먹이를 걸러서 먹는 넓적부리의 부리. 4) 창과 같이 물고기를 찔러 물어 먹는 왜가리, 백로류의 부리. 5) 가늘고 긴 부리로 꽃의 꿀이 분비되는 부위를 찾아 튜브모양의 혀끝으로 빨아 먹는 벌새류 부리(이때 벌새의 부리모양과 선호하는 꽃이 굽은 정도가 일치하는 경향이 있다.). 6) 뾰족하고 튼튼한 부리와 긴 혀로 나무 속의 곤충을 잡아먹는 오색딱다구리, 큰오색딱다구리, 까막딱다구리, 크낙새 등의 딱다구리류의 부리. 7) 동물성 먹

이를 먹기 좋은 크기로 찢어 먹는 검독수리. 매, 참매, 황조롱이 등의 맹금류와 올빼미류의 부리. 8) 부리에 문 물고기를 바로 식도로 보내기 쉽게 끝이 구부러진 해양포식조류인 펭귄류나 가마우지류의 부리. 9) 연안 조류는 모래와 진흙에 숨어 있는 먹이의 채식(採食) 깊이가 부리의 길이에 따라 다르다. 가) 지표면에 서식하는 무척추동물을 쪼아 먹는 개꿩과 물떼새류 같은 짧은 부리. 나) 표면보다 4cm 정도 깊은 모래와 진흙에서 서식하는 갯지렁이류, 쌍각류 조개, 갑각류를 찾는 붉은발도요 등의 섭금류의 중간 길이의 부리. 다) 갯지렁이처럼 깊은 구멍에 서식하고 있는 먹이를 채식하는 마도요나 큰뒷부리도요의 길고 굽은 부리 등이 있다.

2. 구강

조류의 다음 소화기관은 구강 즉 입이다. 조류의 구강 타액 즉 침의 양과 맛을 느끼는 미뢰의 수가 적다. 구강내에는 혀가 있다. 1) 혀의 끝에 술이 있는 참새목의 일반적인 혀. 2) 꽃의 꿀을 먹기에 적합한 관 형태로 끝에 술이 있는 벌새류의 혀. 3) 나무의 구멍 속을 찾아 곤충을 탐침하는 끝부분에 수염이 있는 딱다구리 혀. 4) 과일을 먹기에 적합한 짧고 넓은 모양의 비단날개새의 혀. 5) 물고기가 미끄러지지 않고 식도로 넘기기에 적합하게 표면에 식도방향으로 가시가 나 있는 슴새류의 혀. 6) 물이나 진흙을 입에 넣고 필터와 같은 털을 통하여 먹이를 걸러서 먹는 필터 역할을 하는 넓적부리의 혀 등이 있다.

3. 식도

입에서 들어온 먹이는 식도를 통해 위장으로 보내진다. 어식성 조류 등 큰 먹이를 삼키는 조류는 필요에 따라 식도를 확장하기도 한다. 식도는 근육층으로 되어 있고 식도샘(mucous gland)이 있는데 이것은 식도의 벽에서 점액을 분비한다. 식도는 단순히 통과하는 통로가 아니며 다양한 기능이 있다. 1) 비둘기는 식도에서 새끼를 위해 피죤 밀크(비둘기 우유)라는 영양 과시행동과 물질을 분비한다. 2) 또한 비둘기와 기타 많은 조류는 과시행동과 울음 소리의 반향을 위해 식도를 부풀린다.

4. 모이주머니(소낭)

모이주머니는 식도의 중앙 조금 아래쪽에 위치하고 있으며, 식도의 일부가 넓어진 기관으로 먹이를 저장하며 부드럽게 하여 다음 소화기관으로 이동을 조절하는 기관이다. 곤충식 조류는 없는 경우도 있으나, 종자식 조류에는 매우 발달되어 있다. 남미 원산으로 습지대에 서식하는 호아친(Hoatzin, 체중 750g 정도. 어릴 때 날개의 중간에 발톱이 있으며, 수영능력이 있어 위협을 느낄 때 둥지에서 물로 뛰어 내린다.) 여린 잎을 주로 먹는데, 딱딱한 잎을 발효시켜 소화하기 위해 모이주머니(소낭)와 식도는 커지고, 선위가 다실화한다.

많은 조류의 위는 앞과 뒤, 두 부분으로 나누어져 있으며, 앞부분은 전위, 뒷부분은 모래주머니(사낭)이다. 먼저 특수한 구조의 전위에서 화학적 소화가 진행된 뒤에 모래주머니에서 물리적 소화가 이루어진다. 그 중에는 뼈와 씨앗 등의 소화시킬 수 없는 것을 펠렛(pellet) 상태로 토해 내는 종들도 있다. 이러한 전위가 파충류에는 존재하지 않는다. 종 특유의 식성에 대응하는 위의 모양과 구조는 다른 내장 기관과 비교했을 때 변화가 더 많다. 전위는 어식성 조류와 맹금류에서 특히 발달했다. 전위는 소화샘(消化腺)에서 산성의 위액(pH0.2~1.2)을 분비하고 먹이가 잘 소화되는 화학환경을 만들어 낸다. 전위에서 분비되는 펩신은 뼈를 단시간에 소화한다. 수염수리는 소의 척추 뼈를 2일만에 소화시킬 수 있고, 때까치류는 쥐를 3시간만에 소화할 수 있다. 이와 같은 잘 알려진 기능

외에도 슴새류는 소화할 때의 부산물인 기름을 전위에 저장한다. 이 기름은 새끼의 먹이로 토해 내지만, 때로는 포식자를 향해 구토하는 경우도 있다. 조류의 전위의 다음 소화기관인 모래주머니(사낭)는 두꺼운 근육층으로 이루어졌으며 물리적 소화를 담당한다. 먹이를 씹을 이빨과 씹은 먹이를 소화시킬 위를 대신하는 것으로, 종자 및 곡물을 주로 먹는 종은 모래주머니 안에 모래와 돌이 있다. 술안주로 먹는 '닭똥집'은 사실 닭의 모래주머니이다.

5. 창자

창자의 길이는 일반적으로 평균 몸길이의 8.6배 정도이지만, 유럽칼새는 3배, 타조는 20배로 종에 따라 크게 다르다. 창자의 길이가 짧은 조류는 과일, 고기, 곤충을 먹는 새이고, 종자, 식물, 물고기를 먹는 새는 창자의 길이가 긴 경향이 있다.

많은 조류는 소화관의 말단 부근에 맹장(caecum)이라는 작은 주머니를 갖는다. 큰창자의 상단에 있는 맹장은 쌍으로 있거나 하나 밖에 없는 경우도 있다. 맹장이 작거나 없는 조류도 있고, 닭이나 타조처럼 발달한 맹장을 가진 조류도 있다. 조류의 맹장은 여러 기능을 가진 생존에 필수적인 기관이다. 맹장의 기능은 특히 식물의 섬유질의 소화를 돕는다. 맹장내의 박테리아는 부분적으로 소화된 먹이를 더 소화, 발효시켜 맹장의 벽에서 흡수할 수 있는 물질로 바뀐다. 또한 맹장은 병원균과 싸우는 항체를 만들거나 수분을 흡수하거나 단백질의 이용을 돕는다.

6. 배설강

조류가 획득한 비행 능력과 높은 신진 대사속도는 그들의 소화기관이 소량의 먹이로부터 영양분과 에너지를 효율적으로 흡수하는 데서 온다. 먹이가 식도로 들어가 전위, 모래주머니, 창자를 거쳐 배설강에서 대변으로 배출되는 시간은 한 시간 반에서 반나절이다. 과일이나 베리를 먹는 지빠귀류나 비단딱새과 조류가 시간이 제일 적게 걸린다.

먹이의 소화와 흡수

포유류는 장벽을 덮고 있는 세포로부터 영양분을 능동적으로 흡수한다. 한편, 많은 조류는 포도당과 아미노산을 능동적으로 흡수하지만 다른 영양소는 수동적으로 세포 내로 들어가는 흐름에 맡기고 있다. 수동적인 흡수는 필요한 에너지가 적고, 농도구배의 흐름과 일치하고 있기 때문에 신속하게 에너지를 흡수할 수 있다. 그러나 이 수동적인 방법은 과일이나 종자에 포함된 독성 물질까지 무작위로 흡수한다.

앵무새류는 다른 동물에게는 치명적일 수 있는 독성 물질을 많이 함유한 종자나 쓴 녹색 과일을 먹는다. 그들은 모래주머니의 소화를 보조하는 작은 모래를 확보하기 위해 모래를 먹는다고 여겨졌다. 그러나 실제로 앵무새가 먹는 흙은 해독 작용이 있는 미네랄을 포함한 점토인 것으로 밝혀졌다. 음의 전하를 띤 미네랄은 위 속의 독성 물질과 결합하는 것으로 밝혀졌는데 사람을 포함해서 포유류가 선택적으로 흙을 먹는 것도 같은 이유이다.

조류가 먹는 먹이의 특성에 따라 창자벽을 통한 흡수동화율이 달라진다. 육류나 물고기는 66~88%, 미성숙한 식물은 60~70%를 흡수동화할 수 있지만, 성숙한 잎은 30~40% 밖에 미치지 못한다. 효율이 가장 나쁜 예로서, 전나무뇌조는 먹이인 전나무잎으로부터 30% 밖에 흡수동화할 수 없다. 흡수동화율은 먹이의 계절 변화와 함께 증감하는데 예를 들어, 가을에 베리류의 지방이 풍부해지면 이것을 먹는 미국지빠귀의 지방 흡수동화율이 높아진다.

들꿩 | 들꿩 · *Tetrastes bonasia*

흔하지 않은 텃새이지만 장과 식물이 많이 자라는 일정한 지역에서 관찰이 가능하다.

이름의 유래

들꿩의 학명 *Tetrastes bonasia*에서 속명 *Tetrastes*는 그리스어로 '들꿩'을 뜻하는 tetraōn과 '노래하는 가수'를 뜻하는 astēs가 합쳐져 '들꿩가수'라는 의미로, '휘휘' 하고 높고 크게 내는 들꿩의 울음소리에서 유래된 것으로 보인다. 종소명 *bonasia*는 그리스어 bonasos와 라틴어 bonasus에 어원을 둔 '들소'에서 유래하며, 들꿩의 울음소리가 들소의 우는 소리와 비슷한 데에 깊은 관계가 있는 것으로 생각된다. '담갈색의 들꿩'이라는 의미로 영명은 Hazel Grouse라고 한다.

생김새와 생태

들꿩의 생김새는 암수가 대체로 비슷하지만 조금씩 다른 점이 있다. 수컷의 머리 위, 뒷머리 눈 밑, 목둘레는 검은 갈색에 검은 가로줄이 있고 뒷머리와 깃털이 조금 길다. 꼬리는 흑갈색인데 가운데에 있는 깃털에는 검은 가로줄이 있고, 가슴부터 배까지 흰색에 검은 녹색빛이 도는 갈색 가로줄이 있다. 암컷은 몸 위쪽이 갈색기가 조금 강하고 목 부분에는 흑갈색과 어우러진 흰색 얼룩이 있다.

울음소리는 '피-피핏' 하며 높고 날카로운 호루라기 소리를 낸다. 필자가 일본 홋카이도 오비히로 축산대학 환경학과에서 이 새의 번식 생태와 관리에 관하여 연구할 때 호루라기를 '핏, 핏' 하고 불 때마다 야생 들꿩들도 '피-이-핏, 피-이-핏' 하며 반응을 보였다.

들꿩은 일반적으로 일부일처로 생활하는 것으로 알려져 있지만, 전세계에 분포하는 19종의 들꿩 가운데 16종이 일부다처이다. 필자가 수컷 2마리와 암컷 5마리를 큰 가금사에 가두고 실험한 결과 수컷끼리 치열한 싸움을 벌여 한 마리가 죽고 나머지 한 마리가 암컷들과 교미하여 암컷들 모두 알을 낳았다. 물론 모두 수정란이다. 교미를 하기 전에 암컷 한 마리가 바닥에 주저앉아서 머리를 좌우로 흔들면서 수컷에게 구애를 하면 수컷은 꼬리 날개를 공작처럼 펴고 과시행동(fan-tailed display)을 하면서 암컷 주위를 맴돈다. 이때 암컷이 다시 머리를 좌우로 흔들면 수컷은 점잖게 목을 꼿꼿이 세우고 걸어가서 암컷과 교미를 한다.

둥지는 숲속의 땅 위에 트는데 대개 관목의 뿌리나 넘어진 나무, 풀이나 조릿대로 가려져 있다. 알을 낳는 시기는 5월 하순에서 6월 사이이며 한배산란수는 5~14개이다. 알을 품는 기간은 평균 25일(23~27일)이다. 종종 10마리 안팎의 새끼를 데리고 어딘가로 이동하는 어미를 만날 수 있는데 새끼는 알에서 깬 뒤 10일 동안 어미가 물어다 주는 개미, 파리, 메뚜기, 쐐기벌레, 거미 등을 먹는다. 열흘 뒤부터는 약간의 식물질도 받아먹는다.

주로 해발고도 1,000~1,700m의 활엽수와 침엽수가 뒤섞여 자라는 천연림에서 생활하며 국내에서는 경기도, 강원도 지역에 서식 밀도가 높다. 겨울이 되면 들꿩은 자작나무류, 오리나무류, 버드나무류 등의 겨울눈을 먹고 산다. 들꿩의 서식지 분포와 이 나무들의 자생지 분포가 대체로 일치하는 것을 보면 겨울 먹이와 깊은 관계가 있는 것을 알 수 있다. 또 들꿩은 눈 속에 구멍을 뚫어 잠자리를 마련한다. 이럴 때 보통 대기의 온도는 -48°C이지만 눈 속의 잠자리는 -10°C쯤에 머문다. 또한 눈 속에 잠자리를 만들기 위해서는 17cm 이상의 적설이 필요하다. 우랄 지방에서는 두 달 동안 -30°C 이하가 계속되는 동안 눈이 별로 내리지 않아서 많은 수의 들꿩이 얼어 죽은 사례가 있다.

1 나무숲 속 땅에서 먹이를 찾다가 경계하는 암컷

2 나무숲 속 땅바닥에서 먹이를 찾는 수컷

3 이른봄 갯버들의 꽃을 따먹는 암컷 들꿩

4 번식기에 암컷에게 구애하는 수컷 들꿩

분포

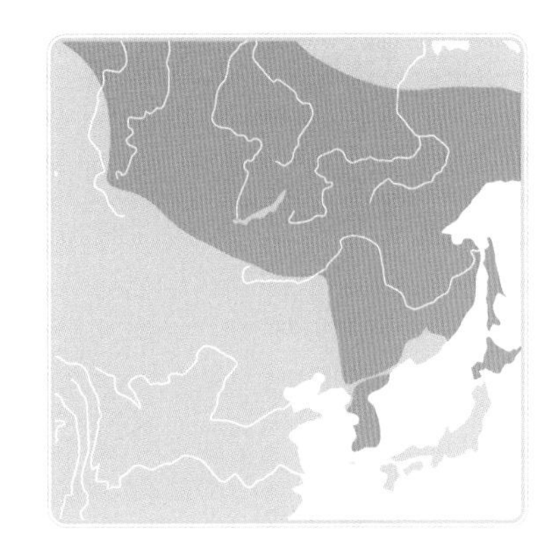

전세계적으로 한반도와 일본의 홋카이도, 사할린, 만주, 북몽골, 시베리아와 우랄을 거쳐 북유럽의 스칸디나비아반도에서 독일, 벨기에, 프랑스 남부와 발칸반도까지 유라시아 대륙에 폭넓게 분포한다. 일본 혼슈의 들꿩류(*Lagopus mutus*)는 봄부터 가을까지 수컷은 몸의 윗부분이 대부분 까맣고 암컷은 거의 황색이지만 겨울이 되면 암수 똑같이 몸 전체가 흰색으로 바뀐다. 이렇게 색깔이 바뀌는 것은 서식지가 겨울에는 눈이 많은 곳이므로 들꿩이 스스로 보호하기 위해서이다.

새와 사람

그림의 떡, 들꿩 고기

중세 유럽에서는 귀족이 아니면 들꿩의 맛도 볼 수 없다는 이야기가 있을 만큼 들꿩 고기는 맛이 있다. 또 중국의 조류 도감에도 "들꿩은 사냥감으로 아주 알맞은 새인데 고기 맛이 매우 좋아 진미 중의 진미이며 깃털도 이용 가능하므로 매우 경제적인 동물이다"라고 언급하고 있다. 들꿩의 고기는 꿩보다 한 수 위로 훨씬 맛이 있고, 특히 만두소로 넣으면 별미이지만 우리나라에서는 들꿩이 그다지 흔치 않아서 법으로 사냥을 금지하는 까닭에 그림의 떡일 뿐이다.

새의 생태와 문화

들꿩의 과시행동과 분포

북아메리카에는 초원성 들꿩(*Tympanuchus cupido*)이 있는데 이 새는 대초원의 조류이다. 초원 중에서도 풀이 드문드문 자라는 작은 언덕을 즐겨 찾는다. 재미있는 사실은 완만한 경사의 부밍 그라운드(booming ground)에서 춤을 춘다는 것이다. 번식기가 되면 이곳에 2~40여 마리의 수컷이 모이고, 각각 20m쯤 떨어져 세력권을 확보한다. 이 경우 세력권이 큰 것이 작은 것보다 우위이며 교미율도 높다. 또 수컷끼리는 각자 자기 세력권의 경계에서 과시행동을 한다. 고개를 쭉 빼고 꼬리 날개에 공기를 보내 부풀어 오르게 하는데, 이때 나는 소리가 3km쯤 떨어진 곳에서도 들릴 만큼 크다고 한다. 또 수 미터를 갑자기 돌진하는가 하면 꼬리 날개를 마구 흔들어 소리를 낸다든지 날개를 마구 펄럭이면서 뛰어오르기도 한다. 이것이 바로 인디언 춤의 원형이라고 알려져 있다.

유라시아 대륙의 산림지대에는 멧닭(*Lyrurus tetrix*)이 있는데, 숲속에 이들이 무리 지어 춤을 추는 곳이 있다. 핀란드에서는 50년 넘게 새 무리가 춤추는 장소로 쓰이는 곳이 있으며, 스웨덴에서는 1세기 이상 계속된 곳이 있다고 알려져 있다. 이곳에 모여드는 수컷의 숫자는 장소에 따라 다양하다. 때로는 무리 가운데 한 마리만 과시행동을 하기도 있는데, 이 경우 아침까지 계속 춤을 춘다. 이러한 과시행동은 개방되고, 제한된 서식지를 가진 일부다처제 조류에서 종종 관찰할 수 있다.

들꿩은 백두산에도 서식한다. 해발고도 400~700m 지대에도 들꿩이 분포하지만 그 수가 적고, 700m가 넘으면 그 수가 늘어나며 900~1,500m 지대에서 개체수가 가장 많아진다. 그러다가 1,500m가 넘으면 다시 적어지며 1,800~2,000m 지대에서는 급격히 적어진다. 이와 같은 수직적 분포가 백두산 들꿩의 특징이다.

5 나뭇가지에 앉아 경계하는 수컷 들꿩

6 나뭇가지에서 휴식 중인 암컷 들꿩

새의 생태와 문화

조류의 과시행동과 원주민의 춤

난혼성 조류가 짝짓기를 위해 모이는 장소를 레크(Lek)라고 한다. 이 레크에 모인 수컷들은 과시행동을 하며 다른 수컷과 경쟁을 하고 암컷에게 구애를 한다. 수십 마리의 멧닭(Black Grouse) 수컷들은 유라시아 북부의 습원을 레크로 하며, 경쟁 중에 다투는 개체들도 나타난다.

안데스바위새(Andean Cock-of-the Rock)는 뚜렷한 성적 이형성(수컷과 암컷이 외형적인 모습에서 차이를 보이는 것)인데, 수컷은 커다란 원반 모양의 머리와 주홍색 또는 화려한 오렌지색 깃털을 가지고 있으며, 암컷은 어두운 갈색이다. 수컷들은 암컷과 번식하기 위해 경쟁하며 각 수컷은 화려한 깃털로 다양한 과시행동을 하는데 흔들고 뛰며 다양한 소리를 낸다. 짝짓기 후 암컷은 바위가 많은 돌출부 아래에 둥지를 만들고 알을 품고 새끼를 혼자 키운다. 먹이로는 주로 과일을 섭취하나, 곤충, 양서류, 파충류 및 작은 생쥐로 보충하기도 한다. 이 종은 남아메리카 열대우림 하층의 레크에서 모여든다.

북미꿩꼬리들꿩(Sage Grouse)은 다른 들꿩처럼 종자를 소화시킬 수 없으며, 주로 산쑥(Sagebrush)과 다른 식물, 곤충을 먹는다. 이 종은 번식기에 미국 서부의 개활평원에서 하얗고 멋있는 목도리깃털을 뽐내며 뾰쪽한 긴꼬리깃을 세워 품위 있게 걷는다.

이러한 조류의 과시행동은 인간의 문화에도 영향을 미친다. 남미의 원주민 히바로족(Jivaro)은 관능적인 춤의식을 치르는데 안데스바위새를 모방했다. 또 미국 서부의 원주민 블랫풋(Blackfoot)은 북미꿩꼬리들꿩의 제자리걸음, 인사, 꼬리깃털 펼치기와 걷기를 흉내 내는데 이들이 입는 옷도 북미꿩꼬리들꿩의 부채처럼 펼쳐진 뾰족한 꼬리깃털을 닮은 모습이다.

바다오리류는 향수를 사용한다

소형바다새인 뿔바다오리(*Aethia cristatella*, Crested Auklet)는 북태평양과 베링해의 동떨어진 해안섬 절벽에서 집단으로 둥지를 틀고 살아간다. 주식으로는 크릴을 비롯한 다양한 소형해양동물을 채식한다. 이 종은 이마에 특징적인 볏깃털과 하얀 귀 주위의 깃털(auricular plume), 밝은 오렌지색의 부리를 가지고 있다. 이러한 형태는 특히 번식기에 보다 화려하다. 모양새도 특이하지만 가장 특징적인 것은 깃털에서 감귤류 과일의 향이 난다. 이 향은 뿔바다오리가 구애 및 배우자 선택 등 사회적 행동을 할 때 중요한 역할을 한다. 뿔바다오리는 구애과시행동(courtship display)으로 서로의 목덜미 냄새를 맡는 행동(ruff sniff)을 하는데 즉 뿔바다오리에게는 이 냄새가 사람으로 치면 상대를 매혹하는 향수이다. 이러한 화학적 신호는 번식기인 5월 중순부터 8월 중순까지 더 짙어진다. 감귤류 과일의 향은 화합물 cis-4-decenal과 octanal에 의한 것으로 이러한 화학적 신호는 사회적 기능 외에 체외 기생충 퇴치제로도 작용하기도 한다. 이는 뿔바다오리 뿐만 아니라 같은 *Aethia*속의 수염바다오리(*Aethia pygmaea*, Whiskered Auklet)에서도 발견된다.

꿩 | 꿩 · *Phasianus cholchicus*

흔한 텃새로, 울릉도를 비롯한 몇몇 섬 지방을 제외한 우리나라 전역에서 서식한다.

이름의 유래

꿩의 학명 *Phasianus cholchicus*에서 속명 *Phasianus*는 그리스어로 '꿩'이란 뜻인데 흑해의 동쪽 해안 콜키스(Colchis) 지방을 흐르는 파시스(Phasis)강에서 유래하며, 유럽에서는 예로부터 이 지역에 꿩이 많았고 그리스 배들에 실려 서부 유럽으로 옮겨졌다고 한다. 종소명 *colchicus* 또한 지명인 콜키스에서 유래한다. 우리나라 수꿩은 목에 하얀 띠가 있어서 영명이 Ring-necked Pheasant이다. 최근에는 Common Pheasant라고도 한다.

생김새와 생태

꿩은 암컷과 수컷의 깃털 색깔이 매우 다르다. 수컷의 깃털은 온갖 색깔이 어우러져 아름답고 화려한 데 반해, 암컷은 몸 전체가 단조로운 황갈색이며 깃털마다 흑갈색의 반점이 있다. 또 수컷의 다리는 어두운 구릿빛을 띤 녹색이고, 눈 주위는 붉은색을 띠고 있으며 가슴도 붉은색, 배 중앙은 흑갈색, 옆구리는 오렌지색이다. 몸무게는 수꿩이 985~1,123g이고 암꿩은 약 700~800g이다. 수꿩은 번식기에 큰 소리로 '꿩, 꿩' 하고 울며 조선시대에는 울음소리를 '껑, 껑'이라고 적었다. 암꿩은 '쵸, 쵸' 하고 낮게 운다.

꿩은 전형적인 일부다처의 새이다. 꿩은 10월부터 이듬해 2월까지의 비번식기에 무리 지어 생활하는데, 대체로 수컷은 수컷끼리, 암컷은 암컷끼리 무리를 짓지만 때로는 암수가 섞이기도 한다. 무리의 크기는 7~8마리에서 수십 마리로 변이가 크다. 수컷은 3월 하순부터 세력권을 확보하는데, 이때 수컷끼리 싸움이 벌어지며 여기서 패한 수컷은 세력권을 확보하지 못하고 일년 내내 홀로 지내게 된다. 싸움에서 이긴 수컷의 세력권에는 여러 마리의 암컷이 모여든다. 잘 울고 몸집이 크며, 깃털에 윤이 나는 멋진 수컷일수록 많은 암컷을 거느린다.

자연 상태에서 꿩이 알을 낳는 시기는 4~6월이며 한배산란수는 6~12개이지만, 인공 사육 중의 꿩이 알을 낳는 시기는 5~8월이고, 알의 수는 33~86개로 변이가 크다. 알은 갈색을 띤 녹회색이다. 꿩은 인가나 논밭이 있고 잡초가 우거진 경사가 완만한 야산일수록 좋은 서식지이나 도시의 공원, 농촌, 구릉, 산간 초지, 산림 등에서도 산다. 수꿩은 숲가장자리를 따라서 세력권을 형성하는데 관목숲을 선호하며, 암꿩은 관목 하층이 있는 숲속을 좋아한다. 낟알을 비롯한 식물성 먹이를 주로 먹지만 동물성인 메뚜기와 개미도 먹는다.

분포

꿩의 세계적인 자연 분포지는 흑해 부근, 히말라야 북쪽, 만주, 중국, 한국, 일본, 타이완 등지이지만 18세기 중엽 한국을 비롯한 중국, 몽골 등지에서 유럽(영국, 독일, 이탈리아, 프랑스 등), 북아메리카, 오스트레일리아와 뉴질랜드 등으로 도입된 뒤에 전 세계에 고루 서식하게 되었다.

1 풀밭에서 먹이를 먹다가 경계하는 수컷

2 풀밭에서 서 있는 암컷

새와 사람

영물을 상징하는 흰꿩과 은혜갚은 꿩

조선 말기의 우리 조상들은 꿩을 꿩, 치(雉), 화충(華蟲), 산계(山鷄), 야계(野鷄) 등으로 불렀고, 수컷을 '장끼', 암컷을 '갓두리', 새끼를 '꺼병이'라고 하였다. 흰꿩(白雉, 백치)은 옛날부터 상서로운 새(瑞鳥, 서조)로 여겨 추앙하는 풍습이 있었다. 조선시대에는 강원도 관찰사가 매년 정월에 흰꿩을 진상하였다고 전한다. 꿩을 대량 사육하는 농가에서 흰꿩이 발견된 사례가 간혹 있는데, 이는 정상적인 유전에서 비롯한 것이 아닌 알비노(albino) 현상이다. 이 현상은 멜라닌 색소가 부족하면 일어나는데, 참새, 까치, 제비뿐만 아니라 백사(白巳)에 관한 속설을 비롯하여 백록담 전설이나 『조선왕조실록』 정조대에 등장하는 영물인 흰사슴도 이러한 예 가운데 하나일 것이다.
우리나라의 꿩에 얽힌 대표적인 전설로는 치악산 상원사의 창건과 관련한 보은의 종 이야기가 있다. 상원사의 비문에 적힌 내용을 보면 다음과 같다.

> 경상도 의성의 한 나그네가 과거길에 올라 적악산(치악산의 옛말)을 지나던 중이었다. 어디선가 꿩의 비명이 들려 주위를 둘러보니 커다란 구렁이가 꿩을 잡아먹으려는

3 예로부터 상서로운 새로 알려진 희귀한 흰꿩 수컷

찰나였다. 나그네는 재빨리 활을 당겨 구렁이를 쏘아 꿩을 구하고 다시 걸음을 재촉하였다. 산은 깊고 어두워지는데 인가가 나타나지 않아 나그네가 한참을 헤매던 중에 멀리 불빛이 보였다. 나그네가 문을 두드리자 한 여인이 반갑게 맞았고 나그네는 염치 불고하고 하룻밤을 묵게 되었다. 얼마가 지났을까. 잠결에 온몸이 답답해진 나그네가 눈을 뜨자 커다란 구렁이가 온몸을 감고 있는 것이 아닌가.

"오늘 낮에 내 남편을 죽였으니 보복하겠다."

나그네가 침착하게 되물었다.

"살생하는 것을 보고 그냥 지나치란 말이냐?"

그러자 구렁이가 한 가지 제안을 하였다.

"그러면 이 절 뒤의 높은 종루에 있는 종을 동이 트기 전까지 세 번만 치면 살려 주겠다."

그러나 나그네는 몸이 묶여 있는 상태에서 어쩔 수 없이 죽기만을 기다리는데 갑자기 종루에서 희미하게 종소리가 세 번 울렸다. 종소리를 들은 구렁이는 그만 힘이 빠진 채 슬그머니 사라졌다. 나그네가 신기하여 날이 밝기를 기다려 종루에 올라가 보니 꿩 세 마리가 피투성이가 된 채 죽어 있었다. 그 뒤로 적악산은 꿩의 보은을 기리기 위하여 꿩 치(雉)자를 써서 '치악산'이라고 불렀다고 한다.

꿩은 사람과 밀접한 관계가 있는 새로서 아득한 옛날부터 사람들은 꿩 사냥을 해 왔고 꿩에 얽힌 에피소드나 속담도 많다. 어떤 일의 흔적이 전혀 없을 때 쓰는 표현이 '꿩 구워 먹은 자리'이다. 무엇을 이루지 못하고 매우 아쉬워하는 것을 빗대어 '꿩 놓친 매'라고 하였으며, 제 격에 맞는 일을 해야 한다는 뜻으로 '꿩 잡는 것이 매'라는 말도 있다. '꿩은 머리만 풀 속에 감춘다', '꿩 잃고 매 잃는다', '꿩 먹고 알 먹는다', '꿩 대신 닭'이란 말도 있다.

꿩의 고기는 우리나라 것이 일본 것과 비교할 수 없을 만큼 맛이 뛰어나고 조선시대에는 연말연시 선물로 꿩고기를 이용하기도 하였다. 중국에서는 꿩고기를 감산(甘酸)이나 온(溫)으로써 그 성미(性味)를 말하고 있다. 비위를 보하고 기(氣)에 보탬이 되며 당뇨병으로 소변을 자주 보는 사람에게 좋다고 하며, 『명의별록(名醫別錄)』에는 설사를 멎게 한다고 나온다. 또 『식경(食經)』에는 안절부절못하는 것을 고칠 수 있으며 간에 좋을 뿐만 아니라 눈을 밝게 한다고 적고 있다. 당뇨병의 식이 요법으로 지방 함량이 적은 양질의 단백질 섭취를 권하는데, 꿩고기는 고단백이면서 열량이 높고 지방 함량이 적기 때문에 특히 당뇨병에 좋다. 『식의심경(食醫心鏡)』에는 꿩의 요리 방법이 적혀 있는데, 꿩 한 마리를 잘게 다져 소금과 된장을 조금 넣고 오래 끓인 다음 우무 모양으로 굳혀서 먹는 법이 소개되어 있다. 또 아기를 낳은 뒤 설사나 허리 통증으로 고생하는 경우에는 꿩 한 마리를 물만두로 만들어서 먹으면 좋다고 한다. 그리고 꿩의 뇌, 간, 꼬리도 약용하였다고 하며, 고단백질로 스태미나 식품으로도 적합하다.

꿩고기는 다른 육류와 달리 섬유소가 가늘고 연하며 근육질에 지방이 전혀 섞여 있지 않아 세포를 윤택하게 하고 피부 노화를 방지하는 데 효과가 크기 때문에 미용식으로 알맞고 맛이

4
5
6
7
8

담백하고 소화 흡수가 잘된다고 한다. 꿩 요리로는 꿩만두, 꿩냉면이 있고, 꿩국이라고 하여 꿩고기로 끓인 치탕(雉湯)이 유명하였으며, 꿩을 삶은 물과 동치미 국물을 섞은 것에 삶은 꿩고기를 넣은 음식을 치저(雉菹)라고 하는데 이것을 우리말로는 꿩김치라고도 하였다. 그러나 최근에는 꿩볶음탕이나 꿩고기를 살짝 데쳐서 먹는 꿩샤브샤브 요리법도 흔하며 때로는 날고기를 회로먹기도 한다.

신부가 시어머니를 처음 뵐 때 마른 꿩(乾雉, 건치)을 올리는 풍습이 있었고 꼬리털은 고구려 무사나 신라 화랑도들이 모자에 꽂아 기품을 나타냈으며 꿩의 깃털을 가지고 부채를 만들고 화살에도 이용하였다. 그 밖에도 조선 말기에는 외국 부인들의 모자 장식용으로 유럽과 미국 각국에 수출되기도 하였다.

예로부터 우리 선조들은 감나무에서 감을 딸 때 감을 모두 따지 않고 나무마다 6~7개 정도 남겨 두었는데, 이를 '까치밥'이라고 하였다. 날짐승이 와서 따먹게 놓아 두어 새들이 지내기가 가장 힘든 계절인 겨울을 날 수 있게 함으로써 야생동물과 사람과의 공존을 꾀하는 휴머니즘을 우리 선조들은 일찍이 생활 속에서 보여 주었다. 이른 봄, 눈이 녹으면서 돋아나는 꿩밥이라고 하는 입맛을 돋우는 산나물이 있다. 꿩이 즐겨 먹는다 하여 이름 붙여진 이 산나물을 캐려면 반드시 그 자리에 꿩이 찾아 먹을 꿩밥을 남겨 두어야 한다. 이 약속을 어기면 시집가서 낳은 딸이 언청이가 된다고 믿었으니 이것은 매우 가혹한 금기라고 하겠다. 이런 부류의 이야기는 많다. 그 가운데 독수리와 꿩의 이야기를 보면 다음과 같다.

> 배가 고픈 독수리가 꿩을 잡아먹으려고 뒤쫓는데 궁지에 몰린 꿩이 나무꾼의 품으로 숨어들었다. 독수리가 나무꾼더러 꿩을 내놓으라고 으박지르자 나무꾼은 함부로 산 것을 죽여서는 안 된다며 독수리를 타일렀다. 그러자 독수리는 "그 꿩을 잡아먹지 않으면 내가 굶어 죽을 판인데 나를 굶어 죽게 하는 것은 살생이 아니고 꿩 죽는 것만 살생이냐"며 대들었다. 독수리의 말이 옳다고 생각한 나무꾼은 낫으로 자신의 허벅살을 베어 주었다.

우리는 이런 이야기를 통해서 우리 선조들이 얼마나 생명을 귀하게 여겼는가를 엿볼 수 있다. 또한 어려운 시절일수록 미물에조차 사랑을 베풀며 함께 살아온 선조들의 심성을 오늘날 우리가 되새겨 볼 일이다.

4 5 암컷을 차지하기 위해 싸움을 하기 직전의 수컷 꿩들

6 7 8 번식기간에 상대방을 쫓아내기 위해서 싸우는 수컷 꿩들

쇠뜸부기사촌

| 쇠뜸부기사촌 · *Porzana fusca*

국가적색목록 LC / IUCN 적색목록 LC

흔치 않은 여름철새이다.

1 습지의 갈대 위에서 깃털 손질을 하다가 급하게 이동하는 쇠뜸부기사촌

2 습지에서 먹이를 찾는 암수

이름의 유래

쇠뜸부기사촌의 학명은 *Porzana fusca*로 속명 *Porzana*는 이태리어로 뜸부기를 뜻하는 porzana에서 유래하며, 종소명 *fusca*는 라틴어로 어두운 색을 의미하는 fuscus의 여성형인데 쇠뜸부기사촌이 어두운 갈색인 것과 깊은 관계가 있다. 국명은 쇠뜸부기에 가깝다는 뜻으로 '쇠뜸부기사촌'이라고 한 것으로 판단된다. 영명은 앞가슴부분이 적갈색이므로 어둡고 붉다는 뜻의 ruddy와 가슴을 의미하는 breast 와 뜸부기를 나타내는 crake가 합쳐져 Ruddy-breasted Crake로 불려진다. 최근, 이 종의 학명은 International Ornithologists' Union의 IOC World Bird List version 10.2(2020)에 의하면 *Zapornia fusca*로 변경되었다. 여기서 속명 *Zapornia*은 이전의 속명인 *porzana*를 철자 순서를 바꾼 말(anagram)이므로 같은 뜻의 뜸부기를 의미한다. 종소명은 동일하다.

생김새와 생태

몸길이 22.5cm이다. 몸 윗면은 어두운 갈색이며 몸 아랫면은 적갈색이고 턱밑이 약간 흰 부분이 있다. 아래꼬리덮깃은 어두운 갈색 또는 검은색이며, 잘 보이지 않는 가느다란 흰색의 가로줄이 섞여 있다. 부리는 녹갈색이고 눈의 홍채는 붉은색이며 다리도 붉은색이다. 멀리서 보면 몸 전체가 매우 어둡게 보인다. 위로 치켜세운 꼬리를 아래 위로 흔들면서 주로 풀숲 사이에서 먹이를 찾는다.

어린새는 몸 윗면이 어두운 갈색이며, 어른새와 달리 몸 아랫면에 적갈색이 없고 멱에서 배까지 흰색 또는 약간 더러운 흰색바탕에 흑갈색의 줄무늬가 흩어져 있다. 눈의 홍채는 갈색이고 다리는 거무스름하다.

쇠뜸기사촌은 많지 않은 여름철새이다. 일반적으로 논이나 강가의 풀숲, 소택지 등에서 서식한다. 우리나라에는 4월 초순에 도래하여 10월 하순까지 머문다. 이 새는 초저녁에 활동하기 때문에 사람들에게 잘 알려진 종이 아니다. 강가나 호수가 풀숲이나 논의 벼포기 사이에 영소한다. 둥지는 대개 풀숲의 땅 위에 틀지만 논의 수면에서 5cm정도 높이의 벼포기 위나, 관목의 낮은 가지 위에 트는 경우도 있다. 알을 낳는 시기는 5월 하순에서 8월 하순까지이며 한배산란수는 5~9개(보통 8개)이다. 포란기간은 20일 정도이다. 번식기에는 풀숲에서 '쿄, 쿄, 쿄, 쿄, 쿄, 쿄, 삐욧, 삐욧, 삐욧, 삐욧, 삐욧, 삐욧, 삐욧, 뾩, 뾩, 뾩, 뾩' 하면서 운다.

먹이는 곤충류와 양서류의 개구리, 작은 물고기, 연체동물의 복족류 등의 동물성 먹이와 벼과의 종자 등 식물성 먹이를 먹는다.

분포

만주 남부, 중국 동부, 한국, 일본 등지에서 번식하고 인도네시아, 인도차이나반도, 미얀마 등지에서 월동한다.

뜸부기

| 뜸부기 · *Gallicrex cinerea*

멸종위기 야생생물 II급/ 천연기념물 제446호 / 국가적색목록 VU / IUCN 적색목록 LC
드문 여름철새이다.

1 추수가 끝난 논에서 새끼를 돌보는 어미새
2 벼포기 사이에서 천적을 경계하는 수컷
3 이른봄 모내기전 무논에서 먹이를 찾는 수컷

이름의 유래

뜸부기의 학명은 *Gallicrex cinerea*로 속명 *Gallicrex*는 라틴어로 수탉을 뜻하는 gallus와 메추라기뜸부기속의 crex의 합성어로 '수탉과 같은 뜸부기'를 의미하고 종소명 *cinerea*는 cinereus의 여성형으로 회백색의 뜻으로 이 종의 일부 등과 날개의 가장자리깃털이 회색인 것과 관련이 있다. 영명은 물속에 사는 수탉이라는 뜻의 Watercock이다. 이 종의 수컷이 울 때 '뜸북, 뜸북, 뜸북, 뜸, 뜸, 뜸, 뜸, 뜸' 하고 우는 울음소리에서 뜸부기라는 이름이 붙었다. '듬복이', '듬북이'라고도 하며, 한자로 '등계(鷁鷄)' '계칙(鸂鶒)'이라고 한다. 우리 조상들은 씀부기를 슈계(水鷄), 부기, 북이라고 불렀다.

생김새와 생태

뜸부기과 조류는 전세계적으로는 156종이며, 한국에서는 10종이 있는데 뜸부기, 쇠뜸부기, 물닭, 쇠물닭, 쇠뜸부기사촌 등이 많이 알려져 있다.

이들은 습지에서 살아가는 소형 또는 중형의 조류로 날개는 짧고 둥글다. 머리는 작고, 꼬리는 짧으며, 다리와 발가락이 긴 편이다. 이들 중에는 일부 종은 경계심이 강하여 모습을 잘 드러내지 않으며, 종마다 독특한 울음소리를 낸다. 새벽이나 저녁, 흐린 날에 잘 관찰된다. 보통 암수가 비슷하다.

수컷은 몸의 대부분이 푸른빛을 띤 검은색이며, 날개는 갈색을 띠고, 아래꽁지덮깃이 회색과 흰색 가로띠무늬가 있다. 부리는 노란색이며 번식기에는 머리꼭대기 윗부분이 위로 솟은 붉은색의 이마판(額板, frontal shield)이 있다. 비번식기에는 암컷과 비슷하나 부리가 더 두껍고 붉은색의 다리가 암컷과 같이 연두색이 된다. 몸길이는 수컷 약 40cm, 암컷 약 33cm이다. 암컷은 수컷보다 작고 이마에 붉은 판도 없다. 몸은 황갈색이며 등과 날개에는 진한 갈색의 반점이 있다. 다리는 연한 녹색이며 부리는 노랗고 눈은 갈색이다.

이 종은 5월 중순에서 6월 초에 우리나라에 도착해서 짝짓기와 번식을 시작하고 10월이면 대부분 월동지로 떠나는 것으로 보인다. 주로 논에 서식하고 낮에는 풀숲, 구릉의 숲속의 풀숲, 논과 부근의 덤불속에서 숨어 지내지만, 아침과 저녁에는 논과 둑에서 활발하게 활동하여 눈에 쉽게 보인다. 둥지는 논에서 벼 포기를 모아 틀거나 부근 풀밭에서 벼나 풀줄기로 접시 모양으로 만든다. 알을 낳는 시기는 6~7월이며, 한배산란수는 3~5개이며 경우에 따라 6개 또는 8개도 있다. 먹이는 곤충류, 달팽이, 수생동물 등의 동물성 먹이와 벼, 풀의 순, 수초의 씨앗 등의 식물성 먹이를 먹는다. 뜸부기는 1970년대까지 여름이면 우리나라 전역의 논에서 흔하게 볼 수 있었지만 지금은 매우 드물다. 최근에는 강원도 철원평야, 경기도 파주, 충청남도 서산 천수만 등의 벼농사 지역에서 주로 관찰된다. 2005년 천연기념물 제446호로 지정되었고, 2017년 멸종위기 야생생물 II급으로 재지정되어 보호받고 있다.

분포

중국, 한국, 일본 등의 아시아 동부지역에서 여름 철새로 도래하여 번식하고 필리핀과 보르네오섬 등지의 동남아시아에서 겨울을 난다. 인도차이나반도, 인도네시아 서부, 필리핀에서는 텃새이기도 하다.

4
5

새와 사람

물닭과 뜸부기를 혼동한 농민들

뜸부기는 1970년대까지만 해도 흔했으나 1980년대를 거치면서 수가 크게 줄었고 1990년대 이르면 거의 자취를 감추었다. 이것은 보신주의로 지속적으로 남획이 이루어졌으며, 농지 및 하천 정비와 도시화에 따른 서식지 감소, 농약 사용으로 인한 먹이 감소 등이 주요한 원인이다.

1970~1980년대 신문기사에는 뜸부기를 사육하여 농가소득을 올린다고 게재되곤 하였다. 그러나 1980년대에 들어서면 뜸부기는 이미 야생에서 개체수가 많이 감소하였고 기술적으로 사육하기도 어려웠다. 이때 뜸부기를 찾는 사람이 많아지면서 값이 오르자 농가에서는 논 주변에 흔하게 서식하였던 쇠물닭이나 물닭을 사로잡거나 둥지에서 알을 훔쳐 부화시켜서 농장에서 기르며 판매하기도 하였다. 이 시기에는 농민이나 소비자가 쇠물닭과 물닭을 뜸부기와 잘 구별하지 못하여 벌어진 일이었다.

뜸부기는 국제적으로 멸종위기종이라고 할 수는 없지만 우리나라에서는 보기 드문 멸종위기종이 되었다. 뜸부기의 서식지를 잘 보호하고 또 유기농업으로 논농사를 지어 뜸부기가 논습지에 먹이를 구할 수 있고 번식도 할 수 있도록 지속적인 노력을 하지 않으면 동요에만 남아 있는 새가 될 수 있으므로 많은 사람들이 관심을 가지고 보호해야 한다.

뜸부기가 들어가는 동요「오빠 생각」을 모르는 사람은 거의 없다. '고향의 봄' 노래로 유명한 아동문학가 이원수(李元壽, 1912~1981) 선생의 부인인 최순애(崔順愛, 1914~1998) 여사가 12살이던 1925년에 『어린이』라는 아동잡지에 발표한 동시가 이 노래의 원작이다. 나중에 작곡가 박태준(朴泰俊, 1900~1986) 선생이 곡을 붙이면서 일제강점기 때부터 온 국민이 즐겨 부르는 노래가 되었다. 노래 속에서 뜸부기는 논에서 울고 뻐꾸기가 산에서 운다. 뜸부기가 논과 같은 습지의 새이고, 뻐꾸기는 숲에서 사는 산림성 조류라는 것을 서식지와 함께 잘 인식하고 있다는 것이다.

4 수컷을 따라 다니는 다 자란 새끼 뜸부기

5 새끼들과 함께 논두렁길을 걸어다니는 어미새

쇠물닭 | 쇠물닭 · *Gallinula chloropus*

IUCN 적색목록 LC

흔한 여름철새면서 드문 텃새이다.

이름의 유래

쇠물닭의 학명은, *Gallinula chloropus*로 속명 *Gallinula*는 라틴어로 '암탉'을 뜻하는 gallina와 라틴어 -ula 여성형축소사의 합성어로 '작은 암탉'을 의미하고, 종소명 *chloropus*는 그리스어로 '녹색'을 뜻하는 chloros와 그리스어로 '발'을 의미하는 pous의 합성어로 '녹색 발의(을 가진)'라는 뜻이며 이 종의 다리와 발이 연한 녹색인 것과 관련이 있다. 영명은 '습원의 암탉'이라는 뜻의 Moorhen으로 이 종이 습지에서 주로 생활하는 깊은 연관이 있다. 국명은 '물에서 사는 닭'이라는 뜻으로 몸길이가 40cm인 물닭보다 약간 작기 때문에 쇠물닭으로 명명한 것으로 판단된다.

생김새와 생태

몸길이 32.5cm이다. 몸 전체가 검은색이고 이마판이 붉은색이며 옆구리에는 흰 점들이 있다. 물닭과 유사하나 꼬리가 위로 치켜져 있어 물위로 나와 있다. 아래꼬리덮깃에는 2개의 큰 흰색 반점이 있으며, 다리는 연한 녹색을 띤 노란색이고 종아리에는 붉은 띠가 있다. 눈은 붉은색이다. 판족을 가진 물닭과 달리, 판족이 없는 긴 발가락은 물에 빠지지 않고 물풀 위를 잘 걸어다닐 수 있다. 부리는 붉은색이 대부분이나 끝 부분은 노란색이다. 경계심이 강하며 풀숲을 걷거나 헤엄쳐서 잘 도망간다. 어린새는 몸 전체가 연한 갈색이며, 옆구리의 흰 점과 아랫꼬리덮깃의 반점이 흰색인 것은 어미새와 같다. 부리와 이마판은 연한 갈색이다.

한국에서는 전국의 하구 또는, 호소, 소택지, 못, 논, 저수지 등의 습지에서 서식하는 흔한 여름철새이며 흔하지 않는 텃새이기도 하다. 물이 얕은 곳에서는 풀줄기 사이를 숨어 다니므로 잘 보이지 않지만 사방이 트인 넓은 물에서는 헤엄과 잠수도 하면서 먹이를 찾는다. 호숫가나 연못가, 또는 저수지나 하구 등에서 갈대, 줄풀, 마름, 가시연꽃, 큰고랭이, 개연꽃 등의 수초가 우거지거나 물위에서 떠 있는 곳에서 번식을 한다. 둥지는 마른 풀잎과 푸른 잎을 쌓아 올려 만들거나, 벼 포기를 4개 정도 합쳐서 다발을 만들어 그 사이에 틀기도 한다.

보통 4월 중순부터 도래하며 10월 중순까지 관찰된다. 알을 낳는 시기는 5월 중순에서 8월 상순이며 한배산란수는 보통 5~10개이고 많을 때는 12~15개로 알려져 있다. 암수 함께 포란하고 포란기간은 19~22일이다. 쇠물닭은 새끼가 태어나 곧 걸을 수 있는 조성성 조류로 이소가 빠르다. 한여름에 2회 번식하는 경우도 있지만, 2번째 번식에서는 첫번째 번식으로 태어난 어린새가 육추를 돕는 경우도 있다. 먹이는 식물의 씨앗이나 열매, 곤충, 연체동물, 갑각류, 등의 동물성도 먹는다.

분포

오스트레일리아와 뉴질랜드를 제외한 전세계의 온대와 열대지방에 폭넓게 분포하고 중앙아시아나 연해주, 북미 동부 등에서 번식한 개체는 겨울에는 따뜻한 곳으로 이동한다.

1 새끼들에게 위험을 알리려고 소리내는 어미새

2 새끼를 돌보는 어미새

새와 사람

쇠물닭의 맛

쇠물닭은 일본 에도시대에는 '삼조이어(三鳥二魚)' 즉 세 종류의 조류와 두 종류의 물고기로 알려진 5대 진미 중의 하나로 꼽혔다. 조류로는 쇠물닭을 비롯하여 두루미와 종다리가 속하고 생선은 도미와 아귀를 일품으로 꼽았다. 또한 일본에서는 오랫동안 쇠고기와 닭고기를 못 먹게 하고 야생철새를 즐겨 먹었던 것으로 알려져 있다.

쇠물닭은 '쿠루룻' 하고 큰소리로 우는데 이 소리로 논을 외적으로부터 지키는 역할을 하므로 파수꾼이라는 뜻의 '번(番)'이라고 불렀는데 '번'의 일본어 발음이 '반(バン)'으로 이 종의 일본명은 '반'이라고 한다.

 새의 생태와 문화

사다새(펠리칸)의 부리와 사냥

사다새류는 전세계에 8종이 있으며, 남미 내륙과 극지방, 대양을 제외하고 열대에서 온대까지 분포하고 있다. 사다새류는 주로 호수, 하천, 해안에서 서식한다. 이 새들은 군집성이 강하여 무리로 이동하며 집단 번식지에서 번식한다. 흰색 깃털을 가진 4종의 사다새류는 둥지를 주로 지면에 트며, 갈색 또는 회색 깃털의 사다새류는 나무에 트는 경향이 있다. 사다새류는 주로 물고기를 먹지만 그 외에도 다른 동물성 먹이도 먹는다. 사다새류는 길고 큰 부리와 큰 멱주머니(throat pouch)가 특징이다. 사다새류는 이렇게 큰 부리와 멱주머니를 한번에 열어 물고기를 잡을 수 있는데 이는 그물망 역할을 한다. 또한 매우 더울 때는 멱주머니를 헐떡거려 체온 조절 역할을 하기도 한다. 멱주머니에는 모세혈관이 분포하여 열을 식혀 주기 때문이다.

우리나라에서 발견할 수 있는 사다새류는 길잃은새(迷鳥, vagrant)인 큰사다새(*Pelecanus onocrotalus*, Great White Pelican)가 있는데, 큰 부리의 길이가 50cm나 되고 아래 부리와 멱주머니에는 14리터 정도의 물이 들어갈 수 있다고 한다. 큰사다새는 몸체가 크기 때문에 민첩하지 못하다. 그러므로 먹이 사냥을 할 때는 협동하여 사냥을 하는데, 몇 마리에서 수십 마리가 무리(대체로 6마리에서 8마리)를 지어 U자형 대열을 만들어 헤엄치며, 물고기를 발견하면 부리를 이용하여 물고기를 몰아서 물고기가 작은 원에 밀집될 때, 부리로 사냥을 한다. '선망어업'과 비슷한 방법이라고 할 수 있겠다. 이때 사냥은 물고기 무리가 쉽게 모여들 수 있는 얕은 물에서 이루어진다.

큰사다새는 매일 먹이로 0.9~1.4kg의 물고기가 필요하다. 아프리카 탄자니아 호수에 서식하는 큰사다새의 가장 큰 집단서식지에서는 이 기준으로 연간 물고기 약 28,000톤을 소비하는 것으로 추정되며, 케냐에서는 약 1만 마리 큰사다새가 1년간 먹는 물고기량이 4,380톤이나 된다고 한다.

3 어미새를 따라 다니는 새끼 쇠물닭

4 연잎 위에서 휴식을 취하고 있는 어린 쇠물닭

물닭

물닭 · *Fulica atra*

IUCN 적색목록 LC

흔한 겨울새면서 드문 텃새이다.

이름의 유래

물닭의 학명 *Fulica atra*에서 속명 *Fulica*는 라틴어로 '물닭'을 뜻하는 fulica에서 유래하며, 종소명 *atra*는 라틴어로 '검다'는 ater의 여성형으로 이 종 전체가 검은 것과 관계가 깊다. 영명으로 Eurasian Coot인데 Coot는 물닭을 의미하며, 이 종의 번식지가 주로 유라시아대륙에 분포하기 때문에 Eurasian Coot라고 부르는 것으로 판단된다. 우리말로는 주로 '물에 서식하는 닭과 비슷하게 생긴 새'라는 뜻으로 물닭이라고 명명하였다고 생각된다.

생김새와 생태

몸길이 약 40cm이다. 몸전체가 검정색이며, 몸이 통통한 타입인 습지의 새이다. 그리고 암수의 생김새가 비슷하다. 흰색의 부리와 이마판이 뚜렷하고, 날 때는 둘째날개깃의 흰색 끝부분이 보인다. 다리는 밝은 검정색이며 각각의 발가락에 독립된 나뭇잎파리처럼 생긴 막인 판족을 가지고 있어 헤엄치는데 적합하며 잠수에도 능하다. 잘 날지 않지만 위험할 때는 잠수하거나, 수면을 박차고 뛰어서 도망간다. 한번 날면 상당히 먼 곳까지 날아간다. 이 종은 흔하지 않은 텃새이며 흔한 겨울새이다.

강이나 호수, 저수지나 하천 등 습지 주변의 풀숲에서 5월에서 7월 사이에 산란한다. 일반적으로 한배산란수는 6~10개이다. 포란은 암수가 같이 교대로 이루어지나, 암컷이 보다 더 많은 시간을 포란한다. 알을 낳은 후 21~23일 만에 부화한다. 부화직후의 새끼새는 온몸에 검은색의 어린 솜털이 밀생하고 머리를 중심으로 노란 털이 있으며, 목 뒷부분과 앞부분의 깃털은 길고 노란 붉은색이다. 호반가의 갈대나 줄풀 속에 둥지를 틀며 수변부에서 구할 수 있는 갈대, 부들 등의 수초를 높이 쌓아 올려 쇠물닭보다 큰 둥지를 만든다. 이때 둥지를 암컷과 수컷이 같이 만드는데, 수컷이 대부분의 둥지재료를 수집한다. 물닭은 잡식성으로 주로 벼과 식물의 연한 잎과 곤충, 작은 물고기, 연체동물의 복족류, 다른 새의 알 등을 채식한다. 번식기에는 여러 마리가 거리를 두고 먹이를 찾는다.

물닭은 조성성 조류로서 새끼새가 부화하면 곧 둥지를 떠나는데 어른새와 함께 이동한다. 그러나, 어미새는 처음 3~4일은 새끼새를 품고 아비새는 먹이를 공급한다. 또 수컷은 새끼새에게 잠을 자거나 어미새와 함께 휴식할 수 있는 플랫폼(platform)을 하나 이상 만든다. 새끼새는 30일 정도 되면 스스로 먹이를 채식하여 먹는다. 55일에서 60일이 지나면 어른새로부터 독립한다고 한다.

우리나라 강, 저수지, 하천에서 흔히 볼 수 있는 물닭은 특이하게 갓 태어난 새끼가 붉은색과 노란색이 어울린 화려한 깃털과 피부, 부리 색을 가지고 있어 온몸이 까만 어미새보다 더 화려하다.

1 어미새를 따라 무리지어 가는 새끼새

2 어린 새끼새의 모습

3
4
5

분포

번식지는 대부분 유라시아대륙이며 유럽과 인도대륙, 오스트레일리아는 텃새 지역이고 일부 아프리카와 동남아시아가 월동지이다.

새의 생태와 문화

다른 물닭의 둥지에 탁란하는 미국물닭

북미대륙에는 우리나라의 물닭과 매우 비슷한 미국물닭(*Fulica americana*, American Coot)이 서식하고 있는데, 암컷이 같은 종의 다른 둥지에 산란을 하는 종내 탁란(intraspecific parasitism)을 하는 종으로 알려져 있다. 1993년에 이루어진 한 연구에서 캐나다 브리티시컬럼비아의 미국물닭의 둥지를 조사한 결과, 40% 이상의 둥지, 모든 알의 13%가 종내 탁란한 것으로 밝혀졌다.

먹이공급은 새끼의 생존과 건강상태를 좌우하는 요인으로, 탁란을 하는 암컷은 다른 둥지에 탁란함으로써 새끼를 보살피는 행동에 들어가는 비용을 감소시켜 자신의 총 새끼 수를 늘려 번식 성공도를 극대화하고자 종내 탁란행동을 취하게 된다.

그런데 미국물닭은 다른 탁란종과 달리 종내 탁란한 새끼를 인식하고 거부하는 능력이 있다. 미국물닭에서 숙주새는 보통 하루에 1개의 알을 산란하는데 알이 2개로 증가될 때 탁란 알을 인식할 수 있다.

미국물닭 어버이새는 첫번째 부화하는 새끼의 신호를 각인하여 나중에 부화하는 새끼가 자신의 새끼인지, 탁란 새끼인지를 구별한다. 어버이새는 각인된 신호를 비교하여 일치하지 않는 탁란 새끼를 격렬하게 쪼아서 익사시키거나, 둥지에 들어오는 것을 막는 등 공격적으로 탁란 새끼를 거부한다.

또한, 미국물닭 새끼들도 우리나라 물닭 새끼와 같이 몸의 앞쪽 절반을 덮는 화려한 주황색 장식깃털(새끼 장식깃털)을 가지고 있다. 이 밝은 색의 과장된 깃털은 체온조절에는 도움이 되지 않을뿐더러 포식자들의 눈에 잘 띄게 한다. 어버이새는 오히려 이 화려한 깃털장식을 선호하여 좋아하는 새끼를 선택한다. 밝은 깃털을 잘라내어 새끼 장식깃털을 조작한 실험에서 어버이새는 장식깃털이 없는 새끼보다 장식깃털이 있는 새끼를 선호하는 것으로 나타났다. 화려한 새끼일수록 어미새로부터 먹이를 더 많이 공급받고 더 빨리 자란다. 우리나라의 물닭도 이러한 연구가 이루어지길 바란다.

3 둥지 속 물닭의 알

4 헤엄치고 있는 어른새

5 새끼새를 돌보는 어미새

두루미 | 흰두루미 · *Grus japonensis*

멸종위기 야생생물 I급 / 천연기념물 제202호 / 국가적색목록 EN / IUCN 적색목록 EN
우리나라에서는 일부 지역에서만 겨울을 나는 귀한 철새이다.

이름의 유래

두루미의 학명인 *Grus japonensis*에서 *Grus*는 '두루미류'를 뜻하는 말이며 *japonensis*에서 -ensis라는 라틴어는 그 동물이 처음 채집된 '기산지(基産地)'를 나타내는 것으로 일본이 이 종의 기산지임을 알 수 있다. 또 일본인들은 두루미를 영어로 Japanese Crane이라고 부르기도 한다. 영명은 두루미의 머리가 붉은 데서 비롯된 Red-crowned Crane이다.

두루미는 예로부터 학(鶴), 익학(白鶴), 티금(胎禽), 션금(仙禽), 야학(野鶴)으로도 불렸다. 북한에서는 두루미를 흰두루미로 부르며, 두루미라는 명칭은 두루미류 전체를 의미한다. 두루미류는 일본에서 쓰루(ツル) 불린다. 우리나라에서는 두루미가 '뚜루루, 뚜루루' 하고 운다고 두루미가 되었다고 한다.

생김새와 생태

머리 부분은 빨갛고 목 부분에 검은 띠가 있으며 둘째, 셋째날개깃은 까만색이다. 부리는 노랗고 다리는 검은색이며 그 밖의 부분은 흰색을 띠고 있다. 그러나 어린새는 머리에서부터 목과 등 부분 등이 갈색을 띤다. 이로 인해 두루미를 머리가 붉은 학, 단정학(丹頂鶴)이라고도 한다.

두루미는 일부일처로 생활한다. 월동하는 두루미를 살펴보면 부부 한 쌍 또는 새끼를 포함한 3~4마리 단위로 행동하는 것을 알 수 있는데 이는 한배산란수가 1~2개이며, 부모가 월동지에서도 새끼를 보살피기에 나타나는 생태이다. 흑두루미와 재두루미도 이와 같다. 구애는 2~3월에 하는데 부리를 하늘로 향한 채 수컷과 암컷이 마주 울기를 거듭하며 자기 과시행동을 하는데 이를 두고 흔히 '학춤'이라고 부른다.

두루미는 태어난 지 만 3년이 되면 번식을 할 수 있다. 둥지를 만드는 곳은 오리나무가 드문드문 자라는 작은 숲이나 갈대의 밀생지, 낮은 갈대가 드문드문 자라는 개활지 등인데, 개활지에서는 갈대로 둥지를 튼다. 알을 낳는 시기는 3월 하순에서 4월 하순까지이다. 암수가 교대로 알을 품으며 품는 기간은 30~33일이다. 두루미의 먹이로는 미꾸라지, 붕어와 같은 민물고기를 비롯하여 잠자리와 메뚜기, 개구리 등이 있다.

분포

현재 일본 홋카이도 동북부와 러시아의 한카호수에서 번식하며 만주 중부와 러시아의 국경지대인 헤이룽장성 서북부에서도 번식한다. 한국이나 중국 동북부의 양쯔강 하류 지역에서 겨울을 나고 일본 홋카이도에서는 텃새이다.

1 무리 지어 하늘을 날아가는 두루미

2 먹이를 먹고 있는 두루미와 재두루미 사이에서 학춤을 추는 두루미 한 쌍

두루미의 수명

고구려 고분벽화를 살펴보면 백관을 쓴 신선이 두루미를 타고 날고 있는데, 백관은 고구려시대의 왕관으로 왕이 죽으면 신선이 되어 두루미를 타고 선계로 들어간다고 여겼던 고구려인들의 믿음이 담겨 있다.

우리나라와 중국에서는 예로부터 두루미를 신선 같은 새로 여기고 산, 물, 돌, 태양, 구름, 소나무, 거북, 사슴, 불로초와 더불어 십장생(十長生) 가운데에 하나로 믿어 왔다. 이 새는 절식(節食) 능력이 뛰어나서 천 년이나 산다는 설이 있는데 실제로 동물원에서 87년까지 생존한 기록이 있고, 야생에서도 약 30년을 살 것으로 추정하고 있다. 두루미와 거북이가 각각 천년과 만년을 산다는 설이 다음의 옛이야기에서 비롯되었다.

옛날에 거북이의 딸이 두루미의 아들에게 시집을 가게 되었다. 부모들은 정말로 좋은 인연이라며 무척 기뻐하였다. 거북이의 딸도 기쁘기는 했지만 한편으로는 슬프게 울고 있었다. "왜 우느냐"고 부모 거북이 묻자 딸은 "결혼하는 것은 기쁘지만 구천 년 동안을 과부로 살아야 한다고 생각하니 눈물이 저절로 나오는 걸요" 하고 대답하였다.

표식 조사로 밝혀진 새의 수명은 재갈매기가 36년, 마도요가 31년, 검독수리가 25년, 황새가 17년, 고방오리가 15년, 까마귀가 14년, 비둘기가 10년, 참새가 8년, 제비가 7년인데 생각보다 새의 수명일 길다는 점이 놀랄만 하다. 보통 작은 새들의 수명이 4~5년인 것으로 알려져 있다. 이것에 비교하면 두루미는 장수하는 새임에는 틀림없다. 그리고 두루미는 예부터 상서로운 새(端鳥, 서조), 축하하는 새로 생각하여 왔고, 중국의 한나라 시대의 백과사전인 『회남자(淮南子)』에서는 순백의 몸에 검정과 빨강의 색깔이 단정한 두루미를 기품 있는 동물로 중요시하였다. 또 우리 선조는 두루미를 성품이 고고한 선비에 비유하여 왔고, 문인 묵객으로 추상(推賞)하였다. 두루미는 우리 생활의 여러 곳에서 발견할 수 있는데 조각품이나 회사의 상표 등에 많이 쓰인다.

크고 아름답고 기품이 있는 자태는 예부터 많은 화가들이 소나무 위에서 쉬고 있거나 날아가는 모습을 화폭에 담게 하였고, 요즘에는 연하장이나 크리스마스 카드에 멋진 두루미 그림을 담고 있다. 특히 일본에서 천 마리 학을 접어 선물하면 사랑이 이루어진다고 하는 이야기와 아픈 사람에게 천 마리 학을 접어 보내며 병이 완쾌되기를 기원하는 문화가 있었다.

두루미가 멋들어지게 노니는 것을 춤으로 형상화시킨 '동래학춤'은 매우 유명하다. 사뿐사뿐 학이 조심스럽게 땅을 밟는 학의 자태와 동작을 흰 두루마기와 검은 갓을 쓴 무용수의 조심스러운 동작이 매우 잘 표현하고 있다. 두루미에 얽힌 우리나라의 전설에 다음과 같은 것이 있다.

옛날 먼 옛날에 총각 나무꾼이 화살에 맞아 괴로워하고 있는 두루미를 발견하고 상처를 치료해 주었다. 그러고 나서 사나흘 지난 어느날 저녁, 젊은 여자가 길을 잃고 헤매다가 찾아와서 하룻밤을 묵었다. 여자는 그대로 젊은 나무꾼의 아내가 되었지만 막상 나무꾼의 살림은 보잘것없는 가난뱅이였다. 결국 나무꾼의 아내는 살림에 보탬이 되게 하려고 베를 짠다고 하며 베틀이 있는 방에 틀어박혀 한 필 반의 희고 아름다운 베를 짰다. 나무꾼이 베를 장에 내가자 비싼 값으로 팔렸다. 어느 날 나무꾼이 또 한 필 반의 베가 필요하다고 말하자 부인은 "그러면 절대로 제가 베를 짜는 것을 엿보지 말아 주십시오"하고는 베틀이 있는 방에 들어갔다. 나무꾼은 호기심을 참지 못하여 슬그머니 문을 열고 아내가 일하는 장면을 훔쳐 보았다. 그 순간, 나무꾼은 깜짝 놀라지 않을 수 없었다. 아내 대신에 하얀 두루미 한 마리가 베틀 앞에 앉아 있었다. 두루미는 자기 몸뚱이에서 깃을 하나하나 뽑아 그것으로 베를 짜고 있었던 것이다. 그리고 베가 완성되자 두루미는 나무꾼에게 건네 주며 "그동안 신세 많이 졌습니다. 저는 당신 덕분에 목숨을 건진 두루미입니다. 당신이 제 모습을 본 이상 저는 더 이곳에 머물 수 없습니다"하고 나서는 곧 푸르고 넓은 하늘로 날아가 버렸다.

우리나라의 설화를 보면 동물이 사람과 같은 인격체가 되어 사람의 세상에 등장할 뿐만 아니라 자신의 몸을 사람으로 바꾸어 사람과 결혼도 한다. 그러나 자신의 정체가 밝혀지면 미련없이 인간 세상을 떠나버린다. 그렇지만 인간의 세계에 발을 들여 놓은 것은 목숨을 구해 주었거나 친절하게 해 주었기 때문에 은혜를 갚기 위한 것이고, 이별은 대개 사람의 배반이나 약속 위반에서 비롯한다. 아무튼 우리나라 사람들은 예부터 동물과 사람을 비교하면서 사람보다는 동물의 마음이 더 순수하며 아름답다고 믿어 왔고 그렇게 표현하기까지 했던 것이다.

3 눈 내린 강가에서 학춤을 추는 두루미

4

5

4 학춤을 추는 어른새를 바라보는 새끼새

5 구애과시행동을 하는 두루미

새의 생태와 문화

두루미의 춤, 학춤

두루미는 학춤을 추는데 그 의미는 사랑을 표현하는 행동(求愛行動)이며 또 부부관계를 강화하고 번식을 위한 몸 상태를 조절하는 행동이다. 한 마리의 두루미가 춤추는 것은 그 개체만의 놀이라고 볼 수 있으며, 미혼의 두루미는 파트너를 찾기 위하여 춤추면서 상대방을 평가하고 마음에 들면 평생의 반려자로 선택하는 것으로 생각된다. 두루미의 행동을 수면과 휴식, 깃털 다듬기, 이동하기, 채식행동 등의 평상 행동과 대립행동, 우호행동, 번식행동 등의 개체간 사회행동으로 크게 나누어 볼 수 있다.

이러한 자연생태에서의 두루미의 행동을 재해석하여 춤으로 표현한 것이 학춤인 것이다. 전 세계적으로 보면 한국과 일본, 고대 터키, 중국, 부탄, 시베리아 등지에서 학춤이 발달해 왔다. 한국과 일본, 중국은 주로 서식종인 두루미, 부탄은 검은목두루미, 러시아는 동, 서시베리아의 시베리아흰두루미로부터 영감을 받아 학춤을 발달시켜 왔을 것이다. 우리나라에서 많이 알려진 러시아 민속음악으로 「백학」이라는 노래의 백학은 시베리아흰두루미로 생각된다.

고대 터키에서는 학의 가면을 쓰고 학춤을 추었고, 히말라야 고산 국가인 부탄에서는 중앙아시아 공원으로부터 검은목두루미가 찾아오면 사람들은 머리에 두루미가면을 쓰고 희고 검은 옷을 입고 학춤을 추었다. 러시아에서는 시베리아흰두루미의 번식지인 서시베리아지방에서는 지역민인 칸티(Khanty)와 만시(Mansi)가 두루미를 자기 종족을 보호해 주는 화신으로 생각하고 학춤을 추었으며, 또 번식지인 동시베리아 툰드라 지방 야쿠티아(Yakutia)에서는 시베리아흰두루미를 아름다운 소녀로 여기면서 학춤을 추었고 이는 지역민의 중요한 문화로 자리잡았다.

일본에서는 현재 약 1,800여 마리의 두루미가 서식하고 있는 홋카이도 지방 각지에 학춤이 있었다. 특히 예전부터 두루미가 많이 도래하였던 시즈나이(静内) 지방에서는 두루미의 동작을 표현한 춤이 전해져 내려오고 있는데 이것이 홋카이도 원주민인 아이누족의 언어로 "호이야오-"이며, 이는 두루미의 울음 소리에서 유래되었다고 한다. 옛부터 여성이 노래와 춤으로 이 학춤을 추었다고 하며 신들에게 바치는 춤이다. 아이누족의 신(神)이었던 두루미는 "사로룬카무이"로 불렸으며 여기서 카무이는 아이누족의 언어로 신(神)을 의미한다.

국내에서는 궁중학춤과 동래학춤, 사찰학춤이 큰 줄기로 많이 알려져 있으며 사찰학춤은 불보(佛寶) 통도사가 그 중심에 있는 것으로 생각된다. 우리나라의 학춤은 두루미의 채식행동, 번식행동 등을 무용수가 표현하는데 궁중학춤에서는 두 무용수가 매우 정적으로 표현하고, 동래학춤과 사찰학춤은 다수의 무용수가 정적으로, 그리고 매우 역동적으로 표현한다. 그리고 도포자락을 뒤로 제치는 행동은 자연상태의 두루미 행동을 잘 표현한 것 같다. 궁중학춤은 고려시대로부터 궁중의례에서 공연되었고 조선시대에는 임금을 송축하기 위하여 무용수가 학 모양의 탈을 온몸에 쓰고 공연하는데 암수 2마리가 먹이 좇기, 자연의 두루미를 흉내낸 우아한 걸음걸이, 날개를 퍼덕거리고 깃털 흔들기, 암수가 애정을 표시하는 과시행동 등 다양한 행동을 표현하고 있다. 앞으로 학춤을 자연상태의 두루미 행동을 충분하게 재해석하고 잘 정리하여 한국의 독특한 문화로 더욱 더 발전시켜 나가야 할 것으로 생각된다.

점차 개체수가 늘어나는 두루미

홋카이도에서 절멸된 것으로 알려져 있던 두루미 10여 마리가 1924년 쿠시로 습지에서 관찰되었다. 이후 지역 주민들의 헌신적인 노력으로 점차 개체수가 증가하였다. 두루미 보호를 위해 먹이주기, 서식지의 보호구역 지정 등이 이어져 2015년에는 1,410 개체의 두루미가 홋카이도에서 월동하는 것이 관찰되었다. 홋카이도는 주민들과 두루미가 조화롭게 살아갈 수 있는 터전이 되어 계속해서 두루미들이 찾아와 번식도 하지만, 소수의 개체로부터 늘어났기 때문에 유전적 다양성이 낮은 문제가 있다. 대륙의 두루미는 7개의 유전자 타입이 있는 데 반해 홋카이도에서는 단 2개의 유전자 타입이 관찰되었고, 이는 근친교배와 자식약세로 점점 약한 개체들이 늘어나고 전염병에 취약해질 수 있다.

한국에는 11월 초순부터 모습을 나타내기 시작하여 이듬해 3월 말이면 자취를 감춘다. 해방 전에는 압록강, 평안북도, 황해도 등지에 100~1,000마리 단위의 큰 무리가 찾아왔으며 얼음이 언 뒤에는 차츰 남하하여 충청남·북도를 거쳐 12월쯤에는 전라남도 등지에서 적지 않은 무리가 겨울을 지냈다고 한다. 그러나 한국전쟁을 거치면서부터 여러 가지 원인으로 말미암아 찾아오는 수가 격감하여 남한 전역에서는 거의 찾아보기 어려울 만큼 희귀해졌으며, 1970년도 전반기에는 3마리에서 수십 마리까지 관찰되었고 1978년과 1979년 겨울에 한국에 찾아온 무리는 모두 125~150마리에 지나지 않았다고 한다. 최근에는 판문점 부근이나 철원의 비무장 지대, 강화도 남서 해안 등지에서 1,000여 마리가 규칙적으로 관찰되고 있다.

철원에서는 낙곡 뿌리기, 야생 조류 관찰대 설치, 두루미와 관련된 다양한 행사 유치 및 장소 설립 등 두루미의 월동을 돕는 노력을 하고 있다. 두루미가 월동하던 북한의 안변평야의 서식환경이 나빠지자 철원에 도래하는 두루미 개체수가 증가하는 경향을 보이고 있으며, 2018년에는 900여 마리가 관찰된 바 있다. 최근에는 1,800여 마리가 월동하는 것으로 알려져 개체수가 크게 증가한 것으로 파악된다. 그러나 전깃줄에 감전사를 당하거나 낚시줄에 엉켜 죽임을 당하는 등 두루미의 안전을 위협하는 요소들은 여전히 남아 있다.

철원 지방은 세계적으로 두루미와 재두루미, 기러기류를 동시에 관찰할 수 있는 유일한 곳이다. 일본의 경우, 두루미를 보기 위해서는 홋카이도 쿠시로와 그 주변 지역을, 기러기류를 보기 위해서는 혼슈 동북지방을, 재두루미와 흑두루미를 관찰하기 위해서는 규슈 이즈미(出水) 지방을 방문해야 한다. 앞으로 이러한 장점을 살려 철원 지방의 철새생태관광을 활성할 필요가 있을 것으로 판단된다.

한국에서는 종 자체를 1968년에 천연기념물 202호로 지정하였으며, 2012년 환경부 지정 멸종위기 야생생물 I 급, IUCN의 적색목록에는 EN(위기종)으로 등록되어 있다.

6 두루미 무리(왼쪽)와 재두루미 무리(오른쪽)가 한탄강에서 각각 잠자리를 잡고 잠자는 모습

7 두루미의 싸움

8 DMZ(군사분계선) 안의 도래지에서 재두루미와 두루미를 보고 있는 고라니

재두루미 | 재두루미 · *Grus vipio*

멸종위기 야생생물 II급 / 천연기념물 제203호 / 국가적색목록 EN / IUCN 적색목록 VU
우리나라의 몇몇 지역에서만 겨울을 나는 귀한 철새이자 나그네새이다.

1
2

이름의 유래

재두루미의 학명은 *Grus vipio*인데 속명 *Grus*는 라틴어로 두루미류를 의미하고 종소명 *vipio*는 '작은 두루미의 일종'이라는 뜻이다. 재두루미는 예부터 창괄(鶬鴰), 창계(鶬鷄) 등으로 불려 왔고, 일본 이름은 마나즈루(マナヅル)로 '귀여운 두루미'라는 뜻이다. 영명은 '목이 하얗다'고 해서 White-naped Crane이다.

생김새와 생태

눈 주위는 붉고, 머리와 목의 뒷부분과 앞쪽의 윗부분은 하얗다. 재두루미는 습원이나 초원 그리고 갯벌과 같은 개활지에 살며 월동지에서는 큰 무리를 짓고 우리나라에서는 소택지, 하구와 하천가의 갯벌, 경지와 유휴지의 마른 땅 등에서 겨울을 보낸다. 긴 목을 S자 모양으로 굽히고 걸어 다니면서 먹이를 찾는데, 가을걷이가 끝난 곳에서 벼이삭을 즐겨 찾아 먹는다. 밤에는 무리를 이루어 각자 한쪽 다리로 서서 등의 깃 사이에 머리를 파묻고 잔다.

3월 초부터 중순까지 이들 재두루미떼는 다시 북상하여 우리나라에서 겨울을 나던 무리와 함께 낙동강 하류, 한강 하류, 황해도 청천강 하류 일대를 지나 4월 말에서 5월 상순 무렵이면 번식지에 다다른다. 그리고 4~6월에 암수가 힘을 합쳐 마른 풀을 쌓아 올려 둥지를 만든다. 알은 2개를 낳고 포란과 육추는 암수가 서로 도와서 한다. 또 번식 중의 재두루미는 부부 단위로 분산하고 일단 부부가 되면 죽을 때까지 함께한다고 한다.

우리나라에서는 한강 하구, 경기도 파주군, 강원도 철원, 주남저수지 등지에 약 3,000여 마리 정도의 무리가 찾아오는데 10월 하순이나 11월 상순에 와서 겨울을 보내다가 이듬해 3월 초나 중순 무렵에 번식지로 돌아간다. 많은 무리의 재두루미는 11월경 우리나라에서 잠시 머무르다 곧 일본 규슈 이즈미(出水) 지방까지 이동하는데 해마다 1,000~4,000마리 정도가 이곳에서 겨울을 보내며, 2009년에 3,142개체가 관찰된 바 있다. 그러나 2019~20년 조사에서는 2,356개체가 관찰되어 개체수의 감소가 확인되었다.

분포

시베리아 동남부, 몽골 북동부와 중국 동북부의 습원에서 번식하고 우리나라와 중국 장시성의 포얀호를 비롯한 양쯔강 하류 지역과 일본 규슈에서 겨울을 난다.

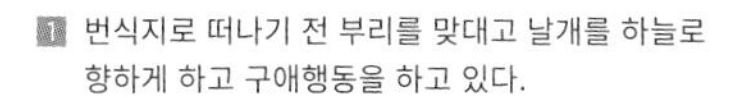

1 번식지로 떠나기 전 부리를 맞대고 날개를 하늘로 향하게 하고 구애행동을 하고 있다.

2 잠자리에서 깨어난 재두루미 무리

3 4 먹이를 찾아 비상을 하는 재두루미

5 무리 지어 먹이를 먹다가 다른 지역으로 이동하기 위해 목을 길게 빼고 날아갈 준비를 하고 있다.

6 쇠재두루미

새의 생태와 문화

위협받는 재두루미 서식지

국내 재두루미의 서식지는 계속해서 개발의 위협을 받고 있다. 1970년대 한강 하구에 지정한 천연기념물 250호 한강 하류 재두루미 도래지는 1980년대 공사를 거쳐 현재에는 재두루미가 월동하지 않는 지역으로 변모하였다. 재두루미가 다수 도래하던 낙동강 하류 해평습지는 2010년 4대강 공사로 인해 상당한 양의 모래톱이 사라졌고, 이로 인해 재두루미와 흑두루미의 개체수가 합하여 50여 개체가 되지 않게 감소하였다. 뿐만 아니라 계속되는 토목공사는 낙동강에서 1,000마리가 넘게 관찰되던 두루미류를 최근 5년 동안 100마리 이내로 감소하게 만들었다. 지난 몇십 년간 재두루미의 이동경로를 추적한 결과 재두루미는 김해평야와 해평습지를 거쳐 북상하는 경로와 제주와 서해안을 따라 이동하는 경로가 있었으나, 현재 동해안의 서식지가 악화됨에 따라 순천만, 서산 천수만을 거쳐 철원으로 향하는 재두루미의 숫자가 크게 증가하였다.

히말라야를 넘는 바람의 새, 쇠재두루미

쇠재두루미(*Grus virgo*, Demoiselle crane)가 번식지인 몽골의 초원에서 월동지인 인도로 어떻게 이동하는지에 대한 경로와 방법이 예부터 신비로운 일로 남아 있었다. 히말라야산맥을 넘는다는 이야기가 전해졌으나 사실의 진위를 확인하는 데 오랜 시간이 걸렸다.

히말라야산맥의 상공에는 언제나 초속 100m 이상으로 부는 바람인 제트 기류가 흐른다. 그러다가 10월 어느 날 갑자기 약 1주일 동안 제트 기류가 사라진다. 제트 기류가 남하하는 것이다. 쇠재두루미는 히말라야산맥 북쪽 네팔에 도착하여 이 제트 기류가 사라지는 시기에 발생하는 상승 기류를 기다린다. 상승 기류가 발생하면 쇠재두루미 무리는 기류를 효율적으로 이용하기 위해 기역자 모양의 편대를 짓는다. 그리고 상승 기류를 타고 빙글빙글 돌면서 해체했다 다시 편대 짓기를 되풀이하며 차츰 상승하여 해발고도 8,000m가 넘는 히말라야산맥을 넘어간다. 쇠재두루미는 한 번에 10,000m까지 날아오를 수 있다고 한다. 이는 들이마신 공기를 폐뿐만 아니라 내장의 빈 공간과 뼈 속까지 저장할 수 있기 때문이다. 다른 새보다 큰 심장은 산소를 몸 전체에 골고루 공급할 수 있으며 바람의 흐름을 잘 탈 수 있게 해준다. 쇠재두루미를 네팔 사람들은 '바람의 새'라는 뜻의 '츄론'이라고 부른다. 날씨가 맑은 날에는 단 하루 만에 히말라야산맥을 넘는다. 이렇게 한 번 이동할 때마다 목숨을 건 4,000km의 장거리 여행을 거듭해야 하는 것이 쇠재두루미의 일생이다.

쇠재두루미가 해발고도 8,000m 이상이 되는 히말라야산맥을 넘는다는 사실을 확인한 것은 우연한 계기였다. 일본 방송사 NHK에서 유명 등반가의 특집 TV 프로그램을 히말라야산맥에서 촬영하여 방영했는데 약 7,000m 상공에서 하얀 만년설을 배경으로 쇠재두루미 무리가 이동하는 장면이 나왔기 때문이다. 이때가 되면 기상이 매우 안정된다는 사실도 알게 되었다. 그 뒤로 등산가들이 쇠재두루미가 히말라야산맥을 넘을 때를 기준으로 히말라야 등반을 하면 성공률이 높았다. 네팔 사람들은 예부터 가을에 이동해 오는 쇠재두루미 가운데 피로에 지쳐 낙오된 개체를 잡아서 먹기도 하는데 훌륭한 단백질 공급원이자 담석증의 치료제가 되었다. 또한 네팔에는 새해를 맞이하면서 '푸른 하늘을 배경으로 날아가는 두루미는 행복을 가져다 준다'는 노랫말이 담긴 쇠재두루미 노래를 부른다고 한다.

흑두루미 | 흰목검은두루미 · *Grus monacha*

멸종위기 야생생물 II급 / 천연기념물 제228호 / 국가적색목록 VU / IUCN 적색목록 VU
한국에 드물게 찾아와 겨울을 나는 겨울 철새이다.

1 경계하며 이동 중인 흑두루미 가족

2 순천만 해안습지의 칠면초 군락지의 흑두루미와 비상하는 흑두루미

이름의 유래

흑두루미의 학명 *Grus monacha*에서 속명 *Grus*는 라틴어로 '두루미'를 뜻하며 종소명 *monacha*는 '수녀'를 나타내는 말이다. 흑두루미의 몸 색깔이 수녀의 검은 옷 색과 닮았다는 점에서 유래하였다. 또한 흑두루미는 여성적이기 때문에 라틴어로 여성형인 *monacha*를 쓴 것에 비해 같은 검은색인 독수리 *Aegypius monachus*는 강하고 남성적이기 때문에 라틴어로 남성형이며, '수도승'을 뜻하는 *monachus*를 사용하였다. 영명은 '두건을 쓴 두루미'라는 뜻의 Hooded Crane이다.

생김새와 생태

온몸의 길이는 96.5cm이고, 몸의 색깔은 회색을 띤 검은색이며 머리와 목은 하얗고 머리 꼭대기는 두건을 쓴 것처럼 검고 빨갛다. 부리는 노란색이며 다리는 검은색이다. 큰 어린새의 몸 색깔은 어미새보다도 검은색이 강하고 머리는 황갈색으로 눈 주위가 까맣다.

월동지에서는 암수와 어린새들이 한 가족 단위가 된 여러 가족군이 크게 무리를 지어 생활한다. 먹이는 갑각류, 어류, 복족류, 곤충류 같은 동물성과 보리를 비롯한 낟알 그리고 벼과나 사초과의 뿌리를 먹기도 한다. 땅 위에서 먹이를 찾으며 걸어 다니다가 인기척이 있으면 무리 가운데 한 마리가 '쿠루루' 하고 소리를 내는데 이를 신호로 하여 모두가 목을 세우고 날 준비를 한다. 날 때는 긴 목과 다리를 앞뒤로 뻗고 날개를 천천히 저으면서 날아간다. 무리가 날아갈 때는 멋진 V자 모양을 이룬다. 쉴 때는 한쪽 다리로 서서 쉬는데 머리를 뒤로 돌리고 부리를 등의 깃털 속에 묻는다.

번식에 참가하지 않는 흑두루미는 여름이 되면 번식지로부터 멀리 떨어져 있는 습지에서 생활하는 것으로 알려졌다. 둥지 짓기는 5월부터 7월에 이루어지며 해마다 습지에 있는 낡은 둥지 위에 새로운 둥지 재료를 덧쌓아서 다시 쓴다. 한배산란수는 2개이고 알을 품는 기간은 약 30일이며 번식을 시작할 수 있는 나이는 3~4세부터이다.

분포

시베리아 남동부, 중국 북동부(레나강 상류 지역, 아무르강 하류 지역, 우수리강 유역), 몽골 등지에서 번식하며, 일본 이즈미에서 전체 개체수의 90%, 그 외 한반도와 중국의 양쯔강 하류 지역, 기타 일본 등지에서 겨울을 난다.

새와 사람

흑두루미로 둔갑한 아내

중국에는 흑두루미에 얽힌 다음과 같은 전설이 있다. 한 남자가 자신의 아내가 매일 밤 어딘가로 가는 것을 알고는 몰래 추적해 보니 아내가 문득 흑두루미가 되어서 가까운 산 위로 날아갔다. 몰래 뒤를 따라간 남자는 아내가 악인 몇 명과 술자리를 벌이고 있는 것을 발견했다. 이윽고 남자가 악인 일당에게 들켰지만 겨우 도망쳐 집으로 돌아올 수 있게 되었다. 남자는 하도 괘씸하고 원통하여 용한 도사에게 찾아가서 자신의 아내에게 천벌을 내려 달라고 하였다. 도사가 주문을 외자 공중을 날아가던 흑두루미는 땅에 떨어져 검게 타 죽었다고 한다.

3 논에서 먹이인 낟알을 찾는 어린 흑두루미

4 번식지로 이동하기 전 무리지어 먹이를 찾는 모습

새의 생태와 문화

한반도에 찾아오는 흑두루미

제2차 세계대전 전까지만 해도 한반도에는 11월 하순에서 12월 초순에 걸쳐 찾아왔으며, 이듬해 3월 하순까지 한반도를 떠나 북상하였다. 봄이나 가을의 이동기에는 수백 마리의 집단이 관찰되었지만 한국 전쟁 뒤 1980년대까지는 매우 적은 무리들이 관찰될 뿐이었다. 1990년대 대구 화원유원지의 낙동강 모래톱에서 350여 마리의 흑두루미가 지속적으로 도래하고 있었으나, 비닐하우스 이용과 같은 농법의 변경과 모래톱 채취와 고압선설치로 인한 서식환경 변화에 따라 월동 개체수가 지속적으로 감소하였다. 1995년 이후에는 흑두루미가 과거 월동지를 상공으로 통과하는 것이 확인되었으며 결국 월동지로서의 기능을 상실하고 말았다. 대신에 비슷한 시기인 1996년 11월에 70여 마리가 순천만에서 관찰되기 시작하였다. 이를 계기로 순천시와 시민, 농민들은 흑두루미가 안전하게 월동할 수 있도록 갯벌과 인접한 농경지에 무논을 조성하여 휴식지와 잠자리로 이용하도록 하였으며, 흑두루미가 전신주에 다치는 사례를 방지하기 위하여 전봇대를 제거하였다. 흑두루미를 비롯한 겨울철새를 위한 안정된 먹이를 공급하기 위하여 생물다양성 계약을 통해 수확 후 볏짚을 걷지 않고 보리를 파종하도록 하여 친환경농법으로 벼를 재배해오고 있다.

또 갈대밭과 갯벌저서생물, 염생식물 등 다양한 생물종이 서식하는 생물다양성의 보고인 순천만 갯벌이 2006년에 람사르사이트(Ramsar Site)로 지정됨으로써 국제적으로 중요한 습지로서 인정받게 되었다. 이러한 노력에 힘입어 2006년 219마리, 2014년에는 1,005마리, 2019년 겨울에는 2,521마리가 월동하게 되어 흑두루미 개체군이 지속적으로 증가하고 있다. 그리고 천수만에도 월동하는 흑두루미 개체수가 증가하였다. 흑두루미가 월동하는 데는 휴식과 수면을 위한 넓은 개활지와 먹이가 확보되는 농경지 또는 갯벌이 필요하기 때문에 월동지의 서식 조건 악화될 경우, 흑두루미는 월동지를 변경한다는 것을 알 수 있다. 현재에는 순천만, 천수만, 낙동강 하류, 한강 하구 등에서 3,000여 마리의 흑두루미가 월동하고 있으며, 2020년 3월에는 약 8,500개체의 흑두루미가 번식지로 돌아가며 국내에서 중간기착을 하면서 에너지를 보충하여 북으로 이동하는 것을 확인할 수 있었다. 국내를 찾는 흑두루미는 천연기념물 228호, 환경부 지정 멸종위기 야생생물 II급으로 지정하여 보호하고 있다.

월동하는 흑두루미의 수를 세어 전세계 개체군을 추정해본 결과 흑두루미는 현재 약 16,000~18,000개체가 존재하는 것으로 예상된다. 시베리아에서는 보통 4~6km의 세력권을 형성하며 현재 러시아 전역에 1,500여 쌍이 번식하는 것으로 알려졌다. 번식지와 월동지의 보호구역 지정과 모니터링을 통한 적극적인 보전 정책에 힘입어 흑두루미의 개체수는 점차 증가하는 추세로 나타나고 있다.

5 함께 함께 활동하고 있는 한 쌍의 흑두루미

6 순천만 습지 주변 농경지에 날아온 흑두루미 무리

람사르 협약

- 뭇 생명의 보고인 습지를 지키려는 국제 협약

‘람사르협약(Ramsar Convention)’, 정식 명칭은 ‘국제적으로 특히 물새 서식지로서 중요한 습지에 관한 협약(The Convention on Wetlands of International Importance Especially as Waterfowl Habitat)’이다. 이 협약은 수금류(水禽類), 어류, 양서류, 파충류, 포유류 등 다양한 생물이 살고 있는 많은 습지대들이 간척 또는 오염 때문에 파괴됨에 따라 국제 수금류 조사국(IWRB)의 주도하에 1971년 이란 람사르에서 채택되어 1975년 12월부터 발효된 협약이다. 현재와 미래에 걸쳐 두루 귀중한 자원인 습지의 상실과 침식을 억제하는 것을 목적으로 하는 이 협약에서 보호 대상에 뽑히는 습지의 기준은 다음과 같다.

1. 대표적인 또는 특이한 습지에 관한 기준
- 특정의 생물지리학적인 지역의 특성을 잘 나타내고 있는 자연 또는 그것에 가까운 상태의 습지
- 복수의 생물지리학적인 지역에서 특히 희귀하거나 특이한 전형적 형태를 가진 습지
- 주요한 하천 유역 또는 연안으로 자연 기능에 있어서 수문학적, 생물학적 또는 생태학적으로 중요한 역할을 하고, 특히 국경 부근에 위치하는 습지

2. 동식물에 의거한 일반적 기준
- 희귀, 취약 혹은 멸종 위기에 처한 동식물종이나 아종이 집단으로 서식하거나 또는 이 종들의 개체가 상당수 서식하고 있는 습지
- 그곳에 서식하고 있는 동식물상의 특징 때문에, 그 지역의 유전 및 생태적 다양성을 유지하는 데 특별한 가치가 있는 습지
- 지역 고유의 동식물의 종 또는 군집 서식지로서 특별한 가치가 있는 습지

3. 물새에 의거한 특별한 기준
- 2만 마리 이상의 물새가 정기적으로 서식하는 습지
- 어느 물새의 종 또는 아종 개체수의 1% 이상이 정기적으로 서식하고 있는 습지

- 우리나라의 람사르 등록 습지

우리나라에도 이러한 람사르 조약에 따라 보호구역으로 지정된 곳이 여러 곳 있다. 2019년 1월 기준으로 전체 22개 지역 194.782km²가 국내 람사르 등록 습지이다. 이 중 우포늪, 순천만과 보성갯벌, 제주 물장오리오름습지, 서천갯벌, 고창 및 부안갯벌, 증도갯벌, 송도갯벌은 습지에서 서식하는 새들의 보전을 위해 지정, 보호되고 있다. 그러나 멸종위기종인 저어새와 검은머리갈매기가 다수 서식하는 송도갯벌이나 검은머리물떼새의 전세계 개체수의 1% 이상이 서식하는 서천갯벌 등은 여전히 개발이 진행 중이며, 서식지가 날로 줄어들고 있는 실정이다. 순천만은 1996년 59개체의 흑두루미가 관찰된 것을 계기로 순천만 2003년 습지보호지역, 2006년 람사르 습지 지정, 2007년 순천시 시조로 흑두루미 채택 등 흑두루미 서식지 조성을 위한 순천시와 시민들의 노력에 힘입어 2018년에는 2,176개체의 흑두루미가 순천만을 찾은 바 있다. 순천시에서는 순천만 일대 59만m²의 농지를 친환경 농지로 조성하였으며, 순천만 갈대밭 및 갯벌 오염원 통제 등의 노력을 통해 현재는 많은 사람들이 찾는 생태관광의 명소가 되었다. 새와 함께하는 도시를 보고자 하는 사람들의 관광수입이 순천만을 보전하기 위해 사용되는 비용을 초과한다는 것을 보면 새가 살기 좋은 도시가 사람도 살기 좋은 도시임을 보여주는 게 아닌가 생각한다. 자연 생태계를 보존하는 일은 이제 한 국가의 매우 중요한 숙제일 뿐만 아니라 인류 전체의 과제가 되었다. 우리도 적어도 람사르 조약의 기준에 준하는 습지에 대한 오염을 강력히 막고 지나친 간척 사업도 줄여 나감으로써 생태계의 급격한 혼란을 막는 데 힘써야 한다.

꼬마물떼새 | 알도요 · *Charadrius dubius*

IUCN 적색목록 LC

물가에서 흔히 볼 수 있는 여름철새이다.

이름의 유래

꼬마물떼새의 학명 *Charadrius dubius*에서 속명 *Charadrius*는 '협곡'이란 뜻을 가진 그리스어 charadra에서 유래되었으며 '협곡에 둥지를 트는 물떼새의 한 가지'라는 뜻이며 바위물떼새(*Charadrius oedicnemis*)를 지칭한다고 한다. 아리스토텔레스는 이 새에 대해서 말하기를 "물가에서 먹이를 구하는 새로서 둥지는 협곡에 틀고 날개깃의 색이나 울음소리가 내세울 만하지 않고, 밤이 되어야 나타나는 새"라고 설명한 바 있는데 실제로 바위물떼새는 야행성이다. 종소명 *dubius*는 라틴어로 '종으로써 불확실한'이라는 뜻이다. 영명은 물떼새류에서 가장 작기 때문에 little과 가슴에 검은 띠가 있어 ringed, 물떼새류를 의미하는 plover가 조합되어 Little Ringed Plover라 한다.

생김새와 생태

몸 의 길이는 16cm이며 물떼새 가운데에서 가장 작다. 머리에 있는 검은색과 흰색 무늬는 흰죽지꼬마물떼새와 비슷하지만 꼬마물떼새는 머리 앞쪽의 검은색과 머리 꼭대기의 갈색 사이에 흰색 부분이 있다. 눈 주위는 뚜렷한 황색이고 몸 위쪽은 모래빛 갈색이며 날개에는 흰색이 전혀 없다. 다리는 황색 또는 황색 기운을 띤 엷은 홍색이다. '삐요, 삐이-요, 삐이-요' 또는 '쀼-, 쀼-' 혹은 '삐우'하는 소리를 내며, 번식기에는 '삐삐, 삐삐, 삐삐, 삐삐, 삐삐' 또는 '뺏, 뺏, 삣, 뺏, 삣' 하고 운다.

강가의 자갈밭이나 해안의 모래밭을 뛰어다니며 먹이를 찾는다. 개울, 하천가, 호수와 늪, 논, 해안의 사구, 해상의 암초, 하구의 삼각주, 산 속 호반 등의 물가에서 번식한다. 알을 낳는 시기는 4월 하순에서 7월 상순이며, 한배산란수는 3~5개이다. 암수가 함께 번갈아가며 22~25일 동안 알을 품는다. 꼬마물떼새의 알은 주위의 색깔과 흡사하여 쉽게 발견하기 힘들며, 깨어난 새끼도 모래의 색깔과 같아 포식자들의 눈에 띄지 않는다. 해안의 모래밭, 하천가의 자갈밭 등의 오목한 곳에 접시 모양의 둥지를 튼다. 둥지 바닥에는 잔돌, 나뭇조각, 마른 풀과 잎, 조개껍데기 등을 많이 깔며, 때로는 오목한 곳을 그대로 이용한다.

물떼새류는 자신의 새끼를 보호하는 데 색다른 방법을 쓴다. 모래 위에 낳아 둔 알 가까이에 사람이나 그 밖의 침입자가 나타나면 어미새는 마치 부상이라도 당한 듯 의상(擬傷, broken wing display)행동을 한다. 침입자는 이 행동에 끌려서 그 어미새를 잡으려고 달려든다. 이렇게 어미새는 침입자를 몇 발짝씩 유인하여 알에서 먼 곳까지 끌고 가는 방법으로 새끼를 보호한다. 어미새의 진한 모성애가 느껴지지 않을 수 없다.

분포

유럽, 우크라이나, 중앙아시아, 몽골, 만주, 한국, 일본 등지에서 번식하며, 중앙아프리카, 사우디아라비아반도 남부, 중국 남부, 인도네시아, 말레이시아 등지에서 겨울을 나는데 인도와 인도차이나반도 지역에서는 텃새이다.

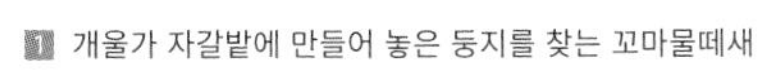

1 개울가 자갈밭에 만들어 놓은 둥지를 찾는 꼬마물떼새

2 짝짓기를 하려는 암수 한 쌍

3 번식기를 맞아 짝짓기를 하고 있다.
4 포란을 하려고 알을 감싸는 어미 꼬마물떼새
5 강가의 자갈밭 땅을 오목하게 만들고 낳은 꼬마물떼새의 알

새의 생태와 문화

조류의 번식생활

조류는 종족을 유지하게 위하여 많은 노력을 쏟는다. 그렇기에 조류에게 번식생활은 무척 중요하다. 조류의 번식생활은 크게 1) 구애결혼기, 2) 영소기, 3) 산란기, 4) 포란기, 5) 부화기, 6) 육추기, 7) 이소기, 8) 가족기로 나눌 수 있다. 교미는 시기적으로 영소기와 산란기에 일어나는 경우가 많다. 이 기간들은 각각 독립적으로 존재하지 않고 서로 밀접하게 관련되어 있다.

1) 구애결혼기(mating period, 求愛結婚期)는 관찰이 어려운데, 언제부터 언제까지 구애결혼기인지를 확인하는 것은 더욱 더 어렵다. 구애결혼기는 '구애급이(courtship feeding)'와 같이 수컷이 암컷에게 먹이를 주는 행동(혼인서약 의식)의 유무, 특별한 자세(과시행동 등)의 유무 등으로 알 수 있다.

2) 영소기(nesting period, 營巢期)는 알을 낳을 둥지를 만드는 시기를 말하는데, 많은 조류가 특유의 둥지 건축 기술을 보유하고 있다. 둥지를 만들 때 주로 오래된 마른 풀, 마른 잎, 마른 가지 등을 사용하는데, 종에 따라 이끼, 지의류, 거미줄 등을 사용하여 보다 복잡하고 다양한 형태로 둥지를 만들기도 한다. 바다제비처럼 굴이나 바위틈을 알을 낳기 위한 둥지로 삼기도 하며, 꼬마물떼새처럼 자갈을 모아 모래밭에 둥지를 트는 경우도 있다.

3) 산란기(egg-laying period, 産卵期)때 조류는 항상 비행에 지장이 없도록 체중을 가볍게 하기 때문에 체내에 알을 여러 개 지닐 수 없어 양서·파충류와 달리 시간을 두고 산란한다.

4) 포란기(incubation period, 抱卵期)는 조류가 둥지를 구축하고 알을 낳은 다음 어미새의 체온으로 따뜻하게 하여 알을 부화시키는 것으로, 조류의 독특한 생태에 해당한다. 이때 어미새는 복부의 일부 깃털을 떨어뜨려 피부가 나출되는데, 이것을 포란반(Incubation Patch, 抱卵斑)이라고 부른다.

5) 부화기(hatching period, 孵化期)의 부화는 포란 시작 시기와 큰 관계가 있는데, 일반적으로 모든 알을 다 산란한 후 포란을 시작하여 한 둥지 내 모든 알들이 하루 안에 부화하도록 한다(synchronized hatching). 다시 말해 마지막 알을 산란하기 전에 미리 포란을 시작하는 경우, 모든 알이 부화하기까지 1일 이상이 걸린다(asychronized hatching).

6) 육추기(parental care period, 育雛期)는 조성성(precocial, 早成性) 조류인 경우 부화 당시 깃털이 있으며 눈을 뜨고 나오는데, 꿩이나 물떼새 등이 여기에 해당한다. 일부 조성성을 타고나는 종은 부화 후 1시간도 안 되어 둥지를 떠나 물을 마시거나 어미새로부터 먹이를 제공받아 먹기도 한다. 나출된 환경의 지면에서 둥지를 만드는 종이 조성성의 새끼가 많고 어미새의 체중에 비하여 알이 큰 경우가 많다. 만성성(altricial, 晩成性) 조류의 경우, 부화 직후 피부가 나출되어 깃털이 없으며 눈을 뜨지 못한 상태에서 부화한다. 이때 부화한 직후의 새끼는 체온을 유지하는 능력이 적기 때문에, 어미새의 포추(抱雛)를 받아야 한다. 이때 어미새가 둥지에 있는 새끼에게 먹이를 공급한다.

7) 이소기(fledging period, 離巢期)는 조성성의 경우는 부화 후 곧 둥지를 떠나기 때문에 이때를 이소기로 보아야 하며, 만성성의 경우는 새끼가 충분히 성장하여 스스로 날 수 있게 되어 둥지를 떠날 때로 볼 수 있다. 일반적으로 번식성공률을 말할 때, 한배산란수에 이소한 새끼의 수를 나누는 것으로 계산한다.

8) 가족기(family period, 家族期)는 조성성의 경우 이소 후 어미와 같이 행동하며, 만성성의 경우도 이소 후 어미와 함께 서로 신호소리(call)로 연락하면서, 어미는 새끼에게 먹이를 제공하기도 하는 등 여러 마리의 새끼와 함께 행동하기도 한다.

새들의 다양한 혼인제도

새들은 자신이 살아가는 이유로서 하나는 생명을 보존하기 위한 개체를 유지하는 것이며 둘째는번식을 통하여 자신의 유전자를 후손들에게 남기는 것이다. 새들의 번식을 위한 짝짓기는 매우 다양하다. 많은 새들이 새끼들을 키우고 보살피는 육추에는 2마리 이상의 어버이새의 막대한 노력을 필요로 한다. 또 이들 어버이새들의 수컷과 암컷이 육추에 반드시 균등하게 노력을 분담하지는 않으며 각각의 이익이 최대로 되도록 투자를 한다. 이러한 이유로 생태적으로 다양한 새들의 혼인제도(mating system)가 형성이 된다. 이것은 일부일처제와 일부다처제, 다부일처제, 다부다처제, 난혼 등이 있다.

일부일처제(monogamy, 一夫一妻制)는 조류의 90% 이상으로 많은 혼인제도로 번식에 있어서 다소 안정된 관계를 가진다. 암수 모두 짝짓기 상대 이외의 이성을 독점할 기회를 갖지 않는다. 암수 모두가 육추를 분담하며 번식성공도를 최대로 하고자 하는 시스템이다. 여기에서 monogamy는 그리스어로 mono는 단일, gamos는 결혼을 뜻한다.

일반적으로 조류는 자신의 알과 새끼를 돌보는 데 몇 주 또는 몇 달을 보낸다. 조류의 알이나 새끼는 많은 다른 척추동물의 새끼 이상으로 부모의 보살핌이 필요로 할 뿐만 아니라, 암수 모두가 육추에 참여하는 것이 매우 중요하다. 특히 일부일처 조류의 경우 새끼를 돌보는 육추에서 수컷의 역할이 중요하다. 보통 수컷에 의한 세력권 공간의 방어는 암컷과 새끼에게 안정적인 먹이 공급을 보장할 수 있다. 대부분의 일부일처의 수컷은 암컷과 함께 둥지를 만들고 새끼에 먹이를 먹이며 포란을 하는 것도 있다. 따라서 일부일처 종의 암컷은 미래에 대한 공헌과 육추의 노력을 지속하는 수컷의 능력을 높이 평가해야만 한다. 일부일처제라 할지라도 대부분의 종에서 암컷이 혼외교미를 한다. 한배에서 태어난 새끼들 중 평균 11% 이상이 다른 수컷과 교미를 통해 태어난 새끼라고 한다.

일부일처 한쌍의 인연은 번식기 동안 또는 평생 동안 유지되는 수도 있다. 앵무새류와 수리류, 비둘기류 등은 평생 짝을 계속 유지하는 것이 대부분이다. 고니류와 기러기류, 알바트로스류, 일부 도요·물떼새류 등과 같이 수명이 긴 조류에서는 번식에 문제가 없으면 이혼하는 경우가 드물다. 장거리 이동을 하는 도요·물떼새류조차도 짝을 유지하기도 한다.

단일혼과 비교되는 복혼(polygamy, 複婚)은 복수의 짝짓기 상대가 있는 혼인제도로 전체 조류의 3%만이 복혼이다. 여기에는 일부다처제와 다부일처제, 다부다처제가 있다. 여기에서 polygamy는 그리스어로 poly는 많다, gamos는 결혼을 의미한다.

일부다처제(polygyny, 一夫多妻制) 복혼의 일종으로 수컷은 빈번하게 2마리 이상의 암컷을 짝짓기의 상대로 한다. 여기에서 polygyny는 그리이스어로 poly는 많다, gyna는 여성을 의미한다. 번식의 성공은 수컷보다 암컷의 능력에 따라 변화하기 쉽다. 일부다처제가 나타나는 조류 종에서도 대부분은 환경에 따라 일부일처제를 선택하며, 완전한 일부다처제는 전체 조류의 2%의 종에 불과하다. 일부다처제는 먹이가 풍부하여 쉽게 획득할 수 있는 숲이나 습지에서 집단적인 번식이 일어나는 열대종에서 나타나는 경향이 있다. 먹이가 풍부한 습지 환경에서 솔새류나 굴뚝새류와 같은 소형 산새류는 수컷의 도움이 거의 없이도 암컷 혼자 새끼를 키울 수 있다. 이는 일부다처제가 나타나는 다른 열대종에서도 마찬가지이며, 대표적으로 극락조(Birds of Paradise)는 대부분 일부다처제이다. 이들은 열대우림에서 과일과 꽃가루를 주식으로 하여 오랜 시간 탐색하지 않고도 발견할 수 있으며, 발견 후에는 정기적으로 오가며 먹이를 채집하며 채식(採食)행동을 최소화한다. 때문에 수컷의 도움 없이 암컷 혼자 새끼를 키울 수 있어 극락조의 수컷은 새끼의 육추보다 과시에 전념하고, 짝짓기 상대가 될 암컷을 유치하는 형태의 진화가 일어난 것 같다. 또 들꿩류(Grouses), 약간의 도요·물떼새류(Shorebirds)가 여기에 속한다. 일부다처제도 여러 형태가 나타나며, 수컷이 먹이나 둥지 자리 등을 독점하는 형태, 암컷이 무리를 지어 번식하는 형태, 뛰어난 수컷이 경쟁을 통해 다수의 암컷을 차지하는 형태 등이 있다. 여기에서 새끼들은 부화 후, 스스로 뛰어갈 수 있고 먹이를 채집하여 먹을 수 있는 조성성(precocial)종들이다. 우리나라의 대표적인 일부다처제 조류는 꿩이며, 들꿩류의 대부분은 일부다처이나 우리나라의 들꿩은 일부일처이다.

일부다처제의 극단적인 형태가 lekking이라고 하는데, 전세계적으로 14과가 알려져 있다. 레크(Lek)는 과시행동을 하는 수컷들이 모이는 장소와 관련이 있으며 일반적으로 공동연애장소다. 어떤 종에서는 과시행동하는 물리적 장소를 공연장(arena), 부밍 그라운드(booming ground)라고 부른다. 암컷들은 짝짓기를 위해 단독으로 레크를 방문한다. 이때, 레크에서는 수컷끼리 경쟁이 이루어지며, 여기에서 우위 수컷은 레크의 중앙을 차지하고, 건강상태가 좋으며, 열위 수컷에 비하여 활동적인 모습과 울음소리를 비롯하여 암컷에게 매력적인 요소를 가지고 있다. 우위 수컷은 그들의 새끼에게 우수한 유전자로만 기여하고 육추에 대한 어떠한 도움도 주지 않는다. 북미꿩꼬리들꿩(Sage Grouse)은 1~2마리의 우위 수컷이 레크에서 이루어지는 짝짓기의 54~86%를 차지한다. 젊고 경험 없는 열위 수컷도 자신보다 성숙한 수컷 근처에 모여드는데, 가끔 우위 수컷이 없을 때 교미의 기회를 얻는다. 그러다가 점차 시스템 속에서 우월한 위치에 한발 한발 다가가게 된다.

다부일처제(polyandry, 多夫一妻制) 복혼의 일종으로, 암컷은 종종 여러 수컷을 차지해 짝짓기를 한다(즉 일부다처제의 반대). 여기에서 polyandry는 poly는 많다, andros는 남성을 의미한다. 암컷이 알을 낳으면 각각의 수컷이 포란과 육추를 담당한다. 때문에 전형적인 다부일처 조류에게 번식 성공은 암컷보다 수컷의 능력에 따라 변화한다. 다부일처제는 조류에서 매우 드물게 나타나는 것으로 알려져 있는데 전세계 조류의 1% 정도이다. 암컷은 세력권을 방어하는 것 외에 수컷을 놓고 경쟁하고 솔선해서 구애를 한다. 성적 역할의 역전이 암컷을 화려하게 진화시키기도 한다. 국내 조류 중에는 호사도요와 지느러미발도요의 경우 암컷이 더 선명한 색상을 하고 있다. 암컷들은 먹이가 풍부한 곳에 모여 수컷을 놓고 경쟁하고 서로 수컷에게 구애를 시작한다. 수컷은 암컷을 선택하여 짝짓기를 한 후 산란한 알을 품고 암컷이 둥지에 접근하는 것을 허락하지 않는다. 그럼 암컷은 또 다른 수컷을 위해 부가적인 산란을 시도하게 된다. 전형적인 다부일처제는 조류의 주로 2목(order)의 조류에서 진화하였다. 두루미목(Oder Gruiformes)에서는 메사이트류(Roatelos), 여러 종류의 뜸부기류(Rails)이다. 도요목(Chrdriiformes)의 세가락메추라기류(Buttonquails), 물꿩류(Jacanas), 호사도요류(Greater Painted Snipes), 흰눈썹물떼새(Eurasian dotterel), 약간의 도요류(Sandpipers) 등이다.

협동다부일처제(cooperative polyandry, 協同多夫一妻制)는 암컷이 오직 한 둥지에만 산란하고 몇 마리의 수컷과 짝짓기를 한다. 이때 암컷은 한배산란을 관리하고, 수컷들과 포란과 육추를 분담한다. 이러한 형태의 협동다부일처제는 남극의 도둑갈매기류(Skuas)와 몇 종의 오스트레일리아의 조류에서만 발견된다.

다부다처제(polygynandry, 多夫多妻制)는 복혼의 일종으로 몇 마리의 암컷과 몇 마리의 수컷이 협동번식군(communal breeding unit)을 형성한다. 수컷은 부성(父性)의 신뢰성에 비례하여 세력권을 방어하고 한배새끼를 돌본다. polygynandry는 그리스어로 poly는 많다, gyna는 여성, andros는 남성이라는 뜻으로 이들의 조합이다. 이러한 혼합혼인제도는 도요타조류와 타조(Ostriches), 레어(Rheas), 에뮤(Emus) 등 비상할 수 없는 주조류(走鳥類) 일부 특이한 명금류에서 나타나는 특징이다. 여기에는 유럽의 명금류인 Hedge Accentor(*Prunella modularis*), 북미의 Smith's long-spur(*Calcalis pictus*)가 여기에 속한다. 주조류와 도요타조류의 경우, 몇 마리의 암컷이 알을 연속으로 다른 수컷의 둥지에 알을 낳고 여러 암컷의 알이 혼재하는 둥지에서 포란한다. 도토리딱다구리(Acorn Woodpecker)도 같은 속성을 가지고 있다고 한다.

6

7

새들의 혼인기간

겨울철새인 경우, 겨울에 저수지와 연못, 호수 등에서 매년 집단 미팅을 통해 서로가 잘 맞는 상대를 만나 짝짓기를 하여 부부가 된다. 그리고 번식지까지 암수 두 마리가 이동하여 번식을 시작한다. 이때 새끼의 육추는 암컷의 일로 수컷은 전혀 관계하지 않는다. 원앙은 조성성 조류로 새끼가 부화하면 곧 먹이를 스스로 채식할 수 있으므로 먹이를 공급할 필요가 없고 암컷만이 육추가 가능하다. 수컷은 암컷의 산란이 끝날 때까지 사이 좋게 같이 생활한다. 암컷이 먹이를 채집할 때 수컷은 둥지를 지키는데, 천적으로부터 암컷을 보호하고 다른 수컷에 의한 암컷의 혼외교미를 방지하려는 목적을 가지고 있다. 암컷이 모든 알을 산란하고 본격적으로 포란을 시작하면 수컷은 별거 생활에 들어가게 된다. 이것은 이혼으로 볼 수 있으며 원앙의 혼인 기간은 약 반년정도 지속한다고 할 수 있다. 수면성이며 겨울철새인 오리류의 부부관계는 원앙과 같은 경향을 갖는다고 생각된다.

새들의 경우, 몸크기가 클수록 기본적으로 오랫동안 혼인관계를 유지한다고 한다. 대형조류는 새끼를 육추하는데 기간이 길고 매년 짝을 바꿀 경우, 새끼의 육추가 끝나기 전에 겨울이 되므로 계속 부부관계를 유지하지 않으면 곤란하게 된다.

그러므로 두루미류는 평생을 같이 하고, 알바트로스류는 이혼하지 않는다. 나그네알바트로스(*Dimedea exulans*, Wnadring Albatross)는 날개편길이가 2.51~3.5m이며 이혼율이 0%이다. 최근 우리나라에서 관찰되었던 길잃은새인 검은등알바트로스(*Diomedea immutabilis*, Laysan Albatross)는 날개편길이는 1.95~2.03m이며 이혼율은 2%로 알려져 있다. 북아메리카에 서식하는 휘파람고니(*Cygnus buccinators*, Trumpeter Swan)는 날개편길이가 1.85~2.50m로 이혼율이 5%이다.

앵무새류와 수리류 등은 평생 부부관계를 유지하는 것이 대부분이다. 고니류와 기러기류, 알바트로스류 등과 같이 수명이 긴 조류들도 번식성공에 불리하게 작용되는 이혼은 드물다. 장거리 이동을 하는 도요·물떼새류조차도 짝을 유지한다. 아이슬란드에서 극동러시아에 걸쳐 번식을 하고, 아프리카와 인도 등에서 월동하는 흑꼬리도요(*Limosa limosa*, Black-tailed Godwit)는 일단 짝을 이룬 암수는 따로 따로 이동하여 월동하지만, 아이슬란드의 번식세력권에 동시 또는 3일 이내에 돌아와 도착하면 부부관계를 복구하게 된다. 그러나 암수의 도착시간이 8일 이상의 차이가 날 때는 부부관계가 깨어지게 된다.

반대로 이혼율이 높은 새는 우리나라에서 희귀한 나그네새인 흰턱제비(*Delichon urbicum*, Common House Martin)로 몸길이는 13.5cm이며 이혼율은 100%로 알려져 있다. 이 종은 몸체가 작을 뿐만 아니라 장거리 이동을 하기 때문에 짝을 잃어버릴 가능성이 높은 점이 원인으로 짐작되고 있다.

6 7 꼬마물떼새의 짝짓기 장면

댕기물떼새

| 댕기도요 · *Vanellus vanellus*

봄과 가을에 한반도를 통과하며, 일부는 겨울을 나는 흔히 볼 수 있는 겨울철새이다.

1
2
3
4

이름의 유래

댕기물떼새의 학명 *Vanellus vanellus*에서 속명과 종소명 *Vanellus*는 이탈리아어로 '댕기물떼새'를 뜻하는 vanello에서 유래했는데 이것을 라틴어화한 것이다. 영어로는 Nothern Lapwing이라 쓴다.

생김새와 생태

온몸의 길이는 30cm이며 머리 꼭대기는 까맣고 뒷머리에 긴 관 모양의 장식깃이 있다. 목덜미에서 몸의 위쪽까지는 까맣고 녹색이나 담홍색의 광택이 있다. 허리는 하얗고 꼬리는 까맣다. 얼굴부터 몸 아래쪽도 하얗고 얼굴에는 검은 줄이 있으며 가슴에는 검은 띠가 있다. 여름깃은 멱 부분이 까맣다. 아래꼬리덮깃은 등색이다. 날 때는 몸과 날개 아래쪽의 흰 부분과 검은 부분의 대조가 명료하다.

날 때는 날개를 느릿하게 펄럭이고, 무리 전체가 하늘을 날 때는 아무런 규칙도 없이 제멋대로 무리 지어 날아간다. 둥지는 풀밭의 오목한 곳에 알맞은 크기의 접시 모양으로 튼다. 둥지 바닥에는 이끼, 마른 풀, 물풀의 줄기를 깔며 번식기에는 의상행동을 한다. '쿠이-잇, 쿠이-윗' 또는 '삐이-윗, 삐-윗' 혹은 '냐-오-, 냐-오-' 하고 운다. 알을 낳는 시기는 3월 하순에서 5월 하순이며, 한배산란수는 4~5개이다. 주로 암컷이 알을 품으며 품는 기간은 25~28일이다.

곤충류를 비롯하여 지렁이와 같은 동물성 먹이와 식물의 열매 등을 먹는다. 논, 밭, 습지, 하천의 가장자리나 양쪽 둔덕, 하구의 삼각주 등 물가와 농경지에 날아들어 먹이를 찾아다니는데 3~4마리에서 50~200여 마리에 이르는 무리를 이룬다. 겨울에 낙동강하구 갯벌 등에서 자주 관찰되었지만 헌재에는 개발에 따른 서식지의 상태가 나빠지는 바람에 비교적 드물어졌으며, 서산 천수만, 남대천, 제주도 등에서 종종 관찰할 수 있다.

분포

스칸디나비아반도, 우크라이나, 카자흐스탄, 이란 동북부, 몽골, 바이칼호, 아무르강 유역, 만주 등지에서 번식하며, 스페인, 북아프리카, 파키스탄, 중국, 한국, 일본 둥지에서 겨울을 나지만 유럽의 몇몇 지역에서는 텃새이다.

1 먹이를 찾아서 상고대 위를 걸어가고 있다.
2 주변을 경계하고 있다.
3 날개로 균형을 잡으며 이동하는 댕기물떼새
4 강가에서 먹이를 찾고 있는 모습

5
6

새의 생태와 문화

철새의 이동에 대한 옛사람들의 생각

옛날부터 사람들은 봄이 되면 나타나는 제비나 가을이 되면 무리를 만들어 날아오는 기러기나 오리류, 두루미류 등의 철새 무리를 보고 불가사의하게 여기고 상상력을 동원하여 여러 가지 의미를 붙여 왔다. 고대 유럽 사람들은 새들 가운데 겨울이 되면 다른 새로 변신하는 것이 있다고 믿었다. 예를 들면, 뻐꾸기는 겨울이 되면 새매로 변신한다는 것이다. 이러한 믿음은 여름에는 눈에 많이 띄던 뻐꾸기가 겨울이 되면 완전히 자취를 감추어 버리고 그 대신 생김새나 날개의 모양이 비슷한 새매가 많이 보였기 때문인 것으로 생각된다. 또 모습을 감춘 새들이 지중해의 바다 속에 들어간다든가 기러기류와 오리류는 달나라로 돌아간다고 생각했던 사람도 있었다고 한다. 아마 바다 멀리 날아간다든지 달밤에 날아가는 새들을 보고는 이러한 생각을 하게 되었을 것이다. 그리스 철학자 아리스토텔레스는 황새나 펠리칸은 따뜻한 남쪽으로 날아가 겨울을 지내지만 그 밖의 새들은 겨울잠을 잔다고 기록했고 스웨덴의 박물학자 린네도 흰털발제비는 겨울이 되면 바다 속으로 들어간다고 기록했다. 실제로 쏙독새 종류 중에는 겨울 동안 굴이나 바위 밑에 들어가 겨울잠을 자는 종이 있으니 당시 사람들에게는 그 편이 이해하기 쉬웠을 것이다.

우리 선조들은 기러기는 가을에 북쪽 나라에서 날아온다고 했고 제비는 가을이 되면 강남으로 돌아간다고 생각하였는데 이는 이들 새의 번식지와 월동지를 막연하게나마 추측하고 있었음을 알 수 있다.

5 먹이를 찾아 이동하는 댕기물떼새

6 뒷바람에 날린 댕기가 뚜렷한 겨울깃의 댕기물떼새

7 갯벌에 날아와 착지하려는 댕기물떼새

호사도요

| 흰꼬리눈도요 · *Rostratula benghalensis*

천연기념물 제499호 / 국가적색목록 LC / IUCN 적색목록 LC
국내 일부 지역에서 드물게 번식하는 텃새이자 나그네새이다.

1

2

이름의 유래

호사도요의 학명 *Rostratula benghalensis*에서 속명 *Rostratula*는 라틴어로 끝부분이 구부러진 부리를 가졌음을 의미한다. 종소명 *benghalensis*은 호사도요가 벵갈(Benghal) 지역에서 채집되었음을 뜻한다. 영명은 Greater Painted Snipe로 짙게 화장을 한 듯 화려한 색깔을 띠는 꺅도요를 닮은 새를 의미한다. 이는 꺅도요와 비슷한 서식지를 선호하는 호사도요의 생태 때문으로 보인다.

생김새와 생태

부리는 길며 아래로 약간 휘어져 있고, 날개와 등은 잔무늬가 있는 갈색이며 다리는 노란색을 띤 녹색, 배와 아랫날개덮깃은 흰색이다. 정수리 가운데와 날개 위쪽에 각각 한 가닥의 노란 줄이 있다. 암수의 생김새가 서로 다른데, 보통의 새들은 수컷이 화려하고 암컷이 수수한 것과 달리 호사도요는 암컷이 수컷보다 화려하다. 암컷이 화려하고 수컷이 보호색인 것은 이 종이 일처다부제로 암컷이 수컷에게 다가가 구애행동을 하고 그 이후에 수컷이 포란하는 것과 깊은 관계가 있다. 암컷의 눈 주위에는 하얀 눈테가 있고, 머리와 가슴은 주홍색이며 하얀 배와의 경계부가 검은색으로 색채 대비가 뚜렷하다. 반면 수컷의 눈테는 노란색이며 하얀 배를 제외하고는 몸이 전체적으로 옅은 갈색을 띠어 위장에 뛰어나다.

논이나 미나리밭처럼 얕은 물이 고인 습지나 물가의 초지에 서식한다. 겁이 많고 숨는 것을 좋아하는 습성 탓에 보기가 쉽지 않지만, 꼭 닮은 3~4마리의 새끼들과 조심스럽게 풀 사이를 거니는 수컷 호사도요의 모습은 자연의 신비함을 느끼게 하기 충분하다.

호사도요는 잡식성으로 습지와 물가 초지의 무척추생물과 씨앗 등을 먹고 살아가며, 번식기에는 새끼를 키우기 위해 더욱 많은 먹이를 필요로 한다. 그렇기 때문에 논에 농약을 치거나 제초제 등의 화학적인 처리를 하면 먹이 자원 부족에 시달리거나 약물에 중독될 수도 있다. 현재 우리나라에는 농약을 치지 않는 논과 자연 초지를 찾아보기가 점점 힘들어지는 실정이다 보니 호사도요의 서식 환경 또한 위협받고 있다. 호사도요와 같이 논과 습지, 초지에 의지해 살아가는 새들을 위해서는 친환경 농법 등의 생태계를 고려한 농경지 관리, 야생동물의 주요 서식지로서의 농경지에 대한 인식 확산 및 이를 위한 경제적인 지원이 반드시 필요하다. 언젠가 우리의 논에서 암컷 호사도요의 구애 울음소리와 수컷 호사도요 가족의 모습을 쉽게 만나볼 수 있기를 바란다.

분포

아프리카, 동남아시아, 일본, 한국에 분포한다.

1 암컷(왼쪽)과 수컷(오른쪽)이 함께 먹이를 찾는 모습

2 수컷이 어린새를 돌보면서 논에서 먹이를 찾는 모습

새의 생태와 문화

새들의 번식전략

호사도요는 독특한 생김새만큼이나 생태 또한 흥미롭다. 번식기가 되면 암컷이 세력권을 형성하고 수컷에게 구애하며, 교미 후에는 알을 낳고 다른 수컷을 찾아 떠난다. 그리고 수컷은 혼자 남아 알을 품고 새끼를 데리고 다니며 돌본다. 암컷이 화려하고 수컷이 수수한 이유는 암컷이 세력 경쟁을 하고 수컷이 안전한 양육을 도맡기 때문이다. 이렇듯 한 마리의 암컷과 다수의 수컷이 결합하는 일처다부제는 조류의 세계에서 매우 드문 혼인제도이며 우리나라에 번식하는 새들 중에서는 호사도요와 물꿩, 지느러미발도요가 해당한다고 알려져 있다.

새들의 번식 전략은 종의 생태에 따라 다양하게 나타나며, 혼인제도는 이러한 번식 전략 중 어버이새들의 관계와 역할 분담을 가리킨다. 우리 주변에서 볼 수 있는 새들의 경우 박새와 같이 한 마리의 암컷과 한 마리의 수컷이 쌍을 이루는 일부일처제가 대부분을 차지하며, 이는 새끼가 부화 직후 스스로 움직여 먹이를 먹을 수 없어 부모의 집중적인 도움이 필요한 만성성(慢成性) 조류의 경우에 흔하게 나타난다. 꿩과 같이 한 마리의 수컷이 여러 암컷과 교미하는 일부다처제 또한 몇몇 조류에게서 관찰할 수 있는데, 일부다처제나 일처다부제와 같이 한 마리의 수컷 혹은 암컷이 다수의 배우자와 교미하고 어느 한쪽만 양육에 참여하는 혼인제도는 새끼가 부화 직후 스스로 움직여 먹이를 먹을 능력이 있는 조성성(早成性) 조류의 경우에 흔하게 나타난다. 그러나 이러한 혼인제도의 형태는 절대적인 것이 아니며, 같은 종이라도 처한 환경이나 상황에 따라 유동적으로 변하기도 한다.

3 암컷과 수컷 여러 마리가 논에서 먹이를 찾는 모습
4 습지에서 먹이를 찾고 있는 암수 호사도요
5 수컷이 새끼를 돌보며 습지에서 먹이를 찾는 모습

물꿩 | *Hydrophasianus chirurgus*

IUCN 적색목록 LC

물꿩은 우리나라의 특정 지역에 극소수가 도래하는 여름철새이자 나그네새로, 제주도와 우포늪, 주남저수지 등의 일부 남부 지역에서 번식이 기록되고 있다.

이름의 유래

물꿩의 학명 *Hydrophasianus chirurgus*에서 속명 *Hydrophasianus*는 그 자체로 '물의 꿩'을 의미하며 물(hydro)과 꿩(phasianus)의 합성어이다. 종소명 *chirurgus*는 '외과의사'를 의미하는데 어원을 거슬러 올라가면 양손에 수술 칼을 가졌다는 의미로 작은날개깃과 작은날개덮깃이 만나는 익각이 가시 모양인 것과 깊은 관계가 있다. 영명은 마치 꿩과 같이 긴 꼬리를 가진 *Jacana*(물꿩)속의 새라는 의미로 Pheasant-tailed Jacana이며 '물꿩'이라는 우리나라 이름 또한 같은 유래를 가지고 있다.

생김새와 생태

크기는 39~58cm이며 무게는 수컷이 120~140g, 암컷이 190~200g이다. 물꿩은 같은 과의 조류 중 유일하게 번식깃과 비번식깃을 가지는데, 장식적인 긴 꼬리는 번식깃이며 암수의 번식깃과 비번식깃은 같은 모습이다. 몸통과 꼬리는 짙은 갈색이고 머리와 날개, 가슴 부분은 흰색이다. 목 뒷면은 선명한 노란색이다. 비번식기에는 꼬리깃이 짧으며, 목 뒷면의 노란색이 흐려지고 몸 아랫면은 흰색, 몸 윗면은 갈색이다. 얼굴에는 눈 앞쪽에서부터 가슴께까지 내려오는 짙은 갈색의 눈선이 있다.

긴 꼬리의 번식깃 외에 물꿩의 특징적인 모습은 아주 긴 발가락이다. 눈밭에서 신는 설피처럼 무게를 분산시키는 이 긴 발가락은 수면에서 잎이 자라나는 수련 종류나 마름 따위의 식물, 부레옥잠과 같이 물에 떠서 자라는 부유성 수초들의 위를 자유롭게 걸어다닐 수 있도록 해준다. 물꿩은 수면에서 먹이를 찾을 뿐 아니라 둥지 또한 수면의 식물을 이용하여 짓기 때문에 물꿩의 생태를 가장 잘 보여주는 신체적 특징 중 하나이다.

물꿩은 새들의 세계에서 흔히 볼 수 없는 일처다부제의 혼인제도를 가진 새이다. 번식기가 되면 물꿩 암컷은 수컷들에게 구애하며 주변의 다른 암컷들을 경계한다. 1마리의 암컷은 한 번의 번식기 동안 최대 10마리의 수컷과 짝을 지으며, 산란 후 알을 품는 것과 육추는 수컷이 도맡아 한다. 둥지 건설은 주로 암컷이 하며 가시연처럼 튼튼한 수면의 식물 위에 작은 나뭇가지와 식물의 줄기를 모아 가운데가 오목한 모양으로 만든다. 한배산란수는 약 4개이다. 산란 초기에는 암컷이 둥지 주변을 경계하며 다른 새들의 접근을 막고, 수컷은 둥지가 위협을 받는다고 느끼면 위치를 옮기기도 한다. 알은 품기 시작한 지 26~28일 정도면 부화하며, 새끼들은 주로 무척추동물로 이루어진 동물성 먹이들을 먹으며 자라나 50~60일 후 이소한다.

분포

물꿩과에 속한 대부분의 조류는 열대권에 분포한다. 세계적으로는 인도와 인도차이나반도, 말레이시아, 중국 남부에 널리 분포한다.

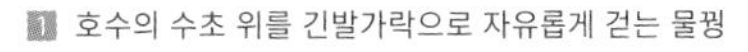

1 호수의 수초 위를 긴발가락으로 자유롭게 걷는 물꿩
2 날개짓하는 번식깃의 어른새(오른쪽)와 비번식깃의 어린새
3 무리 지어 먹이를 먹고 있다.

깝작도요 | 민물도요 · *Actitis hypoleucos*

IUCN 적색목록 LC

흔한 여름 철새이며 또한 드문 텃새이기도 하다.

이름의 유래

깝작도요의 학명 *Actitis hypoleucos*에서 속명 *Actitis*는 그리스어 aktites가 어원으로 '해변에 사는 새'를 뜻한다. 종소명 *hypoleucos*는 그리스어로 '아래쪽'을 뜻하는 hypo와 '희다'는 뜻의 leukos의 합성어인데 '아래쪽이 흰 새'라는 뜻으로 깝작도요의 생김새에서 유래한 말이다. 영명은 Common Sandpiper이다.

생김새와 생태

온몸의 길이는 20cm이며, 생김새는 머리 꼭대기에서부터 몸의 위쪽까지는 회흑갈색인데 아주 가는 줄무늬와 그것을 엇가르는 검은 무늬가 옆으로 있다. 날 때는 날개에 뚜렷하게 하얀 띠가 나타나고 얼굴과 가슴에는 세로로 하얀 바탕에 회갈색의 무늬가 촘촘히 박혀 있는 것을 볼 수 있다. 배는 하얗고 다리는 황갈색이다. 어린새는 어미새와 비슷하지만 몸의 위쪽에는 넓은 담색의 가느다란 날개줄이 있고 그 안쪽에 검은 줄이 있다.

하구나 해안의 암초, 바닷가 지역의 물이 고인 곳, 내륙의 개울, 냇가, 하천, 계류뿐만 아니라 해발고도 1,500m의 높고 험한 지대에 이르기까지 매우 다양한 지역에 폭넓게 분포한다. 또한 풀이나 관목이 흩어져 있는 물가, 모래나 자갈로 덮인 시냇가, 호반이나 못 또는 강가의 제방 등에서 한 마리 또는 두세 마리씩 꼬리를 까딱까딱하면서 먹이를 찾아다니는 것을 쉽게 찾아볼 수 있다. 하안, 호반, 모래와 자갈이 있는 곳, 드문드문 관목이 자라는 곳 또는 풀밭에 나무뿌리가 있는 오목한 곳에 접시 모양으로 둥지를 틀고, 둥지 밑바닥에는 마른 풀잎을 깐다. '삐잇-, 삐잇-, 삐, 삐, 삐, 삐, 삐, 쯔이-, 쯔이-, 쯔이-' 하고 울며 새끼를 거느리고 있을 때는 '뺏, 뺏, 뺏' 하고 쉴 새 없이 울어 낸다.

알을 낳는 시기는 4월 하순에서 7월 상순까지이며, 한배산란수는 3~4개이다. 알은 암컷만 품으며 품는 기간은 20~23일이다. 알에서 금방 깬 새끼는 솜털로 덮여 있고 곧 재빠르게 움직이며, 새끼를 거느린 어미새는 적이 나타나면 의상행동, 즉 몸이나 날개를 축 늘어뜨려 날지 못하는 척하거나 다리를 절룩거리는 행동을 하면서 새끼를 보호한다. 새끼는 이때 자갈 사이나 나무 뿌리의 그늘 속에 숨는다. 곤충류를 주로 잡아먹지만 연체동물인 작은 조개류, 갑각류인 작은 새우나 거미류 등도 먹는다.

분포

유라시아 대륙의 거의 모든 지역에서 번식하며 아프리카 대륙의 대부분과 인도, 네팔, 인도차이나반도, 오스트레일리아, 뉴기니, 필리핀, 중국 남부 등지에서 겨울을 난다.

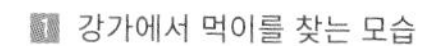

1 강가에서 먹이를 찾는 모습
2 강가에서 어린새를 돌보는 어미새
3 마른 풀잎을 깐 둥지에 낳은 알

조류의 알 성분과 알껍질

조류는 번식방법 또한 독특하다. 조류는 몸 밖으로 알을 낳는데 영양가가 풍부하고 동물의 생식세포 중에서도 복잡하며 척추동물 중에서도 매우 다른 특징을 가지고 있다. 이러한 조류의 알의 특징에 대하여 알아 보고자 한다.

조류의 알껍질은 딱딱하게 석회화된 것으로 토양무척추동물과 미생물의 침해를 잘 견딜 수 있다. 그러나 파충류의 원시적인 알은 투수성이지만 조류의 알은 투수성이 아니므로 배가 필요로 하는 수분은 알껍질 안의 알부민(흰자위) 형태로 보충된다. 알부민은 주로 수분 90%와 단백질 10%로 구성되며 알의 전체 중량의 50~71%를 차지한다. 또 알부민은 외부충격을 유연하게 흡수하는 쿠션역할을 하여 알이 움직이거나 충격을 받았을 때 배를 보호한다. 기온의 급격한 변화에도 배를 보호하는 완충지대가 되며, 어미가 포란하지 않을 때 알이 식어가는 속도를 늦추어 준다. 그리고 조류의 알은 노른자(난황)를 포함하는데, 이것은 배에게 에너지가 풍부한 영양소가 된다. 노른자는 21~36%가 지방이며 단백질이 16~22%를 차지하고 나머지는 주로 수분이다.

조류의 몸 크기에 비례하여 알의 노른자의 비율이 매우 크며 조류의 종류에 따라 구성이 다양하다. 조류 중에서 노른자 비율을 보면 얼가니류새류가 약 15%이고 키위류가 69%까지 차지한다. 이때 노른자의 내용물이 증가함에 따라 알의 수분함량은 감소한다. 노른자의 상대적인 양의 차이는 부화 시에 새끼의 발육과 관련이 있다.

외부 알껍질층은 배를 보호하고 영양분과 수분을 유지하고 호흡을 통해 가스 교환을 촉진하고 있다. 알껍질은 종이처럼 얇은 것으로부터 두께 2.7mm에 이르기까지 다양하다. 이들은 포란하는 어버이새의 무게를 견딜 정도로 충분히 강하지만, 새끼가 깰 수 있을 만큼 약하기도 하다. 무게는 보통 알의 전체 중량의 11~15%이지만, 28%가 되는 것도 있다.

조류의 알 색깔과 질감

조류의 알껍질은 다양하고 색깔은 복잡하다. 조류만의 색소(色素)로 착색된 알을 낳는다. 오늘날 조류의 알에 들어있는 색소가 공룡 알에도 있었는데 빌리베르린(billiverdin)과 프로토포르피린(protophyrin)이라는 색소이다. 빌리베르딘은 파란색과 녹색을, 프로토포르피린은 붉은색이나 갈색을 낸다. 검은도요타조알은 파란알, 붉은날개도요타조알은 한쪽 색소만 발현하였기 때문에 붉은알을 낳는다. 조류의 알은 이 두 색소가 섞이는 비율에 따라 다양한 색이 나타난다. 개방 둥지에 산란되는 대부분의 알은 매우 아름다운 색상과 모양을 가지고 있다.

쏙독새 같은 일부 지상 둥지종의 알은 눈에 띄는 흰색이다. 이러한 경우는 포란하는 어미새가 보호색으로 잘 위장해서 포식자의 눈으로부터 알을 숨길 수 있다. 수동(樹洞)이나 돌틈에 둥지를 트는 딱다구리류와 올빼미류의 알은 광택이 없는 흰색이 많다. 이러한 둥지는 알을 위장할 필요가 없으며 어두운 굴 속에서 흰색이 잘 보이기 때문에 어미가 실수로 알을 깨는 것을 방지한다. 논병아리류의 흰 알은 진흙과 부패한 식물재료로 둥지를 만들어 갈색 얼룩처럼 보이도록 위장한다.

동료나 짝에게 보이기 위한 색도 있다. 그레이트도요타조(Tinamou)는 광택이 나는 청록색 알을 낳는다. 그레이트도요타조의 선명한 알색은 다른 동료의 산란을 촉진한다고 하는데 이것은 천적의 공격을 받아도 일부가 살아남아 이 종 자체의 생존을 보장할 수 있는 것이다. 밝은 색 알은 암수가 번갈아 품지 않으면 천적 눈에 잘 띄기 때문에 암컷이 수컷의 부양 의무를 강제하는 역할도 한다는 주장이 있다.

자연에는 뻐꾸기처럼 다른 새 둥지에 알을 낳는 새가 많다. 새들은 남의 알을 대신 키우는 탁란(托卵)을 방지하기 위해 자신의 알에 고유한 무늬를 만들며 남의 둥지에 몰래 알을 낳는 새도 둥지 주인의 알과 비슷한 색과 무늬를 갖도록 진화한다.

또 물가에 사는 물떼새들은 자갈과 비슷한 색의 갈색 반점의 알을 낳는 것은 위장을 위해서이다. 갈색 반점의 역할은 위장 외에 알껍질을 강하게 하는 기능이 있다고 한다. 박새 알의 반점은 프로토포르피린(protoporphyrin) 색소가 더해진 것으로, 반점의 양은 알에서 두께에 따라 변한다. 어두운 반점은 알껍질의 얇고 투과성이 있는 부분에 붙어있다. 갈색 반점의 농도는 알껍질에 함유된 칼슘에 따라 지역 차이가 생기기도 한다. 같은 종의 알이어도 칼슘이 적은 지역에서 태어난 알은 짙은 색의 반점이 있는 얇은 알을 갖는다.

알껍질의 질감은 조류 종에 따라 차이가 있다. 도요타조류 알은 선명한 파란색과 녹색, 자주색이 눈에 띄는데 에나멜을 칠한 것 같은 광택 질감이 있기 때문이다. 대조적으로, 따오기류의 알은 표면이 둔한 백아질이지만, 오리류는 지방이 있어 방수가공을 한 것처럼 보인다. 화식조류는 매우 거칠고, 물꿩류의 알은 옻칠을 한 것처럼 보인다.

알껍질의 질감은 알 내부와 외계 사이에서 수증기, 호흡기, 미생물의 통과를 조절하는 많은 다공성의 미세 구조로 인해 생긴 것이다. 알껍질에는 수천 개의 미세한 기공이 있는데, 보통 닭의 알(계란)은 7,500개 이상의 기공을 갖고, 대부분은 알의 뭉툭한 끝 부분에 분포하고 있다.

조류의 알 크기와 모양 그리고 비행능력

조류의 알의 크기와 모양은 조류가 다양한 만큼이나 다양하다. 조류의 알의 크기는 0.2g 정도로 작은 벌새류의 알에서 1.6kg 정도로 큰 타조알, 그리고 마다카스카르섬에서 멸종한 코끼리새(Aepyornithidae, Elephant birds)는 9kg으로 거대한 것까지 매우 다양하다. 몸의 크기에 비하여 알 크기의 비율은 작은 새가 대형조류보다 훨씬 크다. 대부분의 조류의 알의 무게는 체중의 2~11%의 범위에 들어간다. 그러나 여기에도 예외가 있다. 뉴질랜드에 서식하는 키위(Kiwis)는 체중의 25%나 되는 500g의 알을 낳는다. 알을 한배에서 2개 또는 3개를 낳고, 산란간격은 4주 간격으로 낳는다. 때때로 조류는 정상적인 알의 절반 이하 크기의 발육 불량 알을 낳기도 한다. 이것은 노른자위가 부족하거나 혈액 응고 등에 의한 수란관에 이상 자극이 있거나 한 결과이다.

우리는 '알 모양(난형)'을 생각할 때, 먼저 닭의 알 즉 계란을 떠올린다. 이것은 둥글고 폭보다 길이가 길며, 한쪽 끝이 다른 한편보다 더 뾰족한 모양을 상상하게 한다. 그러나 슴새류나 물떼새류와 바다오리류 등은 날카로운 타원형이다. 이렇게 알 모양은 다양한데 논병아리류와 펠리칸류, 덤불해오라기류의 타원형 또는 양쪽이 원뿔형(biconical)인 알도 있다.

사람들은 알의 형태를 결정하는 원인에 대해 의문을 품어 왔다. 알의 형태가 결정되는 것은 구조적인 장점과 한배산란수, 알 1개의 용량 사이의 타협의 산물이다. 이러한 이유로 여러가지 이론이 제시되었다. 구형 알은 껍질의 표면적 용량이 최대이며 껍질의 강도 및 열 보존 능력, 껍질 재료의 보호 능력 또한 최대이기 때문에 한 번에 낳는 알의 수 즉 한배산란수에 따라 둥지 공간을 효율적으로 나눌 수 있도록 알 모양이 결정된다는 주장이 있다. 바다오리 등과 같이 절벽에 둥지를 트는 조류의 알은 밀어 내려고 해도 작은 호를 그리며 회전할 뿐이므로, 둥지 바위 선반에서 굴러 떨어질 가능성이 적어 뾰족한 타원형 알을 낳는다는 이론도 있었다.

또, 알모양이 뾰족한 방향을 중심으로 알을 배치하면, 가지런히 정돈할 수 있기 때문에 포란할 때, 작은 몸으로도 많은 알을 포란하기가 좋다는 이론도 있다. 실제로 꼬마물떼새의 둥지를 보면 이러한 배치를 하고 있다. 만약 알의 배치를 교란해 버리면 어미새가 다시 뾰족한 방향으로 알의 배치를 정돈하는 것을 볼 수 있다.

그러나 최근 이에 대해 캘리포니아주 버클리의 척추동물박물관이 연구결과를 발표되었다. 지난 100년간 수집한 1,400여 종(조류 전체 9,600여 종의 14%)에 해당하는 조류의 알 49,175점의 모양과 먹이, 서식지, 둥지를 짓는 환경, 체형과 날개 길이를 조사분석하였다. 이때 분석기준은 두 가지였는데 타원율과 좌우 대칭 여부였다. 알들은 구형이면서 대칭이거나, 타원이면서 대칭 또는 비대칭이었다고 한다. 연구결과 알 모양과 조류의 몸체와 날개 크기의 비율이 가장 밀접한 상관관계를 가진다는 것이었다. 몸체가 작은 조류는 골반뼈가 좁은데 이 좁은 골반을 통과하기 위해서는 알의 모양이 길쭉한 형태로 진화하였다고 한다. 결국 날개가 큰 새들은 알을 길쭉한 모양으로 진화하였고 이것은 조류의 비행능력을 높이기 위함이었다고 한다. 결론적으로 조류의 비행능력과 알의 모양이 같이 진화하였다는 것을 시사하고 있다. 날지 못하는 타조는 알이 둥근 편이고 거의 이동하지 않는 갈색솔부엉이(Brown Hawk-owl, 인도 스리랑카, 방글라데쉬, 네팔, 서인도네시아, 남중국에서의 텃새)는 구형이다. 장거리를 이동하는 바다오리(Common Murre, 우리나라는 겨울철에 주로 캄차카, 알루샨 열도 등에서 적은 수가 도래한다)와 쇠종달도요(Least Sandpiper, 가장 작은 도요새로 북미대륙의 툰드라 또는 소택지에서 번식하고 무리를 짓어 장거리를 이동하여 미국, 멕시코, 중남미와 카리브해안 등에서 월동한다)은 뾰쪽한 타원형이다. 아주 먼 장거리를 비행하는 알바트로스(신천옹)는 길쭉한 타원형의 알, 넓은꼬리벌새(Broad-tailed Humming Bird, 미국과 캐나다서부의 고지대에서 번식하고 멕시코와 콰테말라에서 월동하는 중형크기의 벌새)는 약간 길쭉한 모양의 알을 산란한다.

새끼가 가진 난치의 역할

새처럼 알에서 태어나 알의 껍질 속에서 어느 정도 성장한 새끼가 껍질을 깨고 나오는 것을 부화(孵化)라고 한다. 부화해도 좋을 시기가 되면 새끼는 안쪽 알껍질을 쪼아서 깨고 나온다. 보통 어미새가 알의 바깥 껍질을 쪼아서 부화가 된다고 생각할 수 있겠지만 실은 그렇지 않다. 알껍질은 탄산칼슘이 주성분이며 바깥에서 힘으로 깨기는 어렵지만 알 안에서 깨기는 쉽다. 새들은 부화할 때가 되면, 알 속의 새끼는 "삐요삐요" 하며 울고, 어미는 이에 말을 걸듯 울음으로 서로 교감하며 가볍게 껍질을 두드리기도 한다. 이때 새끼의 부리 끝 윗부분에는 깨어진 유리 같은 날카로운 돌기, 즉 난치(卵歯)가 돋아 있다. 새끼는 이것으로 알 껍질의 여러 곳을 안쪽에서 손상시킨다. 그리고 균열이 생기면 더욱 세게 쪼아서 깨고 부화에 성공한다. 난치는 부화가 되면 용도가 없어지므로 이내 뚝 하고 떨어지게 된다. 부화가 끝난 뒤 알껍질은 어미새가 둥지 밖으로 내다버리기도 하지만, 먹어 버리는 어미도 있다. 알껍질은 매우 좋은 칼슘 보충제가 된다. 조류 외에도 도마뱀, 거북이, 뱀 등 파충류의 어린 새끼도 대부분 난치를 가지고 태어난다. 그리고 이 난치도 조류와 마찬가지로 부화가 끝나면 곧 떨어진다.

다양한 색과 크기의 알

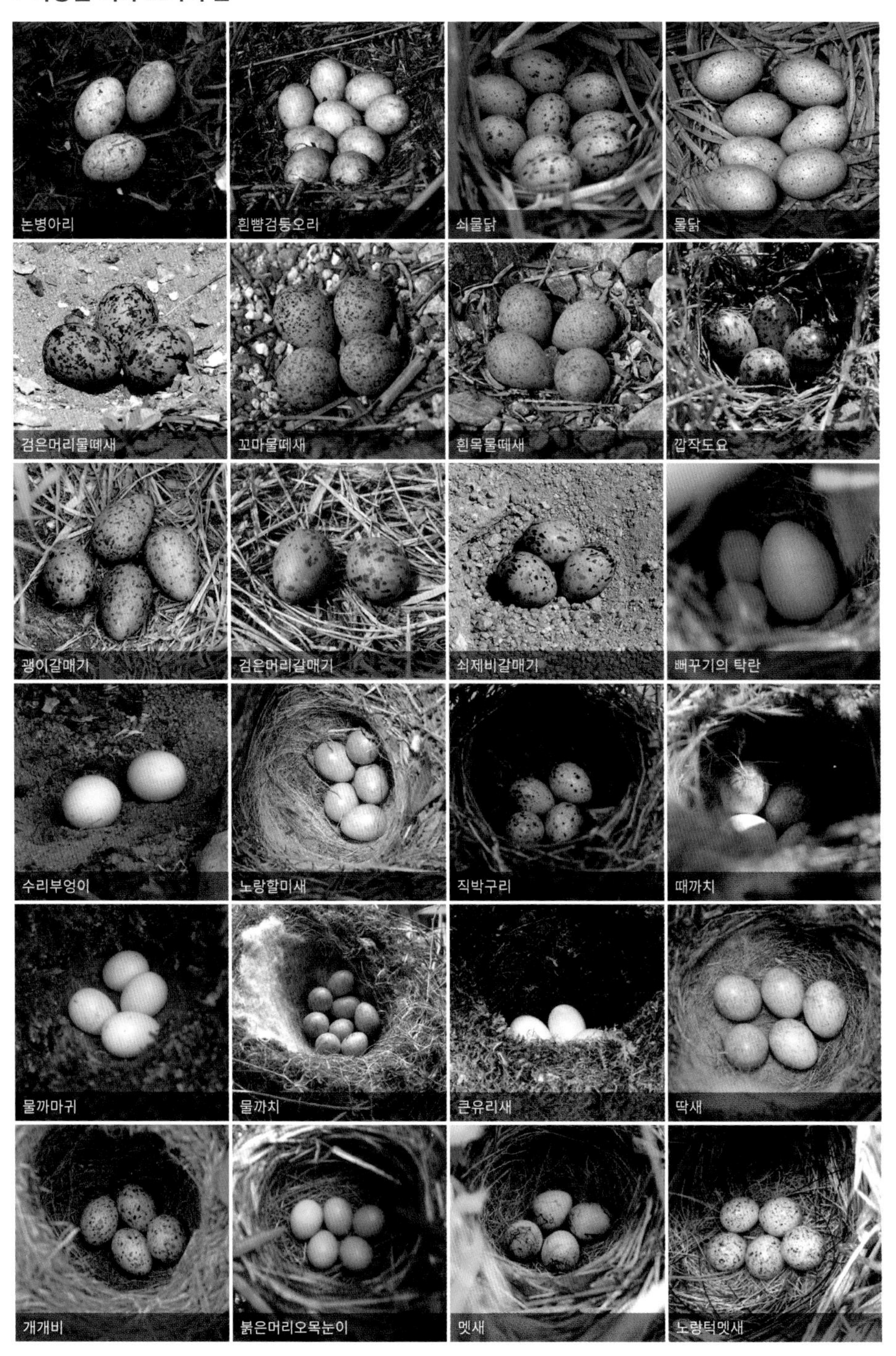
논병아리
흰뺨검둥오리
쇠물닭
물닭
검은머리물떼새
꼬마물떼새
흰목물떼새
깝작도요
괭이갈매기
검은머리갈매기
쇠제비갈매기
뻐꾸기의 탁란
수리부엉이
노랑할미새
직박구리
때까치
물까마귀
물까치
큰유리새
딱새
개개비
붉은머리오목눈이
멧새
노랑턱멧새

큰뒷부리도요

| 큰되부리도요 · *Limosa lapponica*

봄, 가을 우리나라에서 쉬었다 가는 흔한 나그네새이다.

1 오스트레일리아 북서부에서 부착한 유색가락지(노란색)를 달고 도래한 큰뒷부리도요 어른새
2 긴 부리를 사용하여 갯벌 속에 있는 게를 찾고 있다.
3 기다란 부리를 사용하여 갯벌 속에 있는 게를 잡은 모습
4 군집을 이루고 휴식을 취하는 모습

이름의 유래

큰뒷부리도요의 학명 *Limosa lapponica*에서 속명 *Limosa*는 라틴어로 '진흙'을 뜻하는 limus에서 유래했으며, 이는 갯벌과 같이 진흙이 있는 곳에서 먹이활동을 하여 진흙투성이인 모습을 뜻한다. 종소명 *lapponica*는 스칸디나비아 북부인 라플란드(Lapland) 지방에서 유래되었으며, 큰뒷부리도요가 이 지역에서 번식하여 이름 붙여진 것으로 보인다. 큰뒷부리도요의 영명은 Bar-tailed Godwit으로 꼬리에 있는 줄무늬 부분이 특징이 되기에 붙여진 이름이다. 우리나라 이름인 큰뒷부리도요는 위로 살짝 휘어진 부리를 가졌으며 뒷부리도요에 비해 큰 몸집을 가지고 있기 때문에 붙여진 것으로 보인다.

생김새와 특징

몸길이가 약 39cm인 대형 도요새이고, 부리는 길고 위로 약간 휘어 있으며, 몸에 비해 다리가 짧은 편이다. 도요새는 번식깃과 비번식깃의 차이가 뚜렷하다. 큰뒷부리도요의 번식깃은 머리와 목 뒷부분은 흑갈색이고, 깃가장자리는 적갈색을 띤다. 눈에는 검은색의 눈선과, 적갈색의 눈썹선이 있다. 등은 흑갈색이고, 가장자리는 적갈색이다. 아랫등은 갈색이고, 흰색의 가장자리가 있다. 허리는 적갈색을 띤 흰색으로 흑갈색의 가로띠가 있다. 위꼬리덮깃은 흰색이고, 기부에는 흑갈색의 가로띠가 있으며, 끝으로 갈수록 가로띠가 직선으로 나타난다. 아래꼬리덮깃은 적갈색이며 갈색 무늬가 도포되어 있다. 꼬리는 적갈색을 띤 흰색으로, 갈색의 가로띠가 있다. 부리는 검은색이고, 기부는 살구색이다. 다리는 검은색이다. 어린새는 몸윗면과 날개덮깃은 진한 갈색이며, 깃가장자리는 흐린 갈색이다.

울음소리는 '칵-칵' 또는 '키륵' 하고 운다. 우리나라에서는 서해안 간척지, 습지, 하구, 하천, 농경지, 염전 등지에서 먹이활동을 하거나 휴식하는 모습을 볼 수 있다. 건조한 툰드라의 지면 위에 둥지를 틀고 알을 낳을 오목한 곳에 마른 풀을 깐다. 알을 낳는 시기는 6월 상순이며 한배에 평균 4개의 알을 낳아 암수가 함께 품는다. 먹이는 곤충류, 갑각류, 복족류, 다모류 등을 잡아먹는다. 큰뒷부리도요는 흑꼬리도요나 개꿩 또는 검은가슴물떼새 무리에 섞여 관찰되기도 한다.

분포

큰뒷부리도요는 유라시아 대륙 북부,알래스카에서 번식 후, 아프리카, 남유럽, 인도, 동남아시아, 오스트레일리아 등지로 이동하여 겨울을 난다.

알래스카에서 뉴질랜드까지 이동하는 새

큰뒷부리도요는 비번식지와 번식지를 왕복하며 약 28,500km를 비행하는 장거리 여행자이다. 큰뒷부리도요는 장거리 이동을 위해 신체를 변화시키는 것으로 알려져 있다. 비행을 위해서는 연료인 지방이 필요하기에, 출발 전 상대적으로 불필요한 소화기관 등의 장기는 줄이고 쉬지 않고 먹이를 섭취하여 몸무게 절반 가량의 지방을 비축한다.

비행을 시작한 후, 지방은 연료가 되어 서서히 줄어들며 이동 경로의 중간 정도 지점에서 쉬어갈 때쯤엔 지방을 대부분 사용하게 된다. 중간기착지에 도착하면 다시 신체 변화가 일어나 심장, 다리근육, 소화기관 등의 크기가 커지고, 먹이활동을 재개한다. 그리고 남은 비행을 위해 출발하기 직전에는 다시 소화기관 등의 기관은 줄어들고, 지방을 많이 축적할 수 있는 신체가 된다.

도요새의 장거리 이동에 대한 정보는 유색 가락지(flag), GPS 연구를 통해 밝혀지고 있으며, 큰뒷부리도요의 경우 번식지인 알래스카에서 비번식지인 뉴질랜드까지 쉬지 않고 비행한 기록도 있다. 이는 무려 11,680km의 거리로, 평균 60km/h의 속도로 이동한 것으로 연구되었다.

철새들의 장거리 이동을 위해서는 정기적인 에너지 보급이 중요하다. 장거리 이동을 하는 조류는 비행하는 곳뿐만 아니라 중간기착지에서 먹이를 찾는 데도 에너지를 소모해야 하며, 일반적으로 명금류의 경우 수백km를 날아가서 1~3일간 휴식하고 에너지를 보급한다. 또한 며칠 밤 동안 계속 날아가는 강행군은 저장한 에너지를 모두 소모시키기도 한다. 따라서, 중간기착지에서 양질의 먹이 수급은 이주를 성공적으로 마치는 데 필수적인 요소이다.

국내를 찾는 도요물떼새는 시베리아에서 번식을 하고 한국, 중국, 동남아시아를 거쳐 오스트레일리아로 향하는 아시아-오스트레일리아 경로를 따라 이동하는 개체군이다. 아직 우리나라에서는 큰뒷부리도요를 비롯한 도요물떼새류를 어렵지 않게 볼 수 있지만, 전 세계적으로 이들의 수는 줄어들고 있으며, 이는 갯벌 매립 등에 의한 중간기착지의 감소와 동남아나 중국에서의 밀렵과 남획이 주요 원인으로 알려져 있다. 실상 우리나라를 찾아오는 큰뒷부리도요도 서해안 새만금 매립 이후 전체 개체수의 20%가 감소하였다고 알려졌다. 장거리 이동을 하는 조류에게 서해안 갯벌과 같은 중간기착지는 비행을 계속할 수 있게 하며 성공적으로 번식지에 도착해 다음 세대를 이어가게 하는 발판이 된다. 갯벌 매립, 도시화 등의 개발이 있을 때, 큰뒷부리도요와 같이 갯벌을 서식지로 하여 살아가는 생물들은 생존에 위협을 받게 됨을 잊어서는 안 되며, 자연에 대한 이해를 기반으로 한 개발과 보전의 균형점을 찾는 노력이 있어야 한다.

중간기착지에서 에너지의 보급과 조절 그리고 국제협력

붉은가슴도요(*Calidris canutus*, Red Knot)는 전세계적으로 6아종이 있다. *C.c. rogersi*는 러시아 추크치반도에서 번식을 하고 우리나라를 거쳐 오스트레일리아 북동해안에서 월동, *C.c.piersmai*는 뉴시베리아제도에서 번식을 하고 중국을 거쳐 오스트레일리아 북서해안에 주로 월동, *C.c.canutus*는 시베리아에서 번식하고 유럽을 거쳐 아프리카 서해안 및 남아프리카에서 월동, *C.c.islandica*는 그린란드 북부와 캐나다 고위도 극지방에서 번식하고 서유럽에서 월동, *C.c.roselaari*는 북서알래스카에서 번식을 하고 미국을 거쳐 북베네수엘라에서 월동, *C.c.rufa*는 북극 고위도 지방에서 번식하고 아르헨티나 남부에서 월동한다.

서반구의 붉은가슴도요(*C.c.rufa*: rufra는 붉다는 뜻이다)는 번식지인 북극권의 고위도 지방에서 월동지인 남쪽 아메리카의 최남단 티에라 델 푸에고섬(Tierra del Fuego)까지 왕복 3만km를 이동한다. 이 종은 이곳에서 11월에서 1월까지 어린 홍합과 여러 벌레를 먹이로 월동을 하는데 사실은 이곳 아르헨티나는 여름철이기에 채식하는 시간이 매우 길어 이동에 대비한 충분한 에너지를 많이 비축할 수 있다. 그리고 1) 1,400km를 이동하여 아르헨티나 산안토니오만에 도착하고, 2) 1,600km를 날아 브라질 라고아두페이시에 도착하며, 3) 8,000km를 이동하여 보통 5월 하순경에 미국 동부 델라웨어 만(Delaware Bay)의 해변에 도착한다. 이곳은 붉은가슴도요가 북쪽으로 이동하기 위한 중요한 중간기착지이다. 이곳에서 투구게(Horseshoe crab)의 알을 먹고 급격하게 살을 찌워 에너지를 보급한다. 또 4) 3,200km를 날아가 북극권 번식지에 도착하여 번식을 한다. 그리고, 번식이 끝난 후 다시 월동지를 향해 이동하는데, 처음으로 5) 2,400km를 이동하여 퀘백 망간제도에서 중간기착을 한다. 또한 6) 6,000km를 날아가 브라질 마라냥에 도착하고 휴식을 취한 다음, 다시 7) 6,000km를 이동하여 월동지인 아르헨티나 티에라 델 푸에고에 도착한다.

이것이 붉은가슴도요의 1년 동안 남북을 오가는 약 30,000km 장거리 여행이다.

최근 전세계적으로 붉은가슴도요가 멸종을 염려할 만큼 개체수가 급감하였다. 붉은가슴도요는 중간기착지인 미국 동부 델라웨어 만에서 약 1,000g 가량의 투구게 알을 소비하고, 54g의 에너지원과 영양을 보충하는 것으로 알려져 있다. 봄철에 이곳 해변에 들르는 붉은가슴도요의 개체수는 1997년에는 약 50,000마리로 추산되었다. 그런데 어민들은 붉은가슴도요의 주 먹이인 투구게를 채취하여 과거 비료로 사용하거나 고둥을 잡는 미끼로 사용하기 위하여 대량으로 채집했다. 결국 어민들의 과도한 투구게 채집으로 양과 질이 저하되어 붉은가슴도요는 1997년부터 2002년까지 매년 성공적인 이주와 번식에 필요한 필수적인 영양원인 투구게의 알을 얻는데 실패하였다. 결국 2002년도에는 도래개체수가 약 15,000마리로 감소하였다.

붉은가슴도요를 비롯한 많은 도요물떼새들은 월동지와 번식지를 오가는 이동 시에 퇴적물이 부드럽고 갯지렁이류와 작은 조개 등의 먹이가 풍부한 진흙 갯벌 중간기착지를 필요로 한다. 이들은 중간기착지에서는 기관의 확대와 수축이 주기적으로 이루어진다. 기착 직후인 에너지 보급 초기에는 마르고 수분이 적었던 소화기가 급속하게 커지게 된다. 이후 이동 직전에는 기관이 수축하기 시작하며 마르고 건조한 비행 근육이 커지며 출발 전에 최대가 되는데 기관에 대한 에너지의 분배를 조절하는 전략을 취한다.

위에서 보는 것처럼 북극지방에서 번식하는 대부분의 도요물떼새류에게는 이주하는 동안 3~4곳 이상의 중간기착지를 가지는 것이 에너지 공급을 위해 전략적으로 중요하다. 이러한 철새들의 보호를 위해서는 철새들의 월동지 국가와 번식지 국가 그리고 중간 징검다리 역할을 하는 중간기착지 국가간의 철새보호협약을 맺어 이들 서식지를 보전해야 하며 무엇보다도 철새들의 보전을 위한 국제협력이 중요하다. 우리나라는 한반도를 오가는 철새들을 보호하기 위하여 중국, 러시아, 호주 등과 철새보호조약을 체결하고 있으며, 동아시아-대양주철새이동경로파트너쉽(the East Asian-Australasian Flyway Partnership)의 사무국을 인천에 유치하여 동아시아-대양주철새이동경로에 의존하는 철새들과 그 서식지를 보전함으로써 철새 보호에 노력하고 있다.

알락꼬리마도요

알락꼬리마도요 · *Numenius madagascariensis*

멸종위기 야생생물 II급 / 국가적색목록 VU / IUCN 적색목록 EN
우리나라에서는 봄가을 이동시기에 해안(특히 서해안) 하구와 하천변 습지에
흔하게 날아드는 나그네새이다.

1

2

이름의 유래

알락꼬리마도요의 학명 *Numenius madagascariensis*에서 속명 *Numenius*는 그리스어로 '초승달'을 뜻하는 noumenia에서 유래했으며, 알락꼬리마도요가 속한 마도요속의 구부러진 부리를 나타내는 말이다. 종소명 *madagascariensis*는 '마다가스카르에 속한다'는 뜻으로 이 종의 표본이 마다가스카르에서 처음 채집된 것을 뜻한다. 영명인 Far Eastern Curlew는 이 종이 캄차카, 동시베리아에서 번식하므로 '극동 지방의 마도요'라 명명된 것으로 생각된다.

생김새와 특징

머리 꼭대기부터 등까지 엷은 갈색이 섞인 검은 줄이 있으며 어깨깃과 날개덮깃은 엷은 갈색인데 가장자리에 요철이 있는 검은 줄이 있다. 꼬리는 몸 색깔과 비슷한 담황색으로 검은 반점이 있다. 눈 위는 하얗고 불명확한 흰색의 짧은 눈썹 선이 있으며 목의 앞쪽과 가슴, 배는 녹이 슨 것 같은 엷은 잿빛 갈색으로 가는 반점의 띠가 있다. 가슴 옆에는 갈색의 가로띠 모양을 한 얼룩무늬가 있고, 옆구리와 배 가운데 부분은 흰색이다. 아래로 길게 구부러진 부리는 검은색이고 다리는 잿빛을 띤 푸른색이다.

알락꼬리마도요는 북반구의 툰드라 지대에서 오세아니아 사이, 태평양을 가로질러 이동하며 살아가는 장거리 이동조류이다. 툰드라나 초지의 움푹 들어간 땅바닥에 둥지를 틀고 둥지 안쪽에는 마른 풀과 줄기를 깐다. '삐-요 삐-요, 호-위 호-위' 하는 소리를 낸 다음 '삐리, 삐리, 삐리' 하고 운다. 암수가 번갈아가며 알을 품고 알을 품는 기간은 28~30일이다.

해안에 물이 빠져 넓게 갯벌이 드러나면 갯벌 여기저기에 흩어져 먹이를 찾다가 만조 때가 되면 물이 차오르지 않는 좁은 갯벌에 모인다. 물이 고인 곳에서는 수욕도 즐긴다. 날 때는 V자 모양, 횡렬, 종렬로 직선 비상을 한다. 월동기의 주식은 작은 게이지만 상황에 따라 갯벌에 서식하는 조개류 등의 무척추동물도 잡아먹으며 번식지에서는 식물의 종자나 장과류를 많이 먹는다. 갯벌, 간척지 등의 염습지에 주로 찾아들며 단독으로 활동하기도 하지만 5~6마리에서 200마리 안팎의 큰 무리를 이루기도 한다. 때문에 국내에서는 비교적 쉽게 만날 수 있는 도요새이지만, 세계적으로는 종의 보전이 위협받고 있는 멸종위기종이며 최근 개체수가 더욱 감소해 IUCN 적색목록의 등급이 VU(취약종)에서 EN(위기종)으로 상향되었다.

분포

시베리아, 캄차카, 몽골, 알래스카 등지에서 번식하고 호주와 뉴질랜드에서 겨울을 난다.

1 하늘을 비상하는 알락꼬리마도요
2 월동지역으로 이동 중 강가에서 휴식을 취하는 알락꼬리마도요 무리

새와 사람

도요새의 부리와 대합의 닫힌 입-어부지리(漁夫之利)

중국의 고서인 『전국책(戰國策)』에는 도요에 관한 이야기가 실려 있다. 전국 시대에 연(燕)나라는 조(趙)나라와 제(齊)나라와 국경을 접하고 있어서 끊임없이 두 나라의 표적이 되고 있었다. 어느 날 조나라의 혜문왕이 연나라에 흉년이 들어 식량이 부족하다는 약점을 알고 침략하려고 하였다. 연나라의 소왕은 전쟁은 하고 싶지 않았고 소대라는 신하에게 부탁하여 조나라의 혜문왕을 설득하기로 하였다. 조나라를 방문한 소대는 도요새와 대합의 이야기를 하였다. 대합이 입을 열고 햇빛을 쬐고 있으려니까 그곳에 온 도요새가 대합의 살을 물고 늘어졌다. 이때 대합이 화가 나서 자신의 입을 닫아버려 둘 다 꼼짝할 수가 없었다. 어부가 그곳을 지나다가 양쪽 모두를 간단하게 잡아갔다. 연나라가 대합이면 조나라가 도요새이고 두 나라가 싸운다면 강대한 진(秦)이 어부가 되어 양쪽 모두를 취할 것이라며 설득했다. 조나라 혜문왕은 현명하였기 때문에 이 이야기를 듣고 연나라를 공격하려던 것을 그만두었다. 이것이 바로 '어부지리(漁夫之利)'라는 고사성어에 얽힌 이야기이다. '두 사람이 싸우는 사이 제3자가 이득을 위한다'는 뜻이 담겨 있다.

새의 생태와 문화

냄새로 먹이를 찾는 키위(Kiwi)

조류는 포유류와 달리 냄새를 맡을 일이 거의 없다. 그런데 뉴질랜드에 서식하는 닭 정도 되는 크기에 날지 못하기로 유명한 키위는 예외이다. 야행성인 키위는 긴 부리를 축축한 토양에 꽂아 지렁이를 찾는데, 부리 끝에 있는 콧구멍으로 냄새를 맡으며 찾아낸다. 키위를 제외하면 현존하는 모든 조류는 부리의 기부에 콧구멍(비공)이 있다.

키위가 잘 발달된 후각으로 먹이를 찾는 것은 전형적인 실험을 통해 증명되고 있다. 이 실험에서는 큰 케이지를 준비하고 각각 먹이 조각과 흙을 넣은 철망통을 3cm 깊이에 묻었다. 키위는 곧 먹이가 들어 있는 통을 발견하고는 먹이를 들어내기 위하여 찔렀지만, 흙만 들어 있던 대조 실험통은 거들떠보지도 않았다. 이와 병행 실시한 실험에서 키위에게 먹이의 냄새를 맡게 하면 호흡과 신경이 활성화되어 독성 물질을 넣은 먹이를 구별한다는 사실이 밝혀졌다.

3 무리 지어 비상하는 알락꼬리마도요

4 5 긴 부리를 사용하여 갯벌에서 먹이를 찾고 있다.

괭이갈매기 | 개갈매기 · *Larus crassirostris*

IUCN 적색목록 LC

동해안, 서해안, 남해안 도서에서 흔히 볼 수 있는 갈매기류 가운데 대표적인 텃새이다.

1

2

이름의 유래

괭이갈매기 학명 *Larus crassirostris*에서 속명 *Larus*는 라틴어로 '갈매기류'를 일반적으로 일컫는 이름이며, 종소명 *crassirostris*는 '두꺼운 부리를 가진 새'라는 뜻이다. 영명은 Black-tailed Gull인데, 괭이갈매기의 꼬리에 검은 띠가 있는 것과 관계가 깊다. 일본에서는 이 새가 고양이처럼 운다고 하여 '바다 고양이'라는 뜻으로 'ウミ(우미, 바다)ネコ(네코, 고양이)'라고 부른다.

생김새와 생태

등이나 날개의 윗면은 짙은 청회색이고 꼬리 끝에는 검은 띠가 있다. 부리는 황색인데 그 끝이 검고 빨간 반점이 있으며 다리는 황색이다. 제법 자란 어린새는 짙은 갈색에 머리 앞부분, 목, 얼굴이 하얀 편이며 꼬리의 기부는 하얗고 검은 띠가 있다. 부리와 다리는 엷은 핑크색이다. '냐아오, 냐아오' 또는 '꽈아오, 꽈아오' 하고 마치 고양이가 우는 것과 같은 소리를 내며 번식기에는 '과아오-, 과아오-' 또는 '꽉, 꽉' 하고 울기도 한다.

여러 섬들의 암초와 관목이 띄엄띄엄 자라는 해변에서 집단으로 번식하며 둥지는 벼랑 위, 암초의 움푹 파인 곳, 초원의 잡초 속, 관목의 밑동 가까운 곳에 있다. 둥지와 둥지 사이의 간격은 0.4~2.9m이고 각각 일정한 번식 세력권을 차지한 채 매우 다른 새의 침입을 허락하지 않는다. 알을 낳는 시기는 4월 하순에서 6월 중순까지이며 한배산란수는 2~4개이고 새끼는 알을 품은 지 24~25일이면 깬다.

괭이갈매기는 해안가, 암초 위, 하구 등지에서 무리를 지어 먹이를 찾으며 어장이나 어물 건조장에서 어류 찌꺼기를 먹으려고 무리를 지어 모일 때가 많고, 항만에 정박해 있는 배의 둘레를 맴돌면서 먹이를 찾기도 한다. 양쪽 다리를 번갈아 움직여 조용하게 먹이를 찾아 모래밭을 걷기도 하고 해면 가까이 낮게 날면서 먹이를 찾는 경우도 있다. 어류, 양서류의 무미목, 연체동물인 두족류의 십완목, 곤충류의 파리목, 딱정벌레목, 매미목, 잠자리목 등을 즐겨 먹는다.

괭이갈매기의 번식지를 보호하기 위해 우리나라에서 여러 곳을 천연기념물로 지정하였는데 천연기념물 334호인 난도, 335호인 홍도가 널리 알려졌다.

분포

일본, 연해주 남부 지역 연안, 사할린 남부, 쿠릴 열도 남부, 한국과 중국 연안의 남쪽에까지 서식한다.

1 바위 위에서 휴식 중인 모습

2 바닷가에서 먹이를 찾아 걸어서 이동하는 모습

3 번식기를 맞아 짝짓기를 하고 있다.

4 나뭇가지 위에서 다른 새가 다가오는 것을 경계하는 모습

5 숲속을 무리 지어 날아가는 괭이갈매기

| 새와 사람

의리의 새, 갈매기

우리 조상들은 갈매기를 백구(白鷗)라고도 불렀으며 다음과 같은 시가 있다.

이 몸이 할 일 없어 西湖(서호)를 찾아가니
白沙淸江(백사청강)에 다니나니 白鷗(백구)로다.
어디서 漁歌一曲(어가일곡)이 이내 홍을 돕나니

이 시에서 백구는 물론 갈매기를 뜻하며, 갈매기는 한가롭고 목가적인 바다의 시를 떠올려 주던 새이기도 하다. 그래서 두보는 은빛 날개깃을 가리켜 '봄을 점철하는 마음의 깃'이라고 찬탄하기도 했다.

언제부터인가 갈매기는 이별을 상징하게 되었다. 먼 다른 곳으로 떠나가는 배의 고동 소리가 울려 퍼지는 부둣가에서 이별하는 사람의 아픔을 알 듯 모를 듯 하릴없이 날아다니는 갈매기가 멜로드라마나 영화에 자주 등장하기도 한다. 또한 상심한 이의 마음을 달래주거나 어딘가 높고 먼 곳으로 가고자 하는 바람을 불러일으키는 등 시나 대중가요에서도 자주 등장한다.

갈매기나 바다새는 넓고 넓은 바다에서 물고기의 무리를 발견해 주는 안내인으로서 어부들에게는 매우 귀중한 존재였다. 특히 어군 탐지기가 없었던 옛날에는 갈매기의 활약이 대단했다. 그래서 갈매기가 울면 정어리가 있다든가 물고기 무리 앞에는 갈매기가 떼지어 난다는 말들 모두가 옛날에는 갈매기가 어군 탐지기 역할을 했음을 보여 주는 것이다. 아무리 고기를 좋아하는 사람일지라도 갈매기 고기는 먹지 않는다고 하는데 갈매기 고기를 먹으면 눈물을 많이 흘리기 때문이라고 한다. 사실 갈매기 고기는 냄새 때문에 비위가 좋은 사람일지라도 먹기 힘들다.

『열자전(列子傳)』에는 갈매기의 이야기를 수록하여 사심(私心)에 대해 이야기하는데 바닷가에 사는 한 사람이 갈매기를 매우 좋아하여 아침마다 바닷가에 나가 그들과 함께 노닐었다. 수많은 갈매기가 날아와서 그를 반겼다. 하루는 그의 아버지가 말하기를 너는 갈매기와 자주 논다고 하니 그 갈매기를 잡아서 나를 기쁘게 해 달라고 하였다. 다음날 아들이 바닷가로 나가자 어떻게 알았는지 갈매기는 한 마리도 없었다. 또 갈매기는 '의리의 새'로도 이름이 났는데 어쩌다가 사냥꾼의 총에 한 마리가 맞아 허우적거리는 모습을 보기만 하면 동료 갈매기들은 자기들끼리만 달아나 버리지 않고 어떤 때는 죽음을 뛰어넘어 주위를 맴돌며 우정과 사랑을 보여 준다고 한다.

새의 생태와 문화

침입자를 쫓아내는 무기, 새의 배설물

갈매기가 집단 번식하는 곳에 함부로 다가가면 똥세례를 맞을 수 있으니 주의하여야 한다. 새들이 둥지를 보호하는 방법에는 크게 물리적인 공격, 집단 위협, 배설물 이용, 보호색, 의상행동 등이 있으며, 집단 번식을 하는 종들에서는 번식지 근처에 가면 어미들이 몰려와 위협한다. 보통 직접 공격하기보다는 가까이 날면서 소리로 위협하고, 배설물을 이용해 침입자를 쫓아낸다. 새끼를 지키려는 어미는 자신보다 훨씬 큰 천적도 위협할 만큼 용감해진다. 고니류, 기러기류, 타조, 맹금류, 어치류, 제비갈매기류, 꾀꼬리 등은 물리적 공격으로, 독수리, 백로류는 배설물이나 분비물(defecation, vomiting)로 침입자에 맞선다.

녹색비둘기 | *Treron sieboldii*

IUCN 적색목록 LC

길잃은새(迷鳥)로 알려진 새이다. 1977년 4월 10일 제주도 북제주군 조천면 교래리에서 수컷 한 마리가 포획된 뒤에, 1992년 10월 독도에서 네 마리가 카메라에 잡혔으며, 제주도 등의 남부 지방에서 일부 월동 기록이 있다.

1 나뭇가지에 앉아 주위를 살펴보고 있다.

| 이름의 유래

녹색비둘기의 학명 *Treron sieboldii*에서 속명 *Treron*은 그리스어로 '비둘기'를 의미하며, 현재는 녹색비둘기속을 지칭한다. 조류의 학명 가운데 인명이 들어가는 경우에 그 어미는 -i 또는 -ii를 쓴다. 종소명 *sieboldii*는 'Siebold 씨의'라는 뜻인데, 지볼트(Dr. P. F. v. Siebold, 1796~1866)에서 유래했으며, 그는 1823년부터 1830년까지 일본에 머물면서 일본의 동물상에 관한 책 『Fauna Japonica』을 저술하였다. 영명은 White-bellied Green Pigeon으로, '배가 흰 녹색 비둘기'를 잘 표현하고 있다.

| 생김새와 생태

눈 앞, 턱 밑, 멱, 목의 옆쪽, 가슴은 녹색을 띤 황색이며 배가 하얗다. 수컷은 어깨깃이 적갈색을 띤 어두운 올리브색인데, 암컷은 그렇지 않다. 녹색비둘기는 '아- 오- 아- 오-' 또는 '마- 오- 마- 오-' 하고 구슬피 운다. 일본에서는 이 녹색비둘기가 울면 반드시 날씨가 나빠진다는 속설이 있다. 또 지방에 따라서는 비가 내릴라치면 녹색비둘기가 운다는 말도 있다. 다시 말해서 녹색비둘기의 울음소리는 비가 내릴 것임을 알려 준다는 것이다. 이러한 말들은 녹색비둘기의 번식기가 장마철인 것과 더불어 울음소리가 어둡고 구슬프기 때문에 생긴 것으로 보인다.

녹색비둘기는 낮은 야산에서부터 깊은 숲에 걸쳐 살고 있으며 떡갈나무, 신갈나무류의 도토리, 팽나무, 산벚나무, 마가목 등의 열매를 즐겨 먹는다. 딱딱한 열매나 종자는 위(胃)에서 부수어 소화시킬 수 있다. 또 해안의 암초에 무리로 날아와서 바닷물을 마신다든지 온천물이 흐르는 냇가에 와서 물을 마시기도 한다. 이러한 행동은 염분을 보충시키기 위함으로 알려져 있다. 알을 낳는 시기는 6월 무렵이며, 한배산란수는 2개이다.

| 분포

일본 홋카이도, 혼슈 도쿄 이북 등지에서 번식하며, 일본의 도쿄 이남과 중국의 남부 등지에서 겨울을 난다.

| 새와 사람

책임감 강한 목동의 새, 녹색비둘기

일본 아키타현에서는 깊은 산에 가면 마왕조(魔王鳥)가 살고 있는데, '아- 오- 아- 오-' 하는 기분 나쁜 소리로 울기 때문에 조심하라는 말이 전해진다. 이 마왕조는 녹색비둘기를 일컫는다. 아키타 지방에 전해지는 다른 이야기도 있다. 옛날 어느 촌장의 집에 정직하고 성실한 목동이 살고 있었다. 목동의 일과는 아침 일찍 몇 마리의 말을 데리고 산에 가서 하루 종일 풀을 먹인 다음 저녁에 다시 데리고 돌아오는 것이었다. 그러던 어느 날, '아오'라는 이름의 녹색말이 보이지 않았다. '아오'는 훌륭한 말이었던 만큼 촌장으로부터 매우 귀한 대우를 받았다. 목동은 너무 놀란 나머지 미쳐 버렸고, '아- 오-', '아- 오-' 부르면서 말을 찾아 산중을 헤매며 다녔다. 산을 오르고 계곡을 건너 말

을 찾아 헤매다 끝내 찾지 못한 목동은 결국 산중에서 지쳐 쓰러지고 말았다. 책임감이 강했던 목동은 죽어서도 그 영혼이 녹색비둘기가 되어 말을 찾아 다니면서 산중을 날고 있다고 한다. '아- 오-' 하고 부르짖으면서 말이다.

새의 생태와 문화

벌집 왁스와 꿀 채취를 통한 상리공생

긴사슬의 포화지방산으로 구성된 왁스는 가장 소화하기 어려운 음식이다. 그러나 조류 중에는 이 왁스를 대사 에너지원으로 이용하는 종이 있다. 슴새류나 바다쇠오리류 등의 바다새는 해양 갑각류에 많이 함유된 성분인 왁스를 대사에 사용한다. 왁스를 포함한 먹이는 소장 또는 담즙이나 췌장과 함께 전위와 모래주머니에 다시 돌아가는 작업을 반복하여 흡수할 수 있는 저분자 화합물로 분해된다.

북아메리카의 노랑허리멧새(Yellow-rumped Warblers)와 나무제비(Tree Swallows) 등 육지새들도 왁스를 먹이로 한다. 이 새들은 왁스로 코팅된 소귀나무(Bayberry)를 주로 먹는데 두 종류 모두 80%라는 높은 비율로 왁스가 동화된다. 이 새들의 담낭, 장관 중에 고농도의 담즙산염이 존재하며, 지질이 소화기관을 통과하는 속도는 느리다. 일부 먹이는 소장에서 모래주머니로 다시 돌아가 소화된다. 또한 이 새들은 소귀나무의 왁스 같은 특별한 먹이자원을 이용할 수 있기 때문에, 곤충이 없는 시기에도 북쪽 해안지역에서 살아갈 수 있다.

벌꿀길잡이새들(Honeyguides)도 왁스를 흡수 동화할 수 있는 종으로 알려져 있다. 주로 벌집에서 왁스를 얻지만, 때로는 성당의 제단에 놓인 촛불에서도 얻기도 한다 .

아프리카의 큰벌꿀길잡이새(Greater Honeyguide)는 북부 케냐의 보란(Boran)족이 전통적으로 꿀을 채취할 때 벌꿀오소리(Honey Badger) 같은 동물을 벌집이 있는 곳까지 안내하는 것으로 알려져 있다. 먼저 큰벌꿀길잡이새는 이들 동물에 접근하고 찌릿찌릿하는 소리로 주의를 끈다. 이 행동을 동물이 발견하면, 큰벌꿀길잡이새는 벌집 방향으로 짧게 날다가 다시 돌아와 동물이 뒤를 따라오는 것을 확인한다. 큰벌꿀길잡이새는 이러한 방법으로 몇 ㎞이상 떨어진 벌통까지 동물을 안내하고 흥분한 소리로 벌집이 있는 곳까지 도착했다고 알린다. 벌꿀오소리는 벌통을 열고 아프리카 보란족이 애지중지하는 꿀을 추출하지만, 왁스나 벌의 유충은 남아 있기 때문에 큰벌꿀길잡이새는 먹이를 얻을 수 있다. 벌꿀오소리는 강한 발톱과 벌집을 뜯을 수 있는 강력한 근육을 갖춘 동물이다. 보란족은 벌꿀오소리와 큰벌꿀길잡이새의 관계를 이용하여 꿀을 채취하는데 큰벌꿀길잡이새가 안내를 받으면 벌집까지 도착시간이 3.2시간이 소요되지만 큰벌꿀잡이새의 도움이 없으면 벌집을 찾기 위한 시간이 평균 약 8.9시간이 걸린다고 한다. 또 보란족은 정기적으로 큰벌꿀길잡이새들을 따라다니며 이 새들이 동물을 유인하기 위해 사용하는 신호소리를 비슷하게 발전시켜 왔다. 이 유사새 신호소리는 1km 이상 떨어진 곳에서도 들을 수 있으며, 보란족 꿀채집가들이 큰벌꿀길잡이새와 마주치는 비율을 2배로 높여 준다고 한다.

이것을 생태학적으로 상리공생(mutualism)이라고 한다. 인간과 야생동물 사이의 양쪽 모두 확실하게 이익이 되는 의사소통을 포함하는 상리공생이 아프리카의 전통적인 꿀채집가들과 큰벌꿀길잡이새(*Indicator indicator*, Greater Honeyguide)이 사이에 나타난 것이다. 이것은 아프리카에서 2만 년 전 바위에 그려진 그림에도 꿀을 모으는 장면이 있을 정도로 아프리카 문화의 중요한 측면이었다.

조류의 채식과 소화

조류는 높은 활동력과 항온동물대사로 소화기관이 매우 효율적이다. 그러므로, 먹이가 소화관을 통하여 놀랄 정도로 빠른 시간에 통과하는데, 참새목 조류는 먹이 타입에 따라 평균 1시간 또는 1시간 반 정도 걸린다. 때까치류가 쥐를 완전하게 소화하는 데 3시간 정도가 소요된다. 반면에, 솔새류(Sylvia)는 산딸기류 열매를 섭취한 후 오직 15분 후에 변으로 열매를 배출한다. 또 수염수리는 소의 등골뼈를 2일이면 완전하게 소화할 수 있다.

조류는 매우 높은 에너지 흡수율을 가지는데, 유럽황새 새끼가 500g 정도의 먹이를 섭취하였을 때 매일 170g의 에너지를 얻을 수 있고, 닭은 1kg의 에너지를 얻기 위하여서는 1.9kg의 먹이를 섭취할 필요가 있다. 조류는 대사률이 매우 높기 때문에 일반적으로 자주 그리고 많은 양의 먹이를 섭취해야만 한다. 그리고 이것을 달성하기 위하여 많은 시간을 소비하고 노력한다. 조류가 섭취해야할 먹이의 양은 조류의 크기와 조류가 소비하는 에너지 가치에 따라 다르다. 소형조류는 상대적으로 대형조류보다 더 많은 먹이를 섭취해야만 한다.

과일에는 단백질과 복합 탄수화물보다 소화하기 쉬운 영양소인 유리된 아미노산과 단당류가 들어있다. 이러한 성분은 너무 빨리 소화되어(소화관을 통과까지 20분 미만) 극히 짧은 시간에 많은 양이 흡수된다. 조류가 열매를 먹으면 탄수화물이 풍부하지만 지방은 적거나 혹은 지방은 풍부하지만 탄수화물은 적게 얻을 수 있다.

참새목 곤충식조류의 어른새 하루에 그들의 몸무게의 거의 40%를 먹이로 섭취한다. 반면에 종자식 조류의 경우는 하루에 그들의 몸무게의 10%만을 먹이로 소비한다. 참새목 명금류의 대부분은 인간과 달리, 자당을 흡수 동화하기 쉬운 저분자 당류(포도당과 과당)로 분해하는 효소를 가지고 있지 않기 때문에 자당을 소화하지 못한다. 따라서 자당을 다량 섭취하면 흡수 불량에 의해, 토하거나 설사를 하기도 한다. 몇몇 실험에서 흰점찌르레기는 자당을 먹을 수 없는 것으로 학습되었다.

벌새의 경우, 매일 먹이를 그들의 몸무게의 2배까지도 소비할 수 있다 안데스산맥에서는 벌새가 하루에 1,500~2,700개의 꽃들을 방문하기도 한다. 벌새들은 자당을 많이 포함하는 꽃의 꿀을 먹는데 벌새들은 당류, 물을 주성분으로 하는 과즙 중에서 에너지의 95~99%를 흡수동화하고 있다. 벌새들은 장에서 자당의 소화 능력은 참새목 조류보다 10배 높다. 또한 그들이 유동성 먹이로부터 포도당을 흡수하는 능력은 척추동물 중에서 가장 높은 것으로 알려져 있다. 그들의 흡수 동화 능력이 높은 이유는 당류를 결합하여 세포 내로 능동적으로 수송하는 부위가 매우 높은 밀도로 존재하기 때문이다. 벌새들의 이 능력은 보통 때 최대에 이르고 있는데 저온이나 극단적 인 활동으로 인한 스트레스에 노출되면 이러한 속도는 달성할 수 없다

조류는 여름보다 겨울에 더 많은 양의 에너지를 소비한다. 북방지역 또는 온대지역의 중형조류는 열대지방의 비슷한 크기와 분류군에 속하는 조류보다 2배의 에너지를 소비한다. 그리고, 번식기나 이동시에 먹이요구량이 증가된다.

조류에 따라, 하루에 먹이를 채식하는 회수와 먹이를 탐색하는 시간량이 다르다. 독수리류와 알바트로스류(신천옹류)와 같은 대형조류는 먹이를 탐색하고 섭취하는 데에 며칠 또는 몇 주가 걸리기도 한다. 황제펭귄의 수컷은 번식기인 4개월 동안 초기의 몸무게의 45%까지 잃게 된다.

멧비둘기

| 멧비둘기 · *Streptopelia orientalis*

IUCN 적색목록 LC
우리나라 어디서나 흔히 볼 수 있는 텃새이다.
우리나라에서는 꿩 다음으로 대표적인 사냥감이다.

1

2

이름의 유래

멧비둘기의 학명 *Streptopelia orientalis*에서 streptos는 그리스어로 '목에 무늬가 있다'는 뜻이며, pelia는 호메로스의 『오디세이아(Odyssey)』에서 처음으로 '비둘기'를 뜻하는 말로 사용된 것으로, '목에 무늬가 있는 비둘기'라는 뜻이 된다. 종소명 *orientalis*에서 –alis는 '관계가 있다'는 뜻이므로, '동방과 관계가 있다'는 것을 의미한다. 영명은 Oriental Turtle Dove이며, 이는 '동방의 거북이 같은 무늬를 가진 비둘기'라는 뜻이다. 예부터 우리 조상들은 이 멧비둘기를 츄(鶵), 청츄(靑鶵), 청구(靑鳩), 호도애, 산(ㅅ)비둘기, 뫼(ㅅ)비둙이, 항갈후(黃褐候) 등으로 불렀다.

생김새와 생태

온몸의 길이는 33cm이며, 암컷과 수컷의 이마와 머리 꼭대기는 잿빛이지만 뒷머리 쪽으로 갈수록 포도주색을 띤 잿빛 갈색이다. 목의 양 옆은 검고 가장자리가 잿빛 깃털로 된 가로띠 모양의 얼룩점이 몇 가닥 있다. 어깨깃과 등은 석판색이며 각 깃털마다 가장자리가 붉게 녹이 슨 것 같은 무늬가 새겨져 있다. 가슴과 배는 엷고 붉은 포도주색을 띤 넓은 잿빛이다. '쿠-쿠루-쿠쿠' 또는 '데데 뽀-뽀, 데데 뽀-뽀' 하는 소리를 낸다. 필자가 확인한 서부 경남 지방에서는 멧비둘기의 울음소리를 다음과 같이 표현한다. "제집 죽고 자석 죽고 서답 빨래 누가 할꼬." 이것은 '마누라 죽고 자식도 죽고 속옷 빨래는 누가 할 것인가?'라는 뜻이다.

여름에는 암수 한 쌍이 짝을 지어 살지만 겨울에는 작은 무리를 이루어 생활한다. 한배산란수는 2개이다. 소나무, 전나무와 같은 침엽수를 비롯하여 활엽수 등에도 높이 1~7.3m의 나뭇가지에 둥지를 튼다. 둥지는 나뭇가지로 조잡하게 만드는데 둥지의 겉 부분이 나뭇잎으로 싸인 것도 있고 그렇지 않은 것도 있다. 식성은 낟알을 포함해서 식물의 씨와 열매, 특히 가을걷이가 끝난 뒤에 논바닥에 떨어진 벼를 잘 주워 먹는다. 새끼에게는 콩과 고추씨 등을 먹이는 것으로 알려져 있다.

분포

세계적으로는 시베리아 남부, 사할린, 한국, 일본, 중국 등에서 서식한다.

1 나뭇가지 위에서 다정하게 휴식 중인 암수

2 강가에서 물을 마시는 모습

새와 사람

평화의 상징과 전쟁의 사자

비둘기는 많은 종교와 문화에서 이데올로기와 영감의 상징이었다. 메소포타미아에서는 모성의 상징으로, 특히 그리스 신화 속 사랑의 여신인 아프로디테(Aphrodite)와 깊은 연관이 있다. 페니키아인, 시리아인과 그리스인에게 비둘기는 하나님의 계시였으며, 이슬람에서는 신자에게 예배를 호소하는 존재였다. 기독교에서는 성령을 나타내고 성모 마리아와 연결되어 있다. 또한 올리브나무 가지를 부리에 물고 있는 비둘기는 평화의 상징이다. 이와는 대조적으로, 고대 일본의 문화에서 비둘기는 전쟁의 사자였다.

베네치아 산마르코 광장에는 많은 수의 양비둘기(*Columba livia*, Rock Pigeon)가 옛날부터 베네치아인들과 더불어 살아왔다. 이 비둘기들의 먹이 비용은 시 예산으로 계속 조달되었으나, 1950년대에 한 보험 회사가 비둘기 먹이 비용과 먹이를 주는 인력을 전담하겠다는 제안을 하였다. 시 당국은 물론 매우 기뻐하면서 이 제안을 받아들였다. 아침 9시, 산마르코 성당의 종이 울리면 보험 회사 직원이 광장에 나타나 옥수수를 먹이로 뿌려 주었다. 비둘기들이 까맣게 날아들었는데 그 모습이 커다란 문자를 형성하였다. 이때 만들어진 문자는 알파벳 A와 G였는데 이것은 바로 이 보험 회사의 이름인 '아시크라션 갤러리'의 첫번째 철자였다. 매우 기발한 마케팅 방법이었다.

새의 생태와 문화

비둘기의 귀소 본능

비둘기에게는 멀리 날려 보내도 자기가 태어나 자란 곳으로 되돌아오는 귀소 능력이 있다. 이 귀소성(歸巢性)을 이용한 전서구는 오랜 옛날부터 평상시나 전쟁시에 통신용으로 널리 이용되어 왔다.

고대 바빌론(Babylon)에 전서구가 있었으며, 이집트 왕조 초기에도 새(조류)가 운송수단으로 사용되었다고 전해진다. 또한 로마 제국 시대에도 일반적인 통신수단으로 이용되었고, 근대에 들어서는 독일과 프랑스의 전쟁 중에 프랑스 군이 자주 써 먹었다고 한다. 당시 10만 건의 공식적인 통신과 100만 건의 개인적인 통신이 비둘기를 통해 이루어졌다고 한다. 이때 동원된 비둘기의 숫자는 360여 마리를 넘었지만, 무사히 돌아온 것은 불과 57마리에 지나지 않았다. 또 러일 전쟁 당시 일본군이 비둘기를 이용하였다고 한다. 20세기에 들어와서는 통신산업의 발달로 차츰 그 쓰임새가 줄어, 요즘에는 거의 이용하지 않게 되었다.

이집트 카이로에는 비둘기의 귀소성을 이용한 새 사냥법이 있다. 가난한 동네의 지붕에 비둘기가 들어 있는 새장이 있는데, 아침이면 사람들이 새장을 열어 비둘기를 날려 보내고 저녁이면 비둘기가 다시 새장으로 돌아온다. 이때, 비둘기를 따라 다른 비둘기가 들어오는데, 기회를 놓치지 않고 새장에 따라 들어간 다른 새를 잡아 요리를 해먹는 것이다. 참으로 기발한 사냥법이 아닐 수 없다.

3 이소 직전의 어린 새끼의 모습

4 먹이를 먹다가 급하게 날아가는 모습

5 숲속 나뭇가지에서 앉아 있는 멧비둘기

6
7

새의 생태와 문화

피죤 밀크와 플라밍고의 붉은 밀크

비둘기는 포유류의 젖과 화학 조성이 비슷한 밀크를 생산한다는 점에서 다른 조류와 구별된다. 비둘기가 새끼에게 자신의 모이주머니에서 나오는 분비물인 피죤 밀크(pigeon milk, crop milk, 소낭유)를 먹이기 때문인데, 이것은 뇌하수체 호르몬인 프로락틴의 분비에 의해 수컷과 암컷 모두 생산한다. 알을 품으면서부터 알이 깰 때까지 발달된 모이주머니에서 나온 피죤 밀크는 어버이새가 새끼를 돌보는 동안에만 나온다. 이러한 밀크가 생산되는 이유는 비둘기의 특징인 빠른 성장을 위하여 필요한 영양과 에너지를 새끼에게 제공하기 위한 것으로 생각된다.

비둘기류 말고도 홍학으로도 일컬어지는 플라밍고류와 황제펭귄도 밀크를 만드는 것으로 알려졌다. 플라밍고류는 아프리카와 중남미에 걸쳐 3속 4종이 분포한다. 이들은 알칼리염이 풍부한 얕은 호수에 콜로니(colony: 생물이 집단적으로 번식하는 곳)를 만들어 집단 번식을 한다. 케냐의 나쿠루 호수는 플라밍고의 집단 서식지로 널리 알려졌는데, 200만 마리가 넘는 플라밍고가 무리를 지어 살고 있다. 플라밍고들은 호숫가의 진흙습지에 암수가 함께 부리로 진흙을 긁어모아 높이 30cm쯤에 이르는 무덤 모양의 둥지를 만든다. 알은 1개만 낳고, 새끼는 1~2개월 동안 어미의 보살핌을 받고 난 뒤에 스스로 생활을 꾸려 나간다. 이때 어미새는 새끼에게 먹이 대신 플라밍고 밀크(flamingo milk)를 분비하여 먹인다. 플라밍고 밀크도 피죤 밀크와 마찬가지로 소낭 내벽에서 분비되는데 피죤 밀크와는 달리 적혈구 세포가 1% 가량 함유되어 있으며 어미새의 날개깃을 붉게 하는 색소가 많이 포함하고 있기 때문에 붉게 보인다. 성분은 피죤 밀크와 별다른 차이가 없지만 단백질의 함유량이 좀 적고 지방이 좀 더 많은 것이 특징이다. 탄수화물을 거의 포함하지 않지만 피죤 밀크와 플라밍고 밀크 둘 다 포유류의 밀크와 비교하여 손색이 없다. 다만 포유류의 밀크처럼 우유 같지 않고 반고체 상태이다.

그러면 왜 플라밍고류가 밀크로 새끼를 키우게 되었는가. 그것은 무엇보다도 먹이의 특수성 때문일 것이다. 플라밍고의 먹이는 물벼룩 같은 작은 갑각류를 비롯한 식물성 플랑크톤 등을 구부러진 부리로 물을 빨아들여 걸러 먹는 특수한 형태로 진화되어 왔다. 이러한 아주 작은 플랑크톤이 주된 먹이이기 때문에 어미새가 새끼에게 그대로 먹이를 주는 것은 불가능하다. 또 이들이 먹이를 구하는 호수는 알칼리 농도가 매우 높고 먹이를 구하는 장소와 번식지가 멀리 떨어졌기 때문에 새끼 플라밍고 스스로 먹이를 구하기에는 많은 어려움이 따를 수밖에 없다. 이러한 원인이 복합적으로 작용하여 어미 플라밍고가 밀크를 생산하는 식으로 진화한 것으로 보인다.

6 옹달샘을 찾아와서 물을 마시 전 주위를 경계하고 있다.

7 풀밭에서 먹이를 찾는 멧비둘기

뻐꾸기

| 뻐꾸기 · *Cuculus canorus*

IUCN 적색목록 LC
우리나라 어디서나 흔히 볼 수 있는 여름철새이다. 주로 혼자 생활할 때가 많으며 나무 위나 전깃줄에 앉아 있는 모습을 자주 볼 수 있다.

1 나뭇가지에 앉아 있는 모습

2 어린새가 이소한 후 숲속에서 먹이를 받아먹으려고 입을 벌리고 있다.

3 전깃줄에 앉아 탁란할 둥지를 찾는 모습

이름의 유래

뻐꾸기의 학명 *Cuculus canorus*에서 속명 *Cuculus*는 뻐꾸기의 우는 소리에서 유래했고 종소명 *canorus*는 라틴어 canto(노래하다)에서 온 '아름다운 목소리'라는 뜻이다. 봄철 우리나라의 산과 강 어디에서나 '뻐꾹 뻐꾹' 하고 되풀이하여 지저귀는 뻐꾸기의 울음소리는 우리에게 '아하, 좋은 시절이로구나' 하는 감탄을 절로 불러일으킨다. 뻐꾸기라는 이름도 바로 이 소리에서 비롯하였으며 우리 선인들은 곽공(郭公), 시구(鳲鳩), 확곡(擭穀), 벅국새<北國鳥>, 벅국이, 국국이 등으로 불렀다. 다른 나라의 경우를 보더라도 영어권에서는 '쿠쿠' 하고 운다고 하여 Cuckoo라고 불렀는가 하면, 일본에서는 '갓꼬 갓꼬' 한다고 해서 '갓코우(カッコウ)'라고 이름지었다.

생김새와 생태

온몸 길이는 35cm이며, 생김새를 보면 꼬리는 길고 매끈한 쐐기 모양이며 날개의 끝이 뾰족하다. 머리와 몸의 위쪽은 푸른빛을 띤 회색이며, 꼬리는 잿빛 기가 감도는 검은색에 흰 점이 있다. 가슴에서부터 배 부분에는 희고 가느다란 검은 띠가 여러 줄 새겨져 있다. 날 때 날개 아랫부분의 깃에는 가로로 놓인 무늬가 보인다. 눈은 노란색이다. 어린새는 몸 위쪽이 하얗거나 까맣고 날개 가장자리에는 갈색 무늬가 박혀 있으며, 멱에도 가로로 검은 무늬가 새겨져 있다. 뻐꾸기는 곤충을 주로 먹는데 나비목, 딱정벌레목, 메뚜기목, 매미목, 벌목, 파리목의 유충 및 알을 먹으며, 때로는 작은 포유류도 잡아먹는다.

뻐꾸기의 번식과 탁란

우리나라에 정기적으로 도래하는 뻐꾸기는 모두 5종류인데 뻐꾸기, 벙어리뻐꾸기, 검은등뻐꾸기, 두견이, 매사촌들이 그들이다. 이 뻐꾸기류(*Cuculus*)는 알을 낳는 시기가 5월 하순에서 8월 상순까지이며 스스로 둥지를 만들지 않고 다른 종류의 작은 새 둥지에 알을 낳아 부화와 육추를 맡긴다. 이것을 조류 생태학에서는 탁란(托卵)이라고 한다.

암컷은 다른 새의 둥지에 가서 알 1개만을 부리로 밀어 떨어뜨리고 둥지 가장자리에 앉아서 자기 알을 낳는다. 한 둥지에 1개의 알을 위탁시키는 것이 보통이지만 드물게는 또 다른 뻐꾸기로부터 위탁되었다고 생각되는 2~3개의 알이 더 들어 있는 경우도 있다. 암컷 한 마리가 번식기에 12~15개의 알을 낳는 것이 보통이다. 알을 품은 지 10~12일이면 뻐꾸기의 새끼는 알에서 먼저 깨어나 1~2일 정도 더 늦게 깨어나는 가짜 어미새(숙주새)의 알과 새끼를 둥지 밖으로 밀어 떨어뜨린다. 결국 뻐꾸기 새끼는 둥지를 독점하여 가짜 어미새로부터 먹이를 받아먹고 자라며 20~23일이면 둥지를 떠난다. 새끼는 둥지를 떠난 뒤에도 얼마 동안 가짜 어미새에게 먹이를 받아먹는다. 탁란 상대로 선발되는 새는 뻐꾸기보다 몸이 훨씬 작고, 적어도 번식기에는 똑같은 곤충을 먹는 새들이다.

뻐꾸기의 탁란 상대는 대체로 붉은머리오목눈이, 멧새를 비롯하여 때까치나 개개비들이며, 벙어리뻐꾸기의 경우에는 주로 산솔새나 쇠솔새들이다. 검은등뻐꾸기는 휘파람새의 알과 같은 색인 초콜릿색의 알을 낳고, 매사촌은 쇠유리새와 같은 파란 알을 낳는다.

분포

동아시아를 포함한 유라시아 대륙 전역에서 번식하며 인도, 동남아시아, 중부 아프리카 등지에서 겨울을 난다.

새와 사람

어부사시사

우ᄂᆞᆫ거시벅구기가 프른거시버들숩가
이어라이어라
漁어村촌두어집이 ᄂᆡᆺ속의나락들락
至지匊국悤총 至지匊국悤총 於어思ᄉᆞ臥와
말가ᄒᆞᆫ기픈소희 온갇고기뛰노ᄂᆞ다.

(현대어)
우는 것이 뻐꾸기인가? 푸른 것이 버들 숲인가?
노를 저어라, 노를 저어라
어촌의 두어 집이 안개 속에 들락날락
찌거덩 찌거덩 어야차!
맑고 깊은 소에서 온갖 고기가 뛰논다.

조선 시대의 고산 윤선도는 「어부사시사」에서 뻐꾸기를 자신의 시 속에 담아 더불어 노래했다. 윤선도는 청각적이면서 동적인 뻐꾸기와 시각적이면서 정적인 버들 숲을 조화시키면서 어촌에서의 유유자적한 삶을 노래하고 있다.

4 나뭇가지에 앉아서 경계를 하는 뻐꾸기
5 탁란된 새끼 뻐꾸기에게 먹이를 주는 붉은머리오목눈이
6 가짜 어미인 딱새가 먹이를 물어다 준 뒤 배설물을 받아 버리기 위해 기다리고 있다.
7 붉은머리오목눈이 둥지에 탁란한 뻐꾸기의 큰 알

8 탁란으로 자라난 어린 뻐꾸기

9 강철선에 앉아 있는 뻐꾸기

새의 생태와 문화

조류의 탁란과 공진화

새들의 세계에서는 자신의 알을 남의 둥지에 낳아 대신 기르게 만드는 탁란(托卵, brood paratism)이라는 독특한 번식 형태가 존재한다. 탁란을 하는 새들은 새끼새를 기르기 위한 투자를 하지 않음으로 알을 낳고 새끼를 기르는 데에 대한 부담이 없어진다. 말하자면 번식 경쟁에 있어 반칙이라 할 수 있는 방법이다. 탁란은 같은 종 내에서 일어나기도 하는데, 다른 암컷의 둥지에 알을 낳는 것으로, 이것을 종내탁란(種內托卵, Intraspecific Brood Paratism)이라고 하며, 많은 조류에서는 볼 수 있고, 이 습성은 물새류에서 잘 관찰할 수 있는데 논병아리류나 꿩류, 갈매기류, 타조류, 비둘기류, 명금류 등에서도 이루어지고 있다. 현재까지 알려진 바로는 전 세계 16목 234종 이상이 종내탁란을 한다고 한다. 또 탁란은, 서로 다른 종간에 나타나기도 하는데, 다른 종의 둥지에 자신의 알을 낳는 것으로 진성탁란(眞性托卵, Obligate Brood Parasites)이라고 하는데, 종간탁란이라고 번역하기도 한다. 일반적으로 이것을 총칭하여 단순히 탁란이라고 한다. 진성탁란은 찌르레기류와 뻐꾸기류가 가장 잘 알려진 조류이며, 새끼를 돌보는 육추를 다른 숙주새에게 넘겨주게 된다. 전세계적으로 96종이 밝혀져 있는데 찌르레기류(Icteridae; 6종 중에서 5종), 벌꿀길잡이새들(Indicatoridae; 18종), 뻐꾸기류(Cuculidae; 135종 중 53종), 아프리카의 탁란성 핀치류(African brood parasitic finches, Viduidae; 19종) 오리류(Anatidae; 1종)에서 진화하였다 한다.

국내의 새 중에서는 뻐꾸기가 탁란을 하는 것으로 유명하며 산솔새, 되솔새, 딱새, 붉은머리오목눈이 등의 둥지에 자신의 알을 낳아 기르게 한다. 탁란된 뻐꾸기의 알은 둥지 내 다른 알보다 크기가 크지만 색깔이나 형태가 유사하여 얼핏 같은 새의 알인 줄 착각하게 한다. 뻐꾸기의 알은 탁란 당하는 새들(숙주새, host)의 알보다 빨리 부화하며, 부화 직후 다른 알들을 둥지 밖으로 밀어내어 버린다. 아무것도 모르고 뻐꾸기의 알을 품던 어미새에게는 그야말로 청천벽력인 것이다. 때문에 탁란을 피하기 위해 해당 새들은 자신의 알의 형태와 색깔을 기억하고, 때로는 개수를 기억하여 자신의 알이 아닌 경우 둥지에서 밀어내 버리기도 한다. 이렇게 알의 개수를 카운팅하는 새로는 미국물닭(American Coot)이 유명하다. 번식 경험이 많은 어미새일수록 쉽게 탁란당하지 않으며 무사히 자신의 새끼를 키워낼 가능성이 높다.

탁란은 매우 특수한 번식 형태이기 때문에 성공적인 번식을 위해 수많은 적응과 진화를 거쳐 왔고, 이에 맞추어 숙주가 되는 새들 역시 방어 방법을 진화시켜 왔다. 북미의 찌르레기(Cowbird)는 어미가 없는 틈을 타서 알을 낳기 위해 숙주 새의 둥지를 자주 방문하며 산란은 매우 짧은 시간에 이루어진다. 이에 숙주새는 작은 차이만으로 탁란한 알을 구별해 내며, 새끼의 모습을 차별화시켜 탁란된 새끼와 구별하도록 진화하였다. 그러자 찌르레기 역시 새끼의 깃털이 숙주새의 것과 흡사하게 진화되었고, 숙주의 소리를 듣고 흉내 낼 수 있게 되었다. 유럽의 뻐꾸기류에서도 탁란을 당하는 솔새류가 알의 색깔을 바꾸는 방향으로 진화를 하자 뻐꾸기의 알 역시 숙주와 흡사한 색깔로 바뀌었으며, 같은 뻐꾸기 종 내에서도 어떤 숙주새를 가졌냐에 따라서 알의 형태가 전혀 다르게 진화하였다. 탁란과 탁란 방어는 서로가 서로의 영향을 받아 계속해서 진화하고 있으며, 그 결과 한쪽이 우위를 점하지 못하는 붉은여왕 효과(Red Queen Effect)가 나타난다. 이렇게 탁란조와 숙주새가 생태적으로 밀접한 관계를 가지며 공동으로 진화하는 것을 공진화(coevolution)라고 한다.

두견이 | 두견이 · *Cuculus poliocephalus*

천연기념물 제447호 / IUCN 적색목록 LC

국내의 두견이속 조류 중 가장 몸집이 작다. 우리나라에는 5~6월부터 남부지방에 도래하여 번식하는 흔하지 않은 여름철새이다.

이름의 유래

두견이의 학명은 *Cuculus poliocephalus*로 속명인 *Cuculus*는 라틴어로 '뻐꾸기'를 의미하며, 그리스어 Kokkyis, kokkyzo에서 유래한다. 종소명 *poliocyphalus*에서 polios는 그리스어로 '회색의, 회백색의'라는 뜻이며, '머리'를 의미하는 그리스어 kephale와 합성되어 '회백색의 머리'라는 뜻으로 두견이의 머리가 회색을 띠는 것과 관계가 있는 것으로 보인다. 이 종은 두견이속 중에서 크기가 가장 작기 때문에 영명은 Lesser Cuckoo라 한다. 우리 조상은 두견이를 겹(鵊), 뎨결(鶗鴂), ᄌᆞ규(子規), 쇽(쵹)혼(蜀魂), 두우(杜宇), 두견새(杜鵑鳥)로 불러왔다.

생김새와 특징

몸길이가 28cm이다. 머리와 몸 윗부분은 짙은 회색을 띠며 가슴 아래부터 아랫꼬리덮깃까지는 흰 바탕에 검은색 줄무늬가 있는데 이 줄무늬가 굵고 간격이 넓은 것이 다른 두견이속과 비교되는 특징 중 하나이다. 적색 깃털을 가진 개체들도 종종 관찰된다. 두견이는 뻐꾸기나 벙어리뻐꾸기와 비슷하게 보이나 크기가 작고 배의 검은색 줄무늬가 굵고 간격이 넓다. 다른 두견이속 조류와 마찬가지로 높은 나무의 가지 꼭대기나 우거진 숲 사이에 머무르는 경우가 많아 육안으로는 세세한 관찰이 어려운 새이지만, 특유의 울음소리로 쉽게 동정이 가능하다. '뾱, 뾱, 뾱뾰뾰뾰!' 하고 6음절로 끊어지는 커다란 울음소리는 4번째 음절까지 높아지다가 나머지 2음절은 낮아진다.

우리나라에는 5월경 도래하여 9월 중순까지 관찰된다. 알을 낳는 시기는 6월 상순에서 8월 하순까지이며, 이 종도 탁란하는 종으로 직접 둥지를 틀지 않고 주로 휘파람새의 둥지에 알을 1개를 산란하여 숙주새(host)인 휘바람새에게 포란과 육추를 시키는 경우가 많다. 알은 초콜릿색으로 얼룩무늬는 없고 타원형이다. 섬지방에서는 섬개개비에 탁란한다. 그 외에도 굴뚝새, 산솔새, 검은지빠귀, 긴꼬리홍양진이, 촉새 등의 둥지에도 탁란한다고 한다.

부화 직후 새끼는 깃털이 없으며 부화 후 2, 3일 사이에 숙주어미새의 알이나 새끼를 둥지 밖으로 밀어 떨어뜨리고 둥지를 독점하여 먹이를 받아 먹고 자란다. 먹이는 주로 곤충류를 먹으며, 나비목, 벌목, 파리목, 딱정벌레목, 메뚜기목의 유충과 성충 및 알을 먹으며, 그 밖에 다족류도 먹는다.

분포

히말라야에서 미얀마, 중국, 우수리, 한국, 일본에서 번식하고 인도 남부, 스리랑카, 아프리카 동부 등에서 월동한다.

1 나뭇가지 위에서 탁란할 둥지를 찾고 있는 모습

쓸쓸하고 애달픈 새, 두견

소리가 분명하게 끊어지면서도 빠르고 절박한 느낌을 주는 두견이의 울음소리는 저녁과 밤, 새벽에도 종종 들을 수 있기에 선조들의 문학적 상상력을 더욱 자극한 듯하다. 중국과 우리나라의 고사와 시에는 두견이, 두견새, 망제혼, 귀촉도, 자규, 접동새 등 여러 이름으로 등장하고 있는데, 어떤 이름으로 불리더라도 한(恨)의 정서를 표현할 때가 많다는 점이 흥미롭다. 그 중에서 망제혼(望帝魂)이라는 이름은 중국 촉나라의 왕 두우(杜宇)가 정승에게 왕위를 빼앗기고 망제가 되어 억울하게 죽게 되자 두견이가 되었다는 이야기에서 비롯되었다. 이 때문에 두견이는 목구멍에서 피를 토하듯 절박하게 울어 사람의 애간장을 태우는 소리를 낸다고 하며, 그 피가 떨어져 두견화(杜鵑花), 즉 진달래가 되었다고 전한다.

공산이 적막ᄒᆞᆫᄃᆡ 슬피 우ᄂᆞᆫ 저 두견아.
촉국(蜀國) 흥망(興亡)이 어제 오늘 아니거늘,
지금껏 피나게 울어 남의 애를 끊나니.

이는 선조 당시 무관이었던 정충신의 시로서, 수차례의 국난을 겪으면서 두견이의 소리를 듣고 두견이와 관련된 설화를 떠올리며 조국의 위태함을 이야기하는 내용이다. 또한 두견이는 밤이고 낮이고 촉나라로 돌아가고 싶다는 뜻으로 '귀촉, 귀촉' 하고 운다고 하여 귀촉도라 부르게 되었다. 숙부에게 왕위를 빼기고 폐위되었던 단종은 촉왕의 혼령을 생각하며 시를 읊은 바 있다.

달 밝은 밤 귀촉도 슬피 울 제
수심에 젖어 다락에 기대섰네.
네가 슬피 우니 듣는 내가 괴롭구나.
네가 울지 않으면 내 시름도 없으련만
춘삼월에는 자규루에 부디 오르지 마소.

강원도 영월에 유배된 단종의 쓸쓸함은 두견이의 울음소리를 들으면서 더해졌고, 두견이 소리가 밤중에 울리고 있는데 단종이 머무르고 있는 누각의 이름 역시 두견이를 일컫는 자규루이다. 또한 『청구영언』에는 조선 시대 사람인 이조년(李兆年)의 시조가 다음과 같이 실려 있다.

이화(梨花)에 월백ᄒᆞ고 은한(銀漢)이 삼경(三更)인 제,
일지춘심(一枝春心)을 자규(子規)야 알냐마ᄂᆞᆫ,
다정(多情)도 병인 양ᄒᆞ여 좀 못드러 ᄒᆞ노라.

배꽃이 진 달 밝은 밤에 연인을 생각하며 잠 못 이루고 있는데 두견이 소리가 들려 이 마음을 자규(두견이)가 알겠느냐고 이야기하고 있다.

새의 생태와 문화

야생 조류와 유리창 충돌

문명이 발달하며 인간의 생활 공간은 점점 더 넓어지고 있다. 그에 따라 인간의 도시가 야생동물의 서식지를 침범하게 되면서 야생동물은 서식지를 잃어버리거나 인간이 만든 구조물에 의해 사망하는 일이 잦아지고 있다. 로드킬과 함께 이러한 일의 또 다른 대표적인 사례가 야생 조류의 유리창 충돌이다.

야생 조류의 유리창 충돌은 이미 세계적으로 화제가 되고 있다. 해외 연구 결과에 따르면 캐나다에서는 약 2,500만 마리, 미국에서만 연간 약 10억 마리에 이르는 야생 조류가 건물 외벽 유리에 충돌하여 폐사하는 것으로 추정되고 있다. 이는 인간에 의한 야생 조류의 직접적 폐사 원인 중 고양이에 의한 폐사 다음으로 가장 높은 비율을 차지 한다. 야생 조류의 유리창 충돌은 우리나라에서는 큰 주목을 받지 못하고 있었으나, 최근 우리나라에서 최초로 유리창 충돌 폐사량 조사가 이루어진 바 있다. 이 조사에서 국내에서 유리창 충돌로 사망하는 야생 조류의 숫자가 1년에 약 800만 마리에 가까운 것으로 추정되었다.

이렇게나 많은 새들이 유리창에 부딪혀 죽는 이유는 무엇일까? 첫째, 투명한 유리는 시각적으로 잘 보이지 않고 표면 반사가 심한 유리는 풍경을 반사해 주변 환경과의 구분을 어렵게 만든다. 이는 사람에게도 마찬가지이지만, 사람은 경험적인 지식으로 유리가 있다는 것을 알 수 있는데 반해 새는 그렇지 못하므로 유리를 인지하지 못하는 경우가 많다. 둘째, 충돌사의 원인은 새들의 신체 구조와 생태와도 관계가 있다. 사람은 머리의 전면에 눈이 위치해 있으며 앞에 있는 하나의 사물에 초점을 맞추거나 원근을 파악하는 데 뛰어난 능력을 가지고 있다. 그러나 대부분의 새들은 눈이 측면에 위치하며 주변을 두루 살피기 위한 넓은 시각이 발달해 있어 정면으로 다가오는 흐릿한 물체와의 거리감을 인지하기에 불리하다. 또한 비행 중인 새의 속도는 시속 수십 km에 달한다. 그렇기 때문에 단단한 표면과 충돌 시, 가속도에 의해 머리와 목 등 중요 부위에 심각한 부상을 입는 경우가 많아 죽음에 이르게 된다.

야생 조류의 충돌을 줄이기 위한 방안으로는 여러 가지가 있다. 그 중 우리 주변에서 가장 쉽게 볼 수 있는 것이 '버드세이버'라고 불리는 큰 새 모양의 스티커를 유리에 붙이는 것인데, 이는 사실 별다른 효과가 없다. 새들은 사람보다 몸집이 작으므로 자신의 몸이 빠져나갈 수 있는 틈만 있다면 날아서 통과할 수 있다고 간주하기 때문이다. 충돌을 효과적으로 막기 위해서는 유리를 장애물로 인식할 수 있게 하면서도 새들이 날아서 통과할 생각을 하지 못하도록 촘촘한 그물이나 줄, 또는 점 무늬 같은 표면 처리를 해주는 것이 좋다. 또한 해외에서는 새들이 자외선을 볼 수 있다는 점을 이용하여 새들의 눈에만 보이는 무늬를 인쇄한 특수유리나 부착용 필름을 활용하고 있다. 세계적으로 유리창 충돌은 생태 보전의 심각한 문제로 부상하고 있으며, 저감 방안의 개발은 현재진행형이다. 우리나라에서도 야생 조류의 유리창 충돌에 관한 인식 확대와 저감 방안의 다양화가 이루어져 시민과 야생동물의 공존에 한발짝 더 나아갔으면 하는 바람이다.

수리부엉이

| 수리부엉이 · *Bubo bubo*

멸종위기야생생물 II급 / 천연기념물 제324-2호 / 국가적색목록 VU / IUCN 적색목록 LC
비교적 드문 텃새로서 저지에서 고산 지대에 이르기까지의 바위산,
하천을 낀 산의 절벽 등지에서 산다.

이름의 유래

수리부엉이의 학명 *Bubo bubo*에서 속명과 종소명인 *Bubo*는 라틴어 buzo, 그리스어로 byzo로서 '푸-, 호-' 하고 우는 소리에서 유래한다. 영명은 '수리처럼 용감한 부엉이'라는 뜻의 Eagle Owl이며, 우리말 이름과 그 뜻이 같다. 우리 조상들은 수리부엉이를 치휴(鴟鵂), 각치(角鴟), 괴치(怪鴟), 야묘(夜猫), 수알치새 등으로 불렀다.

생김새와 생태

귀깃(耳羽, 이우)은 길고 갈색이며 매우 크다. 몸의 대부분에는 세로로 갈색의 줄무늬가 있고 옆으로 가는 줄무늬가 있으며 또한 복잡한 무늬가 뒤섞여 있다. 머리에는 긴 귀깃이 있고 얼굴에는 갈색의 가늘고 검은 선이 동심원상과 방사상으로 나열되어 있다. 눈의 안쪽과 귀깃의 안쪽에 회백색의 줄이 이어져 있다. 가슴에 난 세로 무늬는 폭이 넓다. 날개는 폭이 넓고 아래쪽은 옅은 갈색에 가로로 검은 무늬가 있으며, 꼬리는 짧은데 갈색 바탕에 검은 띠가 있다. 눈은 등갈색이다.

올빼미나 부엉이류는 다른 새들과는 달리 얼굴이 평편하고 양쪽 눈이 정면을 바라보는 형태를 하고 있다. 이는 안면의 구조로 하여금 소리를 모아 귀에 잘 전달해 주고, 달아나는 먹이를 양쪽 눈으로 보고 효율적으로 거리를 가늠하기 위함이다. 암컷과 수컷이 함께 굵고 잘 들리는 소리로 '푸-, 호-' 또는 '포-, 호-' 하며 거듭 운다. 날면서 '갸' 소리를 지르기도 하며 부리로 '딱딱' 하는 소리로 위협하기도 한다.

암벽의 바위 선반처럼 생긴 곳이나 바위 굴 밑의 평평한 곳, 바위벽의 틈을 이용하여 둥지 없이 알을 낳는다. 한배산란수는 2~3개이며 알을 품는 일은 암컷이 도맡아서 한다. 알을 품는 기간은 34~36일이고, 새끼를 기르는 기간은 35일쯤이다.

산림보다는 암벽과 바위산에서 생활한다. 낮에는 나뭇가지가 무성한 곳이나 바위에 앉아 있다가 어두워지면 활동을 개시하여 해가 뜰 무렵까지 활동한다. 곧게 선 자세로 날개를 접고 나뭇가지나 바위 위에 앉는다. 낮게 조용히 파도 모양으로 날며 밤에는 하늘 높이 떠서 바위산을 오가는 경우도 있다. 먹이를 먹은 다음 소화되지 않는 것은 펠릿으로 토해 낸다. 꿩, 산토끼, 집쥐를 잡아 새끼에게 먹이며 어미새는 개구리, 뱀, 도마뱀, 곤충류들도 잡아먹는다.

분포

유럽, 북아프리카, 만주, 한국, 일본 등의 유라시아 대륙에 고르게 서식한다.

1 바위가 산재한 둥지 부근에서 경계하는 모습
2 나뭇가지 위에서 휴식 중인 모습
3 둥지에서 새끼를 보호하고 있는 어미새

쇠부엉이

| 쇠부엉이 · *Asio flammeus*

천연기념물 제324-4호 / 국가적색목록 LC / IUCN 적색목록 LC
우리나라에서 드문 겨울철새이다.

1

2

이름의 유래

쇠부엉이의 학명 *Asio flammeus*에서 속명 *Asio*는 라틴어로 '부엉이'를 뜻하며 종소명 *flammeus*는 '불꽃과 같은 색깔'이라는 뜻으로 영어의 불꽃을 나타내는 단어인 flame과 어원이 같다. 쇠부엉이의 가슴과 배 부분의 줄무늬가 불꽃의 모양과 색깔이 비슷한 데서 유래되었다. 영명은 쇠부엉이의 짧은 귀깃에서 비롯되어, Short-eared Owl로 명명된 것으로 보인다.

생김새와 생태

온몸의 길이는 38.5cm이며, 날개편길이는 94~104cm이다. 귀깃이 매우 짧아 없는 것처럼 보이지만 작은 귀깃이 있다. 얼굴이 매우 발달하였다. 눈을 중심으로 하트(heart) 모양의 엷은 회갈색 깃이 깔려 있으며, 눈은 황색이고 눈 주위가 까맣다. 꼬리의 옆 줄무늬는 폭이 넓으면서도 명료하다. 가슴에서 배 부분까지는 아래로 뻗친 줄무늬가 있다.

부엉이류는 주로 야행성으로서 한밤중에 사냥을 나선다. 부엉이류가 그다지 시력이 좋지 않으면서도 사냥을 잘하는 이유는 귀의 구조에서 찾을 수 있다. 부엉이의 머리를 살펴보면, 귀의 입구는 눈 바로 옆에 있고, 앞쪽을 향해 열려 있다. 그런데 특이한 점은 양쪽 귀의 위치가 서로 다르다는 것이다. 오른쪽 귀가 조금 위에, 왼쪽 귀가 조금 밑에 자리잡고 있는데, 소리가 나는 곳(음원)을 입체적으로 파악하여 그 위치를 정확히 알아낼 수 있다. 또 이에 필요한 집음 장치도 매우 뛰어난데, 하트 모양의 얼굴이 집음 장치의 역할로 매우 유리하게 작용한다.

쇠부엉이는 낮에도 활동하지만 낮에는 대개 풀숲 속에서 잠을 자거나 숨어 있다. 숲속이나 개활지의 갈대밭, 교목, 관목 등의 가지에 앉아 있다가 저녁이 되면 활동을 시작한다. 날 때는 날개의 끝을 활모양으로 굽히고 폭이 좁고 긴 날개를 펄럭거리면서 낮게 파도 모양으로 날고, 때때로 어지럽게 날기도 한다. 잡은 먹이는 부리로 뜯어먹으며 소화되지 않은 것은 펠릿으로 토해 낸다. 주로 단독으로 지내지만 무리를 짓기도 한다. 주된 먹이는 들쥐와 작은 들새, 곤충류 등이다.

분포

유라시아 대륙 일대, 북아메리카 등지에서 번식하고 남부 유럽, 북아프리카, 중동아시아, 중앙아시아, 중국, 한반도, 일본, 미국 남부 등에서 겨울을 나지만 일부 유럽, 미국 북부, 남아메리카의 중남부 등지에서는 텃새로 살기도 한다.

1 해질 무렵 나뭇가지 위에서 설치류를 찾고 있는 쇠부엉이

2 먹잇감을 찾아 잡목이 무성한 숲으로 날아가고 있다.

3 바위 위에서 먹이를 찾고 있는 쇠부엉이

4 먹이를 발견하고 하늘에서 하강하는 모습

5 나뭇가지 위에서 휴식 중인 쇠부엉이

새와 사람

부엉이의 무기, 발톱

부엉이 또는 올빼미는 먹이를 눈과 귀를 이용하여 추적하고 최종적으로 발톱과 부리로 처리한다. 부엉이의 발톱은 매우 날카롭고 구부러져 있어 먹잇감을 죽여 두개골을 부수고 몸체를 반죽하듯이 할 수 있다. 부엉이 발톱의 분쇄력은 먹이의 크기와 종류, 부엉이의 크기에 따라 다르다. 부엉이의 발톱은 다른 맹금류처럼 몸크기에 비해 커 보인다. 부엉이는 발가락이 4개 있어서 먹이를 잘 포획할 수 있다. 가면올빼미과의 부엉이는 안쪽 발가락과 중앙발가락의 길이가 거의 같고, 올빼미과 부엉이는 중앙발가락이 안쪽 것보다 많이 길다. 발톱의 다양한 형태는 다양한 서식환경에서 특정한 먹이를 효율적으로 포획할 수 있다. 부엉이의 이러한 날카로운 발톱은 인간에게 피해를 주기도 한다.

세계적으로 저명한 한 조류 사진가는 부엉이 발톱에 의해 한쪽 눈을 잃어버렸다. 또한, 부엉이 둥지 가까이서 귀를 잃어버렸다는 이야기도 있다. 그만큼 부엉이의 발톱은 매우 날카롭고 뛰어난 무기이다.

새의 생태와 문화

왜 철새는 이동하는가?

기나긴 진화의 과정을 거쳐 놀라운 비상력을 지니게 된 새들 가운데에 많은 종들은 둥지를 만들고 새끼를 키우는 장소나 먹이를 구하려고 계절에 따라서 먼 거리를 오가게 되었다. 이러한 습성을 지닌 새들을 '철새'라 부르고, 이들의 먼 거리 이동을 '철새의 이동'이라고 부르게 되었다.

인도네시아의 니코바비둘기(Nicobar Pigeon) 같은 새는 끊임없이 이 섬에서 저 섬으로 이동하며, 검은슴새(Sooty Shearwater)는 오스트레일리아 대륙으로부터 떨어진 섬에서 캘리포니아와 오리건 해안까지, 북극제비갈매기(Arctic Tern)는 뉴잉글랜드에서 남극까지, 그리고 적갈색벌새(Rufous Hummingbird)는 알래스카에서 멕시코까지 이동한다.

새들은 특정한 계절이 가까워지면 몸 안에 지방을 비롯한 많은 에너지가 축적되어 이동하고자 하는 생리적 충동이 발생하여 거의 정해진 시기에 정해진 코스, 그것도 수백 km에서 수천 km에 이르는 긴 거리를 해마다 되풀이하여 이동한다. 해에 따라 이동하든지 이동하지 않든지 하거나, 먹이를 구하기 위하여 짧은 거리를 이동하는 것은 우발적인 이동에 해당되며 철새의 이동과는 구별된다.

철새가 왜 이동을 하는가는 오래전부터 학자들 사이에서 큰 궁금증이었고, 아직까지도 그 해답이 완전히 밝혀지지 않았다. 하지만 많은 조류가 이주로 인한 이익이 위험과 부담을 상쇄할 수 있는 것으로 알려졌다. 북쪽으로 이동하는 조류의 경우 일시적인 북반구 여름의 긴 낮과 풍부한 곤충자원을 이용할 수 있으므로 번식 환경에 매우 유리하다. 또한 북쪽 온대지역의 넓은 개활지는 분산을 유도하여 낮은 밀도로 번식을 할 수 있게 만들어 둥지 포식 가능성을 낮출 뿐 아니라 새끼들이 성장하면 곧바로 번식을 할 수 있는 장소를 찾을 수 있게 된다. 다시 말해 새들은 풍부한 자원과 높은 번식 성공률을 위해 이주라는 투자를 한다고 볼 수 있다.

올빼미 | 올빼미 · *Strix aluco*

멸종위기 야생생물 II급 / 천연기념물 제324-1호 / 국가적색목록 VU / IUCN 적색목록 LC
비교적 드문 텃새로서 저지에서 고산 지대에 이르기까지의 바위산,
하천을 낀 산의 절벽 등지에서 산다.

1 이소한 어린새가 어미를 기다리는 모습

2 어미새의 보호 아래 둥지 속에서 바깥세상을 구경하고 있는 새끼(오른쪽)

이름의 유래

올빼미의 학명 *Strix aluco*에서 속명 *Strix*는 그리스어, 라틴어 모두 '올빼미'를 의미한다. 종소명 *aluco*는 중세 라틴어 aluco에서 기인하는데 그리스어 eleos의 라틴어화 그리고 고대 이탈리아어 alocho의 라틴어화한 것으로 모두 숲속의 올빼미류를 의미한다. 영명은 Tawny Owl로, tawny는 '황갈색'을 의미하며, 올빼미의 몸 색깔을 잘 표현하고 있다. 영어권에서는 부엉이와 올빼미를 모두 owl이라고 하지만 우리나라에서는 대체로 귀깃이 있는 것을 부엉이, 귀깃이 없는 것을 올빼미라고 구별하여 부른다. 특히 쇠부엉이의 경우는 거의 귀깃이 없는 것처럼 보이지만 작은 귀깃이 있다. 최근, 이 종의 학명은 International Ornithologists' Union의 IOC World Bird List version 10.2(2020)에 의하면 *Strix nivicolum*으로 변경되었다. 여기서 속명은 동일하고 종소명 *nivicolum*은 '눈속에서 서식하는 동물'이라는 뜻으로, nix는 라틴어로 눈(snow)를 의미하고 –cola는 '~에 서식하는 동물'이라는 뜻이다. 그런데 이 종의 서식지가 숲인 것을 생각하면 생태적으로 잘 맞지 않는 기술로 생각된다. 영명도 Himalayan Owl로 변경되었는데, 이 종이 히말라야로부터 한국 그리고 타이완까지 분포하는 것과 관계가 있는 것으로 생각된다.

생김새와 생태

온몸의 길이는 38cm이다. 몸은 회색이며 귀깃이 없고 배와 등의 세로 줄무늬에는 가로줄이 섞여 있다. 눈은 검은색이며 부리는 푸른빛을 띤 회색이다. 수컷과 암컷이 외형적인 모습에서 차이를 보이는 성적 이형성(sexual dimorphism)을 갖고 있어, 암컷이 수컷보다 크기는 5% 더 크며, 무게는 25% 정도 더 나간다. 수컷은 '후-우, 후후후후후' 하고 울고, 암컷은 '케-엑' 또는 '훗, 훗' 하고 운다.

올빼미의 전세계 어른새 개체수는 100~300만이다. 올빼미는 일부일처의 번식체계를 갖고 있다. 이들은 쌍을 이루어 번식을 위한 세력권을 형성하며, 매년 세력권의 경계가 조금씩 바뀌기는 하나 큰 변화는 없다. 2월 중에 나무 구멍에 둥지를 틀며, 한배산란수는 2~3개이다. 알은 암컷이 30일 동안 품으면, 새끼가 알에서 부화한다. 새끼는 35~39일 동안 어미의 보살핌을 받으며 자란 후에 이소한다. 이소하기 10일 전후로 새끼는 둥지에서 나와 둥지 근처 가지에 숨어 있는 모습을 볼 수 있다. 새끼가 이소한 후에도 어미의 보살핌은 끝나지 않는다. 2~3개월 정도 함께 다니다가, 그 이후에는 각자의 세력권을 형성하기 위해 떠난다.

낙엽성 산림이나 혼효림에서 서식하며 종종 침엽수림에서도 발견되고, 특히 물과 인접해 있는 지역을 선호한다. 주로 저지대에서 서식하지만, 번식은 고지대에서 하는 것으로 알려져 있다. 미얀마에서는 2,800m에 달하는 높은 고도에서 번식하기도 한다. 야행성이기 때문에, 낮에는 나뭇가지가 무성한 곳에 앉아 있다가 어두워지면 활동을 개시하여 해가 뜰 무렵까지 활동한다.

올빼미의 주 먹이는 설치류이지만, 작은 토끼나 새 등 다양한 먹이를 먹는다. 먹이 활동은 주로 밤에 이루어지지만, 새끼가 있는 경우 낮에도 먹이 활동을 한다. 잡은 먹이는 통째로 삼키며, 먹이를 먹은 다음 소화되지 않는 것은 펠릿으로 토해 낸다. 펠릿에는 올빼미가 먹은 먹이의 털, 뼈 등이 섞여 있기 때문에, 이를 통해 올빼미의 먹이를 파악할 수 있다. 둥지나 휴식하는 나무 아래에서 펠릿이 발견되곤 한다.

분포

영국, 이베리아반도부터 시베리아 서부 지역까지 온난한 유라시아 대륙에서 서식한다. 한반도 전역에 서식하며 중국 동부에서도 텃새로 서식한다.

새와 사람

동양은 불운의 상징, 서양은 지혜의 상징

올빼미는 동양에서 부모를 죽이는 불효를 저지르는 새라고 여겨져, 옛 사람들은 올빼미를 사냥해 머리만 베어 들고 오기도 하였다. 효(梟)라는 옛 이름도 나무에 매달린 새의 모습이며, 전쟁터나 큰 벌을 받은 사람의 목을 베어 창대에 걸어두는 것을 효시(梟市)라고 하였다. 또한 올빼미가 앉는 집에는 화재가 발생한다는 속설도 있어 올빼미는 불운을 상징했다.

한편, 서양에서는 어둠을 꿰뚫어볼 수 있는 현명한 새로 인식되었고, 전쟁과 지혜의 여신 아테나(미네르바)의 곁을 지키는 지혜의 새였다. 이처럼 한 새를 두고 동서양이 다르게 인식하는 것을 보면 참으로 흥미로운 일이 아닐 수 없다.

3 둥지에서 날개짓이 서툴러 땅바닥으로 떨어진 뒤 날카로운 발톱을 사용하여 나뭇가지로 기어오르고 있다.

4 둥지 부근에서 경계하는 어른새

5 포란 중인 어미 올빼미

소쩍새 | 접동새 · *Otus sunia*

천연기념물 제324-6호 / 국가적색목록 LC / IUCN 적색목록 LC
우리나라 어디서나 볼 수 있는 여름철새이다.

이름의 유래

소쩍새의 학명 *Otus sunia*에서 속명 *Otus*는 그리스어로 '귀'를 뜻하는 ous의 속격인 ōtos에서 유래하는 것으로서 '부엉이의 한 종'을 말한다. 아리스토텔레스는 "부엉이(ōtos)는 올빼미(glaux)와 비슷하고 귀 부분에 귀깃이 있고 사람에 따라서는 '밤까마귀'라고도 부른다"라고 하였다. 종소명 *sunia*는 네팔어로 이 새의 이름 Sūnya Kūsial에서 유래한다. 영명은 Oriental Scops이다. 우리 선조들은 소쩍새를 토(鵚), 목토(木兎), 휴류(休鶹), 률류(鶹鶹), 부헝이, 부엉썩새, 썩부엉이라고 불렀다.

생김새와 생태

온몸의 길이는 18.5~21.5cm이며 날개편길이는 40~49cm로 국내 올빼미 가운데 가장 작다. 생김새를 보면 몸이 회갈색인데 갈색, 검은색, 회색 등의 벌레 먹은 것 같은 복잡한 무늬가 있다. 눈은 노란색이며 날개 아래쪽은 회백색으로 날개깃에는 옆으로 검은색의 무늬가 있다. 발가락에는 털이 없다. 적색형은 등갈색의 줄무늬가 있다.

초저녁부터 새벽에 걸쳐 밤새 우는데 수컷은 '솟쩍, 솟쩍' 또는 '솟쩍다, 솟쩍다' 하고 울고 암컷은 '과-, 과-' 또는 '팟-, 팟-' 하는 소리를 낸다. 알을 낳는 시기는 5월 상순에서 6월 중순 무렵이고 알은 나무 구멍에 낳는다. 한배산란수는 4~5개이다. 알을 품는 일은 암컷이 도맡아 하고 품는 기간은 24~25일이며 새끼를 키우는 기간은 21일이다. 야행성으로 낮에는 주로 숲속 나뭇가지에 앉아서 잠을 자고 초저녁부터 움직이기 시작한다. 날 때는 소리 없이 날개를 펄럭이며 난다. 곤충류를 주로 먹으며 그 밖에 거미류도 먹는다.

분포

인도, 인도차이나반도, 중국 남부, 한국 등에서 서식한다.

1 2 둥지 속 새끼를 천척으로부터 보호하기 위해 경계하는 모습

3 야행성 조류로서 대낮에 실눈을 뜨고 경계하는 모습

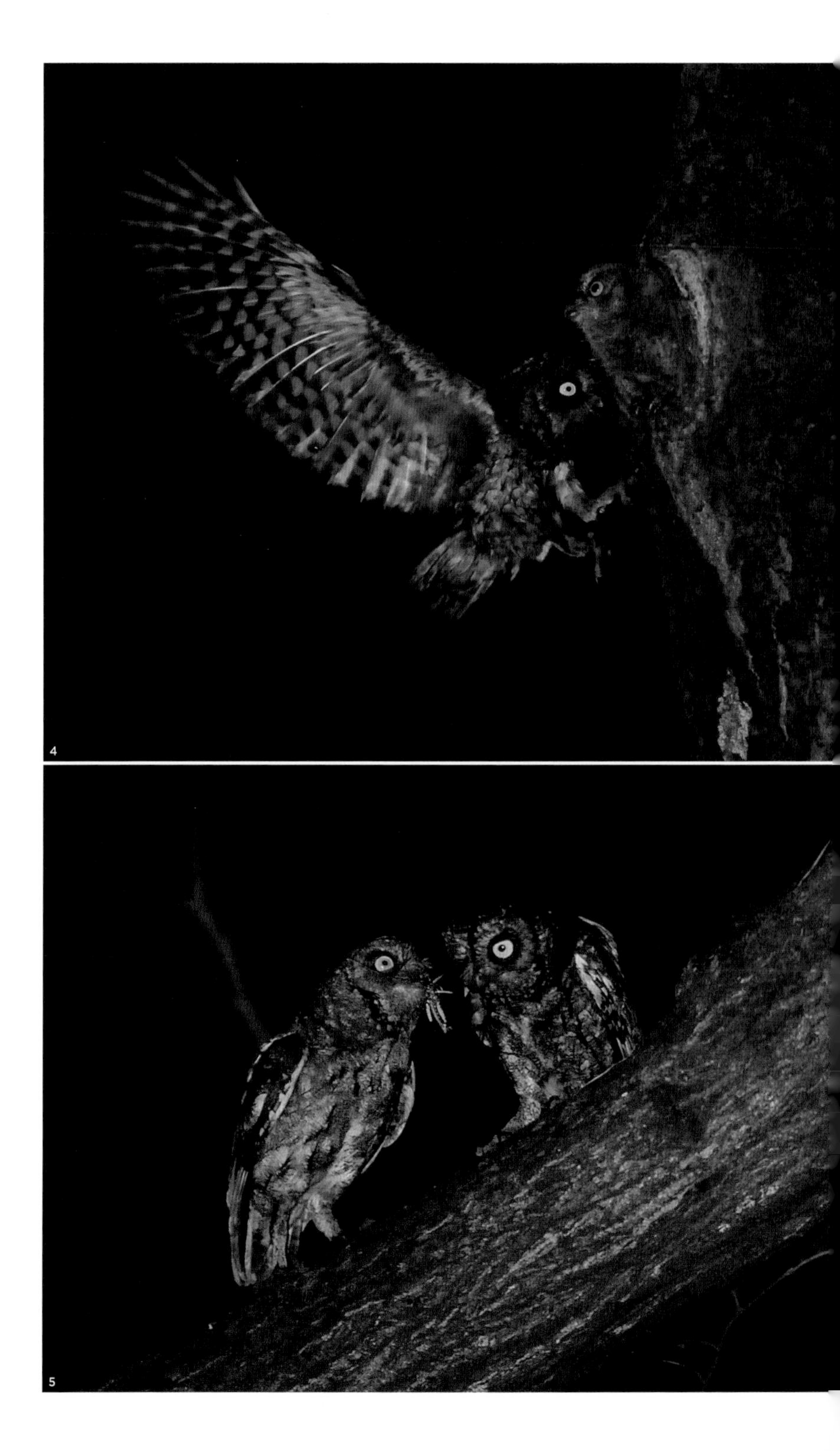

4

5

새와 사람

풍년과 흉년의 새

소쩍새의 울음소리에 얽힌 전설을 보면, 아주 먼 옛날에 며느리를 미워하는 한 시어머니가 며느리에게 밥을 주지 않으려고 아주 작은 솥을 내주며 밥을 짓도록 하였다. 밥을 지어도 자기 몫이 없었던 며느리는 끝내 굶어 죽었고 그 불쌍한 넋은 새가 되어 밤마다 시어머니를 원망하는 뜻으로 '솥이 적다, 솥이 적다, 소쩍 소쩍' 하고 울게 되었다고 한다. 또한 민간에서는 '소쩍' 하고 울면 흉년을 예고하며 '솟쩍다' 하고 울면 '솥이 작으니 큰 솥을 준비하라'는 뜻으로 풍년을 미리 알린다고 믿었다. 요즘에는 이 소쩍새 울음소리가 드라마나 영화의 배경음으로 종종 등장할 정도로 친숙하다.

소쩍새는 우리 민족과 더불어 생활해 온 새로서 시의 소재로도 많이 쓰였다. 서정주의 「국화 옆에서」라는 시에 등장하는 소쩍새가 대표적이다. 이 시는 오랜 세월 아픔과 어려움을 딛고 얻은 삶의 원숙미를 표현한 시로서 여기에서 소쩍새는 고통을 견디는 아픔을 나타낸 것이다.

4 어미 소쩍새가 먹이를 잡아서 새끼에게 전달하는 순간
5 수컷이 비단벌레를 잡아서 암컷에게 주며 구애를 하는 모습
6 둥지에서 첫째가 용감하게 이소하는 모습을 동생들이 바라보는 모습

쏙독새 | 쏙독새 · *Caprimulgus jotaka*

IUCN 적색목록 LC

우리나라 전역에 분포하는 흔한 여름철새이다.

이름의 유래

쏙독새 학명 *Caprimulgus jotaka*에서 속명 *Camprimulugus*는 라틴어 camprimulus에서 유래하며 '염소'를 뜻하는 caper, capri와 '젖을 짠다'는 의미의 mulgeo로 구성되는데 이는 "쏙독새가 염소의 젖을 빨아먹는다"는 오래된 신화에서 유래한다. 종소명 *jotaka*는 쏙독새의 일본명인 'ヨタカ(Yotaka)'로부터 기인하며 ヨ(夜)는 밤을 뜻하며 タカ는 매종류를 의미하며, 쏙독새가 밤에 활동하는 매종류라는 뜻이다. 영명 또한 이 종이 야행성이고, 입이 몸 전체에 비교하여 매우 커서 항아리와 연관된 이름으로 nightjar라고 하며, 깃털색이 회색을 띠고 있어 Grey Nightjar가 되었다. 우리 조상들은 쏙독새를 신(鷐), 신풍(晨風), 토문조(吐蚊鳥)라고도 불렀다. 이 종은 '쏙독, 쏙독, 쏙독, 쏙독, 쏙독, 쏙독, 쏙독' 하고 오이를 썰 듯이 울음소리를 낸다고 하여 쏙독새라고 불렀다고 생각된다.

생김새와 생태

쏙독새과 조류는 뉴질랜드와 오세아니아의 몇몇 섬을 제외한 전세계에서 발견되며 98종이 있으나, 한반도에는 1종이 서식한다. 쏙독새는 크기가 29cm이다. 나무 껍질이나 낙엽처럼 보이는 무늬와 흑갈색의 위장색이 잘 발달된 야행성 조류이다. 날개와 꼬리가 가늘고 길며, 날 때 긴 꼬리와 날개가 특징적인데, 수컷은 뺨과 멱, 날개, 꼬리에 흰색 반점이 뚜렷하며, 암컷은 멱 또는 첫째날개깃의 반점은 갈색이 섞여 있는 흰색이며 꼬리에는 흰색 반점이 없다.

다리가 짧고 발톱이 있는 발은 작아서 걷기에는 적합하지 않다. 나무에 앉을 때는 나뭇가지와 수평으로 앉으며, 낮에는 땅바닥이나 나뭇가지에서 움직이지 않고 가만히 앉아 있다. 이때는 관찰하기 어렵다. 주로 늦은 저녁과 이른 아침 또는 밤에 활동하며 개활지를 날아 다니며, 주로 나방, 딱정벌레, 벌, 메뚜기 등의 곤충을 잡아먹는다. 날 때의 모습은 맹금류와 뻐꾸기와 비슷하다. 4월 하순 또는 5월 중순부터 8월 중순경까지 '쏙독, 쏙독, 쏙독, 쏙독, 쏙독, 쏙독, 쏙독' 하고 밤에 애처롭게 운다.

다른 쏙독새과 조류와 마찬가지로 숲의 풀밭에 또는 땅에 둥지를 틀지 않고 그대로 알을 낳는다. 포란 중에는 의상행동을 한다. 알을 낳는 시기는 5월에서 8월이지만 6월이 최성기이다. 한배산란수는 2개이며 알은 회백색 바탕에 회갈색과 회자색 거친 반점이 산재한다. 포란기간은 19일이며, 알에서 부화한 후 약 6일간 부화한 장소에 그대로 남아 어미새로부터 먹이를 받아먹으며 살아간다.

분포

러시아 우수리와 아무르지역, 바이칼지역, 몽골동부, 만주, 중국, 한국, 일본 등지에서 번식하며 인도차이나반도와 인도네시아, 필리핀 등지에 월동한다.

1 나뭇가지인양 위장하고 앉아 있는 모습
2 숲바닥에 떨어진 나뭇가지에 앉아 위장하고 가만히 있는 모습

새의 생태와 문화

동면하는 북미서부쏙독새

북미서부쏙독새(*Phalaenoptilus nuttallii*, Common Poor-will)는 작은 올빼미 같은 생긴 새로 동면을 하는 최초의 새로 발견되었을 뿐만 아니라 동면하는 유일한 새로 알려져 있다. 북미서부쏙독새는 날아다니는 곤충 먹이 자원이 부족해지는 겨울이 되면 대부분의 다른 새처럼 더 따뜻한 곳으로 이동하는 대신 대사율을 떨어뜨려 먹지 않고도 몇 주 또는 몇 달 동안 생존할 수 있다. 체온은 22.8°C까지 떨어질 수 있으며 호흡은 최대 90%까지 감소시킬 수 있다. 따라서 동면 중의 생리적 효과로 호흡률을 거의 감지할 수 없는 유일한 새이다. 휴면상태(짧은 시간 동안 동면)에 들어가는 다른 새들이 알려져 있지만 동면이라고 할 만큼 충분하게 긴 시간 휴면상태를 유지하는 새는 없다.

이 종은 전형적으로 건조한 미국 서부에서 발견되며 콜로라도와 캘리포니아, 애리조나, 뉴멕시코에서 주로 서식한다. 서식지는 풀이나 관목이 있는 건조하고 개방된 지역이며 초목이 거의 없고 돌이 많은 사막 경사면이다. 북미서부쏙독새는 속이 빈 통나무나 풀밭에서 은신한다. 번식기는 5월 초부터 9월 초이다. 이 새들은 일부일처제이기 때문에 번식기 동안 한 마리의 짝만 가진다. 그렇기에 땅에 둥지를 틀고 어버이새 모두 적극적으로 알을 보호하고 포란한다. 이 종은 근처의 침입자에게 경고를 할 때 내는 쉿쉿 하는 소리로 식별할 수 있다.

암컷 북미서부쏙독새는 5월 말부터 6월까지 1년에 1번, 8월에 1번 최대 2번의 한배산란을 할 수 있으며 겨울에 동면하기 때문에 일년 중 남은 시간 동안 번식행동을 한다. 이 종은 야행성이며 식충성 조류로 메뚜기, 귀뚜라미, 벌레, 나방, 딱정벌레와 같은 곤충만 먹는다. 그런데 겨울에 먹지 않고 며칠이 지나면 신진대사가 떨어지고 휴면(torpor)에 들어가 에너지를 보존할 수 있다. 겨울이 되기 전에 이 종은 여분의 체지방을 만들기 위해 많은 양의 곤충을 먹는다. 이 체지방은 동면하는 동안 에너지원으로 사용된다. 미국 애리조나주 북동부에 사는 원주민인 호피(Hopi)족은 북미서부쏙독새 가 동면하는 습관을 알고 있었으며 "잠꾸러기"라고 불렀다고 한다.

쏙독새의 별

과거 일본에서는 쏙독새가 다른 새들에 비해 아름답지도 않고 특이한 생김새 때문에 부정적인 이미지가 강하였다. 에도시대에는 유곽에서 일하는 일부 여성을 칭하는 속어로 사용되기도 하였다. 이런 이미지는 일본의 애니메이션으로 유명한 『은하철도 999』의 원작 『은하철도의 밤(銀河鉄道の夜)』의 작가인 미야자와 겐지(宮沢賢治)의 동화 『쏙독새의 별(よだかの星』에서도 찾아볼 수 있다. 이 동화에서 작가는 쏙독새의 외형적 특징에 대해 다음과 같이 표현하고 있다. "쏙독새는 참 못생긴 새입니다. 얼굴은 군데군데 된장을 바른 것처럼 얼룩이 지고 부리는 평평하고 귀밑까지 찢어져 있습니다. 다리는 마치 비틀비틀거리고 한 발자국도 걸을 수 없습니다. 다른 새들은 이제 쏙독새의 얼굴을 보는 것만으로도 싫어하게 되는 상태였습니다."

3 부화된 새끼가 노출되자 의태행동을 하다가 나뭇가지에서 경계음을 내는 쏙독새

4 소나무림 바닥에서 발견된 새끼새

5 어미새가 체온유지를 위해 품고 있는데 밖으로 나온 새끼새

청호반새 | 청호반새 · *Halcyon pileata*

IUCN 적색목록 LC

우리나라의 전역에 걸쳐 비교적 흔하게 번식하는 여름철새이다.

이름의 유래

청호반새의 학명 *Halcyon pileata*에서 속명 *Halcyon*은 그리스 신화에 나오는 알키오네로 케익스(Keyx)의 아내이다. 종소명 *pileata*는 '모자를 쓰고 있다'는 뜻으로서 청호반새의 머리가 검은 것과 깊은 관계가 있다. 영명은 머리에 검은 모자를 썼으며 물고기를 잘 잡는 새라는 뜻으로 Black-capped Kingfisher이다.

생김새와 생태

온몸의 길이는 28cm이다. 몸의 등과 꼬리는 청색이고 날개에는 하얀 반점이 있다. 목과 가슴의 윗부분은 하얗고 배는 약간 붉은빛을 띤 등황색이다. 부리는 두껍고 붉은색이며 발 또한 붉다. 머리는 까맣다. 암컷은 수컷과 아주 비슷하지만 가슴의 깃털에는 엷은 검은색의 가장자리가 언제나 있으며 나이를 먹어도 없어지지 않는다. 교목 위나 벼랑 위 또는 전깃줄에 앉아 '교로, 교로, 교로' 하는 날카로운 소리로 운다.

혼자 살거나 암수가 함께 생활한다. 번식기에는 암수가 서로 하천 위를 시끄럽게 날아다니면서 쫓고 쫓기는 행동을 되풀이한다. 둥지는 직접 흙벽에 1m쯤 깊이의 구멍을 파서 만들며 지상에서 2m쯤 높이의 나무 구멍을 이용하기도 한다. 알을 낳는 시기는 4~7월이며, 한배산란수는 보통 4~6개이다.

하천에서 주로 서식하며 때로는 논이나 간척지에 날아와서 먹이를 찾는다. 물가 벼랑이나 교목의 가지 위에 꼼짝하지 않고 앉아 있다가 먹이를 발견함과 동시에 물속이나 땅으로 내려와서 먹이를 잡는다. 먹이는 갑각류, 파충류, 양서류, 어류, 곤충류의 메뚜기목, 딱정벌레목 등의 동물성이 주를 이룬다.

분포

한반도, 만주, 중국 등지에서 번식하며, 말레이반도, 보르네오, 자바 등지에서 겨울을 난다.

1 2 나뭇가지 위에서 먹이를 찾는 청호반새

3 개구리를 잡아와서 둥지 속에 들어가기 전 부근 나뭇가지에 앉는 모습

4 흙벽에 마련된 둥지를 갓 벗어난 어린 새끼

조류의 후각

냄새는 주변에 어떠한 먹이가 있는지, 근처에 적이 있는지, 나와 같은 개체가 있는지 등 많은 정보를 포함하고 있다. 또한, 위치정보도 제공해줄 수 있다. 오랜 기간 동안 조류에게 있어 후각은 중요한 감각이 아니라고 여겨져 왔다. 이는 조류의 뇌에 위치한 냄새를 인지하는 후각엽(嗅覺葉, olfactory bulb)이 일반적으로 매우 작기 때문이다. 그러나 최근의 연구결과에 따르면, 조류는 후각을 먹이 찾기, 방향 찾기, 둥지 찾기 등 다양한 활동에 후각을 사용한다는 것이 밝혀졌다. 기러기의 경우, 어린 시절에 냄새를 이용하여 먹을 수 있는 식물과 먹을 수 없는 식물을 학습하며, 흰점찌르레기는 적절한 둥지 재료를 선택하기 위하여 후각을 이용한다.

독수리류, 관비류(Tubenosed birds), 야행성 조류 등은 다른 조류보다 더 복잡하고 큰 후각엽을 가지고 있다. 조류에 있어 후각은 그들에게 중요한 역할을 한다. 또 관비류 중에서 바다새(슴새목)는 후각이 매우 중요하다. 흰허리바다제비(*Oceanodroma leucorhoa*, Leach's Storm Petrel) 새끼에게 자신의 둥지와 자신의 둥지가 아닌 둥지를 선택하게 한 실험에서 새끼는 자신의 둥지를 후각으로 인식하는 것을 확인할 수 있었다. 바다새류는 번식기에 둥지에 돌아갈 때 대부분 어두운 밤에 이동하며 둥지로 돌아오는 새들도 둥지에 있는 새들도 지저귀지 않는다. 이는 도둑갈매기류와 같은 포식자에게 발각되지 않기 위한 것이다. 어두운 침엽수 숲 속에서 자신의 둥지를 찾기 위해서 후각을 이용하여 돌아오는 것이다. 바다새류의 후각을 이용하지 못하게 하자 바다새는 둥지로 돌아오지 못 하였다.

또한 바다새는 먹이인 동물성 플랑크톤의 위치를 냄새로 파악한다. 이는 식물 플랑크톤이 포식자인 동물 플랑크톤에 반응하여 방출하는 화합물의 황화메틸 냄새를

5 나뭇가지 위에서 둥지 주변을 경계하는 청호반새

이용하며, 흰허리바다제비는 이 냄새를 12km까지 먼 곳에도 탐지할 수 있다. 또 검은발알바트로스(*Phoebastria nigripes*, Black-footed albatrosses)는 31km나 떨어진 베이컨의 지방 냄새에 반응한다. 까마귀류, 벌새류, 키위류, 앵물새류 등의 조류도 냄새를 이용하여 먹이의 위치를 파악한다. 1930년대 캘리포니아의 유니언 석유회사에서는 천연가스관의 누출을 탐지하기 위하여 방귀냄새와 비슷한 에틸메르캅탄(ethyl mercaptan)을 가스에 함유시켰는데 천연가스관에 틈이 생겨 가스가 새면 칠면조수리(*Cathartes aura*, Turkey Vulture)가 많이 모여들었다. 이는 에틸메르캅탄이 동물사체를 비롯한 유기물이 썩어갈 때에도 방출되는데 이에 반응하여 모여든 것이였다. 즉 칠면조수리는 썩은 고기에서 나오는 화학물질인 에틸메르캅탄의 냄새를 이용하여 먹이의 위치를 파악한다.

또한, 개체 인식(individual recognition) 및 짝의 선택에 있어서도 냄새를 이용한다. 청둥오리 또한 번식에 있어 후각이 큰 역할을 한다. 암컷의 번식과 관련된 냄새는 미지샘의 분비물을 통해서 나며 번식기에는 그 성분이 변화한다. 청둥오리 수컷의 후각 신경을 실험을 통하여 절단하자, 구애 행동과 다른 성적 행동이 억제된 것을 관찰할 수 있었다. 슴새류는 후각을 개체인식에도 사용한다. 짝의 냄새를 구분하고, 자신의 냄새는 기피하며, 관계가 없는 개체들의 새끼에게 끌리는 현상을 발견하였는데 이는 체취를 통하여 근친교배를 방지하는 시스템의 일종이라고 볼 수 있다. 슴새류는 한 번 짝을 이루면 평생 짝을 이루고 살아가며 장수를 하는 종이기에 유전자 다양성을 유지함에 있어서 매우 중요하다. 남극 주변 해역에서 서식하는 남극슴새(*Pachyptila desolata*, Antarctic Prion)는 자신의 냄새와, 다른 개체의 냄새, 짝짓기 상대의 냄새를 구별한다. 이를 통해 짝짓기 상대와 바다에서 돌아와 포란을 교대하기 위해 정확하게 자신의 보금자리로 돌아올 수 있는 것이다.

새들의 집짓기

새들이 집짓기 장소를 고르는 습성은 종에 따라 다르지만 노랑때까치는 봄이 되면 수컷이 먼저 세력권을 형성한 다음에 암컷을 잎이 무성한 나뭇가지로 안내하여 암컷의 마음에 드는 곳에 암수가 함께 둥지를 만든다. 박새는 수컷이 암컷을 이곳저곳으로 이끌고 다니면 암컷이 그 가운데 가장 마음에 드는 장소를 고르고 혼자서 이끼를 날라다 둥지를 만든다. 이때 암컷은 집을 짓기로 결정한 나무구멍(樹洞, 수동)뿐만 아니라 주변에 몇 개의 나무구멍이나 인공 새집에도 조금씩 이끼를 운반하는 습성이 있다.

오색딱다구리, 까막딱다구리 등은 수컷이 몇 개의 후보 나무에 작은 구멍을 파고는 암컷을 유혹하는데 그 가운데에 암컷의 마음에 든 구멍을 골라 암수가 함께 구멍을 더 넓히는 작업을 한 뒤에 둥지를 만든다. 암컷이 둥지 후보지 가운데에 하나를 선택하는 방식은 다른 새들에게서도 폭넓게 보인다. 이렇게 결정된 둥지는 뱀이나 들쥐, 족제비, 포식 조류 등의 천적에 쉽게 드러나지 않는 장소이며 또한 비와 눈, 직사광선을 피하기에 알맞은 곳이다.

밥그릇 모양의 둥지를 만드는 노랑때까치나 멧새 등의 작은 조류는 잎이 무성한 나뭇가지에, 수리를 비롯한 매나 까마귀 등의 중대형 조류들은 높은 나무의 굵은 가지와 나무줄기 사이에 둥지를 만드는 경우가 많다. 나무 구멍을 파서 둥지를 만드는 딱다구리는 곧은 나무줄기나 조금 경사진 곳의 아래쪽에 둥지를 파기 때문에 빗물이 스며들지 않는다.

호반새 | 호반새 · *Halcyon coromanda*

IUCN 적색목록 LC

우리나라에서는 흔치 않은 여름철새이다.

1

2

이름의 유래

호반새의 학명 *Halcyon coromanda*에서 속명 *Halcyon*은 그리스 신화에 나오는 알키오네로 케익스(Keyx)의 아내이다. 그녀는 자신의 가정이 제우스와 헤라의 가정보다 행복하다고 하는 바람에 헤라의 노여움을 사서, 그녀는 호반새가, 남편은 아비새가 되었다고 한다. 또한 종소명 *coromanda*는 지명인데 인도의 동남부 '코로만델(Coromandel) 해안에 속하다'는 뜻이다. 우리 선조들은 이 붉은색을 띤 아름다운 새를 '바됴(䳇鳥)' 또는 '적우작(赤羽雀)'이라고 하였다. 영명은 Ruddy Kingfisher인데, ruddy는 '붉다'는 뜻으로 호반새의 붉은 깃털 색과 연관된다.

생김새와 생태

몸의 대부분이 누런 갈색을 띤 붉은색이지만 몸 위쪽에는 자주색의 허리에 비취색의 깃털이 있다. 부리는 두껍고 붉은색이며 다리도 붉다. 암컷은 수컷과 아주 비슷하지만 배 아래의 자색 광택이 적은 편이고, 아랫면의 색도 엷으며, 배의 대부분은 황백색이다. 때때로 '교르르르르' 하고 길게 울며 '삐요오, 삐요오' 하고 울기도 한다.

산림의 나무 구멍이나 벼랑의 동굴 속 또는 흙벽이나 썩은 나무 기둥에 스스로 구멍을 파고 그 속에 둥지를 만들며 암수가 번갈아가며 알을 품는다. 알을 낳는 시기는 6~7월이며, 한배산란 수는 5~6개이다.

가지나 말뚝에 앉아서 먹이를 잡으려고 물속을 관찰하지만 물총새처럼 수면에 급강하하는 경우는 없고 수면이나 땅바닥에 잠깐 내려와서 부리로 먹이를 물고 본디 장소로 돌아가는 방법으로 먹이를 포획한다. 산간 계곡, 호숫가, 혼효림과 활엽수림 등 우거진 숲속의 나무 구멍에서 번식하기 때문에 호반새의 모습을 보는 것은 매우 어렵지만, 때때로 마을 가까이까지 오는 경우도 있으며 사람을 별로 무서워하지도 않는다. 수면에 떠오른 물고기, 지상에 있는 곤충, 개구리, 가재, 달팽이 등을 잡아먹는다.

분포

한반도, 일본, 타이완, 오키나와 등지에서 번식하며, 필리핀, 셀레베스 등지에서 겨울을 난다.

1 줄장지뱀을 잡아와 둥지로 가기 전 경계하는 모습

2 딱정벌레류를 물고 잠시 둥지 근처에서 경계하는 모습

3
4
5
6
7

| 새와 사람

호반새의 효심

옛날에 어머니와 아들 둘이 살고 있었다. 아들은 성격이 삐딱하여 어머니 말을 아예 듣지 않았다. 어머니는 늘 아들 걱정만 하다가 병이 들었다. 어머니는 병상에서 목이 매우 말랐기 때문에 아들에게 물 한 사발을 떠다 달라고 부탁하였다. 아들은 물을 떠 오다가 바닥에 쏟아 버리고, 대신에 화로에서 타고 있는 벌건 숯덩이 하나를 내보였다. 어머니는 서럽게 울다가 이내 죽고 말았다. 아들은 신의 저주를 받아서 빨간 새가 되었다. 빨간 새가 된 아들은 목이 말라 물을 마시러 냇가에 가면 자신의 모습이 수면에 빨간 불처럼 비쳐서 도저히 물을 마실 수가 없었다. 그래서 결국 새가 된 아들은 비가 오는 것을 기다려 빗물을 조금씩 받아먹고 목숨을 유지할 수밖에 없었다. 그래서 이 새는 언제나 비를 사랑한다. 이러한 이유로 호반새를 수연조(水戀鳥)라고도 부른다.

새의 생태와 문화

조류의 미각

과거에는 조류의 시각과 청각에 비해 미각(味覺)과 후각(嗅覺)과 같은 화학적 감각과 같은 감각들은 중요하게 여기지 않았다. 1880년대에 조류의 미각시스템에 대한 첫 추적 연구는 구강에서 맛을 느끼는 미뢰(taste buds)를 발견하는 데 실패하였다. 그 이후 오랫동안, 조류는 맛에 대한 감각인 미각이 그다지 발달하지 못했다고 여겼다. 포유류의 미뢰수는 사육고양이 2,755개, 돼지 19,904개이며 인간은 10,000개 정도를 가지고 있다고 한다. 이에 비하여 조류는 미뢰수가 매우 적다고 알려져 있었다. 예를 들어 비둘기류는 40개, 메추라기는 64개, 그리고 오리류는 400개, 앵무새류는 300~400개로 보고되었다. 닭류는 1959년 조사에서는 24개라고 하였으나 2016년 최근 논문에 의하면 분자생물학연구로 영계(broiler chicken)는 767개의 미뢰를 가지고 있으며 507개 입천장에 260개가 구강에 존재하는 것이 밝혀졌다. 조류의 미뢰는 포유류와 비교하였을 때 구조적으로는 비슷하지만 숫자상으로는 적은 수치로 미각수용체와 미각수용체유전자도 적어 일반적으로 조류는 포유류나 인간보다는 맛을 잘 느끼지 못한다고 여겨진다. 하지만 조류는 약간의 미뢰를 가지고도 지질과 당분의 농도와 함께 단맛과 짠맛, 신맛, 쓴맛이라는 기본적인 미각을 구분하고 있다. 조류는 일반적으로 채식 습관에 따라 미각이 잘 발달되어 있기도 하다. 과일식(frugivorous)조류나 잡식성(omnivorous)조류는 다른 채이길드(foraging guild)조류보다는 단맛을 인식하고 선호하는 경향이 있다. 그리고 과즙식 참새목(Nectivorous Passerines) 조류는 자당(sucrose), 과당(fructose), 포도당(glucose) 그리고 목당(xylose)의 순서로 선호한다고 한다.

3 4 둥지를 향해 날아가는 호반새
5 포란 중에 둥지 밖을 경계하는 모습
6 둥지 근처에 앉아 있는 어린새
7 새끼에게 먹이를 주고 날아가는 모습

물총새 | 물촉새 · *Alcedo atthis*

IUCN 적색목록 LC

우리나라 어디서나 흔히 볼 수 있는 여름철새이자 드문 텃새이다.

이름의 유래

물총새의 학명 *Alcedo atthis*의 속명 *Alcedo*는 라틴어로 '물총새'라는 뜻이며 종소명 *atthis*는 그리스 신화에서 물총새로 변한 아테네의 한 여성을 일컫는 말이다. 예부터 우리 조상들은 이 물총새를 푸른 빛을 띤 보석인 비취(琵翠)에 비유하여 '취됴(翠鳥)' 또는 '청우쟉(靑羽雀)'이라고 불렀다. 또한 사냥을 잘 하는 호랑이 또는 늑대에 비유하여 '어호(魚虎)' 또는 '어구(魚狗)'라고도 불렀으며, '물의 새'라는 뜻으로 '물ㅅ새' 또는 '쇠새(沼의새)' 라고도 하였다. 물고기를 워낙 잘 잡기 때문에 영명은 Kingfisher이다.

생김새와 생태

생김새는 전체적으로 몸에 비해서 머리가 크며 부리가 길다. 그리고 머리 꼭대기, 부리 뒤부터 가슴까지의 선, 날개, 꼬리는 금속 광택이 있는 녹색이며, 등부터 꼬리까지는 코발트색이다. 가슴 부분, 눈선 부위와 날개의 안쪽 부분은 붉은 노을 빛깔이며 개체에 따라 짙고 옅음의 차가 있다. 어린새는 가슴이 검은색이고 목 부분은 하얗다. 그리고 다리는 짧으며 빨갛고 암컷은 부리의 아랫부분이 붉다. '찌잇쯔' 또는 '쓰잇쯔' 또는 '지킷쯔' 하는 날카로운 금속성 소리로 2~3마디씩 되풀이하면서 울 때가 많다.

혼자 또는 암수가 함께 생활하고, 물가에서 흔히 볼 수 있다. 알을 낳는 시기는 3월 상순에서 8월 상순까지이며, 한배산란수는 4~7개이다. 품은 지 19~21일이면 알이 깨고 그로부터 23~27일 만에 둥지를 떠난다. 물가에 있는 언덕, 흙 벼랑, 물가에서 꽤 많이 떨어진 언덕이나 벼랑에 스스로 구멍을 파고 둥지를 튼다. 둥지에는 기다란 터널과 같은 구멍의 끝에 좀 널찍해 보이는 산좌(産座)가 있으며, 산좌에는 부드러운 흙과 어미새가 토해 낸 고기의 뼈를 깐다.

보통의 새들은 어미새가 새끼의 배설물 등을 밖에 버려서 둥지를 깨끗이 관리한다. 하지만 물총새는 둥지를 청소하지 않기 때문에 둥지 안에는 새끼의 배설물이나 펠릿 그리고 먹다 남아 썩어 버린 물고기 등이 쌓여서 지독한 냄새로 가득 차 있다. 어미새가 언제나 물에 뛰어든다든지 날개를 고치는 등 깃 단장을 좋아하는 것은 아마도 흙 둥지(土穴)가 더럽기 때문으로 여겨진다.

둥지 안에 있는 새끼들은 둥지를 떠나기 전까지 3~4주 동안을 여기서 살지 않으면 안 된다. 새끼들이 웬만큼 자란 뒤에 두 번째로 영소를 하지만 대개 같은 둥지를 사용하지 않는다. 물총새의 깃털 빛깔은 푸른빛을 띠어 비취의 아름다움에 비유되거나 물의 신(水神)으로 여겨지기도 하는데 한편으로 번식기에는 냄새 나고 더러운 둥지에서 불결한 생활을 하고 있다고 생각하면 매우 역설적인 이야기가 아닐 수 없다.

하천과 호수 등지의 물가에 난 물풀이나 말뚝 또는 나뭇가지에 꼼짝 않고 앉아 있다가 물고기가 보이면 곧바로 물속에 뛰어들거나 공중으로 날아올라 물위의 2~3m에서 정공 비상(停空飛翔)하다가 급강하하면서 물고기를 잡는다. 잡은 고기는 입에 물고서 나뭇가지나 말뚝에 부딪쳐 죽이고 난 뒤에 먹는다. 이 가운데 소화되지 않은 것은 펠릿으로 토해 낸다. 먹이는 어류 가운데에서도 민물고기를 주로 먹는다. 기타 양서류, 수서곤충류, 갑각류 등도 먹는다.

1 먹이를 찾아서 비상하는 모습

2 날개를 활짝 펴고 나뭇가지에 착지하는 모습

3 물고기를 잡기 위하여 물속으로 다이빙 하는 모습

4

5

분포

바이칼호, 아무르강 유역, 우수리강 유역, 한반도, 만주, 중국, 일본 등지에서 번식하며, 인도차이나반도, 말레이반도, 필리핀 등지에서 겨울을 난다. 한국에서 번식한 집단은 주로 필리핀에서 겨울을 나는데, 최근에는 제주도에서 몇 마리씩 겨울을 나기도 한다.

새와 사람

그림을 그리는 새, 물총새

옛날에 한 어부가 아주 재미있는 광경을 목격하게 되었다. 물총새 한 마리가 모래밭에 날아와서 부리로 그림인지 글인지 알 수 없는 것을 그려 놓고서는, 물고기들이 뛰어오르기만 하면 낚아채 잡아먹는 것이었다. 이 광경을 본 어부는 '아하, 저 물총새가 날아간 뒤에 내가 저 그림을 본떠 그대로 그리기만 하면 물고기를 아주 편하게 잡을 수 있겠군' 하고 생각하였다. 그런데 그 물총새는 물고기를 실컷 잡아 먹고 나서 발로 그림을 싹 지우고 날아가 버렸다. 물총새가 그린 그림이 어떤 그림인지 알아내고자 헤매던 어느 날, 어부는 물총새가 그림을 그리자마자 쫓아내고 마침내 그림의 원형을 알아내는 데 성공하였다. 그런데 어부가 그림을 그대로 그려 놓고 아무리 기다려도 물고기는 물 밖으로 나오지 않았다. 어부가 이 까닭을 연구하기를 또 몇 년이 지나 결국 그림을 그리는 시간과 내용이 맞아야 한다는 것을 터득하였다. 이 그림이 변형된 것이 '부적'이라고 한다. 물론 이것은 재미 삼아 하는 이야기일 뿐이지 실제로 물총새가 부적을 그리지는 않는다.

일본 홋카이도 섬의 원주민인 아이누 족의 전설 가운데에는 다음과 같은 이야기가 전한다. 옛날에 굿샤로(屈斜路) 호수(일본 홋카이도에서 가장 큰 칼데라호수)에 살던 물고기들이 모두 없어져 곤란을 겪게 되자 장정 3명이 뗏목을 타고 물고기를 찾으러 갔으나 아무리 찾아도 물고기를 발견할 수 없었다. 장정들이 허기에 지쳐 기진맥진할 무렵 떠내려가는 나무에 앉아 있던 물총새 한 마리가 갑자기 물속으로 뛰어들었다. 그리고는 곧 큰 물고기를 물고 밖으로 나왔다. 장정들은 매우 기뻐하며 물총새에게서 물고기를 건네받아 배고픔을 면하여 목숨을 건지게 되었고, 사람들은 물총새를 물의 신으로 떠받들게 되었다고 한다.

4 연꽃 봉오리에 내려앉는 물총새

5 물고기를 잡아 나뭇가지에 앉아 있는 어린새

6

7

새의 생태와 문화

물총새의 특별한 구애행동

조류는 다양한 방식으로 구애를 위한 과시행동을 하는데, 여기에는 울음소리, 춤, 비행, 자세, 구애급이(courtship feeding), 구애 둥지짓기(courtship nesting), 드물게는 냄새 등이 있다. 많은 명금류는 울음소리로 짝을 찾으며, 개방된 서식지에서는 종다리류나 섭금류 등이 행동으로 구애를 한다. 물총새는 구애급이로 구애를 한다. 수컷은 구애를 위해 물고기를 잡아 물고서는 암컷의 부리에 물려 준다. 이때 암컷이 물고기를 받아먹으면 구애를 받아들인 것으로 인정되어 수컷이 암컷의 등에 올라타서 교미를 한다. 이는 암컷에 대한 먹이 보충의 의미도 있겠지만 일종의 의식행동(ritualized behavior)으로 경우에 따라서는 실제 먹이가 없이 먹여주는 흉내만 내는 경우도 있다. 이를 통해 암컷은 수컷을 평가하여 교미 여부를 결정한다.

이러한 수컷이 암컷에게 먹이를 선물하는 구애급이행동은 큰부리까마귀, 쇠제비갈매기, 사랑앵무새(*Melopsittacus undulates*, Budgeriger) 등의 조류에서도 볼 수 있다.

이웃나라 일본에서는 도쿄 시내에서 서식하는 큰부리까마귀도 구애급이행동을 한다. 2월 밸런타인데이 무렵이 되면 나뭇가지나 건물의 옥상 등에서 까마귀 2마리가 사이좋게 붙어 있는 것을 종종 볼 수 있다고 한다. 이들은 짝이 된 까마귀이다. 이 시기는 까마귀의 번식기가 시작되는 때이므로, 2마리가 서로에게 깃털을 다듬어 주거나, 가끔 수컷이 부리를 맞추어 암컷에게 먹이를 선물하기도 한다. 이러한 행동의 의미에 대해 여러 가지 설이 있는데, 그 중 하나는 암컷이 수컷의 경제력을 평가한다는 것이다. 암컷에게 선물을 할 수 있는 수컷은 먹이 자원을 획득하여 암컷과 새끼들을 부양할 수 있는 능력을 가졌다는 것이다. 또한, 큰부리까마귀는 한 번 짝을 맺으면 평생 상대를 바꾸지 않으며 매년 번식기가 되면 구애급이를 통하여 짝을 유지하기 위한 강화된 행동을 한다.

이러한 행동은 다른 새들에게서 관찰되기도 한다. 마치 인간 세계에서 남성이 여성에게 처음 청혼을 할 때 선물을 하고 결혼 후에도 때때로 중요한 날에 선물하는 것과 비슷하다고 할 수 있겠다.

6 나뭇가지 위의 어미새(왼쪽)와 어린새(오른쪽)

7 물고기를 잡아와 어린새에게 먹이는 어미새

8 9 물고기를 잡은 물총새

파랑새 | 청조 · *Eurystomus orientalis*

IUCN 적색목록 LC

우리나라 전역에 걸쳐 서식하는 흔한 여름철새이다.

이름의 유래

파랑새의 학명 *Eurystomus orientalis*에서 속명 *Eurystomus*는 그리스어 Eurys(넓은) + Stoma(입)의 합성어로 '넓은 부리'를 뜻하고, 종소명 *orientalis*는 라틴어로 '동방의'라는 뜻으로 이 종이 우리나라와 중국, 일본 등의 동아시아와 인도, 스리랑카, 동남아시아 등에 서식하는 것과 관계가 있다. 영명은 Broad-billed Roller로, 파랑새의 굵은 부리를 잘 표현하고 있다.

생김새와 생태

머리는 약간 그을린 듯한 검은색이며 몸은 대체로 청록색이다. 날개에는 흰 반점이 있고 좀 긴 편이다. 부리와 발은 빨간데 부리가 특히 굵고 짧다. '케엣, 케엣' 또는 '케케켓, 케에케켓' 하고 울며 새끼새는 '뻣, 뻣' 하고 운다. 주로 오래된 나무가 많은 활엽수림 또는 혼효림이나 도시 공원과 농경지 가까운 곳에서 서식하며 큰 나무의 구멍에 둥지를 틀고 번식한다. 알을 낳는 시기는 5월 하순에서 7월 상순까지이며 한배산란수는 3~5개이고 매일 1개씩 알을 낳는다. 새끼는 22~23일이면 깨어난다. 주로 나무 꼭대기 높은 곳에 앉아 있다가 날아다니는 곤충을 잡아먹고 살며 둥지를 차지하기 위해 파랑새들끼리 격렬하게 싸우기도 한다. 먹이는 딱정벌레목, 매미목, 나비목 등의 곤충류를 잡아먹는다.

분포

한국, 일본, 아무르강 유역, 우수리강 유역, 만주 동부, 중국 동부 등지에서 번식하며, 말레이반도, 수마트라, 자바, 발리, 미얀마, 인도 등지에서 겨울을 난다.

1 둥지 속 새끼에게 잡아온 먹이를 전달하기 직전의 모습
2 수컷이 암컷에게 먹이를 전달하는 모습
3 어미새가 먹이를 미끼로 새끼를 둥지에서 데리고 나오려는 중이다.

「파랑새요」

파랑새를 소재로 하여 지금까지 어른이나 어린이들에게 널리 애창되어 오는 민요의 하나가 「파랑새요」이다. 이 민요는 읊조리기 쉬울 뿐만 아니라 소박한 소재를 사용하고 있어 우리에게 아주 친근할 뿐만 아니라 우리 민족의 정서가 깊이 배어 있는 노래이다. 「파랑새요」는 다음과 같이 세 가지 노랫말이 있다.

(가)
새야새야 파랑새야 녹두밭에 앉지마라
녹두꽃이 떨어지면 청포장사 울고간다.

(나)
새야새야 파랑새야 전주고부 녹두새야
어서바삐 날아가라 댓잎솔잎 푸르다고
봄철인줄 알지마라 백설분분 휘날리면
먹을것이 없어진다.

(다)
새야새야 파랑새야 녹두남게 앉지마라
녹두꽃이 떨어지면 청포장사 울고간다
새는새는 남게자고 쥐는쥐는 궁게자고
우리같은 아이들은 엄마품에 잠을자고
어제왔든 새각시는 신랑품에 잠을자고
뒷집에 할마시는 영감품에 잠을자고

이 민요는 조선 말기 고종 때 일어난 동학농민운동이 진행 중이던 무렵에 널리 불리기 시작한 노래이다. 앞으로의 길흉에 대한 예언을 담은 민요인 참요(讖謠)로 해석되기도 한다. 여기에서 파랑새는 청나라 군대를 뜻하고 녹두꽃은 몸집이 작아 녹두 장군으로 알려진 전봉준을 상징하는 것으로서 동학농민운동을 일으킨 그와 백성들에게 다가오는 불행을 예고하는 내용으로 보기도 한다.

그러나 (가)와 (다)는 본디 순수한 동요였는데 당시에 가장 친근하게 애창되던 노래에 참요적인 의미가 첨가되어 (나)와 같은 민요로 발전된 것으로 보인다. 여기에서 파랑새를 청나라 군대에 비유한 것은 파랑새의 깃털 색깔이 대체로 청록색인 것과 푸른 뜻의 청의 이미지가 연결되어 청나라 군대로 대비한 것으로 생각된다.

또 한하운의 「파랑새」란 시가 있다.

나는
나는
죽어서

푸른 하늘
푸른 들
날아다니며

푸른 노래
푸른 울음
울어 예으리.

나는
나는
죽어서
파랑새 되리

이 시를 쓴 한하운은 한센병 환자였다. 한하운은 이 시에서 파랑새를 소재로 써서 시의 리듬을 살리면서 자신의 슬픔을 노래하고 자유롭게 살고 싶은 심정을 토해 내고 있는데 파랑새, 푸른 하늘, 푸른 들, 푸른 노래, 푸른 울음 등에서도 보이듯이 모두 푸른빛을 통하여 자신과 자연의 일체감을 마련하려 한다.

4 5 둥지 앞에 앉았다가 날아가는 파랑새

후투티

후투디 · *Upupa epops*

IUCN 적색목록 LC

우리나라 어디서나 볼 수 있는 흔한 여름철새이자 드문 텃새이다.

1

2

이름의 유래

후투티의 학명 *Upupa epops*에서 속명 *Upupa*는 라틴어이고, 종소명 *epops*는 그리스어로, 모두 '후투티'를 뜻하며 이 새의 울움소리에서 유래한 말이다. 영명은 Hoopoe이다. 우리 선조들은 이 새를 임(鵀), 부(鴀), 대승(戴勝), 대임(戴鵀), 오디새 등으로 불렀다. 특히, 이 종은 우리나라의 남부지방보다는 중부지방에서 서식밀도가 높은데, 주로 뽕나무밭 주변에서 서식하였기 때문에 오디새라고도 불렀다고 한다. 또 최근에는 후투티는 댕기깃과 날개깃을 펼쳐질 때 깃털이 인디언의 추장의 모자장식처럼 보여 추장새라고도 한다.

생김새와 생태

머리에는 큰 머리깃이 있고 부리는 긴데 아래로 가늘게 구부러져 있다. 몸 색깔은 살구색이고 날개에는 하얗고 검은 줄무늬가 있으며 꼬리는 까맣고 기부 가까이에 하얀 줄이 하나 있다. 우리나라에서는 후투티의 큰 머리깃을, 새의 날개깃으로 만든 인디언 추장의 모자와 비슷하다고 여겨 이 새를 '추장새'라고도 부른다. 보통 때는 머리깃이 뒤로 누워 있으나 놀라거나 흥분했을 때는 머리깃을 높게 세운다. 또한 후투티의 부리가 구부러진 것은 도요새처럼 땅 속에 있는 벌레를 잡아먹기 때문인 것으로 알려졌다. 나무 위나 땅 위에서 '뽀뽀, 뽀뽀' 또는 '뽕, 뽕, 뽕, 뽕' 하고 우는데 벙어리뻐꾸기의 울음소리와 비슷하지만 좀 낮고 부드러운 소리로 운다.

시골의 논밭이나 언덕, 야산에 있는 오래된 나무의 구멍을 포함해서 때로는 인가의 지붕이나 처마 밑에서도 둥지를 틀고 새끼를 낳는다. 둥지는 주로 나무 구멍 속에 짓지만 돌담 사이나 건축물의 틈을 이용하기도 한다. 알을 낳는 시기는 4~6월이고 한배산란수는 5~8개다. 암컷만이 알을 품고, 품는 기간은 16~19일, 기르는 기간은 20~27일이다.

혼자 또는 암수가 함께 생활하며 주로 땅바닥에서 먹이를 찾는데 동물의 똥이나 퇴비 등이 쌓여 있는 곳에 가늘고 길게 굽은 부리를 찔러 넣고 그 속에 있는 벌레를 찾아 잡아먹는다. 때로는 낙엽을 헤치기도 하고 나무줄기의 썩은 부분을 쪼아 곤충류나 그 애벌레를 찾기도 한다. 곤충류의 애벌레를 좋아하며 딱정벌레목, 메뚜기목, 나비목, 벌목, 파리목, 거미류, 지렁이 등을 잘 먹는다.

분포

한국, 중국, 일본을 포함한 유라시아 대륙과 사우디아라비아반도 등지에서 번식하며 아프리카, 인도, 동남 아시아, 중국 중남부 등지에서 겨울을 난다.

1 둥지 속 새끼에게 먹이를 전달하는 모습

2 머리깃을 펼치고 먹이를 찾고 있는 모습

3 둥지 속 새끼에게 잡아온 먹이 땅강아지를 전달하는 모습
4 먹이를 잡아 둥지로 가기 직전 모습
5 풀밭에서 먹이를 찾고 있는 후투티

| 새와 사람

아프가니스탄 전쟁과 후투티

유럽에서는 후투티가 많아지면 전쟁이 일어난다는 이야기가 있다. 아프가니스탄에서는 후투티를 우리나라의 까치처럼 길조로 여기며 또 행운을 가져다 준다고 생각하여 새장에서 키우기도 한다. 유럽 사람들은 아프가니스탄 내전이 확대된 까닭을 아프가니스탄에서 후투티의 숫자가 부쩍 늘어난 데서 찾기도 하였다.

새의 생태와 문화

날지 못하는 새

비행 능력은 조류의 대표적인 특징으로 생각되지만, 전세계적으로 주조류(走鳥類, ratities, 타조, 레아, 키위, 에뮤) 및 펭귄 등을 포함한 60여 종의 조류는 하늘을 날지 못한다. 인도양 모리셔스섬에서 멸종한 '도도'새도 날지 못하는 새이다. 날지 못하는 새는 본래 비행이 가능한 조상으로부터 새로운 환경에 대한 적응과정을 통해 비행 능력을 상실했을 것으로 추정되고 있다.

비행 능력 상실에 관한 한 가지 가설은 육상 포식자가 멸종하거나 포식자가 없는 새로운 환경에 정착하여 포식자로부터 도망치기 위한 비행 능력이 필요가 없어지면서, 비행능력이 퇴화하고 다른 특성들이 발달하는 방향으로 진화가 이루어진 결과라는 것이다. 본래 육상 포유류가 없었던 뉴질랜드의 경우, 날지 못하는 새가 가장 다양하게 서식하는 지역이다. 키위와 펭귄 외에도, 오리류, 뜸부기류, 올빼미류, 소형 산새류 등 다양한 분류군에서 비행 능력의 상실이 발생하였다. 그런데 아프리카, 남미, 오스트레일리아 등의 지역에서는 대형 육상 포식자들이 서식하고 있지만 타조, 레아, 화식조 등의 날지 못하는 새가 있다. 따라서 이러한 가설은 모순으로 보여질 수 있다. 그러나 과거 6,600만 년 전 발생한 중생대 백악기 대멸종으로 비조류 공룡(Non-avian Dinosaurs)을 포함한 수많은 육상 포식자가 사라짐에 따라, 이 시기에 고대 주조류의 진화와 비행 능력 상실이 발생하였으며, 현재까지 이러한 특징이 전해진 것으로 알려졌다.

주조류를 포함한 육상조류와 달리, 잠수를 통해 먹이를 사냥하는 펭귄은 에너지의 효율을 높이기 위한 방향으로 진화함에 따라 비행 능력을 상실한 것으로 여겨진다. 잠수와 비행이 모두 가능한 바다오리류에 대한 연구 결과는 바다오리류가 잠수할 때 에너지 소모는 매우 낮지만, 비행 때의 에너지 소모는 현재까지 기록된 조류와 포유류 중 가장 높은 것으로 보고되었다. 따라서 펭귄의 조상은 바다오리류와 같이 잠수와 비행을 통해 이동이 가능했지만, 물속에서의 효율적인 먹이활동과 바다표범에 의한 포식을 피하기 위해 잠수 능력을 발달시키는 방향으로 날개의 형태가 변화하여 비행능력을 상실한 것이다. 또한 날지 못하는 해양성 조류인 갈라파고스제도의 가마우지, 남극해의 붕어오리(Steamer duck) 또한 펭귄과 마찬가지로 잠수 능력을 향상시키기 위한 적응의 결과로 비행능력을 상실한 것으로 추정된다.

진화를 통해 비행 능력을 상실한 조류 외에도, 사람에 의한 선택적 육종을 통해 비행 능력을 상실한 경우도 있다. 야생 닭(Red Junglefowl)과 청둥오리(Mallard)는 닭과 오리로 가축화되면서 비행능력을 잃어버렸다. 또한 흰넓은가슴칠면조(Broad Breasted White Turkey)의 경우, 가슴살 생산을 높이기 위한 선택적 육종의 결과, 날 수 없을 정도로 무거워져 비행 능력을 상실하게 되었다.

쇠딱다구리

| 작은베알락딱다구리 · *Dendrocopos kizuki*

IUCN 적색목록 LC

우리나라 어디서나 볼 수 있는 흔한 텃새이다.

이름의 유래

쇠딱다구리의 학명 *Dendrocopos kizuki*는 속명 *Dendrocopos*는 라틴어로 '나무를 두드리는 새'라는 의미로 그리스어로 '나무'를 뜻하는 dendron과 그리스어로 '두드리다'는 뜻의 kopos의 합성어이다. 종소명 *kizuki*는 딱다구리의 일본어 '기쓰쓰키(キツツキ)'를 그대로 옮긴 것이다.

딱다구리과의 조류 가운데에서 가장 작은 새이기 때문에 영어로 Pigmy Woodpecker라 불리며 크기가 거의 참새와 비슷하다. 어느 절에서 주지 스님의 아침 예불 목탁 소리보다 한발 앞서 목탁을 두드리고 가는 새가 있다는 이야기의 주인공이 바로 딱다구리이다. 그렇기 때문에 딱다구리를 탁목(琢木)이라고도 부른다.

최근, 이 종의 학명은 International Ornithologists' Union의 IOC World Bird List version 10.2(2020)에 의하면 *Yungipicus kizuki*로 변경되었다. 여기서 속명 *Yungipicus*는 이전의 속명인 *Dendrocopos*와 같은 의미이다. Yungi는 같은 과에 속하는 '개미잡이'를 뜻하고 picus 또한 딱다구리를 의미한다. 종소명은 동일하다.

생김새와 생태

머리 위에서부터 몸의 위쪽이 검은 갈색이고 등과 날개에는 옆으로 하얀 반점이 있다. 몸의 아래쪽은 약간 어두운 흰색이고 눈부터 뺨 부분은 검은 갈색, 가슴부터 허리까지는 세로로 갈색 반점이 있다. 수컷은 머리 뒷부분의 양쪽이 등빛을 띤 붉은 반점이 있지만 야외에서는 여간해서 관찰하기가 힘들다.

번식기에는 암수가 함께 생활하지만 가을과 겨울에는 쇠박새, 진박새, 박새, 곤줄박이 등과 혼성군을 이루어 숲속을 날아다닌다. 또한 이 시기에는 나무줄기를 부리로 두들겨 가지와 가지가 마찰하는 것 같은 '지이, 지이' 하는 소리를 내는데, 이는 과시행동의 하나이다. 활엽수림 또는 잡목림 속의 교목 줄기에 구멍을 파고 둥지를 만든다. 알을 낳는 시기는 5월 상순에서 6월 중순이며 한배산란수는 5~7개이다. 암수가 함께 먹이를 물어다 새끼에게 먹인다. 곤충류와 식물의 열매가 주된 먹이이다.

분포

전세계적으로 사할린, 일본, 우수리강 유역, 만주, 한국, 일본 등지에서 서식한다.

1 먹이를 물고 둥지에 도착한 모습
2 둥지 속 새끼를 돌보는 어미새
3 고사목에서 먹이를 찾는 모습

오색딱다구리 | 알락딱다구리 · *Dendrocopos major*

IUCN 적색목록 LC

우리나라 전역에 서식하는 흔한 텃새이다.

1 수컷이 둥지 속 새끼에게 먹이를 전달하는 모습

2 수컷이 먹이를 전달하고 날아가고 암컷이 먹이를 가지고 온 모습

이름의 유래

오색딱다구리의 학명 *Dendrocopos major*는 소형딱다구리의 속명인 *Dendrocopos*와 '크다'는 의미의 *major*로 이루어져 있다. 오색딱다구리의 등 뒤에 V자 모양의 하얀 반점이 있는 까닭에 영명은 Great Spotted Woodpecker라고 이름 붙여졌다.

생김새와 생태

큰오색딱다구리보다 조금 작고 부리도 비교적 짧다. 등과 꼬리 가운데 부분은 까맣고 바깥 꼬리는 옆으로 하얗고 검은 반점이 있으며 등 뒤에 V자 모양의 크고 하얀 반점이 있다. 몸 아랫부분은 엷은 황갈색인데 얼굴부터 가슴까지 검은 줄이 있으며 아랫배를 비롯한 꼬리 아랫부분은 빨갛다. 수컷의 머리는 전체적으로 검은 편인데 머리의 뒷부분만 빨갛고 암컷의 머리는 까맣다.

'키옷, 키옷' 하고 운다. 숲에서 혼자 또는 암수가 함께 살고 알을 낳는 시기는 5월 상순에서 7월 상순 사이이며 한배산란수는 4~6개이고 알을 품는 기간은 14~16일이다.

곤충류와 거미류 그리고 식물의 열매를 주로 먹는다. 나무줄기를 두드려 구멍을 내고 긴 혀를 이용해서 그 속에 있는 곤충의 유충을 잡아먹는다. 드러밍 소리는 일반적으로 딱다구리류의 몸의 크기에 비례하고 까막딱다구리가 특히 큰데 청딱다구리, 큰오색딱다구리, 오색딱다구리의 순서로 소리가 작고 짧아진다.

분포

전세계적으로는 유럽, 유라시아 대륙 중부, 시베리아, 중국, 일본 등지에 서식한다.

새의 생태와 문화

신비한 딱다구리 혀의 비밀

딱다구리는 끌처럼 강력한 부리와 길고 특수한 기능을 가진 혀가 있어 다른 새들이 이용하기 어려운 먹이자원에 접근할 수 있다.

인간과 새의 혀는 설골(舌骨, hyoid)이라는 뼈에 지지되고 있다. 설골을 둘러싼 근육이 수축하면 부리가 열리면서 부리 바깥으로 혀가 나오게 된다. 그러나 그 근육이 이완될 때 딱다구리의 혀는 설골의 길이를 따라 수축하게 된다.

딱다구리 혀의 길이는 몸 전체 길이의 최대 1/3 정도이다. 또 혀가 부리 밖으로 13cm까지 확장될 수 있는 일부 종도 있지만, 정확한 비율은 종에 따라 다르다. 이러한 긴 혀로 딱정벌레, 애벌레를 비

3 암수가 먹이를 잡아와 새끼에게 전달하기 전 모습

4 숲속 고사목에서 먹이를 찾고 있는 오색딱다구리

롯한 다양한 곤충, 거미 및 기타 절지동물 등의 먹이자원을 찾아 틈새 깊숙이 닿을 수 있다. 이때 딱다구리 혀 끝은 미늘(가시)이 있고 끈적거려 먹이를 포획하는데 도움이 된다. 이 긴 혀는 콧구멍 부근에서 두개골 뒤쪽(후두부)을 돌면서 감겨있다.

딱다구리가 고속으로 나무를 때리는 동안 혀가 뇌 뒤쪽을 감으면 딱다구리의 뇌는 부상으로부터 보호된다. 그리고 딱다구리의 설골을 둘러싸고 있는 근육이 수축할 때 딱다구리가 혀를 내밀며 긴장을 푸는 동작은 딱다구리의 부리가 나무와 충돌할 때 두개골과 척추를 제자리에 꼭 맞게 유지하는 데 도움이 된다. 이것은 브레이크를 밟았을 때 안전벨트가 몸체를 잡아 주는 것과 같은 원리이다. 이와 같이 딱다구리의 혀는 나무의 속을 파내고 먹이를 잡아먹기 편리한 구조와 기능을 갖도록 진화한 것이다.

새들은 어디서 자는가?

우리는 새들이 번식하는 장소에 대하여서는 많은 관심을 가지고 있고, 이에 대한 정보를 도감이나 책, 인터넷 등을 비롯한 여러가지 수단을 통해 쉽게 접근할 수 있다. 반면, 새들이 자고 있는 것을 직접 관찰할 수 있는 경우는 매우 드물기 때문에 상대적으로 새들의 잠자리에 대해서는 관심도 덜하고 관련된 정보를 얻는 것이 어려운 경우가 많다.

육상에 서식하는 많은 새들은 천적에게 노출되지 않고 눈과 비, 서리 등을 피할 수 있도록 나뭇가지에서 앉아서 자는 것이 보통이다. 특히 개똥지빠귀와 같은 명금류의 발가락은 나뭇가지를 단단히 쥐고 있을 수 있기 때문에 나뭇가지에서 별 문제없이 잠을 잘 수 있다. 딱다구리류 등은 나무 구멍(樹洞, hole)에서 잠을 자며, 박새류와 같은 작은 산새들도 추운 겨울에는 나무 구멍에서 잠을 자기도 한다. 들꿩이나 뇌조류의 주서식지는 북위 60도 이상인 곳인데, 겨울에는 눈이 많이 내리고 적설량이 많은 곳이다. 따라서 적설량이 30cm 이상일 경우 들꿩류는 눈 속에서 잠을 자며, 이때 눈이 이불 같은 역할을 하여 따뜻하게 잠을 잘 수 있다.

두루미류와 같은 물새류는 일반적으로 천적으로부터 공격을 피하기 위하여 얕은 하천이나 습지에서 물이 있는 곳에서 잠을 잔다. 두루미류는 얕은 습지에 발을 담그고 그대로 잠을 자지만, 철원지방같이 매우 추운 곳에서는 얼지 않은 습지를 찾기 어려우므로 논바닥이나 저수지의 얼음판 위에서 자기도 한다. 청둥오리, 흰뺨검둥오리 그리고 가창오리 등의 수면성 오리류들은 야간에 논 등에서 채식을 하고 약간의 휴식을 취하고 낮에는 물위에서 휴식과 수면을 취한다. 반면 흰죽지와 댕기흰죽지, 흰뺨오리 등의 잠수성 오리류들은 주간에 잠수를 하여 물고기 등을 채식하고 야간에는 물위에서 잠을 잔다. 큰기러기와 쇠기러기 등의 기러기류들은 낮에 논을 비롯한 곳에서 낙곡, 식물의 싹 등을 채식하고 밤에는 물위에서 잠을 자나, 추운 겨울에 얼지 않은 수면을 찾기 어려울 경우 습지의 빙판에서 수면을 취하기도 한다. 백로와 왜가리 종류들은 나뭇가지 위에서 잔다.

맹금류인 경우 대부분 나무 위에서 잠을 이루지만, 우리나라에 겨울철새로 도래하는 독수리는 특별한 천적이 없으므로 철원지방에서는 비탈진 경사지의 땅바닥에 수면을 취하는 것을 볼 수 있다. 매는 절벽의 바위에서 잠자리를 취한다. 새매는 서식지인 숲 속의 나무 위에서 잔다.

이처럼 새들의 잠자리는 종류에 따라 다르지만, 각 종별로 선호하는 서식지 내에서 기본적으로 천적인 포유류나 맹금류 등이 용이하게 접근하기 어려운 장소, 외부 기상으로부터 보호받을 수 있는 곳을 선택하여 잠을 잔다고 할 수 있다.

청딱다구리 | *Picus canus*

IUCN 적색목록 LC

우리나라 전역에 서식하는 흔한 텃새이다.

1 둥지에서 니와 먹이를 찾으러 이동하는 어미새

2 어미에게 먹이를 조르는 새끼

3 둥지를 파고 있는 어미새

이름의 유래

청딱다구리의 학명 *Picus canus*의 속명인 *Picus*는 '딱다구리'를 의미하며, 라틴어 Pingo(색칠하다, 얼룩의)에서 유래한다. *canus*는 라틴어로 '회백색'이라는 뜻으로, 청딱다구리의 머리와 배 부분이 회색인 것과 깊은 관계가 있다. 영명은 Grey-headed Woodpecker이다. 국명인 청딱다구리는 등의 연한 녹색을 청색이라 표현하여 붙여졌다.

생김새와 생태

등은 연한 녹색이고 머리와 배는 무늬가 없는 회색이며, 옆구리는 흰색에 가깝다. 수컷은 이마가 붉고 암수 모두 검은색의 가는 뺨선이 있으나, 수컷이 더 진하다. 첫째날개깃은 검은색이며, 흰색 점이 있다. 번식기에는 점점 낮아지는 소리로 '히요, 히요, 히요, 히요' 하고 맑은 소리를 내며, 때로 '뾰, 뾰, 뾰' 하고 짧게 울기도 한다.

단독으로 숲에서 생활할 때가 많고 꼬리깃을 이용해 나무 줄기에 수직으로 앉아 있거나 나무 꼭대기 쪽으로 올라간다. 관목에도 앉으며, 지상에 내려와 개미를 잡아먹기도 한다. 비행 시에는 뚜렷한 파도 모양을 그리며 비행한다. 숲속 교목에 구멍을 뚫어 둥지를 튼다. 알을 낳는 시기는 4월 하순에서 6월까지이며, 한배산란수는 6~9개이며, 특히 개미를 좋아한다. 육추 중 새끼의 먹이는 95% 이상이 개미의 알이며, 그 밖에도 곤충, 거미, 장과 등을 먹는다.

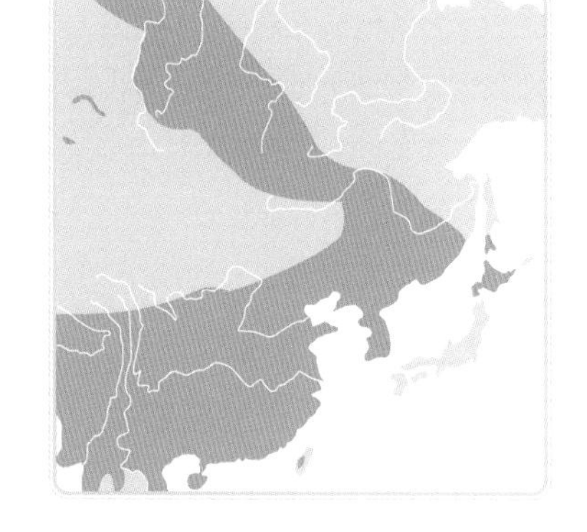

분포

전세계적으로는 유럽, 유라시아 대륙 중남부, 중국, 한국, 일본 홋카이도 등지에 서식한다.

새의 생태와 문화

딱다구리는 왜 나무를 세게 두드려도 뇌손상이 없을까?

딱다구리는 둥지구멍을 뚫거나 곤충의 애벌레를 잡아먹으려고 나무를 부리로 두드리고 파서 우드칩을 버리는 행동을 한다. 이때 딱다구리는 초당 20~25회 나무를 두드리며 1회당 1200g의 힘(중력가속도)으로 부리가 나무에 부딪히지만 뇌진탕이 일어나지 않는다. 반면 인간은 100g의 충격으로도 사망한다고 한다. 이처럼 딱다구리가 강한 힘으로 나무를 두들겨도 뇌가 손상되지 않는 이유는 무엇일까?

첫째, 딱다구리의 긴 혀는 콧구멍 부근부터 머리 위와 뒤를 지나 두개골을 감싸며 설골과 비슷한 고리 구조로 되어 있어 격렬한 충돌을 완화시키며 '안전 벨트' 역할을 한다. 둘째, 딱다구리의 부리는 위쪽과 아래쪽이 비대칭인데, 이 점은 부리 끝에서 뇌까지 가해지는 힘을 낮추는 역할을 한다. 셋째, 딱따구리의 두개골 앞뒤에는 해면 구조의 판 모양 뼈(해면뼈)가 있는데, 이 뼈가 충격을 흡수하고 분산시켜 뇌를 보호한다. 딱따구리가 뇌손상 없이 계속 나무를 두드릴 수 있는 것은 이 세 가지가 함께 작용한 결과이다.

까막딱다구리 | 검은딱다구리 · *Dryocopus martius*

멸종위기 야생생물 II급 / 천연기념물 제242호 / 국가적색목록 VU / IUCN 적색목록 LC
텃새로서 우리나라의 울창한 산림에서 드물게 서식한다.

이름의 유래

까막딱다구리의 학명 *Dryocopus martius*의 속명 *Dryocopus* 가운데 Dryo-는 그리스어 Drys가 어원으로서 '나무'를 뜻하며 -copus는 또한 그리스어로 kopos가 어원으로서 '때리다'는 뜻인데 합성하면 '나무를 쪼는 조류', 곧 '딱다구리'를 나타낸다. 딱다구리의 일본 이름이 기쓰쓰키(キツツキ)로서 기(キ)는 나무(木), 쓰쓰키(ツツキ)는 쓰쓰쿠(つつく, 쪼다)가 어원이며 영명인 Black Woodpecker도 역시 몸 전체가 까맣다는 데서 비롯된 Black과 함께 '나무(wood)'와 '쪼는 조류(pecker)'의 조합으로서 똑같은 뜻이다. 이는 민족과 말이 다를지라도 사람의 기본 사고방식이 크게 다르지 않음을 보여 주는 것이다. 또 종소명 *martius*는 까막딱다구리의 빨간 머리와 검은 얼굴 부분 등이 로마의 군신(軍神)인 마르스(Mars)를 연상시키는 데서 유래한 것으로 보인다. 예로부터 우리 조상들은 이 까막딱다구리를 까맣다고 해서 오탁목(烏啄木), 가막쩌구리로 불러왔다.

생김새와 생태

몸 전체가 까맣고 부리는 누런 백색이며 수컷은 앞머리에서 뒷머리까지 빨갛고 암컷은 뒷머리 부분만 빨갛다. 나무를 두드려 내는 '뚜루루루루룩, 뚜루루룩' 소리를 조류생태학에서는 '드러밍(drumming)'이라고 하며 주로 번식기에 내는데 산이 울릴 정도로 요란하고 가끔씩 나무 위에서 '끼이이읍, 끼이이읍' 하거나 '퓨퓨-, 끼이야, 끼이야' 하고 울기도 한다.

둥지는 나무 높이 4~25m의 나무줄기에 암수가 함께 구멍을 파서 만든다. 알을 낳는 시기는 4~6월이며 한배산란수는 3~6개로 알을 품는 기간은 14~16일이다. 곤충류(딱정벌레목, 벌목, 쌍시목)가 주된 먹이이며 나무줄기를 부리로 두들겨 진동으로 벌레가 있고 없음을 확인한 뒤에 구멍을 파서 곤충의 유충을 잡아먹으며 식물 열매도 먹는다. 까막딱다구리는 오래된 고목에 둥지를 만드는데 그러한 노령림이 점차 줄어들어 개체수가 감소하고 있다.

분포

세계적으로 중국, 유럽, 시베리아, 만주 등지에서 서식한다.

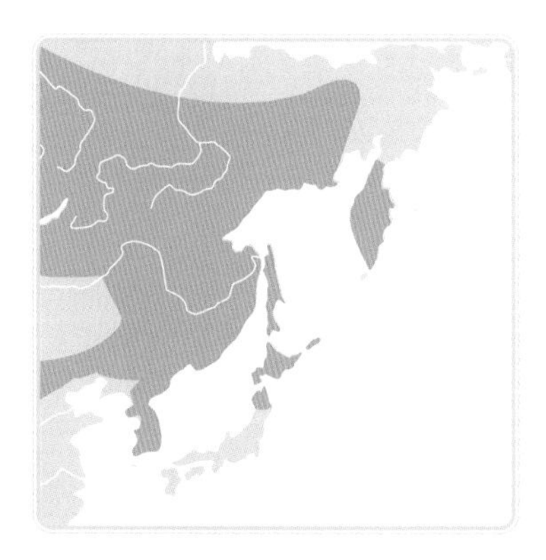

1 포란 후 교대를 하는 어미새
2 나무를 기어오르며 먹이를 찾고 있는 모습
3 어미가 가져온 먹이를 먼저 받아 먹으려고 입을 벌린 새끼
4 둥지를 지으려고 나무 속을 파내고 있는 어미새

크낙새

| 클락새 · *Dryocopus javensis richardsi*

멸종위기 야생생물 I급 / 천연기념물 제197호 / 국가적색목록 RE / IUCN 적색목록 LC
크낙새는 대형 딱다구리류로 오직 한반도에서만 서식하는 희귀한 텃새이다.

이름의 유래

크낙새의 학명 *Dryocopus javensis richardsi*의 속명 *Dryocopus* 는 그리스어 dryocopos로부터 기인하며 dryos-는 그리스어로 '나무'를 뜻하며, -copus는 또한 그리스어로 kopos가 어원으로서 '두드린다'는 뜻과 합성하여 '나무를 쪼는 조류', 곧 딱다구리를 일컫는 말이다. 종소명 *javensis*의 –ensis는 '-에 속하는' 또는 '그 산의'를 표현하는 말이며 그 동물이 최초로 채집된 기산지(基産地)를 뜻하므로 인도네시아 자바섬에서 처음으로 채집된 것을 알 수 있다. 그리고 *richardsi*는 이 아종이 1878년 쓰시마섬에서 조사선 선장 영국인 리차드(G. E. Richard, 1852~1927년)에 의해 채집되었는데 이 사람의 이름으로부터 기인한다. 이 아종은 1879년 영국 조류학자 트리스트람(Henry Baker Tristram)에 의해 영국 런던 동물학 잡지에 발표된 것이 시초이다. 이러한 연유로 크낙새를 영어로 Tristram's Woodpecker로 부르기도 한다. 우리나라에서는 1886년 폴란드인이 경기도 일원을 비롯하여 서울, 개성에서 여러 마리를 채집하여 이듬해 런던 동물학 잡지에 발표한 바 있다. 영명은 배와 허리 부분이 희다고 해서 White-bellied Woodpecker이다.

생김새와 생태

수컷의 몸 색깔은 전체적으로 까맣고 머리는 빨간 모자를 쓴 것 같으며 턱도 빨간색이다. 배와 허리, 그리고 아래날개덮깃은 흰색이다. 암컷은 몸 전체가 검은색이고 부리는 황백색이고 배는 수컷과 마찬가지로 흰색이다.

'끼이약 끼이약, 끼이약 끼이약' 하는 소리로 두 번씩 되풀이해서 울며 '클락, 콜락, 클락, 콜락' 하고도 운다. 크낙새라는 이름도 후자의 울음소리에서 비롯한 것으로 보이는데, 크낙새의 울음소리는 1킬로미터 밖에서도 잘 들린다. 나무를 두들겨 벌레를 찾을 때 '뚜투루루루' 하며 둔탁하게 드럼 치는 소리(drumming)를 내기도 한다.

크낙새는 전나무, 잣나무, 소나무, 참나무, 밤나무 등의 크고 오래된 나무들이 우거져 어두운 자연 혼효림을 즐겨 찾는다. 우리나라에 서식하는 딱다구리류 8종 가운데에 가장 클 뿐만 아니라 수령 200년 정도의 반고사목이나 큰 고사목에 구멍을 파고 알을 낳으며 잠자리로도 이용한다. 크낙새가 알을 낳는 시기는 5~6월이고 한배산란수는 2~5개(보통 3~4개)이며, 알을 품는 기간은 14일로서 암수가 돌아가며 품는데 암컷보다 수컷이 훨씬 많은 기간 동안 알을 품는다.

알에서 깨어난 새끼의 먹이는 모두 동물성인데 소나무좀벌레유충, 개미, 개미알 등이고 어미의 먹이는 주로 곤충류인 딱정벌레목의 유충이다.

1 비상하는 크낙새
2 크낙새 수컷
3 크낙새 암컷
4 새끼를 보살피는 크낙새
5 둥지 밖을 내다보는 크낙새

6 네덜란드 퀼레망스(J. G. Keulemans 1842~1912)가 그린 크낙새 수컷 그림(1892년 발표 영국조류학회지, 위키커먼즈)

7 네덜란드 조셉 스미트(Joseph Smit, 1836~1929)가 그린 크낙새 암컷 그림(영국동물학회지, 1879, 위키커먼즈)

분포

크낙새는 종 수준에서는 한국, 인도네시아, 필리핀, 미얀마 등지에서 서식하지만, 우리나라의 크낙새는 오로지 한반도에서만 서식하는 아종이다. 일본 쓰시마섬의 크낙새는 1930년대부터 1970년대까지 많은 조사를 했지만 끝내 발견되지 않아 절멸된 것으로 알려져 있다.

새의 생태와 문화

멸종위기의 크낙새

필자가 초등학교, 중학교 시절에 '천연기념물 제197호 광릉의 크낙새'라고 되뇌이며 어떻게 생긴 새인지도 모른 채 외우기만 했던 기억이 있다. 크낙새는 배를 나무에 붙이고 있을 때는 외부 형태가 비슷한 까막딱다구리와 헷갈리기도 하며 크기(몸길이가 크낙새: 46cm, 까막딱다구리: 45cm)와 생태도 서로 비슷하다. 어느 시기 이후 경쟁종이며 북방종인 까막딱다구리도 광릉에 나타나기 시작했다. 1980년대에는 광릉에 크낙새가 10마리쯤 남아 있는 것으로 추정되었지만 1970년대에는 20여 마리가 서식하는 것으로 알려져 있었다. 개체군의 크기가 줄어들면 줄어들수록 근친 교배의 증가와 암수의 교잡 기회가 매우 드물어져 결국 멸종하고 마는 것이다.

크낙새는 과거 황해도, 경기도, 충청남도, 경상남도 등에서 채집되었으며, 해발 1,000미터가 넘는 설악산과 속리산에서도 서식하였다. 북한 지역에서는 옛날 개성 송악산의 매우 넓은 밤나무 단지에서 40여 쌍이 서식하였다고 한다. 그러나 한국전쟁 때에 밤나무가 잘려 나가는 바람에 지금은 서식하지 않고 북쪽의 황해도 일대로 이동하여 20여 마리가 서식하는 것으로 알려져 있다.

종합적으로 판단하면 크낙새가 한반도 이남에서 멸종된 원인은 다음과 같이 정리해 볼 수 있다. 첫째, 매우 작은 유전자풀(gene pool)로 인한 근친교배가 낳은 유전적인 문제가 원인이다. 둘째, 상당한 기간까지 북방(한반도 이북지방)에서 서식하던 경쟁종인 까막딱다구리가 남진함에 따라 먹이, 둥지 자원, 잠자리 등의 서식지 구성요소를 둘러싼 경쟁이 격화된 것도 원인이다. 셋째, 주 서식지인 광릉의 일반인 개방과 비효율적인 생태적 관리 등에 의한 서식지의 질적·양적 감소가 원인으로 보인다.

크낙새의 소수 개체군이 남아 있는 이북집단도 곧 멸종될 것으로 보인다. 북한의 크낙새의 보전을 위해서는 황해도 일대의 서식지 숲에서 말라 죽거나 넘어진 큰 나무들을 그대로 두어 크낙새의 먹이터가 되게 하여야 한다. 벌채, 가지치기 등을 삼가고 크낙새의 둥지나 잠자리가 될 만한 대형목의 보존이 필요하다. 또한 사람의 손길을 최대한 줄이고 각종 소음 등도 줄여 자연 그대로의 상태가 유지되도록 서식지를 관리해야 할 것이다. 또 야생의 크낙새를 다시 자연에 복원하는 방법도 남북이 협력하여 시도할 필요가 있다.

팔색조

| 팔색조 · *Pitta nympha*

멸종위기 야생생물 II급 / 천연기념물 제204호 / 국가적색목록 VU / IUCN 적색목록 VU
우리나라에서는 드문 여름철새이자 나그네새로, 제주도를 비롯한 남부 지방에도 드물게 도래하며 최근 한반도의 기후가 온난화되고 산림 생태조사가 더 정밀하게 진행됨에 따라 경기도, 강원도 등의 중부권에서도 번식이 확인되어 분포 지역이 확대되고 있다.

이름의 유래

팔색조의 학명 *Pitta nympha*에서 속명 *Pitta*는 '소형 조류'를 뜻하는 인도 남부의 텔루구어에서 왔다. 종소명 *nympha*는 그리스 신화에 나오는 물의 요정 님프(Nymph)에서 유래되었다. 영명은 Fairy Pitta로 학명과 비슷하게 요정이라는 의미의 단어 fairy를 포함하고 있다. 팔색조의 이름에서 '팔색'은 실제로 8가지의 색을 가졌다는 것이 아닌 '매우 다채롭다'는 의미이다.

생김새와 생태

크기는 머리부터 꼬리까지 약 18cm로 비교적 중형의 산림성 조류이며, 짤막한 날개와 꼬리로 인해 전체적으로 통통해 보이는 몸매를 가지고 있다. 부리는 굵직하고 검은색이며, 정수리는 황갈색, 눈썹선은 흐린 노란색이다. 눈 앞쪽부터 뒷목까지는 굵은 띠를 두른 것 같은 검은색이다. 몸 아랫면은 상아색이나 배의 한가운데부터 아래꼬리덮깃까지는 선명한 빨간색이다. 날개와 몸 윗면은 짙은 초록빛이며 날개덮깃의 일부와 허리는 금속성의 광택을 띠는 하늘색이다. 다리는 길며 분홍색이다.

4월 무렵이면 제주도 및 남부 지방에 도래하기 시작해 번식기를 보내고 9월 무렵 월동지인 동남아시아로 이동하여 겨울을 난다. 어둡고 습기가 많은 울창한 활엽수림에 서식하며, 번식기에는 주로 수컷이 굵은 나뭇가지에 앉아 꼬리를 상하로 흔들며 '꼬잇꼬잇-, 꼬잇꼬잇-' 하고 2음절로 크게 운다.

암수 한 쌍이 새끼를 키우며 둥지는 하층식생이 우거져 있는 계곡부의 나무 뿌리 사이, 혹은 바위틈 등 지면에 둥지를 지으며 위장이 철저해 둥지와 주변 환경이 잘 구분되지 않는다. 4~6개의 알을 낳으며 암컷은 새끼에게 먹이를 먹이고 수컷은 주변 경계를 맡는 경우가 많다. 어린 새끼에게는 주로 숲 바닥에서 잡은 지렁이를 먹이며 어른새는 곤충, 거미류, 달팽이, 도마뱀 등의 다양한 동물성 먹이들을 가리지 않고 섭취한다.

분포

중국 남동부, 타이완, 일본, 한국에서 번식하고, 인도네시아, 말레이시아에서 겨울을 난다. 국내에서는 주로 남부 도서 지방이나 남부 대륙에서 번식이 확인되었으나, 최근 중부 내륙에서 번식하는 것이 드물게 목격되고 있다.

1 먹이를 물고 주변을 경계하는 어미새

2 지렁이는 팔색조가 가장 선호하는 먹이다.

3 먹이를 물고 둥지로 돌아온 어미새와 먹이를 조르는 새끼들

새의 생태와 문화

예술 작품에 나타난 새

새는 음악과 미술 같은 예술의 세계에 많은 영향을 끼쳐왔으며 문학작품 속에도 자주 등장한다. 베토벤의 교향곡 제6번 『전원』의 2악장 「시냇가에서」에는 나이팅게일, 메추라기, 뻐꾸기 등이 등장하는데, 나이팅게일은 플루트로, 메추라기와 뻐꾸기는 각각 오보에와 클라리넷을 이용해 울음소리를 실감나게 표현한다. 푸치니의 오페라 『나비부인(Madama Butterfly)』에서는 등장인물이 큰까마귀(Raven)의 노래를 부르고, 『라보엠(La Boheme)』에서는 제비(Swallow)의 노래를 부른다. 우리에게 무척 친숙한 오페라인 비제의 『카르멘(Carmen)』에서도 여주인공 카르멘(메조 소프라노)이 군인인 돈 호세를 유혹하기 위해 '하바네라(Habanera)'라는 이름으로 잘 알려진 '사랑은 반항하는 새(조류)로, 아무도 길들일 수 없다'라는 아리아를 부른다. 우리나라의 남도 민요 「새타령」에는 새의 울음소리를 흉내 내는데, 노랫말이 '말 잘하는 앵무새, 춤 잘 추는 학두루미, 솟땅이 쑤꾹 앵매기 뚜루루, 대천의 비의 소루기....'로 이어진다. 20세기 초 미국의 훌륭한 재즈 색소폰 연주가인, 찰리(Charlie "Bird" Parker)는 본인의 음악적 여정을 '새'가 연주하는 음악으로 생각하여 「조류학(Ornithology)」이라는 제목을 붙이고 흥미로운 곡들을 작곡하였다.

새는 음악뿐만 아니라 회화와 조각에도 자주 등장했다. 기원전 약 2만 년 전 구석기 시대 프랑스의 라스코 동굴에 그려진 벽화에도 지금은 사라진 동물과 새들을 만나볼 수 있다. 기원전 2,600년경 이집트 메이둠(Meidum)의 네페르마트(Nefer-matt)왕의 마스터바(Mastaba) 무덤에서 기러기류 그림이 출토되었는데, 세계에서 가장 오래된 채색화로 아직도 살아 있는 것처럼 보인다. 기원전 1350년경의 테베(Thebe) 유적지에 있는 네바문(Nebamun) 무덤 벽화의 「습지의 새사냥」에 프레스코화로 많은 오리 기러기류와 매류가 그려져 있다. 그리고 이집트 상형문자에는 새 모양이 많이 쓰였다. 폼페이 유적에서 발견된 로마 제국 시대의 모자이크에 나무와 숲에 앉아 있는 새들의 모습이 그려져 있다. 20세기 초 최고의 화가로 꼽히는 마티스와 피카소는 조류에 대한 끊임없는 관심을 그림으로 나타냈다. 콘스탄틴 브랑쿠시(Constantin Brancusi, 1876~1957)는 대리석과 브론즈를 재료로 새 자체보다는 비행의 본질을 포착하기 위해 새의 움직임을 집중적으로 표현한 「공간의 새(Birds in Space)」라는 대표작을 만들어냈다. 고구려 오회분 4호묘 고분 벽화에는 백관을 쓰고 노란색 섶이 달린 도포를 입은 신선이 학(두루미)를 타고 날아가는 그림이 있다. 백제금동대향로의 꼭대기에는 봉황 같은 새 조각이 장식되어 있기도 하다. 또 조선 후기에 꽃과 새를 그린 화조도(花鳥圖)가 있는데 여기의 새는 꿩을 형상화한 것 같다.

새는 문학작품에도 많이 등장한다. 기원전 410년 후, 아리스토파네스(Aristophanes)의 희극 『새(The Birds)』는 조류가 인간을 지배하는 내용을 담고 있으며 새들의 흉내와 노래의 화려함이 완벽하게 실현된 희극으로 후투티, 나이팅게일, 플라밍고, 까마귀 등 다양한 새들이 등장한다. 또 새는 셰익스피어의 극과 시에서도 자주 등장하는데 그것에 영감을 받은 조류학자 제임스 하팅(James Edmund Harting)은 셰익스피어의 작품에 새가 어떻게 표현되는지 서술한 책인 『셰익스피어의 조류학(Shakespeare's Ornithology)』을 1871년에 간행하였는데, 이 책에는 흰점찌르레기, 유럽울새, 올빼미, 큰까마귀, 종달새, 매류 등 다양한 조류가 등장한다.

새는 서정시에도 자주 등장한다. 특히 17세기의 영국인 마이클 드레이튼(Michael Drayton)은 「부엉이(The Owl)」라는 시를 지었고, 앤드류 마벨(Andrew Marvell)은 「수줍은 여인에게(To his Coy Mistress)」에서 연인을 맹금류에 빗대어 표현함으로써 새를 매우 정밀하게 표현했다. 이후 셸리(Shelley)의 종달새, 키츠(Keats)의 나이팅게일(Nightingale), 예이츠(Yeats)의 고니 등이 영문학에서 가장 알려진 새가 되었다.

종다리 | 종다리 · *Alauda arvensis*

국가적색목록 LC / IUCN 적색목록 LC

우리나라 어디서나 볼 수 있는 흔한 텃새이자 겨울철새였으나 최근 그 수가 급감하였다.

이름의 유래

종다리의 학명 *Alauda arvensis*에서 속명 *Alauda*는 라틴어로 '종다리'를 뜻하며, 본디 켈트어로 '위대한 가희(歌嬉)'라는 뜻인데, 이는 이 새가 하늘을 날면서 아름답게 노래하는 것과 깊은 관련이 있다. 이러한 이유에서 영명은 Skylark라고 이름 붙여졌다. 종소명 *arvensis*는 라틴어로 arvum(밭) + ensis(-에 속하는)의 합성어로 이 새가 주로 농경지에서 서식하는 것과 관계가 깊다. 우리 조상들은 노고지리, 무당새, 쌉갑죽새, 종달새라고 불렀으며, '구름에 있는 종다리'라는 뜻으로 운쟉(雲雀)이라고 했다. 높은 곳에서 고하거나 운다는 뜻에서 고텬ᄌᆞ(告天子), 교텬ᄌᆞ(규텬ᄌᆞ, 叫天子)라고도 불렀다.

생김새와 생태

뒷머리에 짧은 머리깃이 있는데 이것은 때로 꼿꼿이 선다. 몸은 엷은 황갈색으로 머리 꼭대기와 몸의 윗부분, 날개와 가슴에는 세로로 검은 반점이 있지만 작은날개덮깃과 가운데 날개덮깃은 적갈색이고 무늬가 없다. 날 때는 날개의 뒤쪽 가장자리가 하얗게 보이고 꼬리 바깥쪽도 하얗다.

종다리는 훌륭한 가수이다. 다시 말해서 노래하는 것에 관한 한 가장 진화된 새로 알려져 있다. 세력권 선언을 위한 노래, 사랑을 위한 노래 등 노래를 구별하는 것이 가능하며 노랫소리의 레퍼토리도 많이 가지고 있어서 그 레퍼토리를 되풀이하거나 섞는 것은 물론 한 가지 소리로 계속 지저귀기도 한다. 또 공중에 올라갈 때와 공중에서 멈출 때, 내려갈 때 모두 다르다. 놀라서 날아오를 때는 '삐르르, 삐르르' 또는 '캬아, 캬아' 하고, '찌이지크 찌이지크, 쓰이 쓰이, 류우 류우 류우 류우' 하는 소리로 지저귄다.

번식기에는 암수가 짝이 되어 세력권을 형성하며, 비번식기에는 30~40마리가 무리를 지어 생활한다. 둥지는 강가의 풀밭, 보리밭, 밀밭 등의 땅 위에 밥그릇 모양으로 만든다. 알을 낳는 시기는 3~7월이며 한배산란수는 3~5개이다. 새끼는 알을 품은 지 12~13일이면 깨어나고 곤충류, 거미류, 잡초의 종자 등을 먹는다. 새끼를 키울 때는 매우 조심성이 많아져서 공중에서 둥지로 바로 내리지 않고 제법 멀리 떨어진 곳에 내려 주위를 살펴보고 둥지를 향해 걸어간다. 한편, 농경지, 풀밭, 강가의 모래밭 등에서 살면서 모래 목욕을 하기도 한다.

분포

세계적으로는 유라시아 대륙의 아한대 지방, 스칸디나비아반도 등지에서 번식하고 한국, 중국, 양쯔강, 일본, 스코틀랜드, 지중해 등지에서 겨울을 난다.

1 2 겨울철에 먹이를 찾고 있는 종다리

3 4 어린새끼를 돌보고 있는 어미 종다리

새와 사람

종다리의 노래

종다리가 하늘 높이 올라가 울면 맑은 날이 계속된다는 이야기가 있다. 종다리가 날아오르는 높이는 보통 100m쯤이고 머무는 시간은 7~8분쯤이다. 같은 높이에서 울어도 공기 중의 수증기의 양에 따라서 소리가 전달되는 느낌이 다르다. 즉, 수증기의 양이 많으면 지상으로 소리가 잘 퍼지기 때문에 울음소리가 낮게 들리고, 수증기의 양이 적으면 높게 들린다. 따라서 종다리가 높이 날아올라 울고 있다면 하늘에 수증기가 적고 고기압이 배치되어 있다는 뜻이므로 맑은 날씨를 예측할 수 있는 것이다.

옛사람들은 종다리의 고운 노랫소리를 듣기 위해 종다리를 새장에 넣어 키우기도 했다. 어릴 때 노래를 잘 부르는 다른 종다리와 함께 둠으로써 노래를 배우게 하였다고 한다. 같은 종다리라도 얼마나 다양한 레퍼토리를 가지고 있느냐에 따라서 가격이 천차만별이었으며, 종다리를 전문적으로 사육하는 사람들도 있었다.

우리 문화에서도 농가의 풍경을 그리며 종다리 소리를 떠올린 성현이 많다.

동창이 밝았느냐 노고지리 우지진다.
소 치는 아이는 상기 아니 일었느냐
재 너머 사래 긴 밭을 언제 갈려 하나니

이 시는 문장과 서화에 능했던 숙종대의 시인, 운로 남구만이 지은 것이다. 시 속에 등장하는 노고지리는 종다리를 뜻한다. 즉, 농가의 아침이 밝아오고 종다리가 지저귀는 가운데 넓게 펼쳐진 밭을 갈아야 하는 아이의 모습을 그리고 있다.

새의 생태와 문화

새의 비행 방법과 날개의 진화

고대 그리스 시대부터 사람들은 새의 날개를 부러워하며 비행을 꿈꾸어 왔다. 많은 신화와 전설 속에서 하늘을 나는 천사나 영웅은 날개를 가지고 있었으며, 근대에도 새의 날개 모양을 본떠 비행기를 제작하였다. 새의 날개는 위 표면이 아래보다 더 굽어져 있으며 날개를 기울인 상태로 정면의 바람을 받음으로써 양력(揚力)을 생성하여 새가 날 수 있게 해준다. 새의 생태에 맞추어 새의 날개도 적응, 진화하였으며 새의 비행 방법에 따라서 서로 다른 날개 형태를 가진다. 길고 가는 날개는 강한 바람 속에서 최소한의 에너지로 빠른 속도로 날 수 있게 해주지만 기동성이 떨어지고 비행을 시작하기 위해 강한 바람이 동반되어야 한다. 그러므로 이러한 날개 형태는 천적이 적고 대부분의 생활을 비행하며 보내는 슴새와 같은 대형 바닷새에서 볼 수 있다. 짧고 둥근 형태의 날개는 제자리에서 바로 날아오를 수 있게 하며 높은 기동력을 갖는다. 그러나 비행을 위해 지속적인 날갯짓이 필요하여 비행 시 에너지 소모가 크다. 비둘기, 꿩과 같은 사냥새가 여기에 해당하며, 순간적인 가속을 통해 포식자에게서 도망가는 데 적합하다. 반대로 새나 쥐를 포식하는 매류의 경우 날개의 형태가 날씬하고 끝이 갈라져 있지 않아 개활지에서 빠르고 효율적으로 먹이를 쫓아갈 수 있다. 넓고 크며 날개 끝이 갈라져 있는 형태는 수리류에서 흔히 볼 수 있으며, 이는 상승기류를 타고 높은 곳으로 올라가 지상의 먹이를 살피면서 활강하기에 적합하다.

제비 | 제비 · *Hirundo rustica*

IUCN 적색목록 LC

우리나라 어디서나 볼 수 있는 여름철새이다.

이름의 유래

제비의 학명 *Hirundo rustica*에서 *Hirundo*는 라틴어로 '제비'를 뜻하고 종소명 *rustica*는 '시골에 속하는'을 뜻한다. 이 말은 도시 지역보다는 시골 마을에 주로 분포하는 제비의 생태를 잘 나타냈다. 우리나라 조상들은 제비를 의이(鷾鴯), 현됴(玄鳥), 연을(鷰鳦), 연ᄌ(燕子)로도 불렸다. 영명은 Barn Swallow인데, swallow는 '벌레를 잘 잡아먹는다'는 뜻이다. 또한 농가에 둥지를 틀고 그곳에서 주로 서식하기 때문에 외양간을 의미하는 barn이 붙었다.

생김새와 생태

머리부터 꼬리까지의 깃은 윤기가 있는 검은색인데 꼬리를 펼쳤을 때는 하얀 반점이 보인다. 얼굴과 목 부분은 붉은 갈색이며 배 부분은 하얗고 그 사이에 검은 띠가 있다. 어린새는 색이 둔탁하고 가슴과 꼬리가 어미새보다 짧다. 전깃줄이나 지붕 등에 앉아 '쫏 쫏쫏 쥬르르르르' 또는 '삐찌 삐찌 지지지지 쭈이' 하고 쉴 새 없이 빠르게 지저귄다.

번식기에는 암수가 함께 생활하며 알을 낳는 시기는 4월 하순부터 7월 하순까지이며 한배산란수는 3~7개이고 알을 품는 기간은 13~18일로 알려져 있다. 번식이 끝난 뒤에는 보통 큰 무리를 지으며 이때 잠자리는 평지의 배밭이나 갈대밭을 이용한다. 진흙과 짚을 이용해서 밥그릇 모양의 둥지를 틀고 둥지 안쪽에는 많은 양의 마른 풀이나 깃털을 깐다. 제비가 만든 둥지가 수직벽에 붙어서 떨어지지 않는 이유는 제비의 침과 흙속의 고분자성분이 굳어서 접착제 역할을 한다. 또 제비는 하중을 더 많이 받는 부분을 보강해서 둥지를 짓는데 100배 이상의 하중을 견딜 수 있다.

날아다니는 곤충을 주로 잡아먹으며 파리목, 딱정벌레목, 매미목, 날도래목, 하루살이목, 벌목, 잠자리목 등을 잡아먹는다.

분포

전세계적으로 유럽, 중앙아시아, 시베리아, 한국, 중국, 일본, 미국, 캐나다 등지에서 번식하고 아프리카 중남부, 인도, 동남아시아, 뉴기니, 남미 북부 등지에서 겨울을 난다.

1 밧줄에 앉아 휴식을 취하는 모습

2 둥지를 떠난 어린새가 기지개를 펴고 있다.

3 둥지에서 어미새가 먹이를 잡아오길 기다리는 새끼들 모습

4

5

새와 사람

우리 생활에 가까운 제비

전깃줄에 앉아 있는 제비의 꼬리 자태가 연미복과 비슷하며, 연미복의 '연'은 한자로 '제비 연(燕)'을 쓴다. 흥부전은 제비를 등장시킨 우리나라 고대 설화로서 제비가 이미 오랜 옛날부터 우리의 생활과 함께했음을 보여 준다. 또 제비가 가을이 되면 '강남 간다'고 하는 말에서 강남은 중국 양쯔강 이남을 의미하며, 제비가 여름철새이기 때문에 월동지인 동남아시아 지역으로 돌아간다는 뜻이다. 제비는 산업 사회인 현대에 접어들면서 각종 근대적인 건물이나 다리, 다른 인공물에 둥지를 만들어 서식하게 되었다. 따라서 이 새는 환경 변화에 적응이 빠르기는 하지만 날벌레를 잡아먹기 때문에 환경의 영향을 많이 받아 환경 지표를 측정하는 데도 쓰인다.

새의 생태와 문화

개체수가 감소하는 제비

제비는 1980년까지 우리 주변에서 가장 흔하게 볼 수 있는 새 중 하나였으나, 지금은 1/100 수준으로 감소하였다. 충청도 지역의 10ha에서 제비 개체수를 조사한 결과, 1987년에는 2,282마리였던 개체수가 1990년에 1,109마리, 1996년에는 155마리로 줄었고, 2005년에는 22마리까지 감소하였다. 또한 국립생물자원관의 조사에서도 연평균 6.4%의 개체수 감소가 나타났다. 제비 개체수 감소는 주변 환경의 변화에서 기인하는데, 도시화가 진행되면서 농가와 농촌 인구가 감소하였고, 이는 제비가 둥지를 틀 장소의 감소로 이어졌다. 뿐만 아니라 농경지와 주변 습지에서 먹이를 찾는 제비의 습성상 지속적으로 감소하는 농지면적과 농약 사용 증가는 치명적인 영향을 끼쳤다. 지금에 와서는 농촌을 찾아가지 않으면 제비를 쉽게 볼 수 없으며, 특히 젊은층일수록 제비집을 한 번도 보지 못한 사람이 흔할 정도이다.

4 먹이인 곤충을 잡아와서 줄 위에 앉아있는 제비

5 물가에서 떼지어 날아오르는 모습

6 월동지역으로 이동하기 전 전깃줄에 군집상태로 앉아 있는 모습

갈색제비 | 모래제비 · *Riparia riparia*

IUCN 적색목록 LC

우리나라를 통과하는 나그네새 가운데에서도 보기 드문 새이다.

이름의 유래

갈색제비의 학명 *Riparia riparia*에서 속명과 종소명 *Riparia*에서 ripa는 라틴어로 '강변'을 뜻하며 이를 여성형 명사로 바꾸어 *riparia*가 되었으며 '강변에 많은 새'라는 의미이다. 영명 또한 강의 '양쪽 기슭' 또는 '둑'이라는 의미를 가진 단어 bank를 사용하여 '강둑에 사는 제비'라는 뜻의 Bank Swallow이다. 모래층에 둥지를 짓기 때문에 제비류를 뜻하는 Martin을 붙여 Sand Martin이라고도 한다.

생김새와 생태

몸 길이는 12.5cm로 제비에 비해 눈에 띄게 작다. 꼬리깃 또한 짧으며 V자형의 꼬리깃 가운데가 제비보다 얕게 들어가 있다. 몸 위쪽은 짙은 갈색이고 아래쪽은 흰색이며 가슴에는 목걸이처럼 보이는 T자 모양의 갈색 띠가 있다. 제비처럼 날아다니면서 먹이를 먹고 '쮸리, 쮸리, 쮸리' 하고 운다.

우리나라에서는 봄가을에 도래하는 나그네새이기 때문에 번식하는 모습을 관찰하기는 힘들다. 제비 무리에 섞여 이동하며 배 밭이나 갈대밭에 잠자리를 잡을 때도 제비 무리 속에 드물게 끼어 있다. 하천, 호수의 물가에 있는 모래땅, 흙 벼랑이나 경작지의 모래층에 구멍을 파서 둥지로 삼으며 많은 수가 집단으로 번식한다. 둥지의 출입구는 나팔처럼 생겼으며 둥지의 바닥에는 주발 모양으로 마른 풀이나 깃털, 휴지 등을 깐다. 둥지의 크기는 지름이 3.7~5cm이고 높이는 약 2cm이며 출입구는 벼랑 위쪽에 있는데 그 상하 좌우에는 다른 둥지로의 출입구가 여러 개 있다. 둥지의 출입구는 곧지 않고 좌우 한쪽으로 굽어 있지만 둥지의 바닥은 거의 같은 수평면에 있다. 둥지 구멍은 암수가 같이 판다.

1년에 2번 새끼를 치는데 알을 낳는 시기는 6~7월이며, 한배산란수는 3~5개이다. 새끼는 알을 품은 지 12~16일 만에 깨어나고 알에서 깬 지 19일이면 둥지를 떠난다. 주로 날아다니는 곤충을 잡아먹으며 딱정벌레목, 매미목, 파리목 등이 주된 먹이이다.

분포

유라시아 대륙과 북미 대륙 대부분의 지역에서 번식하며 아프리카 동부, 인도, 인도차이나반도, 보르네오, 필리핀, 남미 대륙 북부 등지에서 겨울을 난다.

1 제비보다 작은 크기의 갈색 제비

2 3 갈대 위에 앉아 있는 갈색제비

노랑할미새 | 노랑할미새 · *Motacilla cinerea*

IUCN 적색목록 LC
우리나라 어디서나 흔히 볼 수 있는 여름철새이다.
그러나 최근에는 소수의 개체가 겨울을 나기도 한다.

이름의 유래

노랑할미새의 학명 *Motacilla cinerea*에서 속명 *Motacilla*는 라틴어로 '끊임없이 움직이다'는 뜻의 motax와 '꼬리'를 뜻하는 -cilla의 합성어로서 '꼬리를 끊임없이 움직이는 새'라는 말이다. 할미새류가 꼬리를 움직이는 행동과 매우 잘 어울리는 이름이다. 종소명 *cinerea*는 '회색을 가졌다'는 뜻으로 회색을 띤 노랑할미새의 생김새를 잘 표현하고 있다. 영명은 등이 회색인 할미새라는 뜻으로 Grey Wagtail이다.

생김새와 특징

머리꼭대기, 뺨, 등, 어깨깃은 푸른 회색이며 눈썹선은 하얗고 날개는 흑갈색으로 셋째날개깃의 바깥쪽은 하얗다. 허리와 배는 황색이고 바깥쪽 꼬리깃은 하얗다. 여름깃을 보면 수컷의 목 부분은 까맣고 하얀 뺨 선이 눈에 띄며 암컷은 목 색깔이 흰 것과 검은 것으로 나뉜다. 겨울깃을 보면 암수 모두 목이 하얗다. 다리와 발은 살갗 색인 갈색이다. 날 때 보면 흰 띠가 눈에 띈다. '초촟, 초촟' 또는 '찌찡, 찌찜' 하는 소리로 울면서 난다. 경계할 때는 '찌찌 찌 찌 찌 찟' 하고 운다. '쓰위, 쓰위, 쓰위, 쓰위, 삐이-, 삐이-, 쫏, 쫏, 삐이, 삐이' 또는 '찌찌이-, 꾸꾸꾸우 쯔이, 쯔이, 쯔이, 쯔이' 하고 울며, 지저귈 때는 제법 높은 나무 꼭대기, 지붕, 전깃줄, 바위 등에 즐겨 앉는다.

깊숙한 계곡이나 호숫가 둥지에 서식하며 주로 암수가 함께 생활한다. 날 때는 파도 모양의 큰 호를 그리면서 난다. 꼬리를 위아래로 쉴 새 없이 흔들며 걸어 다닌다. 둥지는 인가의 지붕 틈, 암벽 틈, 벼랑, 돌담의 틈, 나무줄기의 파인 곳 등에 짓지만 드물게는 언덕의 풀속이나 땅바닥에 짓는 경우도 있다. 가는 뿌리, 마른 풀, 나무껍질, 이끼류, 가는 줄기, 나뭇가지, 활엽수의 잎이나 흙을 이용해서 밥그릇 모양의 둥지를 틀며 둥지 밑바닥에는 동물의 털, 머리카락, 깃털, 가는 뿌리, 가는 줄기 등을 깐다. 둥지는 땅에서 1~5m 높이에 있고 때로는 벼랑의 풀포기 속에 있을 때도 있다. 알을 낳는 시기는 4~8월 상순까지이며, 한배산란수는 4~6개이다. 새끼는 알을 품은 지 11~14일이면 깨고, 깬 지 11~14일이면 둥지를 떠난다. 파리목의 유충과 성충, 딱정벌레목의 유충, 나비목, 메뚜기목, 벌목, 거미류 등을 먹이로 한다.

분포

유라시아 내륙, 중국 북부, 만주, 한국, 일본 등지에서 번식하고, 인도, 동남아시아, 인도네시아, 필리핀, 중국 남부 등지에서 겨울을 난다.

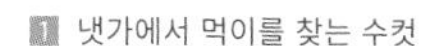

1 냇가에서 먹이를 찾는 수컷
2 물속에 있는 수생곤충을 잡는 순간
3 냇가에서 먹이를 잡은 암컷

새의 생태와 문화

문장에 썼던 할미새 무늬

문장은 국가나 가문, 단체, 개인을 상징하는 표지인데, 일본 전국 시대에 유명한 무장이었던 다테 마사무네는 집안의 문장으로 할미새 무늬를 사용하였다. 당시에 문장은 도장 대신 문서나 편지에 주로 사용되었다. 할미새를 디자인한 마사무네의 문장은 벚꽃이나 수레바퀴를 디자인한 문장을 주로 썼던 그 시대에 다른 가문의 문장에 비해 기발하고 독특하였을 뿐만 아니라 매우 아름다웠다. 1591년에 마사무네는 도요토미 히데요시에게 의심을 받아 위기에 처한다. 마시무네가 비밀리에 적에게 보낸 편지가 발견되었는데 거기에 있는 할미새의 문장이 마사무네의 것인지가 크게 문제가 되었다. 그러나 마사무네는 그 할미새 문장에는 눈이 없기 때문에 위조라며 무죄를 주장하였고, 도요토미 히데요시가 그 주장을 받아들임으로써 목숨을 건졌다고 한다.

계절에 따라 곤충 애벌레도 먹고 식물종자도 먹는 조류

우리나라는 4계절이 있는 온대지방으로 텃새의 먹이도 계절에 따라 달라지며 여름철새와 겨울철새 또한 도래하는 시기에 따라 이용 가능한 먹이 자원이 다르다.

산림성 텃새는 번식기가 시작되는 봄에서 여름까지는 주로 낙엽활엽수의 잎이 나오는 시기에 따라 생산되는 곤충 애벌레(caterpillar)를 주로 이용한다. 산림성 여름철새 또한 시기에 맞추어 도래하여 애벌레를 먹이 자원으로 이용한다. 조류들은 유조에게 단백질을 풍부한 양질의 먹이인 애벌레를 먹이로 공급하여 빠른 성장을 유도한다. 가을이 되면 곤충식인 산림성 여름철새는 한반도에서는 더 이상 곤충을 먹이로 이용할 수 없기 때문에 동남아시아로 이동하게 된다. 산림성 텃새들은 이 시기에 종자식 또는 과일식으로 바꾸게 된다. 이때 산림성 겨울철새가 한반도에 도래하여 종자 또는 과일을 먹는다.

오리류와 기러기류는 주로 우리나라에서 논에서 수확 후의 벼이삭을 주먹이로 하여 겨울을 난다. 특히 멸종위기종인 두루미, 재두루미, 흑두루미는 우리나라에서 벼이삭을 주먹이원으로 월동하므로 개발 등으로 먹이가 부족한 겨울철에는 인위적인 먹이주기가 필요하다. 이는 멸종위기종인 두루미류가 번식지인 시베리아로 돌아가 번식 성공률을 높이게 되면 개체군 증가를 기대할 수 있기 때문에 매우 중요하다.

필자는 우리나라 주요 산림성 조류인 박새, 진박새, 곤줄박이의 번식기에 새끼에게 급이하는 곤충 애벌레를 조사한 적이 있다. 조사결과는 박새가 나비목 66.7%, 파리목 14%, 거미목 8.3%의 애벌레를, 진박새가 파리목 45.5%, 나비목 31%, 거미목 12.5% 그리고 곤줄박이가 나비목 48.8% 메뚜기목 17.6% 파리목 15.4%의 유충을 새끼에게 급이하였다. 이것은 박새류의 새끼 유조의 먹이는 대부분 나비목 애벌레 유충인 것을 알 수 있으며 나비목 애벌레 유충은 주로 낙엽활엽수의 어린잎을 먹고 생장하는 경향이 있으므로 참새목 산림성 곤충식 조류의 다양성을 높이기 위해서는 참나무류를 비롯한 낙엽활엽수의 식재 및 보전관리가 필요하다.

4 먹이를 달라고 보채는 새끼들을 바라보는 수컷
5 바위 밑에 둥지를 틀고 새끼들을 키우는 암컷
6 노랑할미새의 알
7 8 노랑할미새의 새끼

알락할미새 | 알락할미새 · *Motacilla alba*

IUCN 적색목록 LC

한반도 전역에서 번식하는 흔한 여름철새이며, 아종인 백할미새는 한반도 중부 이남에서 겨울을 나는 흔한 겨울철새이다.

이름의 유래

알락할미새의 학명 *Motacilla alba*에서 속명 *Motacilla*는 라틴어로 motacis(움직이다)와 cilla(작은 꼬리)의 합성어로 '작은 꼬리를 움직이다'는 뜻인데 이 새가 꼬리를 자주 움직이는 것과 관계가 깊으며, 종소명 *alba*는 라틴어로 '하얗다'는 뜻인 album의 여성형이며 알락할미새의 생김새가 하얗고 예쁜 것을 보고 지은 것이다. 할미새는 우리 선조들이 척령(鶺鴒), 옹거, 할아비새, 할미새, 아리새 등으로 불렀다. 영명 또한 '꼬리를 흔드는 하얀 새'라는 뜻으로 White Wagtail이라고 한다.

생김새와 생태

수컷의 여름깃은 머리, 허리, 꼬리 부분이 모두 까맣고 바깥쪽 꼬리깃은 하얗다. 날개도 대부분이 하얗고 바깥 날개의 끝 부분과 안 날개의 가운데쯤 일부가 까맣다. 머리 앞쪽부터 얼굴은 하얗고 목부터 가슴까지는 까맣고 배 아래쪽이 하얗다. 암컷의 여름깃은 머리가 회색이며 목 부분은 흰색에 가슴에 세모꼴의 검은 반점이 있는 것처럼 보인다. 그러나 겨울에도 등이 꽤나 검은 개체도 있다. 암컷의 겨울깃을 보면 머리부터 등까지 회색인데 가슴에 난 반점은 까맣다. 1년째의 겨울깃은 얼굴이 엷은 황색인 것이 많고 날개의 대부분은 회색인데 날개 아래쪽이 조금 하얗다. 차츰 자라면서 날개의 하얀 부분이 많아지지만 그 과정은 개체에 따라 변화가 있다.

주로 물가에 많이 날아들고 언제나 암수가 함께 생활하며 겨울철에도 2~3마리씩 작은 무리를 이룬다. 주로 땅바닥에서 먹이를 찾으며 때로는 낮게 날아올라 날아다니는 벌레를 잡아먹는다. 다리를 엇갈려 걷고 뛰어다니지는 않으며 꼬리를 끊임없이 위아래로 흔든다. 날 때는 물결 치듯이 날고, 날아가면서 '쬬 쯧, 쬬 쯧' 또는 '쑤 쮼, 쑤 쮼' 하고 운다. 전망이 좋은 높은 곳이나 인가의 높은 지붕, 전깃줄 등에 앉아서 '휘이 쬬휘이 쬬휘이 쪼-' 하는 부드러운 소리로 지저귄다.

바닷가나 농촌의 돌담, 바위 사이, 가옥의 틈, 물가 벼랑의 파인 곳, 잡초 속의 우묵한 곳에 둥지를 틀며 알을 낳는 시기는 5월 하순에서 7월까지이고, 한배산란수는 4~5개이다. 알을 품는 기간은 12~13일이며 새끼를 기르는 기간은 14~15일이다. 곤충류가 주식으로서 딱정벌레목, 파리목, 벌목, 나비목, 풀잠자리목, 메뚜기목, 매미목, 날도래목 등을 즐겨 먹으며 거미류도 좋아한다.

비슷한 새

국내에는 다양한 종류의 아종이 존재하는데, 가장 흔히 볼 수 있는 것이 백할미새이다. 백할미새(*M. a. lugens*)는 검은색 눈선이 특징이고 꼬리는 검은색이며 가장자리깃이 흰색이다. 검은턱할미새(*M. a. ocularis*)는 검은색 눈선이 있고 턱 밑과 멱이 검은색이다. 그러나 겨울에는 멱이 흰색으로 바뀌어 백할미새와 구별하기 어렵다. 그 외에도 드물게 등이 회색이고 날개덮깃 중앙이 회색인 시베리아알락할미새(*M. a. baicalensis*)나 흰이마알락할미새(*M. a. personata*), 검은등흰이마할미새(*M. a. alboides*)가 국내에 도래한다.

1 잠시 휴식 중인 알락할미새

2 습지에서 먹이를 찾고 있다.

3 먹이를 잡아 물고 있는 모습

4
5
6

분포

중국 북부, 몽골, 한반도에서 번식하며 동남아시아에서 겨울을 난다.

새와 사람

행복을 가져다주는 새

예부터 할미새가 집에 둥지를 틀면 그 집안이 번성한다든지 앞으로 큰 즐거움이 있을 것이라는 이야기가 있는데 이는 흥부전의 제비와 비슷한 아류의 이야기라고 볼 수 있다.

새의 생태와 문화

논습지의 기능

논습지는 아시아적인 가치를 지닌 습지이다. 논습지는 기나긴 세월 우리의 주식인 쌀을 공급해 주었을 뿐만 아니라 많은 생물의 삶터가 되어 주었다. 즉, 생물이 태어나 자라는 삶터를 보호하고 제공한다. 논습지에는 잠자리, 물자라, 물방개, 물장군, 게아재비뿐만 아니라, 개구리 종류는 참개구리, 청개구리, 옴개구리, 올챙이 등, 뱀 종류는 무자치, 유혈목이 등, 민물고기는 미꾸라지, 송사리, 붕어, 미꾸리 등이 서식하고 있다.

봄철에는 이들을 먹이 자원으로 이용하는 쇠백로, 중대백로의 백로류와 왜가리, 청다리도요, 알락도요, 메추라기도요, 바늘꼬리도요, 흑꼬리도요 그리고 꺅도요 등의 많은 도요새들과 흰뺨검둥오리, 저어새 등의 먹이터 역할을 한다. 겨울철에는 벼농사 수확 후의 낙곡에 의존하는 수많은 오리, 기러기류와 두루미, 재두루미, 흑두루미 등 월동하는 두루미류의 먹이터로서의 역할을 해오고 있어 논습지는 철새 서식지로서도 매우 중요하다. 또 이러한 수서생물의 삶터로 많은 생물이 먹이그물망을 유지하며 공생하는 하나의 생태계를 이루고 있는 소중한 곳이다. 따라서 논습지의 건전한 생태계를 유지하고 기능을 향상시키기 위해서는 생물다양성을 유지·증진할 필요가 대두되는데, 최근 논습지 면적의 감소와 벼의 단위생산량의 극대화 등으로 논습지의 환경이 악화되어 철새 서식지로서 논습지의 기능이 위협받고 있는 실정이다.

4 습지에서 경계를 하는 알락할미새

5 물가에서 이동하려는 모습

6 둥지재료를 물고 있는 모습

힝둥새 | 숲종다리 · *Anthus hodgsoni*

IUCN 적색목록 LC
백두산 일대의 높고 험한 지역에서 주로 번식하는데 봄, 가을에 중부 이남을 지나는 것을 흔히 찾아볼 수 있는 나그네새이다. 특히 이동 시기인 4월과 9~10월에는 논이나 가까운 풀밭에서 여러 마리가 쉽게 눈에 띈다. 드문 겨울철새이며 일부 남부지역에서는 여름철새이기도 하다.

이름의 유래

힝둥새의 학명 *Anthus hodgsoni*에서 속명 *Anthus*는 그리스어 anthos에서 유래하여 '할미새류'를 뜻하고 긴발톱할미새 등을 지칭한다. 그리스 신화에서는 청년 안토스가 아버지의 말에 밟혀 죽었다가 다시 태어난 새가 바로 이 힝둥새라고 한다. 아리스토텔레스는 『동물지(Historia Animalium)』에서 "안토스는 말과는 적이다. 울음소리가 말의 울음소리와 매우 비슷하고 말을 무서워하면서도 자주 말의 주위를 날아다닌다. 그리고 안토스는 강이나 늪 주위에서 둥지를 만드는데 아름다운 색으로…"라고 서술하고 있다. 종소명 *hodgsoni*는 영국의 네팔 주재 외교관(1833~1843)이었던 B. R Hodgson(1800~1874)의 이름에서 비롯, 'Hodgson씨의'라는 뜻으로 Hodgsonus의 속격이다. 영명은 Olive-backed Pipit인데, 여기에서 Olive-backed는 등 부분이 올리브색(황록색)인 것과 관련이 있으며, Pipit이 '밭종다리류'를 뜻하는 것으로 이 새가 밭종다리속에 속하는 새로서 숲속의 나무에서 주로 사는 것과 관계가 깊다.

생김새와 생태

온몸의 길이는 16cm이고 생김새는 머리 꼭대기에서부터 몸의 위쪽까지 올리브색에 검은 갈색의 불명료한 세로무늬가 있다. 꼬리는 검은 갈색이며 바깥꼬리깃은 회백색이다. 눈썹선은 어두운 흰색으로 눈의 뒤쪽에도 하얀 반점이 있다. 귀깃은 올리브색, 몸 아래쪽은 올리브 황갈색이고 가슴에서 배까지 세로로 검은 줄이 있다. 다리는 엷은 갈색이다.

주로 땅 위 생활을 많이 하며 밭종다리와는 달리 놀라면 나뭇가지 위로 뛰어오른다. '쯔이-, 쯔이-' 하는 가늘고도 예리한 소리로 울며, 경계할 때에도 마찬가지 소리로 운다. 지저귈 때는 관목이나 교목의 높은 가지에 앉아 울며 종다리와 비슷한 '지지쮸, 지지지, 스가, 스가, 스가, 스가' 또는 '삐삐, 삐이, 삐이, 삐이, 삐이, 삐이, 삐이, 스가, 스가, 스가' 또는 '지지쬬, 지지지지, 지이지, 료로, 뿌이, 뿌이, 뿌이, 삐리리리-' 하는 아름다운 소리를 낸다.

잡목림, 풀밭, 고산대의 초지 등의 땅 위에 둥지를 짓는다. 벼과 식물의 가는 줄기, 잎, 이끼류, 솔잎 등을 써서 밥그릇 모양의 둥지를 틀고, 둥지 밑바닥에는 가는 뿌리, 말꼬리 털, 벼과 식물의 가는 줄기, 이끼류 등을 깐다. 알을 낳는 시기는 5월 중순에서 8월까지이며, 한배산란수는 3~5개이다. 여름에는 딱정벌레목, 파리목, 나비목, 메뚜기목, 매미목 등과 같은 곤충류를 주로 잡아먹으며 기타 거미류 등도 잡아먹는다. 가을과 겨울에는 벼과의 종자나 열매를 즐겨 먹는다.

분포

카자흐스탄, 시베리아, 몽골, 티베트, 캄차카반도, 일본 등지에서 번식하고, 네팔, 중국 남부, 타이완, 필리핀, 보르네오 등지에서 겨울을 난다.

1 나뭇가지에 앉아 쉬고 있는 힝둥새
2 나뭇가지에 앉아서 먹이를 찾고 있다.
3 풀밭에서 먹이를 찾고 있는 모습

물레새 | 숲할미새 · *Dendronanthus indicus*

IUCN 적색목록 LC

우리나라에서 쉽게 볼 수 없는 여름철새이다.

1
2
3

이름의 유래

물레새의 학명 *Dendronanthus indicus*에서 속명 *Dendronathus*는 그리스어로 dendro(나무)와 anthos(할미새)의 합성어이고 '다른 할미새와 달리 숲에 사는 할미새 종류'라는 뜻이다. 종소명 *indicus*는 라틴어로 '인도의'라는 뜻으로, 이 종의 월동지가 인도라는 사실과 관계가 있다. 영명 또한 숲의 할미새, Forest Wagtail로서 속명과 뜻이 같다. 북한에서도 숲할미새라고 한다. 우리 선조들은 목화로부터 실을 뽑을 때 쓰는 물레가 돌아가는 소리와 비슷하다고 해서 물레새라는 이름을 붙였다고 한다.

생김새와 생태

머리에서 등, 꼬리에 걸쳐 어두운 갈색이며 날개의 대부분도 어두운 갈색으로 안쪽 날개에 얇고 긴 흰색 띠 2개가 있다. 눈 앞에서부터 귀의 깃털까지 어두운 갈색이며 몸 아래쪽은 하얗고 옆구리는 옆으로 약간 올리브색의 띠를 가지며 가슴에는 검은 띠가 눈에 띄게 아로새겨져 있다. 발은 황갈색이다. 걷거나 나뭇가지 위에 앉아 '지트, 지트, 지이-, 지트, 지트, 지이-' 또는 '컥코, 컥코, 키이-, 컥코, 컥코, 키이-' 하는 둔탁한 소리를 낸다.

알을 낳는 시기는 5월 상순에서 7월 상순까지이고 한배산란수는 보통 4개이며 알을 품는 기간은 12일, 새끼를 기르는 기간도 12일이다. 낙엽활엽수림에 둥지를 짓는데 특히 계곡 시냇가의 나무에 짓는 경우가 많으며 교목의 기둥에서 수평으로 나온 옆 가지(1.5m쯤의 높이)에 둥지를 짓는다. 주로 산림에서 생활하며 숲의 땅바닥에서 먹이를 찾기 위해 빠르게 돌아다닌다. 다른 할미새류가 꼬리를 위아래로 번갈아 흔드는 데 비해 물레새는 나뭇가지 위나 나무 꼭대기 또는 바위 꼭대기에 앉아서 꼬리를 좌우로 흔든다. 날 때는 날개를 펼쳤다가 다시 몸에 착 붙여 파도가 치는 것 같은 곡선을 만든다. 딱정벌레목과 메뚜기목을 주로 잡아먹으며 그 밖에 복족류도 먹이로 한다. 새끼에게는 곤충류, 거미류 등을 주로 먹인다.

분포

세계적으로 만주, 한국, 중국 중남부, 일본 등지에서 번식하며 동남아시아, 인도 남부, 보르네오 자바, 수마트라 등지에서 겨울을 난다.

1 풀밭에서 먹이를 찾고 있는 모습

2 나뭇가지에 앉아서 노래하는 모습

3 숲속 땅바닥에 떨어져 있는 먹이를 찾고 있다.

할미새사촌 | 분디새 · *Pericrocotus divaricatus*

IUCN 적색목록 LC
한반도의 몇몇 지역에서 찾을 수 있는 드문 여름철새이지만 봄과 가을에는 비교적 흔히 볼 수 있는 나그네새이다.

이름의 유래

할미새사촌의 학명 *Pericrocotus divaricatus*에서 속명 *Pericrocotus*는 그리스어로 '과도한'이란 뜻의 peri와 '황색'을 나타내는 -kroko-tos의 합성어로 '짙은 황색을 띤 새'라는 뜻이다. 그러나 할미새사촌의 색깔과 차이가 나는 것은 남방계 할미새사촌에는 황색이나 붉은색을 가진 것이 많기 때문이다. 종소명 *divaricatus*는 '두 개로 나누어진 꼬리를 가진'이란 뜻이다. 영명은 Ashy Minivet인데, 할미새사촌의 잿빛 외부 형태와 관계가 있다.

생김새와 생태

몸은 가늘고 꼬리는 길며 부리 끝은 갈고리처럼 일정하게 굽었다. 수컷은 얼굴이 하얗고 머리 꼭대기부터 뒷목과 눈 선까지는 까맣다. 등부터 허리까지는 회색이며 가운데 꼬리깃은 까맣고 바깥꼬리깃은 하얗다. 날개는 까맣고 한쪽에 하얀 부분이 있기 때문에 날 때는 하얀 줄처럼 보인다. 몸 아래쪽은 하얗다. 암컷은 머리 꼭대기에서 목덜미까지 회색이다.

'삐리삐링, 삐리삐링' 하고 울며 날면서도 운다. 번식기에는 암수가 함께 생활하지만 이동시기에는 무리 생활을 하며 때로는 100여 마리씩 큰 무리를 짓기도 한다. 교목의 높은 가지에 앉아 있는 경우가 많고 땅바닥에는 잘 내려오지 않는다. 둥지는 낙엽활엽수림이나 잡목림에 짓는데 마을 가까운 곳에 홀로 떨어진 교목의 꼭대기에 짓거나 땅바닥에서 4~15m 정도의 교목 가지 위에 짓는다. 벼과의 마른 줄기와 잔가지를 거미줄로 엮어 밥그릇 모양의 둥지를 틀며 가장 바깥쪽에는 이끼류를 붙인다. 둥지 바닥에는 가느다란 풀줄기, 잔뿌리, 솔잎 따위를 깐다. 알을 낳는 시기는 5~6월이며, 한배산란수는 4~5개이다. 새끼는 알에서 깬 지 14~16일이면 둥지를 떠난다. 딱정벌레목, 나비목, 매미목의 유충과 성충, 파리목, 메뚜기목, 뿔잠자리목 등의 곤충류를 주로 잡아먹는다.

분포

아무르강 유역, 우수리강 유역, 만주, 한국, 일본 등지에서 번식하고 동남아시아, 필리핀, 인도네시아 등지에서 겨울을 난다.

1 먹이를 발견하고 비상하는 수컷
2 살갈퀴군락에서 먹이를 찾고 있는 수컷
3 꽃줄기에 앉아서 먹이를 찾는 암컷

직박구리 | 찍박구리 · *Hypsipetes amaurotis*

IUCN 적색목록 LC
주로 한반도 중부 이남에서 번식하는 텃새였으나 도시화와 함께 급격히 늘어나 현재에는 전국적으로 흔한 텃새이다.

1
2

이름의 유래

직박구리의 학명 *Hypsipetes amaurotis*에서 속명 *Hypsipetes*는 그리스어로 '높게'를 뜻하는 형용사 hypsipetes의 hypsi와 그리스어로 '날다'는 뜻의 petomai의 합성어로 '높이 나는 새'라는 의미를 가지고 있다. 실제로 높이 나는 이 새의 생태를 잘 표현하고 있다. 종소명 *amaurotis*는 그리스어로 '어둡다'는 뜻의 amauros와 근대라틴어로 '귀'라는 -otis(그리스어로 귀를 뜻하는 ous, otos의 형용사형 어미)의 합성어로 '귀부분이 어둡다'는 뜻이며 눈 밑의 귀 부분이 밤색인 것을 나타냈다. 영명이 Brown-eared Bulbul인 것도 이와 관계가 깊다. 예부터 우리 조상들은 이 새의 울음소리를 따서 '훌우룩 빗죽새'라고 불러왔다.

생김새와 생태

암컷이 수컷보다 조금 작기는 하지만 깃털의 색깔이 비슷하여 암수 구별이 힘들다. 몸 전체는 대체로 회갈색이고 머리가 푸른빛을 띤 회색이며 눈 밑의 뺨 부분은 밤색이다. 또 꼬리는 길고 다리는 짧고 부리는 뿔빛 검은색이다. 무게는 6~6.5kg이다.

여름철에는 암수가 함께 생활하다가 이동할 때는 40~50마리에서 수백 마리씩이나 되는 큰 무리를 지을 때도 있다. 나무 위에서 살며 땅 위로 내려오는 일이 거의 없다. '삐이요, 삐이요, 삐, 삐, 힝요, 히이요' 하고 울거나 '뻿, 뻿, 삐이' 또는 '삐유르르르르 삐이요' 하고 운다. 날 때는 파도 모양으로 나는데 날개를 펄럭이고 난 뒤에는 몸에 붙인다. 나는 동안에도 잘 울며, 한 마리가 울면 차례로 모여드는 습성이 있다.

직박구리가 알을 낳는 시기는 5~6월이고, 한배산란수는 4~5개이다. 알은 전체적으로 엷은 장밋빛 바탕이 깔려 있고 붉은 갈색과 엷은 자색의 얼룩무늬가 뒤섞여 있다. 둥지는 잡목림과 낙엽활엽수의 교목림 또는 관목림에 지으며, 대개 지상에서 1~5m 높이의 무성한 나뭇가지를 비롯하여 칡덩굴이 감긴 교목이 있는 곳에 짓는다. 작은 나뭇가지, 나무껍질, 칡, 양치류, 벼과 식물의 줄기, 나무뿌리를 써서 밥그릇 모양의 둥지를 트는데 둥지 안쪽에 낙엽을 두텁게 깔고 그 위에 솔잎이나 가는 풀줄기, 가는 풀뿌리 등을 깔아 둥지를 완성시킨다.

동백꽃과 벚꽃이 피는 초봄에는 직박구리가 꽃의 꿀을 먹으며 부리에 꽃가루를 묻히고 나뭇가지에 호젓하게 앉아 있는 모습을 직접 볼 수 있다. 또 가을에는 까치밥이라 하여 높은 가지에 감을 남겨 놓으면 이를 쪼아 먹는 모습도 자주 볼 수 있다. 여름에는 날고 있는 곤충을 뒤쫓으면서 낚아채듯이 먹이를 잡아먹는다. 그리고 공중에서 날면서 나뭇가지 끝에 달린 열매나 거미줄 가운데 도사리고 있는 왕거미 등을 잡아먹으며, 땅 위에서 먹이를 찾아 먹는 경우도 있다.

분포

한국, 일본, 타이완, 필리핀 등지에서 번식하며, 본디 남방계의 산림 조류로 알려져 있다.

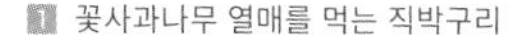

1 꽃사과나무 열매를 먹는 직박구리

2 낙상홍의 열매를 먹는 직박구리

새와 사람

겨울철 야생 조류 먹이주기

겨울에는 정원이나 공원에 인공 먹이대를 설치하여 감이나 사과 그리고 빵 부스러기 등을 놓아두면 직박구리가 나타난다. 겨울이 야생 조류에게는 가장 어려운 시기인데 이러한 시기에 인공 먹이를 주는 것은 야생 조류를 굶주림으로부터 벗어나게 할 뿐만 아니라 좋은 영양 상태를 유지시켜서 다음해의 번식에 도움을 주고 야생 조류 보호에도 한몫하는 길이 된다.

새의 생태와 문화

야생 조류가 내는 소리와 그 의미

직박구리는 도시에서 시끄러운 울음소리로 악명이 높다. 해가 뜨자마자 활동하는 직박구리의 '삐, 삐' 하는 울음소리가 곤히 자는 사람들을 깨우기 때문이다. 울음소리(song)를 내는 것은 야생 조류의 두드러진 특징 가운데 하나이다. 야생 조류는 다른 동물과 다르게 목 부위에 명관(鳴管)이라는 기관이 있어서 여러 가지 소리를 낼 수 있다. 작은 새일수록 복잡하고 아름다운 울음소리를 특히 잘 내는데 그 기능이 가장 잘 발달했기 때문이다. 작은 새들은 늘 수풀이 우거진 곳에서 몸을 숨기고 있기 때문에 서로를 확인하기가 어렵다. 그렇기 때문에 짝이 될 상대방을 부르기 위해서는 잘 전달될 수 있는 울음소리가 발달되어야 한다. 새는 다른 척추동물보다 다채로운 소리를 가지고 있으며, 소리의 크기에 비해 멀리까지 전달된다. 새들은 입을 닫거나 숨을 쉬면서도 소리를 낼 수 있고, 한 번에 두 가지 종류의 소리를 내는 경우도 있다.

한편, 까마귀나 맹금류, 딱다구리류 등과 같이 소리다운 소리를 내지 못하는 새도 있다. 이 새들은 큰 신호소리(call)나 나무를 두드리는 소리(drumming), 부리를 부딪치는 소리, 날개 소리, 몸을 흔들어 내는 소리를 써서 자신의 존재를 알린다. 특히 신호소리(call)는 다른 개체와의 상호작용을 위해 내며, 새끼의 경우 어미에게 먹이를 조르기 위해 내기도 한다. 이 소리의 또 한 가지 특징은 세력권의 선언으로 다른 개체의 침입을 허용하지 않으려는 본능이다. 이때의 소리는 아름답기보다 크고 날카로우며, 천적의 접근을 알리는 경계음과 침입자에게 위협을 알리는 위협음 등이 존재한다.

한 마리의 새가 서로 다른 울음소리와 신호소리를 내기도 하는데, 방울새나 솔새 등은 번식기와 비번식기의 소리가 다르다. 다른 새의 소리를 흉내 내는 새들도 생각보다 흔한데, 약 15%의 조류가 흉내음을 낸다. 노랑때까치는 백설조(百舌鳥)라고 부를 만큼 10여 종이 넘는 다른 소형 조류의 울음소리를 비슷하게 조합시켜 소리를 낼 줄 안다. 어치의 경우 고양이 소리나 까마귀 소리, 나아가 아기의 울음소리까지도 똑같이 흉내 낼 수 있다.

3 자두나무 꽃의 꿀을 먹으려고 앉아 있는 직박구리
4 숲속에서 휴식을 취하는 모습
5 둥지 속의 알
6 알을 품고 있는 어미새

때까치

| 개구마리 · *Lanius bucephalus*

IUCN 적색목록 LC

한반도 전역에서 번식하는 흔한 텃새이며, 일부 북부의 번식 집단은 남하하여 월동한다.

이름의 유래

때까치의 학명 *Lanius bucephalus*에서 속명 *Lanius*는 라틴어로 '도살자'라는 뜻이며, 이 종이 개구리나 메뚜기 같은 곤충을 잡아서 나뭇가지에 저장하는 행동과 관련이 있는 것으로 보인다. 종소명 *bucephalus*는 그리스어로 '소'를 뜻하는 bous와 '머리'를 뜻하는 kephalē의 합성어로 '소머리처럼 생겼다'는 뜻이다. 또한 영명인 Bull-headed Shrike와 같이 '황소 같은 머리를 가진 때까치'로 학명과 같은 의미이다. 이는 때까치의 머리가 크고 공격적으로 보이는 데서 붙여진 이름으로 보인다.

생김새와 생태

몸길이는 약 20cm이고, 수컷과 암컷의 생김새가 다르다. 수컷의 머리는 갈색이며, 등은 회색이다. 눈선과 날개깃은 검은색이고, 꼬리는 끝부분으로 갈수록 검어진다. 날개에는 흰색 반점이 있으며, 날 때 더욱 뚜렷하게 보인다. 멱과 가슴, 배는 흰색이고 옆구리 부분은 연한 적갈색이다. 암컷처럼 수컷의 가슴에도 비늘무늬가 있는 경우가 있으나, 야외에서는 잘 보이지 않는다. 여름깃은 머리와 등이 회색을 띠며 가슴의 적갈색 부분이 좁아진다. 암컷의 경우 머리는 갈색이며 눈선과 등은 진한 갈색이다. 가슴과 배는 연한 적갈색에 조밀한 비늘무늬가 있다. 눈선이 수컷보다 좁으며, 날개에 흰색 반점이 없다. 때까치과 조류는 몸에 비해 큰 머리, 긴 꼬리와 강한 다리를 가지고 있다. 부리는 매처럼 생겨 아래로 굽어 있고, 끝이 날카롭다. 꼬리를 상하좌우로 돌리거나 움직인다. 나뭇가지, 전선 등 탁 트인 곳에 앉아서 땅 위의 먹이를 찾으며, 약간의 정지비행도 할 수 있다.

때까치의 소리는 높고 탁하게 '키키키키키' 하고 빠르게 반복하며, 다른 참새목 새소리를 흉내 내기도 한다. 때까치는 인가 주변의 개활지 및 농경지, 야산에서 서식한다. 대개 단독으로 생활하며, 번식기에는 낮은 가지에 접시 모양의 둥지를 튼다. 번식은 4~7월 중에 이뤄지며, 번식기에 들어가면 둥지 위치의 노출을 방지하기 위해 울음소리를 내지 않는다. 나무줄기, 덤불 등에 나뭇가지로 둥지를 틀고, 회백색 바탕에 적갈색 얼룩이 있는 알을 약 6~7개 정도 낳는다.

곤충, 거미, 작은 새, 도마뱀, 개구리, 물고기, 들쥐 등을 먹으며 종종 자기의 체중보다 2~3배 무거운 먹이를 사냥하기도 한다. 때까치는 사냥한 먹이를 나뭇가지나 철조망 같은 뾰족한 곳에 꽂아두고 먹이를 저장하는 습성이 있다. 미국의 한 연구에 따르면 때까치는 먹이의 목에 상처를 낸 뒤, 상처 부위를 물고, 흔들어 목뼈를 부러뜨리는 방식으로 사냥한다고 한다. 때까치가 먹이를 흔들 때 관성력에 의해 큰 힘이 가해지며, 먹이의 목뼈와 등뼈가 분리된다. 이때 먹이에 가해지는 힘은 자동차가 저속으로 충돌했을 때 머리가 받게 되는 충격 정도라고 한다.

1 나뭇가지에서 먹이를 찾고 있는 수컷

2 겨울 숲속의 암컷

3 세력권을 지키려고 큰소리로 우는 어린 때까치

4 먹이로 쥐를 잡은 수컷

5 갓 부화한 새끼

6 새끼에게 먹이를 주고 있는 암수 때까치

분포

전세계적으로 우수리 남부 지역, 중국 동북지방, 일본 등지에서 서식한다.

새의 생태와 문화

공간기억력과 해마

조류의 해마체는 뇌의 진화와 사회행동의 관계를 연구하는 핵심적인 대상이다. 해마체는 윤곽이 확실한 한 쌍의 기관으로 전뇌의 등쪽 중심선 부근에 있다. 조류와 포유류의 해마는 기능적으로 동일하며, 공간정위 및 인지기억을 포함한 저장 작업을 담당하는 부위이다. 채식장소, 둥지, 멀리 떨어진 월동 장소를 여러 번 정확하게 이동 능력이 높은 조류의 일상행동은 해마에서 처리된 공간기억에 의해 조절되고 있다. 예를 들어, 바위비둘기(Common Pigeon)를 가금화한 특수한 품종인 전서구는 해마를 손상하면 항법지도를 학습하는 능력을 잃게 된다.

씨앗을 저장하는 습성을 가진 조류는 큰 해마에 의해 거대한 공간 기억을 축적하고 있다. 참새목의 3개의 분류군인 까마귀과(까마귀류, 어치류, 잣까마귀류)와 동고비과(동고비류), 박새과(미국북방쇠박새류)의 조류는 일시적으로 잉여 먹이의 이용과 미래를 위한 저축 수단으로 수천 개의 씨앗을 저장한다. 이러한 분류군의 해마는 참새목의 다른 그룹의 새보다 분명히 크다. 미국북방쇠박새류와 잣까마귀류의 실험에서 실제로 해마에서 공간을 기억하고 씨앗을 회수하는 것이 검증되었다. 실험적으로 해마를 손상시킨 미국북방쇠박새류는 정상적으로 씨앗을 계속 숨기지만, 우연한 경우를 제외하고 숨겨진 씨앗을 다시 발견할 수 없었다.

저장성 조류의 공간 기억의 양은 매우 크다. 미국북방쇠박새류는 가을이 되면 가문비나무의 씨앗을 하나씩 5만 개 이상의 장소에 저장한다고 한다. 그 씨앗을 회수하기 시작하는 것은 28일 이후이다. 까마귀류와 어치류, 잣까마귀류도 열심히 저장한다. 공간 기억의 발달은 그 종류가 저장 종자에 의존하는 정도에 따라 다르다. 클라크잣까마귀(Clark's Nutcracker)는 2,000개 이상의 장소에 총 22,000~33,000개의 소나무의 씨앗을 숨기고 겨울에서 초봄까지 살아남는다. 9개월 이후에도 숨긴 씨앗을 정확하게 찾아내는 것은 클라크잣까마귀가 엄청난 공간기억력을 가지고 있다는 증거이다.

황여새 | 황여새 · *Bombycilla garrulus*

IUCN 적색목록 LC

해마다 우리나라에도 찾아와 겨울을 나는 철새이지만 그 수는 해에 따라 불규칙하다. 언제나 10~30마리 때로는 100마리에 이르는 무리를 이루며 주로 나무 위에서 생활한다.

이름의 유래

황여새의 학명 *Bombycilla garrulus*에서 속명 *Bombycilla*는 '비단'을 뜻하는 bombyx와 '꼬리'를 뜻하는 -cilia가 합쳐져 '비단과 같은 꼬리를 가진 새'라는 뜻이다. 종소명 *garrulus* 는 '갸갸갸 하고 울다'는 뜻이다. 영명은 Bohemian Waxwing인데 '보헤미아 지방에 서식하는 새'이며, '왁스(wax)로 문지른 것 같이 윤이 나는 날개를 가진 새'라는 뜻에서 Waxwing이라 이름 붙여진 것으로 보인다.

생김새와 생태

몸의 길이는 19.5cm이며, 수컷은 이마에서 머리 꼭대기까지는 살구색을 띤 붉은 밤색이다. 머리 꼭대기에서 등의 아래쪽까지는 홍색을 띤 잿빛 갈색이며, 검은색의 눈 선이 있다. 턱밑과 멱은 검은색을 띠며, 머리 옆은 모두 밤색을 띤 잿빛 갈색이다. 가슴과 옆구리는 등과 같은 색이지만 좀 더 엷고, 배의 가운데는 회갈색으로 꼬리깃의 끝은 황색을 띠는 까닭에 황여새라고 한다. 날개깃은 검은색이며 2곳에 흰색의 무늬가 있다. 암컷은 수컷과 구별하기 어렵다.

나무 위에 앉아 있을 때는 '삐이, 삐이, 삐이' 또는 '히이, 히이, 히이, 히이' 하고 높고 낮은 가는 소리로 다 같이 울며 '지리, 지리, 지리, 지리' 또는 '히리, 히리, 히리, 히리' 하고 가늘게 운다.

둥지는 주로 침엽수에 짓지만 때로는 낙엽활엽수림에 틀기도 하며 4~5m 높이의 교목 가지 위, 소나무, 기타 마른 나뭇가지 위에 있다. 주로 이끼류를 써서 밥그릇 모양으로 만들고 기타 마른 풀도 조금 쓴다. 둥지 바닥에는 털이나 깃털 등을 깐다.

알을 낳는 시기는 6월 무렵이며, 한배산란수는 4~6개이다. 새끼는 품은 지 14일쯤이면 깨어나고 그 뒤로 또 14일쯤 지나면 둥지를 떠난다. 대개 무리를 이루어 시끄럽게 떠들면서 나무 꼭대기에 앉거나 나무에 매달려 씨앗을 먹다가 한 마리가 날아오르면 무리 전체가 한꺼번에 날아오른다. 식물성 먹이를 주로 먹는데 각종 장과나 열매도 즐겨먹는다.

분포

우랄 지방, 몽골, 러시아 중부, 알래스카, 캐나다 서북부 등지에서 번식하고, 유럽, 중국 동부, 만주, 한국, 일본, 북미 대륙 서부 등지에서 겨울을 난다.

1 전선줄에 앉아 휴식 중인 황여새

2 강가에서 물을 마시고 날아가는 모습

3 산수유나무에 앉아 먹이를 찾고 있는 모습

물까마귀

| 물쥐새 · *Cinclus pallasii*

IUCN 적색목록 LC

우리나라 어디서나 볼 수 있는 흔한 텃새이다.

이름의 유래

물까마귀의 학명 *Cinclus pallasii*에서 속명 *Cinclus*는 그리스어로 '꼬리를 흔들다'는 뜻의 kinklizo에서 유래하였으며 '물까마귀'를 나타낸다. 종소명 *pallasii*는 프로이센의 박물학자인 페터 시몬 팔라스(Peter Simon Pallas, 1741~1811)의 이름에서 유래했으며 팔라스는 1768년부터 1774년까지 시베리아 탐험을 하여 1811년에는 『Zoographia Rosso-Asiatica』라는 책을 펴내기도 했다. 영명은 이 종이 어두운 갈색이고 물까마귀류를 나타내는 Dipper의 합성어로 Brown Dipper이다.

생김새와 생태

온몸의 길이는 22cm이고 몸 전체가 검은 갈색이되 발은 은회색이며 암컷과 수컷은 구별하기가 쉽지 않다. 어린새는 몸에 하얀 반점이 있다.

갑자기 사람과 마주치면 '찍, 찍' 하고 울면서 몸을 위아래로 흔든다. '찌찌이, 쪼이, 쪼이, 쪼이' 하고 지저귀며 때로는 작은 소리로 아름다운 지저귐을 계속한다. 혼자 또는 암수가 함께 생활하며 우리나라의 비교적 깨끗한 계곡에서는 흔한 편이다.

알을 낳는 시기는 3~6월이고, 한배산란수는 4~5개이다. 새끼는 알을 품은 지 15~16일이면 깨고, 알에서 깬 지 21~23일이면 둥지를 떠난다. 계곡의 바위틈, 폭포 뒤쪽의 바위, 계곡 시냇가의 벼랑 밑이나 쓰러진 나무의 밑, 인적이 뜸한 다리 밑에 둥지를 튼다. 둥지의 겉으로는 물방울이 튀지만 이끼류로 두텁게 덮었기 때문에 둥지 안쪽은 언제나 말라 있다.

교목 꼭대기에는 앉지 않으며, 깃이 물에 젖어도 아랑곳하지 않고 폭포나 흐르는 물속을 드나들면서 빠르게 움직여 곤충을 찾는다. 머리와 몸 모두 물속에 담그고 곤충을 찾을 때도 있다. 날개를 이용하여 헤엄을 칠 때도 있으며 흐르는 물에 실려 강 하류로 흘러 내려갈 때도 있다. 날개를 빠르게 펄럭여 상류 또는 하류를 향하여 일직선으로 화살처럼 난다. 골짜기의 시냇가나 흐르는 물, 얕은 계류의 물속에 들어가서 먹이를 찾아 잡아먹는다. 날도래목의 유충을 비롯하여 딱정벌레목의 성충이나 파리목의 유충 등을 먹이로 한다.

분포

세계적으로는 중국, 만주, 한국, 일본 둥지에서 서식하고 있다.

1 바위 위에서 먹이를 잡으려고 물속을 주시하는 물까마귀

2 둥지에서 뛰어내려 이소하는 새끼

새의 생태와 문화

조류의 둥지

일반적으로 조류를 비롯한 야생동물이 생존하기 위한 기본 조건인 서식지 구성 요소(components of habitat)를 소개하면 다음과 같다. 에너지 공급원인 먹이(food), 번식을 위한 둥지(nest, nesting cover), 포식자로부터 몸을 숨기는 장소 또는 먹이사냥을 위한 은폐장소인 은신처(shelter), 비와 바람, 태양광선, 추위로부터 보호받는 잠자리(roosting cover) 등의 커버(cover), 물질대사로 생명 유지에 필수적인 물(water), 그리고 공간(space)이 있다. 여기에서 번식에 필수적인 둥지는 종에 따라 다양하다.

조류에게 둥지의 이점은 첫째, 온도를 유지하고 습도를 조절하는데, 일부 종들 중에는 둥지 내에 초록빛의 젖은 잎 즉, 생잎을 두는 경우도 있다. 이를 두고 습도 조절과 위장 등을 위한 것이라는 다양한 의견이 많다. 둘째, 알을 낳고 부화시키는 데 필요한 열전도에 최적의 공간을 제공한다. 셋째, 천적을 피하는 장소로서의 역할도 한다. 이때 천적을 회피하기 위하여 둥지를 튼튼하게 짓는 유형과 접근이 어려운 곳에 만드는 유형 그리고 보호색을 띠어 찾기 힘들게 만드는 크게 3가지 유형이 있다.

수동(樹洞, hole)은 비나 추위로부터 보호해 주는 나무 구멍인데, 동고비, 딱다구리류, 박새류 등이 이용한다. 또, 절벽에 둥지를 만드는 경우도 있으며, 검독수리, 독수리(유럽에서는 나무), 매 등과 같은 맹금류가 해당한다. 흙벽을 파 토굴을 만들어서 이용하는 방식도 있으며 물총새, 청호반새, 슴새, 바다제비 등의 종이 여기에 해당된다. 한편, 작은 나뭇가지 끝에 컵(cup)형으로 둥지를 만드는 대표적인 종은 꾀꼬리, 긴꼬리딱새 등이다. 볏짚, 진흙과 침(타액) 등으로 벽면에 부착컵형인 둥지를 만드는 대표적인 종이 제비와 귀제비이다. 물까마귀는 폭포 뒤의 암석, 계류 뒤의 암석 사이와 벼랑 끝, 계류가의 암벽, 다리 밑에 둥지를 틀며, 노출되는 것과 둥지가 전혀 눈에 띄지 않게 하는 것이 있는데 둥근 모양으로 만들고 출입구가 있다. 마지막으로 보호색을 가진 둥지가 있으며, 흰물떼새, 꼬마물떼새, 흰목물떼새 등은 하천 중류 이하의 자갈과 모래가 있는 곳에서 오목하게 둥지를 트는데 알은 크림색과 녹슨 색 바탕에 어두운 갈색과 먹물 기가 있는 갈색의 알을 산란하여 둥지를 발견하기 어렵게 한다.

식물성 물질로 만들어진 둥지는 작은 나뭇가지와 풀, 이끼, 나뭇잎 등이 포함된다. 병원균이나 외부 기생충의 확산을 방지하는 데 신선한 식물을 첨가하는 종도 있다. 일반적으로 수동형 둥지를 짓는 종이 개방형 둥지를 만드는 종보다 신선한 녹색 식물을 보다 더 정기적으로 갈아 넣는다. 흰점찌르레기(*Sturus vulgaris*, Common Staring)는 특히 붉은 쐐기풀과 서양톱풀 등의 향기를 방출하는 식물을 반드시 선택하는데 이 식물들은 세균의 번식과 둥지에 기생하는 절지동물의 알의 부화를 방해하는 휘발성 화학물질을 포함하고 있다.

3 둥지 속에서 먹이를 먼저 받아먹으려고 입을 벌려 경쟁하는 모습

4 잡은 물고기를 기절시키려고 바위에 치는 어미새

5 둥지 속의 알

6 이소한 새끼에게 먹이를 주는 어미 물까마귀

굴뚝새

| 쥐새 · *Troglodytes troglodytes*

IUCN 적색목록 LC

우리나라에 흔한 텃새이다.

1 숲속에서 짝을 찾기 위해 열심히 노래하는 굴뚝새

2 먹이를 찾기 위해 숲속 여기저기 두리번거리는 모습

3 둥지 부근을 경계하는 모습

이름의 유래

굴뚝새의 학명 *Troglodytes troglodytes*에서 속명 *Troglodytes*는 그리스어로 '구멍, 동굴'을 나타내는 종소명 trogle과 '관입하다'를 뜻하는 dytes를 합성한 것으로서 우리나라에서 부르는 이름인 굴뚝새와 그 어원이 같다. 영명은 Eurasian Wren인데, 이는 미국의 속어로 '젊은 아가씨'를 뜻한다.

생김새와 생태

우리나라에 사는 새 가운데에 가장 작은 새로서 온몸의 길이는 10cm이다. 몸이 둥글고 부리는 가늘며 짧은 꼬리를 위로 바짝 치켜세우는 특징을 가지고 있다. 몸 색깔은 갈색인데 옆으로 검은 반점이나 회백색의 반점이 박혀 있다.

굴뚝새의 신호소리(call, 새들이 경계를 하거나 동료와 서로 연락을 할 때 내는 소리)는 휘파람새와 비슷하여 '챳, 챳, 챳' 하고 울고 울음소리(song, 수컷이 자기 세력권을 선언하거나 암컷에게 사랑을 고백할 때 내는 소리)는 복잡하고 길며 몸의 크기에 어울리지 않게 큰소리로 '치리리리리' 하고 운다. 지저귈 때는 꼬리를 치켜세우고 부리를 위로 해서 몸을 심하게 뒤로 젖힌다.

수컷은 매일 아침마다 지저귀며 암컷에게 구애를 하는데 암컷이 세력권에 들어오면 둥지로 끌어들여 사랑을 고백한다. 마침내 암컷이 사랑을 받아들이면 둘은 못 다 지은 둥지를 보기 좋게 완성해 놓고 교미를 한다. 교미를 끝낸 암컷은 짐승의 털이나 날개깃을 주워 모아 둥지의 밑바닥에 깐 다음 알을 낳는다. 알을 품는 일이나 새끼에게 먹이를 가져다 먹이는 일은 모두 암컷의 몫이다. 수컷은 둥지를 암컷에게 모두 맡긴 뒤에는 둥지에 오는 일이 거의 없고 좀 떨어진 곳에서 지저귀면서 보고만 있을 따름이다. 울음소리를 내거나 둥지를 만드는 솜씨가 남달리 훌륭한 수컷은 암컷을 몇 마리씩 거느리기도 한다. 한편, 노래도 못 하고 둥지 만들기도 서툰 수컷에게는 어떤 암컷도 눈길을 주지 않는다. 새의 세계에도 인간의 세계와 마찬가지로 힘과 능력이 없는 자에게는 불평등이 존재한다.

둥지는 교목의 뿌리에 난 홈, 암벽의 틈, 처마 밑, 건물 틈새, 산에 있는 건물, 벼랑 등에 지으며 대개는 땅에서 0.4~1.5m 높이에 짓지만 드물게는 4m쯤의 높이에 있는 처마 밑에 지을 때도 있다. 둥지는 주로 이끼류를 써서 둥근 모양으로 만들고 둥지 위의 조금 옆쪽에 입구가 있으며 입구 주위에만 낙엽송의 작은 가지나 나무뿌리를 조금씩 갖다 붙인다.

알을 낳는 시기는 5~8월이고, 한배산란수는 4~6개이다. 새끼는 알을 품은 지 14~15일이면 깨어나고 그로부터 16~17일이 지나면 둥지를 떠난다. 암수 또는 혼자서 생활하며 계곡 시냇물가의 바위 위나 벼랑, 관목 숲 사이, 처마 밑을 쉴 새 없이 왔다 갔다 하면서 먹이를 찾는다. 딱정벌레목의 유충과 성충, 나비목의 유충, 파리목의 알을 잘 먹고, 기타 거미류도 먹는다

분포

유럽, 중앙아시아, 만주, 일본, 북미 태평양 연안 등지에서 서식한다.

4 둥지 부근을 경계하는 굴뚝새
5 흙벽에 둥지를 만들고 산란한 후 포란 중인 어미새
6 먹이를 먹기 위해 잠시 둥지 비운 뒤 둥지로 돌아가기 전에 경계하는 어미새

새와 사람

꾀가 많은 굴뚝새

동서양을 막론하고 굴뚝새는 지혜와 힘, 행운을 가진 새로 알려졌다. 옛날에 두루미와 굴뚝새가 해가 어느 쪽에서 뜨는가 하는 내기를 하였다. 그리고 내기에서 이기는 새가 새들의 왕이 되기로 하였다. 두루미가 먼저 잔뜩 뽐내면서 '이쪽이다' 하며 서쪽으로 걸어갔다. 그러나 굴뚝새는 '어느 쪽이지, 어느 쪽이지' 하면서 두리번거렸다. 그렇게 잠깐 머뭇거리려니 동쪽에서 해가 떠올랐다. 굴뚝새는 서쪽으로 저만치 가고 있던 두루미에게 소리쳤다. "해가 동쪽에서 떠오른다. 나는 이미 너보다 동쪽에 있으니까 내가 이겼다." 그래서 결국 두루미는 내기에서 졌고 굴뚝새가 새들의 왕이 되었다고 한다.

또 다른 옛이야기를 보면, 새들이 모처럼 달리기 시합을 하였는데 굴뚝새는 조금 달리다가 달리기 선수인 멧돼지의 등에 올라타고 달려 수리까지 제치고 우승하여 새의 왕이 되었다고 한다. 한편, 유럽의 전설에서도 굴뚝새가 새의 왕으로 등장하는데, 어느 날 새들이 모두 모여 가장 높이 날아오르기 내기를 하였다. 굴뚝새는 수리의 깃 속에 숨어 태양 가까이까지 올라갔다가 거기서 재빠르게 태양으로 뛰어올라 결국 수리에게 승리하여 새들의 왕이 되었다고 한다.

새의 생태와 문화

세계에서 가장 큰 새와 작은 새

전세계에는 약 11,000여 종의 새들이 있다고 한다. 이 새들 중에서 즉 세계에서 가장 큰 조류는 아프리카에 사는 타조다. 키가 큰 수컷은 270cm 정도가 되고 몸무게는 150kg이 된다. 이렇게까지 키가 크게 된 이유는 너무나 넓은 아프리카의 사바나에서 천적을 찾기 쉽도록 육안관찰을 재빨리 할 수 있는 장점이 있기 때문이다. 그 증거로, 타조의 눈의 안구는 직경이 약 5cm나 된다. 이것은 육상동물 가운데 가장 큰 안구라고 한다. 또 날기 위해 몸무게를 줄이는 노력을 하지 않아도 되기 때문에 체중도 늘릴 수 있게 되어 타조를 잡을 수 있는 포식자도 몇 안 된다. 타조가 거대화된 것은 천적이 많은 사바나에서의 생존 전략의 결과라고 할 수 있다.

반대로 이 세계에서 가장 작은 새는 쿠바에 사는 꿀벌벌새(*Calypte helenae*, Bee Hummingbird)로 수컷의 몸길이는 5cm 정도이다. 이렇게 5cm라고 하더라도 부리와 꼬리깃이 상당 부분을 차지하고 있기 때문에, 몸길이는 2.5cm 정도이다. 이것은 타조의 눈의 안구보다 작은 크기이다. 몸무게는 가벼워 1.6g에서 2g 정도로 타조의 약 75,000분의 1 밖에 되지 않는다. 꿀벌벌새 등의 벌새들은 모두가 아주 작은 새 그룹이다. 가볍고 작은 몸체는 곤충처럼 곡예 비상을 할 수 있으며, 꽃의 밀원이라는 고에너지 먹이자원을 독점적으로 사용할 수 있기 때문이다.

우리나라 가장 키가 큰 새는 두루미로 160cm이고, 체중이 가장 무거운 것은 혹고니로 16kg 정도이다. 가장 작은 새는 상모솔새와 굴뚝새로 몸길이가 10cm, 체중은 가장 가벼운 개체는 3g 정도라고 한다.

울새 | 울타리새 · *Larvivora sibilans*

흔한 나그네새로서 대개 5월과 10월에 한반도를 통과한다.

1

2

3

이름의 유래

울새의 학명 *Larvivora sibilans*의 속명 *Larvivora*는 라틴어 Larvorus에서 유래된 것으로, '곤충 애벌레(유충)를 먹다'는 의미이다. 또 *sibilans*는 라틴어로 '피리를 불다'는 뜻의 sibilo의 현재분사형으로 '피-, 피- 울다'는 뜻이다. 영명은 Rufous-tailed Robin인데, 이는 윗꼬리덮깃과 꼬리가 적갈색이기 때문이다. Robin 또한 '붉다'는 뜻이 담겨 있으나, 실제로는 국내에서 길잃은새인 붉은가슴울새가 진짜 붉은색을 지녔고 우리나라의 울새는 갈색이다.

생김새와 생태

몸의 위쪽이 갈색이고 꼬리도 붉은 기가 있는 갈색이다. 아래쪽은 하얗고 조금 갈색 기가 있으며 멱과 양쪽 가슴, 배에는 올리브 갈색의 물결무늬가 있다.

5월에는 대학 교정의 관목, 도시 공원, 정원 등의 덤불 속에서 울새의 예쁜 울음소리를 쉽게 들을 수 있으나 모습은 쉽게 드러내지 않는다. 이른 아침에는 숲 가장자리 가까운 곳에서 활동하며, 낮에는 침엽수가 무성하게 자라 어두운 숲속의 쓰러진 나무 위나 풀이 빽빽한 사이를 여기저기 걸어 다닌다. 쓰러진 나무 위나 낮은 나뭇가지 위에서 가슴을 펴고 꼬리를 높게 치켜 올리고는 가늘고 약한 소리로 '히히힌 루르루르르르, 히히힌 기요로로로, 히히힌 키이키리리리리리' 하고 지저귄다.

번식은 침엽수림에서 하는데 1.3~1.7m 높이의 나무가 부러져 썩어서 생긴 얕은 구멍 같은 곳에 둥지를 만든다. 지의류, 이끼류, 마른 잎, 작은 나뭇가지를 써서 밥그릇 모양의 둥지를 틀고, 바닥에는 마른 잎을 깐다. 알을 낳는 시기는 6월 중순에서 7월 중순까지이고 한배산란수는 3~4개이다. 매일 1개씩 알을 낳고 주로 암컷이 알을 품는다. 새끼는 품은 지 12일이면 깨어난다. 곤충류를 주로 잡아먹는데 딱정벌레목의 유충과 성충, 나비목, 벌목, 잠자리목 등을 먹는다.

분포

바이칼호, 몽골, 아무르강 유역, 연해주 등지에서 번식하며, 인도차이나, 하이난섬, 중국 남부 등지에서 겨울을 난다.

1 나뭇가지 위에서 휴식 중인 모습
2 계곡의 물속에서 수욕을 하는 모습
3 계곡에서 먹이를 찾는 모습

유리딱새 | *Tarsiger cyanurus*

IUCN 적색목록 LC

봄, 가을에 우리나라를 통과하는 흔한 나그네새이며 드문 겨울철새이다.

이름의 유래

유리딱새의 학명 *Tarsiger cyanurus*에서 속명 *Tarsiger*는 라틴어로 '다리(부척: 새의 정강이뼈와 발가락 사이 부위)'를 뜻하는 tarsus와 라틴어로 '–을 가지다'는 -ger의 합성어로 '다리를 높이 세우고 직립하여 가지에 앉는 새'라는 뜻이며 이 새가 휴식할 때의 모습을 잘 묘사하고 있다. 종소명 *cyanurus*는 그리스어로 '어두운 푸른색'을 뜻하는 kyanos '와 그리스어로 '꼬리'라는 뜻을 가진 '-oura'의 합성어로 '푸른빛을 띤 꼬리를 가진 새'라는 의미로 이 새의 생김새를 잘 나타낸 말이다. 영명은 Red-flanked Bluetail인데 '옆구리가 붉고 푸른 꼬리를 가진 새'라는 뜻이다. 우리 이름 또한 푸른빛을 띠는 유리에서 유래한 것이다. 서로 다른 문화권임에도 불구하고 부르는 이름에 담긴 의미가 비슷한 것으로 보아 이 새의 타고난 몸색깔이 이름을 짓는데 결정적인 요인이 되었음을 알 수 있다.

생김새와 생태

수컷은 몸 위쪽이 맑은 청색인데 눈의 앞쪽이 흰색이고 눈의 위쪽은 엷은 청색이다. 몸의 아래쪽은 조금 짙은 흰색인데 옆구리 쪽은 등황색이며, 꼬리는 푸른색이다. 암컷의 몸 위쪽은 올리브색이고 띤 갈색이고 꼬리는 푸른빛을 띤다. 목의 앞쪽과 배는 하얗고 옆구리와 가슴은 올리브색, 목의 옆쪽과 가슴도 올리브색이다. 제법 자란 어린 수컷은 암컷과 비슷하지만 날개 위쪽이 푸른 회색이며 옆구리는 고동색이고 꼬리 날개는 푸른빛이 짙다.

대개 혼자 또는 암수가 함께 생활하는 경우가 많으며 무리를 짓는 일이 없다. 땅에서 뛰어다니거나 나무 위에서 먹이를 찾는데 경계심이 적어 사람이 가까이 다가가도 도망가지 않는다. 번식기인 4~8월에는 전망이 좋은 교목의 꼭대기나 관목의 잎 사이에서 '효로로, 효로로, 효로로, 효로로' 또는 '삐요로로, 삐요로로, 삐요로로, 삐요로로로로로' 하고 계속 지저귄다. 날 때는 날개를 펄럭이며 일직선으로 난다.

둥지는 아고산대의 침엽수림이나 고산대의 관목림에 지으며 알을 낳는 시기는 6~8월이고 한 배산란수는 3~6개이다. 거미를 비롯하여 딱정벌레목, 벌목, 나비목, 매미목 유충이나 성충을 먹으며 열매도 잘 먹는다.

분포

시베리아 남부, 우수리강 유역, 일본 등지에서 번식하고 중국 북부, 한국 남부, 일본, 타이완, 동남아시아 등지에서 겨울을 난다.

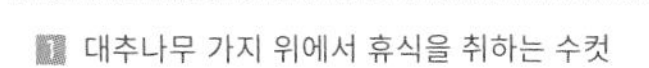

1 대추나무 가지 위에서 휴식을 취하는 수컷
2 두릅나무에 앉아 먹이를 찾는 암컷
3 먹이를 찾고 있는 수컷

딱새 | 딱새 · *Phoenicurus auroreus*

IUCN 적색목록 LC

우리나라의 전역에서 흔히 볼 수 있는 텃새이다.

이름의 유래

딱새의 학명 *Phoenicurus auroreus*에서 속명 *Phoenicurus*는 그리스어로 phoinikouros가 어원이고 '딱새'라는 뜻이다. '붉은'을 뜻하는 그리스어 phoinix- 와 '꼬리'를 나타내는 그리스어 oura가 합성되어 '붉은 꼬리의 새'를 뜻한다. 유럽의 딱새(Common Redstart)는 우리나라에 서식하는 딱새와는 생김새부터 다르고 학명은 *Phoenicurus phoenicums*이다. 종소명 *auroreus*는 새벽의 여신 오로라(Aurora)와 '성질이 같음'을 나타내는 -eus의 합성어인데 로마 신화의 오로라와 그리스 신화의 에오스는 잉꼬류의 속명이 되었다. 영명은 Daurian Redstart이다. 여기서 Daurian는 Dauria 지방을 뜻하며, 오늘날 바이칼호수의 동쪽 산악지방이다. 이 종이 북동몽골, 남동러시아 즉 바이칼 동쪽, 중앙아시아, 한국 등에서 서식하는 것과 관련 있다. Redsart는 딱새를 뜻하므로 '바이칼 주변의 딱새'라는 의미이다.

생김새와 생태

수컷의 머리는 회색을 띤 흰색으로 목 주위가 까맣고 날개에는 흰 반점이 있으며 허리와 꼬리 바깥쪽과 몸의 아래쪽은 짙은 주황색으로 쉽게 눈에 띈다. 암컷은 회색을 띤 작은 반점이 있고 아랫배에서부터 꼬리까지는 붉은 주황색이다.

여름철에는 교목의 높은 곳이나 전망이 좋은 곳에 앉아서 '히히, 치이, 치카, 치이, 히히, 치이, 치카, 치이' 하고 빠르게 지저귀며 겨울에는 관목이나 낮은 장소에 앉아서 '헛, 헛, 헛, 헛' 하는 금속성 소리로 울지만 가끔 꼬리를 떨며 '딱, 딱' 소리를 낸다.

암수가 함께 힘을 합쳐 둥지를 만들며 나무 구멍, 쓰러진 나무 밑, 바위 틈, 암벽의 파인 곳, 건축물의 틈 등에 둥지를 짓고 때로는 인공 새집에서도 번식한다. 알을 낳는 시기는 5~7월까지이며 한배산란수는 5~7개이다. 대개 혼자서 생활하며 관목에 앉아 꼬리를 파르르 떠는 것이 인상적이다. 땅에 내려와 먹이를 찾기도 하지만 오래 머물지는 않으며 각종 열매를 먹고 딱정벌레목, 나비목, 벌목, 파리목, 매미목 등의 곤충류도 먹는다.

분포

시베리아 동남부, 몽골, 한국, 만주, 중국 북부 등지에서 번식하고 중국 남부, 타이완, 일본, 인도차이나반도 등지에서 겨울을 난다.

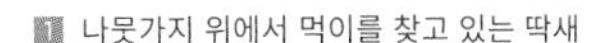

1 나뭇가지 위에서 먹이를 찾고 있는 딱새
2 냇가 바위 위에 앉아서 먹이를 찾고 있는 모습
3 먹이가 부족한 겨울철 먹이를 찾고 있는 모습
4 둥지 속의 알
5 새끼들이 먹이를 달라고 입을 벌리며 경쟁하는 모습

부화에 지열 및 발효열을 이용하는 새들

셀레베스무덤새(*Macrocephalon maleo*, Maleo)는 인도네시아 술라웨시(Sulawesi, 섬에서 서식하는데 셀레베스(Celebes)는 섬의 옛 이름이다. 이 새는 지면에 구덩이를 파고 그 속에 알을 산란하고, 지열로 부화시키는 조류이다. 이 종은 몸 크기가 55~60cm 정도이며 검은 날개, 얼굴 부분은 노란색이며 적갈색 홍채, 적황색 부리, 몸의 아랫부분은 장미색, 머리꼭대기는 두드러진 어두운 돌기를 가지고 있다. 먹이는 낙엽과 곤충, 무척추동물이다. 서식지는 저지대와 1,200m까지의 산비탈 또는 해안의 모래사장이다. 이 종은 일부일처제의 혼인제도를 가지고 있으며 술라웨시섬의 고유종으로 연중 짝을 이룬다. 최적 번식기는 섬북부에서 10~4월이며, 섬남동부에서 5~7월, 11~1월로 알려져 있다.

셀레베스무덤새의 서식지인 술라웨시는 화산섬이기 때문에 가스가 분출하거나 흙이 뜨거워지는 장소가 있고 이곳이 산란장소로 이용되고 있다. 이 새는 번식기가 되면 여러 마리의 새들이 산란장소에 구덩이를 파고 알을 낳고 가는데, 이때 구덩이 너비는 3m에 이른다. 이 새들은 알을 낳고 포란을 하지 않기 때문에 매우 간편할 것 같지만, 부화에 적절한 온도의 산란장소를 찾는 것이 매우 힘든 일이라고 한다. 장소를 잘못 선택하여 너무 뜨거운 곳에 산란하면 알이 익어 버리기 때문이다. 셀레베스무덤새는 부리에는 온도를 감지하는 센서 같은 것이 있어서 흙을 파는 동안, 온도를 확인한다. 적합한 위치에 발견하지 못하면 1m 이상 깊이 파고들어 가는 경우도 있다. 적정 온도인 약 33°C(32~39°C)의 장소가 발견되면 암컷이 알을 낳는데 일반적으로 지면 아래 20~60cm에서 알을 낳고 흙을 덮는다. 1회 산란수는 1개이며, 14~29일 간격으로 산란장소에 와서 흙을 파고 알을 하나씩 산란하는데 암컷은 8개에서 최대 12개의 알을 산란하기 때문에, 12개의 구멍을 파야 한다. 부화기간은 60~80일이다. 부화 후에는 어미새가 떠나 버리며, 새끼새는 스스로 날고 먹이를 채식한다.

오스트레일리아의 동해안에 분포하는 덤불칠면조(*Alectura lathami*, Brush Turkey)는 낙엽이 썩을 때 발생하는 발효열을 이용하여 부화하는 새이다. 낙엽이나 작은 나뭇가지 등을 모

6 셀레베스무덤새(*Macrocephalon maleo*, Maleo) (위키커먼즈)

7 8 덤불칠면조(*Alectura lathami*, Brush Turkey) (위키커먼즈)

아 동산을 만들어 그 속에 산란한다. 이 동산은 높이가 평균 1m에서 1.5m, 직경 3~4m까지 되며, 낙엽의 양은 2~4톤에 이른다고 하며 마치 무덤처럼 보인다. 이 종은 몸 크기가 60~75cm로 날개깃털은 주로 검은색이며, 나출된 붉은 머리, 노란색 또는 자주색의 앞으로 길게 늘어진 피부목도리가 있다. 번식기에는 수컷의 피부목도리가 매우 커진다. 덤불칠면조의 먹이는 곤충과 씨앗, 떨어진 과일 등이다. 낙엽무덤을 만드는 것은 우점수컷의 의무이며, 암컷은 여러 개의 무덤을 방문하여 마음에 드는 무덤을 만든 수컷과 교미를 하고 며칠 후 산란한다. 수컷은 끊임없이 주변에서 재료를 모아 낙엽무덤을 만들고 수컷자리를 빼앗으려는 경쟁자 수컷을 퇴치시킨다.

그러나 덤불칠면조가 부화하는데 적정온도 범위는 대략 33~35°C인데 낙엽무덤 안의 온도도 대체로 이 온도로 유지된다. 수컷은 부지런히 부리로 낙엽을 파내거나 또는 낙엽을 덮어씌우는 행동을 하여 온도가 33~35°C로 유지되도록 조절한다. 수컷은 알이 부화할 때까지 50일 이상 이 작업을 지속해야 한다. 새로 부화한 새끼새는 스스로 파서 무덤동산으로부터 나와야 하며, 스스로 보살펴야만 한다.

또 오스트레일리아에는 발효열에 의해 부화하는 또 다른 풀숲무덤새(*Leipoa ocellata*, Mallee Fowl)가 있다. 이 종은 서식지가 반사막 지대일 때는 열대우림처럼 습기가 없으므로, 발효에 매우 많은 준비와 노력이 필요하다. 풀숲무덤새의 알을 낳는 시기는 봄부터 가을까지인데, 수컷은 겨울부터 무덤을 만들기 시작한다. 지면에 깊이 1m 정도의 구덩이를 파고, 낙엽이나 나뭇가지를 구덩이에 꽉 찰 때 모은다. 이 새가 서식하는 지역은 겨울에 비가 내리기 때문에, 겨우내 발효를 시킬 재료를 모아 적셔 두지 않으면 안 된다. 재료가 습기를 유지하도록 모래를 덮어 건조를 방지한다. 이때 가장 아래층은 부식퇴비층(rotting compost)이며 중간층은 알방(egg chamber)이고 가장 위층은 모래동산으로 단열층이다.

봄이 되어 발효가 잘 진행되면 암컷이 와서 산란하고 가버린다. 이후 여름이 되면 태양이 내려쬐는 햇빛이 강렬하여 뜨거워진다. 이때 수컷은 '삶은 달걀'처럼 되지 않도록 모래를 덮어 씌워 온도 상승을 방지한다. 또한 가을에는 발효가 끝나버려 발열하지 않기 때문에 모래를 치워 태양열로 따뜻하게 한다. 이렇게 풀숲무덤새 수컷은 모래를 덮거나 치우기도 하여 무덤 안의 온도가 약 33°C로 일정하게 유지되도록 관리하는 것이다. 자신의 유전자를 남기기 위한 수컷의 번식 노력은 정말 대단하다고 할 수 있다.

7

8

검은딱새 | 흰허리딱새 · *Saxicola stejnegeri*

우리나라 어디서나 흔히 볼 수 있는 여름철새이다.

이름의 유래

검은딱새의 학명 *Saxicola stejnegeri*에서 속명 *Saxicola*는 라틴어로 '바위에서 서식하는 종'이라는 뜻이며 영명도 같은 뜻에서 Stonechat라 이름 붙여졌다. 또 종소명 *stejnegeri*는 노르웨이에서 나고 자라서 미국에서 활동한 조류학자 레오나드 해스 스테인저(Leonhard Hess Stejneger, 1851~1943)에서 유래했다. 영명은 Stejneger's Stonechat이다.

생김새와 생태

수컷의 여름깃은 머리에서부터 목의 앞부분, 뒷머리, 등, 날개, 꼬리가 까맣고 어깨깃은 하얀 반점이 있으며 허리는 흰색이다. 가슴은 고동색이고 목의 옆쪽과 배는 하얗다 그리고 암컷의 몸 위쪽은 황갈색이고 아래로 검은 반점이 있으며 허리는 등황색, 어깨깃에는 작고 흰 반점이 있는 것도 있다. 가을에는 암수가 비슷하여 아랫면이 똑같이 등황색인 개체가 많지만 머리나 등에 검은빛을 지닌 것도 있다. 나이를 판별하려면 검은딱새의 어미새와 어린새의 입안 색깔로 구별하면 된다. 곧 어미새는 입안이 까맣고 어린새는 입안이 분홍색이기 때문이다. 이는 가락지 조사를 할 때 포획된 개체의 성별과 연령을 조사하는 방법으로 유용하게 쓰인다.

관목이나 작은 나무 또는 풀 이삭에 앉아 '짯, 짯' 또는 '히, 히, 히, 짯, 짯' 하면서 몸을 아래위로 움직이면서 운다.

알을 낳는 시기는 5~7월 사이이며 한배산란수는 5~7개이다. 둥지는 풀밭이나 관목이 많은 땅바닥에 만드는 만큼 그 주위는 대개 풀로 덮여 있다. 초지나 농경지, 구릉 등의 개활지에 주로 서식하며 풀이삭이나 관목 꼭대기에 앉아 있는 것을 많이 볼 수 있다. 땅바닥에서 먹이를 찾고 봄과 가을엔 논이나 밭에서 먹이를 찾기도 한다. 날개를 빠르게 움직이면서 일직선으로 날아가지만 높은 하늘을 나는 일은 거의 없으며 풀이나 관목 꼭대기를 스칠 듯이 난다. 주로 곤충류인 딱정벌레목, 나비목, 매미목 등을 잡아먹는다.

분포

시베리아 중부와 동부, 만주, 한국, 중국 북부, 사할린, 일본 등에서 번식하며 중국 남부, 타이완, 동남아시아, 필리핀, 보르네오, 인도 등지에서 겨울을 난다.

1 부들 줄기에 앉아 있는 수컷

2 3 주홍날개꽃매미를 잡은 암컷

4
5

새의 생태와 문화

철새의 이동시기 변화

번식을 위해 우리나라에 찾아오는 산새들은 먹이가 되는 곤충들의 풍부도에 따라 번식과 이주 시기가 변화한다. 기후 변화는 초목들의 개엽, 개화 시기를 변화시키고, 이는 곤충의 발생과 철새의 이주에 영향을 준다. 유럽에서 수십 년간 딱새, 솔딱새, 지빠귀 종류의 도래를 연구한 결과 기온이 올라감에 따라 점차 봄철에 도착하는 시기가 빨라지고, 가을에 이주하는 시기가 늦어지고 있음을 밝혀냈다. 국내에서도 제비나 백로류의 도래일이 빨라지는 것이 관찰되고 있고, 나아가 여름철새가 텃새화 되는 경향도 두드러지고 있다.

철새의 이동 시간대: 낮과 밤

철새들이 하루 동안에 이동하는 시간대는 새의 종류에 따라서 다양하게 나타난다. 주로 낮 동안 이동하는 것이 있는가 하면 밤에만 이동하는 것이 있고 또 이 가운데는 밤낮을 가리지 않고 계속하여 이동하는 것도 있다. 낮 동안 이동하는 철새류를 보면 기러기류, 오리류, 고니류, 두루미류 등을 비롯하여 빠른 속도로 날아가는 제비나 칼새류, 수리나 매와 같이 사납고 힘이 센 새들이 주를 이룬다. 이 새들은 날이 밝으면서부터 날기 시작하여 도중에 잠깐 쉬기도 하지만 한나절을 쉬지 않고 날아가는 때도 있다. 제비나 칼새는 날아가면서 곤충을 잡아먹을 수도 있고 매 등으로부터 추격을 받더라도 매우 빠르기 때문에 적들의 추격권에서 쉽게 벗어날 수가 있다. 왕새매, 벌매, 새호리기 등 남쪽에서 날아오는 매 종류는 어느 한 지점에 다 모였다가 아침에 발생하는 상승 기류를 타고 이동한다.

딱새류나 지빠귀류, 멧새류 등 몸집이 작은 새들은 밤에 이동하는 경우가 많은 것으로 알려졌다. 이들 소형 조류의 이동은 저녁 무렵부터 시작하여 다음날 아침까지 계속 이어지는데 낮에는 숲속이나 논밭, 물가 등에 내려 곤충이나 풀씨 등을 열심히 먹으면서 휴식을 취한다. 주로 밤에 이동하는 이유는 밤에 이동할 경우 포식당할 가능성이 낮으며, 차갑고 습한 밤공기를 날 때에 체온과 체내 수분 유지에 유리할 뿐 아니라 무엇보다 밤에는 대기가 안정되어 비행에 유리하기 때문이다.

오리류와 같은 물새는 밤낮을 가리지 않고 이동할 수 있는 것으로 알려졌다. 이러한 새들은 언제든지 마음만 먹으면 물속의 먹이를 먹을 수가 있고 수면에서 휴식을 취하든가 하늘을 날아가다가도 적이 공격해 오면 물속에 잠수하여 위험을 피할 수 있기 때문이다.

낮에 날아가는 새나 밤에 날아가는 새나 마찬가지로 날씨가 나쁜 날, 특히 비 오는 날에는 거의 이동하지 않고 숲이나 들에 내려앉아서 날이 개기만을 기다린다. 이것은 새들이 태양이나 별을 보지 않으면 정확한 이동방향을 알 수 없기 때문이며 또한 날개가 젖고 대기가 불안정하여 비행에 불리하기 때문이다.

4 풀 줄기에 앉은 수컷 검은딱새

5 버드나무 가지에 앉아 있는 수컷 검은딱새

흰눈썹황금새

| 흰눈썹황금새 · *Ficedula zanthopygia*

국가적색목록 LC / IUCN 적색목록 LC
우리나라 어디서든 볼 수 있는 여름철새이다.

이름의 유래

흰눈썹황금새의 학명 *Ficedula zanthopygia*에서 속명 *Ficedula*는 '무화과 열매를 좋아하다'라는 뜻으로 황금새 종류를 의미한다. 종소명 *zanthopygia*는 근대라틴어 zanthopygius의 여성형으로 '노란색'을 뜻하는 zanthos(그리스어로 xanthos)와 꼬리 부분을 가리키는 pygius(그리스어로 '엉덩이' pyge+라틴어로 '의 성질의' -ius)가 합쳐져 '노란색 허리'를 뜻한다. 영명인 Tricolor Flycatcher는 흰색과 노란색, 검은색의 3가지 색깔을 가진 솔딱새 종류임을 의미한다. 국명으로는 눈썹선이 희고 복부를 비롯한 아래면이 노란 황금색이기 때문에 흰눈썹황금새로 이름 지어졌다고 생각된다.

생김새와 생태

온몸의 길이는 13cm이며, 수컷의 등에 난 깃은 대부분 검은색이다. 이름과 같이 몸의 아랫면은 황금색을 띠지만 눈썹선이 흰색으로 눈에 띈다. 허리와 그 아래쪽은 노란색이며 가장 긴 셋째날개깃의 바깥 가장자리는 흰색이 뚜렷하다. 털갈이를 하지만 여름깃이나 겨울깃이나 모두 색깔과 모양이 같다. 암컷의 허리 아래쪽 깃은 매우 아름다운 노란색이다. 턱밑, 멱, 가슴은 황색을 띤 흰색으로 각 깃털에는 엷은 잿빛 올리브색을 띤 좁은 가장자리가 있다. 배는 엷은 노란색이다. 셋째날개깃과 큰날개덮깃에는 수컷과 같은 하얀 얼룩무늬가 있는데 조금 갈색을 띠는 흰색이다.

'핑, 핑, 핑, 크루루' 하는 울음소리를 가지고 있다. 도시의 공원이나 정원을 비롯해 평지와 구릉에 있는 작은 숲이나 활엽수림, 혼효림 등 곳곳에서 번식한다. 둥지는 주로 나무 구멍이나 지상에서 1m 높이 안쪽의 전나무 가지에 만들며, 인공 새집도 잘 이용한다. 둥지의 바깥은 선태류로 완전히 덮고, 안쪽의 바닥에는 벼과 식물의 뿌리나 소나무 잎을 깐다.

알을 낳는 시기는 5월이며, 한배산란수는 5~6개이다. 알을 품는 기간은 7~12일이고, 새끼를 기르는 기간은 13~17일이다. 둥지를 떠나기까지는 36~45일 걸린다. 곤충류의 성충과 나방의 유충, 벌류 등 동물성 먹이를 먹는다.

분포

한국, 중국 동부, 만주, 우수리강 유역 등지에서 번식하며 말레이반도, 수마트라 등지에서 겨울을 난다.

1 숲속에서 먹이를 찾고 있는 수컷

2 번식 둥지 부근 나뭇가지에 앉아 있는 암컷

3 먹이를 입에 물고와 둥지 부근을 경계하는 흰눈썹황금새

4 곤충을 잡아와서 새끼에게 전달하기 위해 도착한 뒤 주위를 경계하고 있다.

새의 생태와 문화

번식 성공을 위한 최적의 한배산란수

인공 새집은 박새류나 흰눈썹황금새, 딱새 등이 종종 번식하며, 카메라나 온도 센서 등을 설치하거나 직접 확인할 수 있어 번식 생태를 연구하기 수월하다. 인공 새집에 번식하는 소형 산새류는 한배산란수(clutch size)가 다양하게 나타나는데, 이는 종별, 지역별, 둥지별로 매우 큰 차이가 나타난다. 알을 몇 개 낳는가는 번식에 중요한 문제로 너무 적게 낳을 경우 이소시키는 새끼 수가 적어지게 되고, 너무 많이 낳으면 모두 잘 키우지 못해 일부가 죽거나 허약해진다. 때문에 최대한 많은 새끼들이 건강하게 이소할 수 있도록 한배산란수를 조절해야 하며, 이는 먹이 환경에 따라 조절된다. 어미새들이 먹이를 잘 먹일 수 있을 경우에는 조금 더 많이 낳고, 먹이가 적거나 육추 경험이 적을 경우 조금 낳아 기르는 것이 유리하다. 크고 수명이 긴 맹금류나 바닷새들은 한배산란수가 적으며, 새끼들이 조성성일 때 더 많이 낳는 경향이 나타난다. 또 만약 개방된 곳에 알을 낳는다면 포식의 위험이 크기에 적은 수의 새끼를 기르려고 하지만, 인공 새집이나 나무 구멍 등을 이용할 경우는 더 많은 알을 낳아도 무사히 기를 수 있다. 한편, 시기나 고도, 장소에 따라서도 한배산란수는 변화하며, 결국 점차 각각의 환경에 적응하여 한배산란수가 조절된다.

새들의 깃털의 종류

새들의 깃털 종류는 큰깃털(vaned feather, 正羽)과 솜털(down, 綿羽), 반솜털(semiplume, 半綿羽), 강모(bristle, 剛毛), 실깃털(filoplume, 絲狀羽), 가루솜털(powderdown feathers, 粉綿羽)이 있다.

큰깃털은 보통의 깃털로 깃축(rachis, 羽軸)이 있고 양옆으로 판과 같은 부분이 있는데, 이것을 깃털개비(vane, 羽弁)이라 한다. 깃털개비는 깃축에서 하나 하나의 깃가지(barbs, 羽枝)가 구성되고, 깃가지에서 직각으로 작은깃가지(barbule, 羽小枝)가 뻗어 나온다. 큰깃털의 역할은 첫째 비행에 관한 것으로 첫째날개깃은 전형적인 큰깃털로 추진력을 발생시킨다. 또 큰깃털은 몸을 규칙적으로 덮고 있어 새들의 체형을 유선형으로 만들어 공기저항을 감소시키며, 물에 젖지 않도록 하고, 따뜻한 공기가 달아나지 않도록 한다.

붉은목벌새(*Archilochus colubris*, Ruby-throated Hummingbird)의 큰깃털은 940개, 개똥지빠귀는 5,521개, 어치는 6,300개, 고니(*Cygnus columbianus*, Tundra Swan)는 25,216개라고 알려져 있다. 큰깃털의 수는 작은 새일수록 적어지고, 큰새일수록 많아지는 경향이 있다. 물론 같은 종이라도 개체에 따라 개수가 약간 다르고, 동일 개체라도 계절에 따라 큰깃털의 개수가 변화하는 것이 알려져 있다.

첫째날개깃은 대부분의 조류는 10개이나, 황새류, 플라맹고류, 논병아리류, 레아류는 11개, 타조는 16개, 명금류는 9개, 날지 않는 키위류는 3~4개라고 한다.

솜털은 솜같이 보송보송하여 많은 공기를 저장하는데 단열보온효과를 위한 것이다. 특히 물새(waterfowl)는 솜털이 잘 발달하였는데, 이것은 체온을 잃기 쉬운 물가 환경에 적응하기 위한 것이다. 사람들은 물새들의 솜털로 다운(down) 자켓이나, 이불을 만들어 이용한다. 참솜깃오리(*Somateria mollissima*, Common Eider)의 솜털로 만든 이불이 최고품으로 알려져 있으며 일본에서는 100만 엔 정도에 팔린다고 하니 대단히 비싼 편이다.

노랑딱새

| 노랑솔딱새 · *Ficedula mugimaki*

IUCN 적색목록 LC

봄과 가을에 우리나라를 지나는 흔한 나그네새이다.

이름의 유래

노랑딱새의 학명 *Ficedula mugimaki*에서 속명 *Ficedula*는 라틴어로 '무화과나무 열매를 좋아하다'라는 뜻이다. 종소명 *mugimaki*는 노랑딱새의 일본 이름에서 유래한다. 영명 또한 일본 이름인 '무기마키(ムギマキ)'에서 유래하여 '날아다니는 벌레를 잡아먹는 새'라는 뜻으로 Mugimaki Flycatcher이다.

생김새와 생태

온몸의 길이는 13cm이며, 생김새는 수컷의 몸 위쪽과 이마가 까맣고 눈썹 반점은 작고 하얗다. 셋째날개깃의 바깥 선, 큰날개덮깃, 바깥꼬리깃의 기부도 하얗다. 몸 아래쪽은 등갈색이다. 암컷은 몸 위쪽이 갈색이고 아래쪽은 등황색이다. 제법 자란 어린 수컷(若鳥, 미성숙새, immature)은 위쪽이 회갈색이지만 암컷보다도 회색 기운이 강하고 아래쪽은 등색이 짙다. 바깥꼬리깃의 기부에는 흰 무늬가 있다.

혼자 또는 암수가 함께 생활한다. 나무 꼭대기에 가만히 앉아서 기다리다가 날아다니는 곤충을 잡아먹고 다시 제자리로 돌아오는 버릇이 있으며 때때로 꼬리를 까딱까딱 흔든다. 나무 꼭대기에 앉아서 '삐, 삐, 삐, 삐, 삐, 삐삐, 삐삐삐삐' 하는 우아한 소리로 지저귄다.

침엽수림에 둥지를 틀며, 둥지는 이끼류를 주재료로 쓰고 마른 잎, 마른 풀, 작은 가지 몇 개를 섞어 발 모양의 둥지를 트는데 땅에서 2~6m 높이에 이르는 교목의 가지를 이용한다. 둥지 바닥에는 이끼류, 동물의 털 등을 깐다.

알을 낳는 시기는 6월 상순에서 7월까지이고, 한배산란수는 4~8개이다. 곤충류를 주로 잡아먹으며 특히 파리목을 잘 먹는다. 백두산 부근에서 6~7월에 채집된 많은 기록이 있으나 번식에 관한 확실한 증거는 없는 것으로 알려졌다.

분포

번식지는 시베리아, 바이칼호, 연해주, 만주 등지에서 번식하며, 중국 남부, 인도차이나반도, 자바섬, 필리핀 등지에서 겨울을 난다.

1 나뭇가지에 앉아 먹이를 찾고 있는 모습

2 숲속에서 잠시 휴식중이다.

바다직박구리

| 바다찍박구리 · *Monticola solitarius*

IUCN 적색목록 LC

우리나라의 모든 해안과 울릉도를 비롯한 여러 섬 지방에서 흔히 볼 수 있는 텃새이다. 해안의 암초, 바위, 절벽, 구릉지 등 곳곳에서 쉽사리 볼 수 있지만 때때로 내륙의 바위산에서도 적은 무리를 볼 수 있다.

이름의 유래

바다직박구리의 학명 *Monticola solitarius*에서 속명 *Monticola*는 라틴어로서 '산'을 뜻하는 montis와 '살다'라는 뜻의 colo의 합성어로 '산에 서식하는'이란 뜻이다. 실제로 바다직박구리는 주로 바닷가의 바위에 서식하는데, 몇몇 내륙 지방의 바위산에서도 볼 수 있다. 종소명 *solitarius*는 라틴어의 '혼자'라는 뜻을 가진 solus에서 비롯되며 영어 solitary와 어원이 같은 것으로 보인다. 영명은 Blue Rock Thrush인데, 바다직박구리의 몸이 푸른색을 띠고 바위나 암벽에서 주로 관찰되기에 붙여진 이름으로 보인다.

생김새와 생태

온몸의 길이는 21.5cm이며 수컷의 머리에서부터 가슴, 등, 허리까지는 짙은 남색으로 날개와 꼬리깃이 파랗고 검은색에 엷은 색의 날개선이 있으며, 배는 붉은 갈색이다. 암컷은 몸 위쪽이 잿빛을 띤 흑갈색이고 꼬리도 흑갈색이다. 아래쪽은 어두운 황갈색과 갈색의 바늘 무늬가 있다. 제법 자란 어린 수컷은 수컷과 암컷 어미새의 가운데쯤 크기의 깃을 가진다.

수컷은 3~7월 무렵에는 틈만 나면 지저귀는데 전망이 좋은 바위 위나 관목, 인가의 지붕 꼭대기에 앉아서 '쯔쯔, 피이코, 피이, 쯔쯔, 피이코, 피이' 하는 맑은 소리를 낸다. '크큣' 하는 작은 소리로 울 때도 있다.

암초나 바위, 절벽, 낭떠러지 등지에서 먹이를 찾아 뛰어다니며 보통 혼자 산다. 둥지는 암초의 틈, 암벽의 갈라진 곳, 벼랑에 난 작은 구멍 또는 건축물의 틈에 짓는데 가는 뿌리나 마른 풀을 써서 밥그릇 모양의 둥지를 틀고, 둥지 바닥에는 잔뿌리를 깐다.

알을 낳는 시기는 5~6월이고, 한배산란수는 5~6개이다. 주로 곤충류인 딱정벌레목, 벌목, 파리목, 나비목, 메뚜기목 등을 먹으며 기타 파충류, 갑각류의 이각목과 십각목, 연체동물인 복족류 등을 잡아먹는다.

비슷한 새

국내에서 간혹 봄 가을에 온몸이 푸른 바다직박구리(*M. s. pandoo*)를 볼 수 있는데, 이는 아종인 푸른바다직박구리이며, 서해안의 섬이나 제주도에 간혹 도래한다.

분포

중앙아시아, 중국, 만주 등지에서 번식하며, 북부 아프리카, 북부 사우디아라비아, 파키스탄, 인도, 미얀마 등지에서 겨울을 난다. 한국과 지중해 연안, 터키, 이란, 아프가니스탄, 인도네시아, 필리핀, 일본 혼슈 등지에서는 텃새이다.

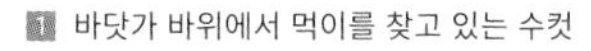

1 바닷가 바위에서 먹이를 찾고 있는 수컷
2 꼬리를 활짝 펴고 경계를 하는 수컷
3 철조망에 앉아서 먹이를 찾고 있는 암컷

4 바닷가에서 휴식 중인 수컷 바다직박구리
5 먹이를 발견하고 비상하려는 순간
6 나뭇가지에 앉아 울고 있는 암컷 바다직박구리

새의 생태와 문화

새의 깃털 색의 비밀

빛이 잘 들어오는 바위에 앉은 바다직박구리를 보면 색깔이 매우 화려한데, 이는 사과의 빨간색이나 포도의 보라색과 같이 색소로만 이루어지는 것이 아니다. 새의 깃털색은 색소와 구조, 그리고 이 둘의 조합으로 이루어진다. 바다직박구리나 물총새의 등과 같이 푸른 계열 또는 녹색 계열의 색은 빛의 반사와 산란을 일으키는 깃털의 구조에 의한 것이다. 그렇기 때문에 빛이 약한 곳에서는 그 색깔이 짙고 칙칙해 보이기 쉽다. 그에 반해 호반새나 꼬까참새와 같이 붉은 계열의 색은 카로티노이드 색소에 의해 형성되며, 이는 먹이에서 비롯되는 경우가 많다. 그 외에도 검은색이나 밤색은 멜라닌 색소로, 분홍색은 붉은 색소와 푸른색을 띠는 깃털 구조의 조합으로 형성되어 형형색색의 깃털을 만들어 낸다.

깃털사냥과 깃털패션

깃털사냥은 야생 조류를 사냥해서 깃털을 얻는 것을 일컫는다. 다시 말해 모자에 장식품으로 달기 위해 유통되었던 백로의 깃털처럼 깃털을 이용하기 위한 사냥을 뜻한다.

빅토리아시대 패션의 한 특징으로 실크로 만든 꽃과 리본, 이국적인 깃털로 장식한 넓은 챙이 달린 모자가 유행했다. 어떤 모자는 전체가 이국적인 새의 깃털로 채워지기도 했다. 이때 가장 인기 있는 깃털은 백설 같은 깃털로 '작은 설원'으로 알려진 다양한 종류의 백로의 깃털이었으며 그 중에서도 눈백로(Snowy egret)의 깃털이 인기가 있었다. 깃털 중에는 짝짓기 시즌 동안 자라고 구애 기간 동안 새들이 과시행동하는 '번식깃'이 훨씬 더 유명하였다. 또한 '물수리' 깃털(실제로는 백로 깃털)은 1889년에 중단될 때까지 영국군 제복의 장식용으로도 일부 사용되었다. 깃털 또는 백로 깃털이 여성의 모자장식용으로 많이 소비되었으며 1915년에 1온스당 32$(당시 금의 가격과 같았다.)에 판매되었다. 여성용모자산업은 매년 1,700만 달러 규모의 큰 산업이었다

20세기 초, 여성용 모자의 장식용 깃털 제공 목적으로 수천 마리의 새들이 사살되었다. 1870년대에 시작된 이러한 패션열풍은 매우 널리 퍼져서 1886년까지 매년 500만 마리의 조류가 여성용 모자산업 무역을 위해 죽임을 당했다. 새들은 깃털이 보통 짝짓기와 영소기이자 채색되는 시기인 보통 봄에 사살되었다. 19세기 후반, 깃털사냥꾼들은 미국의 눈백로를 멸종시켰다. 플라밍고, 분홍저어새(Roseate Spoonbill), 대백로(Great Egret), 공작(Peafowl)도 깃털사냥꾼의 표적이 되었고, 독일황후극락조(Empress of Germany's bird of paradise) 또한 깃털사냥꾼들의 인기 대상이었다. 미국 플로리다 에버글레이즈(Everglades) 습지에 서식하는 물새의 깃털은 하바나, 뉴욕, 런던 및 파리에서 발견할 수 있었다. 이러한 결과 많은 종들이 멸종위기에 처하게 되었다. 이 당시 밀렵꾼들은 종종 밀집개체군의 집단서식지에 들어갔다. 그곳에서 새를 쏴서 둥지에서 깨끗이 깃털을 뜯어내고 시체를 썩게 방치하였다. 부화한 새끼나 아직 부화하지 못한 알은 포식자에게 먹히거나 새끼들은 굶어 죽었다.

이에 비하여, 하와이에서는 왕족을 나타내는 Kāhili라는 깃털을 이용한 장식이 있었다. 하와이 원주민인 카나카 마오리(Kanaka Maoli)족은 새를 사냥하고 죽이지 않았다. 새를 포획하고 각 개체에게서 몇 개의 깃털만을 수집하고 방사하였다. 아메리카 원주민의 전투용 모자와 다양한 깃털 머리 장식에도 깃털이 있었다.

대백로를 포함한 백로들은 과거에 깃털사냥꾼들에 의해 거의 멸종되었지만, 20세기에 들어 보호를 받아 개체수가 회복되었다.

호랑지빠귀 | 호랑티티 · *Zoothera aurea*

IUCN 적색목록 LC

우리나라 어디서나 흔히 볼 수 있는 여름철새이자 드문 텃새이다.

이름의 유래

호랑지빠귀의 학명 *Zoothera aurea*에서 속명 *Zoothera*는 그리스어 '동물이나 벌레'를 뜻하는 zōon과 '사냥하는 것'을 의미하는 thēra의 합성어이다. Zoothera는 '벌레를 사냥하는 조류'라는 뜻의 호랑지빠귀속을 의미하는데 부리로 낙엽을 들추어 작은 동물을 잡아먹는 것과 관계가 깊다. 종소명 *aurea*는 라틴어 aureus의 여성형으로 '금색의'라는 뜻이므로 호랑지빠귀의 날개깃털의 색깔이 금색인 것과 관계가 있다. 영명은 White's Thrush인데, 이는 배 쪽이 하얀 것과 관계가 깊다. 호랑지빠귀라는 이름은 무늬가 호랑이 무늬와 비슷하다고 하여 붙여졌다.

생김새와 생태

지빠귀류 가운데 가장 크며 몸은 황갈색 바탕에 옆으로 흑색 반점이 있고 날개 깃털의 가장자리는 검은색과 황갈색이 섞였다. 꼬리깃의 가운데 부분은 황갈색이지만 왼쪽 부분은 흑갈색으로 끝이 하얗다. 날아오를 때 보면 날개의 아랫부분에 하얗고 검은 띠가 보인다. 암수가 같은 색이다.

한밤의 호랑지빠귀의 독특한 울음소리는 멀리서도 쉽게 알아들을 수 있는데 이른 봄철일수록 그 존재를 쉽게 알 수 있다. 특히, 호랑지빠귀는 슬픈 듯한 가느다란 목소리로 '히이- 호오-, 히이- 호오-' 하고 아침 일찍부터 저녁까지 애잔한 울음을 운다.

호랑지빠귀는 낙엽활엽수림이나 잡목림 숲에 둥지를 짓고, 둥지는 높이가 1.5~6m쯤 되는 교목의 2~3가닥으로 갈라진 가지 틈에 짓는다. 알을 낳는 시기는 4월 하순에서 7월 하순까지이며 한배산란수는 3~5개이다.

주로 땅바닥을 돌아다니면서 부리로 낙엽을 들추어 곤충류의 딱정벌레목, 나비목, 매미목, 메뚜기목 등의 유충과 성충을 주로 잡아먹는다. 지렁이를 무척 좋아해서 새끼를 키울 때는 부리에 지렁이를 물고 둥지로 가는 것을 자주 볼 수 있다.

분포

전세계적으로는 시베리아 남부, 한국, 일본 등지에서 번식하며 중국 남부, 동남아시아, 필리핀 등지에서 겨울을 난다.

1 물가에서 먹이를 찾는 모습

2 숲속에서 먹이를 찾는 모습

새와 사람

불운을 부르는 호랑지빠귀의 노래

우리나라 경상남도 서쪽 지방에서는 이 새가 저녁 때 구슬피 우는 소리 때문에 혼을 빼앗긴다고 하여 '혼새'라고 부르며, 을씨년스러운 울음소리 때문에 호랑지빠귀가 우는 마을에는 흉사(凶事)가 있을 것이라고 한다. 또 '씨이-' 하고 울면 사람이 죽고 '휘이'하고 울면 큰 불이 난다는 말도 있다. 이 새의 또 다른 이름들로는 지옥조(地獄鳥), 염불조(念佛鳥), 유령조(幽靈鳥) 등이 있는데 모두 '불길한 새'라는 의미이고 옛날 사람들은 이 호랑지빠귀가 내는 기분 나쁜 소리 때문에 호랑지빠귀라는 새조차 싫어했던 것으로 알려져 있다.

새의 생태와 문화

깃털의 다양한 기능

조류는 다른 동물과 다르게 깃털을 가지고 있다. 이러한 깃털은 조류에 있어 필수불가결한 것으로 단순히 비상하기 위한 것만 아니고 아래와 같이 매우 다양한 기능을 가지고 있다.

1) 깃털은 새들이 하늘을 날기 위하여 필요한 양력을 제공한다.

날개깃은 양력을 받아 날아가게 한다. 꼬리에 있는 날개깃은 새들이 방향을 잡고 균형을 유지할 수 있게 한다 갈매기류와 알바트로스(신천옹)류와 같은 대형 조류는 절벽 가장자리에서 바람을 향해 양 날개를 펼쳐 양력을 발생시키고, 아비류와 오리류의 일부는 수면에서 도움닫기를 통해 추진력을 얻고 양력을 받아 날아오른다.

2) 깃털이 화려할수록 주목을 끌고, 또 의사소통의 수단이 되기도 한다.

공작을 비롯한 많은 조류는 깃털이 화려한 수컷일수록 자신이 좋은 형질의 배우자임을 알리고 암컷을 유혹하는데 도움이 된다.

3) 깃털은 자외선을 차단하여 피부를 보호한다.

붉은꼬리매(Red-tailed Hawk)는 햇빛이 강렬한 여름 오후에 먹이를 찾기 위해 수 시간 동안 하늘을 날아다니는데 이때 두꺼운 깃털이 태양광선을 차단해 연약한 피부를 보호한다. 삼색왜가리(Tricolored Heron)가 물에서 먹이를 찾을 때 날개를 머리 위까지 올리는데 이때 날개깃은 하늘이 물에 반사되는 것을 막아주고 그늘을 만들어 물고기와 개구리를 쉽게 찾을 수 있도록 하는 한다.

4) 체온을 조절하는 단열재 역할을 한다.

깃털은 외부로부터 열을 빼앗기는 것을 방지하는 한편 외부의 더운 열을 차단하여 체온을 조절한다. 푸른어치(Blue Jay)는 날씨가 추울 때는 깃털을 부풀려 피부와 깃털 사이에 따뜻한 공기층을 형성하여 온기를 간직한다. 미국원앙(Wood Duck)의 암컷은 자신의 몸에서 뽑은 깃털을 둥지에 까는데, 이 깃털은 쿠션 역할을 하고 알을 따뜻하게 한다.

3 호랑지빠귀의 알
4 소리가 나자 입을 벌린 어린새
5 먹이로 지렁이를 잡아온 부모새
6 둥지 속의 어린새들
7 먹이를 달라고 입을 벌린 어린새들

5) 어두운 색상의 깃털은 자신을 은폐하는 색이 되기도 한다.

암컷이 번식을 할 때 특히 알을 포란할 때나 휴식을 취할 때는 주변과 유사한 깃털색이 천적의 눈을 피하는 위장 역할을 한다.

6) 깃털은 포유류의 털과 같이 외부의 물리적 충격으로부터 몸을 보호한다.

7) 형태를 바꾼 깃털은 헤엄을 치거나 눈 위에 미끄러지게 하고 방한 역할도 한다.

많은 펭귄 종류들이 날지 못하고 바다 속을 헤엄친다. 또 황제펭귄(Emperor Penguin)의 복부에는 단단한 털이 빽빽하게 자리잡아 매끄러운 표면을 가지고 있다. 이 깃털은 황제펭귄들이 얼음과 눈을 쉽게 미끄러지며 다닐 수 있도록 한다. 또한 가을이 되면 사할린뇌조(Willow Ptarmigan)는 발가락 윗부분에 두꺼운 깃털이 겹겹이 자라는데 이 깃털은 발의 크기를 키워서 설피(눈신)을 신은 것처럼 눈에 빠지지 않고 걸어다니기 쉽게 해준다.

8) 깃털은 새들을 물위에 뜰 수 있게 도와준다.

혹고니는 부드럽게 미끄러지듯이 수면 위를 이동하는데, 혹고니의 깃털 사이에 공기를 품고 있는 주머니가 이 새들을 떠 있게 도와준다.

9) 깃털은 새들의 울음소리와 같은 높은 소리를 낼 수 있다.

다윈은 1871년 조류의 구애행동 중에서 성 선택이 어떻게 기계적인 소리를 내게 되었는지의 예로서 곤봉날개무희새(Club-winged Manakin)의 두 번째날개에 있는 굵은 몽둥이 같은 깃축에 주목했다. 수컷은 암컷의 주의를 끌고 싶을 때, 몸을 앞으로 구부리고 날개를 등 뒤로 세워서 빨리 흔든다. 등에 있는 깃털이 뻣뻣하고 둥그런 날개 깃털과 비벼지며 날카로운 기계적인 소리가 공기 중에 울려 퍼지는데 이것이 다른 종의 날개무희새류의 울음소리를 대신하고 있었다.

10) 깃털은 물을 운반하는 수단이 되기도 한다.

아프리카 사막에 서식하는 사막꿩(Sand grouse)류는 갈증을 해소하거나 아직 날지 못하는 새끼에게 물을 주려고 새벽과 저녁에 둥지에서 30km 이상 떨어진 가장 가까운 물웅덩이까지 왕복한다. 물웅덩이에서 수컷은 복부의 깃털에 물을 적시는 방법으로 저장하여 운반한다. 돌아온 수컷은 위를 향해 몸을 세우고 물을 먹일 자세를 취한 다음 은신처에 있는 새끼를 나오게 한다. 새끼는 수컷의 젖은 깃털을 부리로 짜내어 물을 조금씩 마신다. 수컷이 운반하는 물의 양은 25~40ml 정도인데, 새끼들이 마시는 양은 약 10~18ml에 불과하다.

11) 깃털은 때로 방어수단이 되기도 한다.

미국회색멧새(Dark-eyed Junco)는 꼬리 바깥쪽의 밝고 하얀 깃털을 갑자기 펼쳐서 천적(포식자)을 혼란하게 한다. 그리고 급히 깃털을 접고 다른 방향으로 날아가 버린다.

12) 젖은 깃털은 무거워 아래로 가라앉게 한다.

대부분의 새들은 깃털을 방수할 수 있게 특수한 기름을 꼬리의 기름샘인 미지(尾脂)샘에서 만든다. 그러나 뱀목가마우지(Anhinga)는 예외인데 젖은 깃털의 무게가 물고기, 가재, 새우를 찾아 깊게 잠수할 수 있도록 도와준다.

8 다 자란 호랑지빠귀 새끼새의 모습

9 둥지에서 잠자는 새끼새

10 이소 전의 새끼새

11 12 갓 이소를 하는 새끼새

되지빠귀 | 되지빠귀 · *Turdus hortulorum*

IUCN 적색목록 LC
우리나라의 숲에 머물렀다 떠나는 여름철새이다.

이름의 유래

되지빠귀의 학명은 *Turdus hortulorum*로 속명 Turdus는 라틴어 'turdus'에서 기인하며 '지빠귀류'를 의미하며, 종소명 *hortulorum*는 '작은 정원'을 뜻하는 라틴어로 hortulus의 복수속격이다. 이것은 일부 개체군이 도시 내 공원에서 서식하므로 정원에서도 살아간다고 인식한 것과 연관성이 있다. 영명은 Grey-backed Thrush인데 되지빠귀의 등이 회색이므로 Grey-backed라고 하였고 지빠귀 종류를 의미하는 영명 Thrush 합쳐져 만들어 졌다고 생각된다.

생김새와 생태

우리나라에 흔히 번식하는 여름철새이다. 이 종은 몸길이가 21.5cm이다. 수컷은 머리, 등, 멱부분과 윗가슴부분은 회색이며 아랫가슴부분과 배부분은 흰색이다. 옆구리부분은 주황색이며 날개와 꼬리부분은 어두운 회색이다. 부리는 엷은 노란색이다. 날때 아래덮깃은 주황색이다. 암컷은 등부분은 갈색이며, 배부분은 흰색이다. 검은색 턱선이 뚜렷하다. 옆구리는 주황색이며, 가슴과 옆구리부분에는 검은색 반점이 있다.

우리나라에는 4월 초순부터 도래하여 번식하고 10월 중순까지 관찰할 수 있다. 주로 산림의 숲에서 서식하고 공원에서 관찰되기도 한다. 숲에서 참나무 가지나 다른 교목 위에서 영소를 한다. 벼과 식물줄기와 작은 뿌리 그리고 점토를 사용하여 밥그릇 모양의 둥지를 틀고 산좌에는 가는 풀의 줄기와 뿌리를 깐다. 알을 낳는 시기는 5~6월이며, 한배산란수는 4~5개이다. 포란기간은 약 14일이며, 육추기간은 약 12일이다.

울음소리는 매우 아름답고 산이 울릴 정도로 요란스러우며, 아침부터 저녁때까지 운다. 가장 많이 들리는 시기는 5월 초순과 중순이며 '휫 휫 휫 휘잇 삐삐삐삐', '휘욧 휘욧 휘이 찌잇' 하고 큰소리로 울리는 듯하게 운다. 숲에서 들으면 흰배지빠귀 소리와 비슷하게 들리기도 하지만 흰배지빠귀와 달리 앞 부분에 '휫' 하고 한 박자로 시작하는 경우가 많다.

먹이로는 딱정벌레목이나 나비목 유충, 벌목 등의 곤충과 지렁이도 채식하고 때로는 식물성인 나무열매를 즐겨 먹기도 한다.

분포

한국, 시베리아 동남부, 우수리지역, 아무르지역, 중국 북동부 등에서 번식하고 중국 남부와 인도차이나 북부로 이동하여 월동한다.

1 어린새에게 먹이를 전달하는 어미새
2 나뭇가지에서 휴식을 취하는 수컷
3 습지에서 먹이를 찾는 암컷

개똥지빠귀

| 티티새 · *Turdus eunomus*

IUCN 적색목록 LC
우리나라 전역에서 겨울을 나는 겨울철새로서 노랑지빠귀보다는
훨씬 적은 무리가 찾아오는 것으로 알려져 있다.

이름의 유래

개똥지빠귀의 학명 *Turdus eunomus*에서 속명 *Turdus*는 '개똥지빠귀류'를 의미하며, 종소명 *euonumus*는 고대 그리스어에서 왔는데 eu는 '좋다'는 뜻이고 nomus는 '선율'을 뜻하여 결국 '좋은 선율의 조류'라는 뜻으로 추정된다. 영명은 개똥지빠귀의 몸 윗면이 어두운 색을 띠는 데서 Dusky Thrush라 붙여졌다.

생김새와 생태

머리에서부터 등까지 회색을 띤 검은 갈색이며 꼬리와 날개도 검은 갈색인데 날개깃에만 밤색을 띠는 경우가 있다. 또한 눈썹선은 엷은 황백색으로 뺨 부분은 회색을 띤 흑갈색이고, 목에서부터 가슴 위쪽까지는 엷은 황백색이며 구레나룻 같은 검은 줄이 있다. 가슴과 배에는 희고 검은 반점이 있다. 날개깃의 폭은 개체에 따라 다르며 거의 밤색으로 보이지 않는 것에서부터 밤색으로 보이는 것까지 있다. 가슴의 검은 반점이 많고 적고 하는 것도 변화가 많아 반점이 확실히 연결되어 보이는 것, 가슴 아래쪽의 검은 반점이 모여 있는 부분이 2단으로 되어 있어 2개의 검은 띠로 보이는 것, 검은 반점이 빼곡하게 들어차서 가슴 전부가 검게 보이는 것 등 변이가 매우 다양하다.

겨울에 땅 위나 나무 위에서 먹이를 찾는 개똥지빠귀를 자주 볼 수 있으며 흔히 10~20마리씩 무리를 이룬다. 번식지에서는 작고 낮은 나뭇가지에 둥지를 만들지만 땅바닥에 만들 때도 있다. '키요롯 키요롯, 키찌 키찌 키찌' 하고 울며, 알을 낳는 시기는 5월에서 6월 중순까지이고 한배산란수는 4~5개이다.

겨울을 나는 동안에는 주로 곤충류를 비롯하여 장미과 식물의 종자나 열매를 즐겨 먹는다. 곤충류로는 딱정벌레목, 파리목, 나비목, 벌목, 매미목, 메뚜기목, 집게벌레목 등을 잡아먹는다.

분포

세계적으로 시베리아 북부, 캄차카반도, 사할린 등지에서 번식하며 한국, 중국 동부, 일본 등지에서 겨울을 난다.

1 풀밭에 앉아 주변을 경계하고 있는 개똥지빠귀

새의 생태와 문화

깃털갈이(換羽, moult)

새의 깃털은 인간에 비유하면 옷이라고 할 수 있다. 오히려 깃털은 섬세하기 때문에 사람의 옷보다 더러워지기 쉽고 상처입기 쉽다. 그럴 때 새는 어떻게 할까. 참새목의 조류는 1년에 한 번 온몸의 깃털을 간다(전신깃털갈이).

참새목 제외하면 새들이 반드시 1년에 한 번 전신깃털갈이 하는 것은 아니다. 우리나라에서는 대부분의 종이 여름부터 가을에 걸쳐 전신깃털갈이를 한다. 이 기간에 깃털갈이를 하는 이유는 번식기가 끝났기 때문이다. 번식도 털갈이도 많은 에너지가 필요로 하기 때문에 동시에 할 수는 없다. 그러므로 육추와 번식이 종료하고 나서 깃털갈이가 이루어지는 것이다.

전신깃털갈이로 깃털이 빠지고 가는 순서는 예외도 있지만 종에 따라 대체로 결정되어 있다. 참새를 예로 들면, 처음에는 첫째날개깃의 가장 내측으로부터 빠지기 시작하여, 4번째 깃이 빠졌을 때 큰날개덮깃이 일제히 빠진다. 그리고 가운데날개깃과 작은날개덮깃 및 꼬리깃도 깃털갈이를 시작한다. 또 깃털갈이는 철저하게 좌우대칭으로 진행된다. 첫째날개깃의 5번째깃이 빠질 때, 둘째날개깃도 깃털갈이를 시작한다. 이때 머리 깃털이나 몸의 깃털도 깃털갈이를 한다. 첫날개깃의 성장깃털은 항상 3장 정도로 추진력이 극단적으로 떨어지지 않도록 조절한다. 꼬리깃은 비행에 영향이 별로 없는 탓인지 여러 장이 한꺼번에 빠진다.

오랜 시간이 걸려서 날개덮깃과 몸의 깃털의 대부분 깃털갈이를 마쳐도 첫째날개깃과 둘째날개깃은 아직 깃털갈이 중이다. 첫째날개깃의 깃털갈이가 끝날 무렵에 거의 전신의 깃털이 빠지고 바뀐다. 그리고 둘째날개깃의 마지막 한 장이 깃털갈이하면 종료된다. 참새처럼 비상력이 떨어지지 않도록 3장 정도씩 깃털갈이하는 종에서는 깃털갈이에 소요되는 시간은 2개월 정도로 천천히 이루어진다.

철새들은 조금 서둘러 깃털갈이를 한다. 그 기간은 대체로 30~40일 정도이다. 날아서 이동하기 때문에 깃털갈이를 마치고 이동하거나, 이동한 후에 깃털갈이하거나 털갈이를 중단하고 이동하는 방법 중 하나를 선택해야 한다.

기러기류나 오리류와 같은 물새들은 이동 전에 날개깃이 완전히 빠지고, 전혀 날 수 없는 깃털갈이를 한다. 일본의 두루미 이동 인공위성 추적팀은 이 습성을 이용하여 러시아 한카호수(Lake Khanka) 부근에서 두루미가 날지 못하기 때문에 뛰어가 손으로 포획하여 인공위성 추적 발신기를 달 수 있었다. 물론 새들이 전혀 날 수 없다는 것은 매우 위험한 상황이므로, 외적이 접근 할 수 없는 큰 호수 등의 특별한 장소에서 깃털갈이를 한다.

조류 중에는 가을에 모처럼 깃털갈이했는데, 봄에 다시 한 번 일부만 깃털갈이(부분깃털갈이)하는 종류도 있다. 참새목에서는 백할미새, 노랑할미새, 도요새 종류나 머리가 검게 변하는 갈매기류(목테갈매기, 검은머리갈매기, 붉은부리갈매기) 등이 있다. 이 새들은 수수한 겨울깃에서 여름깃이라고 하는 대비가 뚜렷한 깃털이나 화려한 깃털로 바뀐다. 번식용으로 치장을 바꾸는 것이다.

조류의 깃털색 변화는 깃털갈이 이외의 방법도 있다. 검은머리쑥새이나 검은딱새의 수컷은 머리 색깔이 겨울은 갈색이지만, 여름에는 새까맣게 변한다. 이러한 조류의 머리깃털은 겨울 동안은 바깥 부분이 갈색이며 그 아래는 검다. 봄이 되면 머리의 갈색 부분이 마모되어 사라지고 그 아래의 검은색이 나타나는 것이다.

2 팥배나무의 열매를 먹으려고 나뭇가지에 앉아 있는 모습

3 겨울철 옹달샘에서 물을 마시는 개똥지빠귀

휘파람새

휘파람새 · *Horornis canturians*

IUCN 적색목록 LC

우리나라 어디서나 흔히 볼 수 있는 여름철새였으나
현재에는 드물게 번식하며 흔한 나그네새이다.

이름의 유래

휘파람새의 학명 *Horornis canturians*에서 속명 *Horornis*는 그리스어로 '산'을 의미하는 horos와 '새'를 의미하는 ornis의 합성어로 '산의 새'라는 뜻이다. 종소명 *canturians*는 라틴어로 '아름다운 노래를 하다'라는 cantans, canto에서 왔으며 아름답게 노래하는 휘파람새의 특성을 잘 표현하고 있다. 휘파람새는 봄을 대표하는 새 가운데 하나이다. 휘파람새 소리를 들으면 '아, 봄이 왔구나' 하고 느끼게 되므로 춘고조(春告鳥), 화견조(花見鳥)라고 부르기도 하였다. 영명은 주로 만주, 연해주, 한반도 중부 이북에서 번식하고(Manchurian), 관목숲(bush)에서 서식하는 데서 Manchurian Bush Warbler라 붙여졌다.

생김새와 생태

수컷이 암컷보다 조금 크며 몸은 다갈색으로 눈 위에 엷은 띠가 있고 몸 아랫부분도 색깔이 조금 엷다. 가슴은 갈색을 띤 흰색이고, 옆구리와 배 옆은 잿빛을 띤 황갈색이다. 암컷의 배 쪽은 조금씩 어두워지는 느낌을 주고 색깔은 수컷과 거의 구별하기가 어렵지만 크기로 쉽게 구분할 수 있다. '호오오, 호케교, 케꾜, 케꾜, 케꾜, 케호오오, 호케꾜' 하는 소리로 운다.

휘파람새는 혼자 또는 암수가 함께 생활할 뿐 무리를 짓지 않는다. 5~8월 사이에 알을 낳고 한배산란수는 4~6개이며 품은 지 14일이면 새끼가 깨어난다. 둥지는 풀밭이나 관목림, 작은 대나무숲에 짓는데 둥지는 1.2m 이하의 나뭇가지 위나 줄기 사이에 있다. 주로 나무 위에서 생활하지만 꼭대기에는 앉지 않으며 관목이나 키가 큰 풀 사이에서 먹이를 찾는 경우가 많다. 딱정벌레목, 나비목의 유충, 매미목, 파리목, 벌목 등의 곤충류를 잡아먹는다.

종류와 분포

세계적으로 한국, 만주, 연해주, 중국 동부 등지에서 번식하고 중국 남부, 타이완, 일본, 필리핀 등지에서 겨울을 난다. 섬휘파람새(*Horornis diphone*)는 일본 열도에서 주로 번식하거나 텃새로 살아가며, 우리나라에서는 중부 이남의 관목림에서 번식하며, 제주도에서는 연중 관찰된다.

1 나뭇가지에 앉아 경계하는 모습

2 3 휘파람새가 숲에서 아름다운 울음소리를 내고 있다.

새와 사람

천금 같은 휘파람새의 노랫소리

'매화나무의 휘파람새', '소나무의 학', '버드나무의 제비' 그리고 '단풍나무의 사슴'과 함께 '휘파람새를 울게 한 적도 있다'라는 옛말이 있다. 이 말은 나이든 여성이 과거에 아름다웠던 시절을 자랑하는 말로서 꽃다운 나이였을 때 누구 못지않게 매력이 넘쳐 많은 사나이의 마음을 사로잡았다는 뜻을 담은 말이다. 다시 말해, 지금은 꽃이 져서 휘파람새도 날아오지 않게 되었지만 그래도 젊었을 때는 향기로운 꽃처럼 휘파람새도 노래하게 했다는 이야기다.

일본의 도쿠가와 이에야스(德川家康) 시대에는 휘파람새의 사육이 성행하여 도쿠가와 이에야스의 집에는 특별히 새 사육사가 있었다. 또 메이지 시대부터 다이쇼 시대에 걸쳐서도 휘파람새의 사육이 유행처럼 번졌다. 누구나 휘파람새를 길렀는데 아름다운 소리를 들으려고 즐겨 사용한 훈련 방법은 스승을 두는 것이었다. 노랫소리가 훌륭한 어미새 옆에 어린새를 두어 노래를 가르치는 것으로 스승은 3번만 바꾸어야 하는 원칙이 있었다. 첫 번째는 이른 봄에 잡힌 새끼를 5~6월쯤에 약 1개월 동안 스승의 소리를 수십 차례 듣게 하였다. 이때는 간단하고 쉬운 노랫소리를 가진 스승을 선발하였으며 휘파람새에게는 초등학교 과정에 해당한다. 두 번째는 7~8월에 하는 교육으로 이번에는 어려운 변화가 있는 노랫소리를 들려 주는데, 이는 중학교부터 고등학교 과정에 해당된다. 세 번째는 11~1월에 걸쳐 이루어지는데 노련하고 세련된 스승을 찾아서 노래를 배우는데 이것은 대학 과정에 해당한다. 어린새가 제자로 들어가면 사례금을 냈기 때문에 사육사는 제자를 많이 둘수록 돈을 많이 벌었다. 또 어린새를 제자로 들여보낸 집은 자신의 새를 유명하게 만들어 비싼 값으로 팔려는 영리 목적이 개입하기 시작했다. 그 바람에 교토에서 잡혀 사육된 우의(羽依)라는 휘파람새는 3만 엔에 팔렸다고 한다.

휘파람새를 비롯한 참새목의 새들은 다른 새의 소리를 듣지 않아도 나름대로의 노랫소리를 낼 수 있다. 이는 기본적인 형태의 노래가 본능에 새겨져 있기 때문이며, 노랫소리가 아닌 신호소리의 경우는 완전히 본능에 기반한다고 알려져 있다. 그러나 노랫소리는 이웃한 새들의 소리를 들으며 학습해야 완전한 형태를 갖추게 되기에 귀한 노랫가락을 가진 새는 사육사에게 있어 천금과 같다고 할 수 있다.

새의 생태와 문화

새의 신호소리(call)와 울음소리(song)의 의미

봄에 들과 야산에 나가 보면 다양한 새가 각각 아름다운 목소리로 경쟁하듯이 울고 있다. 그 새들은 큰유리새, 긴꼬리딱새, 멧새, 흰눈썹황금새, 붉은배지빠귀 등이다. 이러한 새들의 지저귐을 울음소리(song)라고 한다. 이와 다르게 영어로 call이라고 부르는 신호소리가 있는데, 이것은 천적 등이 가까이 왔다고 알리는 경계음, 한 쌍의 새들이 상대방을 부르는 소리, 새끼나 암컷이 먹이를 달라고 조르는 소리, 철새의 무리나 먹이를 같이 먹는 무리가 통일성을 가지려고 동료와 주고받는 소리 등 여러 가지 역할이 있다. 이러한 신호소리는 새가 살아가면서 기본적인 정보를 얻는 데 필요한 것이다. 한편, 새의 울음소리는 번식기에 주로 수컷에만 한정되어 있다. 이는 '세력권 선언'과 '암컷에 대한 프로포즈'라는 중요한 기능과 의미를 지니고 있다.

새의 생태와 문화

시조새, 새 깃털의 기원과 날게 된 동기

1861년 독일 바이겔 지방의 석회암 층에서는 매우 흥미로운 화석이 발견되었다. '시조새'라고 이름 붙여진 이 새의 화석은 날카로운 발톱을 가진 앞발과 두 다리로 설 수 있을 것처럼 잘 발달된 뒷다리를 가졌을 뿐만 아니라 도마뱀의 꼬리와 비슷한 긴 꼬리를 가졌는데 신체는 깃털로 덮여 있었다. 시조새는 외부 형태로 보아 깃털이 덮여 있는 것만으로도 지금의 조류와 매우 비슷했음을 알 수 있다. 날개 뼈의 형태와 깃털의 모양이 현생 조류와 거의 같고 비상할 수 있는 근육을 가지고 있었을 것으로 밝혀졌다. 물론 이 몇 가지 주장 말고도 시조새와 새의 깊은 관계를 증명할 수 있는 근거는 매우 많다.

1880년대 후반에 시조새와 조류의 관계를 연구한 마슈라는 학자는 백악기(6,500만~1억 3,000만 년 전)의 지층에서 발굴된 공룡 집단 가운데 하나인 소형 시루로사우루스의 화석이 조류와 관련이 있다고 설명하면서 이 화석을 '조류와 닮았다'는 뜻으로 '오르니토니무스'라고 이름 지었다. 그러나 시조새는 조류에 비해 꼬리도 길고 뼈와 근육 등을 포함하여 비교하였을 때 같은 크기의 지금 새들보다 2배나 더 무거웠을 것이라 생각되는 까닭에 하늘을 날았다고 말하기가 곤란하다. 경우에 따라서 활공을 하거나 약간의 비상은 가능할 것이라고 이야기하지만, 시조새의 깃털이 진화한 본질적인 이유는 보온 때문으로 보인다. 깃털이 비행 근육보다 훨씬 앞서서 발달했다는 사실은 이러한 주장을 뒷받침한다. 원시 파충류에서 갈라져 나온 원시 포유류의 털이 보온을 위한 것처럼 시조새의 깃털도 같은 이유였을 것이라는 이야기이다. 또한 보온을 위한 깃털을 갖고 있었다는 것을 근거로 그때의 생물에게도 이미 내온성(스스로 체온을 만드는 능력)과 정온성(체온을 일정하게 유지하는 능력)이 있었다고 추측될 뿐만 아니라, 일부 공룡 종류는 정온동물이었음이 밝혀졌다. 외온성의 악어나 도마뱀은 일광욕을 하면서 체온을 올려 대사를 활발하게 한다. 이러한 외온성 동물이 털이나 깃털을 몸에 지니게 되면 햇볕을 직접 몸에 받는 것이 어렵게 되지만 내온성의 작은 공룡들로서는 깃털을 갖는 것이 체열의 손실을 많이 줄일 수 있다고 생각된다. 보온을 위해 깃털을 가지게 되었지만 그 기능은 점차 진화해갔다. 다시 말해서 새의 선조들은 땅바닥을 걷거나 기는 생활에서 나무 위에서의 생활도 할 수 있게 되었고 따라서 활공이나 점프의 보조 수단으로써 깃털을 사용하게 된 것이다.

또한 이것이 계기가 되어 비행 능력을 얻게 되었을 것이라 추정하고 있다. 마침내 새는 깃털의 기능을 넓혀 나가면서 여태까지 아무도 가져 보지 못한 하늘을 자신들의 생활 영역 가운데 하나로 차지하게 되었다. 이렇게 해서 새들은 자신들의 선조들이 출현하면서부터 1억 4,000만여 년이 흐르는 동안 여러 생활 공간에 적응하고 또한 분화하여 왔다. 예를 들면, 바다에 사는 종이나 높은 산이나 숲에 사는 종, 인가 주위에 사는 종들 모두가 생활 방식 중 고유한 특성을 갖고 있는데 그것이 바로 환경에 대한 새들의 적응과 진화가 이루어진 것이다. 오늘날까지 공룡으로부터 조류가 진화하였다는 수많은 증거들이 밝혀져 왔으며, 이에 공룡은 자손을 남기지 못하고 전멸한 것이 아니라 조류라는 후손을 남겼다고 말할 수 있을지도 모르겠다.

4 5 숲속에서 먹이를 찾고 있는 휘파람새

개개비 | 갈새 · *Acrocephalus orientalis*

IUCN 적색목록 LC

우리나라 어디서나 볼 수 있는 흔한 여름철새이다.

1
2

이름의 유래

개개비의 학명 *Acrocephalus orientalis*에서 속명 *Acrocephalus*는 그리스어로 '뾰족한 머리를 가진 새' 라는 뜻으로, '가장 높은 꼭대기'라는 뜻인 akros와 '머리'를 나타내는 kephale의 합성어이다. 종소명 *orientalis*는 라틴어로 '동방'이라는 뜻으로, 이는 동아시아에서 번식하는 것과 관련 있다. 영명 또한 '갈대밭에 서식하는 휘파람새 종류'라는 뜻에서 Oriental Reed Warbler이다.

생김새와 생태

온몸의 길이는 18.5cm이며, 생김새는 몸의 위쪽이 올리브빛 황갈색으로 허리와 위꼬리덮깃은 조금 엷고 눈썹선은 하얗다. 몸 아래쪽은 엷은 크림색인데 가슴부터 옆구리까지 다갈색을 띤 띠가 있고 가슴에는 세로로 희미한 회갈색 무늬가 보이기도 한다. 다리는 청회색이며, 입 안은 붉다.

갈대 같은 풀속이나 이삭 끝에 앉아 '키옷, 키옷, 키요, 키옷, 키요키욧, 쯔기, 쯔기, 쯔기, 개, 개, 개, 개, 씨이, 키옷, 키옷, 키요, 키요치치치' 하고 시끄럽게 지저귀며 가장 절정에 이를 때는 종일 지저귀고 때로는 밤늦게까지 지저귀기도 한다.

봄과 가을의 이동 시기에는 내륙의 갈대나 물가의 풀밭에서도 쉽게 눈에 띄며 또한 그런 곳에서 번식한다. 알을 낳는 시기는 5~8월까지이고, 한배산란수는 4~6개이다. 알을 품은 지 14~15일이면 새끼가 깨어나고 그 뒤 12일 만에 둥지를 떠난다. 물가의 갈대밭에 둥지를 짓는데, 둥지는 수면에서 0.8~2m 높이의 갈대 줄기 사이에 있고 몇 가닥의 줄기에 묶여 있는 것이 보통이다. 우리나라에 날아들 무렵은 갈대가 채 자라기 전이기 때문에 뽕밭이나 가는 대밭, 또는 관목에 둥지를 틀기도 한다.

주로 딱정벌레목, 파리목, 나비목, 매미목, 벌목, 메뚜기목, 잠자리목, 날도래목 등을 먹으며 기타 양서류의 무미목이나 복족류의 유폐목 등을 먹이로 한다. 개개비는 먹이를 구하는 일 말고도 모든 번식행동이 세력권 안에서 한정되는 B형 세력권(165쪽 '새의 행동권과 세력권' 참조)을 가지는 새이다. 따라서 갈대숲이라는 한정된 생활 장소에서 높은 밀도로 서식한다. 세력권의 크기는 0.1~0.2ha에 지나지 않고 어미새와 새끼새 먹이의 일부는 세력권 안에서 구하지만 먹이는 주로 갈대숲이나 논, 밭 등에서 얻는다.

분포

몽골, 아무르강 유역, 만주, 중국 남부, 우수리강 유역, 한국, 일본 등지에서 번식하며 인도차이나반도, 인도네시아, 필리핀 등에서 겨울을 난다.

1 족제비싸리에 앉아 있는 모습
2 갈대 줄기에 지은 둥지 속의 새끼를 돌보는 모습

3

4
5

새의 생태와 문화

항공사의 로고와 새

인류는 항상 저 푸른 창공을 날고 싶은 열망과 동경심을 가지고 있었으며 하늘을 날 수 있는 새들을 부러워하였다. 이러한 열망은 1903년 미국의 라이트형제의 동력비행기로 실현되었다. 프로펠러비행기에서 제트비행기로 변화하며 속도도 빨라졌다.

이후 미국을 비롯한 여러 나라에서 항공사를 설립하여 영업을 시작하게 되었는데, 이때 많은 항공사들은 비행한다는 특징을 나타내기 위하여 로고(logo), 앰블럼(emblem)으로서 새가 비상하는 모양을 다양하게 디자인하였다.

우리나라의 대한항공(Korean Air)은 과거에 고니(swan)를 채택하였으며, 광고동영상도 고니가 물을 차면서 비상하는 모습과 대한항공 비행기가 이륙하는 모습을 오버랩하는 것이었다. 지금도 대한항공의 여승무원들의 모임의 이름은 '고니회'이다. 이웃나라 일본의 일본항공(JAL)의 로고는 두루미인 학(鶴, ツル)인데, 하얀 바탕에 빨간 두루미가 날개를 펼치고 있다. 학(鶴)은 십장생의 하나로 장수, 번영, 건강를 나타내고, 빨간색은 행복을 의미한다고 한다.

독일의 항공사인 루프트한자(Lufthansa)의 로고도 두루미인데 노란색 바탕에 푸른색의 비상하는 두루미가 그려져 있다. 루프트한자는 멸종위기에 처한 두루미류의 세계적인 보호활동을 펼치고 있으며, 2008년도부터 우리나라에서도 '학(鶴)사랑 캠페인'으로 두루미보호활동을 전개하고 있다.

중국의 중국국제항공공사(Air China)의 로고는 중국과 또 동양의 전설 속의 새, '새들의 왕'이라는 봉황새이다. 봉황새는 행운과 행복의 심볼이며 VIP를 뜻한다. 또 중국동방항공(China Eastern Airlines)의 로고는 제비이며 머리와 날개를 붉게, 꼬리는 푸른색이다. 제비는 빠르게 난다는 이유로 채택한 것으로 생각되며, 빨간색은 '동녘 하늘의 일출로 희망, 우수함, 열정'을 푸른색은 '다양성에 대한 존중'을 나타낸다고 한다.

또 말레시아항공(Malasia Airlines)은 솔개(Moon Kite)를 로고로 사용하고 있다.

스리랑카 항공(SriLankan Airlines)은 아름다운 공작(Peacock)을 디자인하여 로고로 사용하고 있는데, 힌두교의 신화에서 선사시대의 라반나(Ravana)왕의 전설적인 비행체인 단두 모나라 얀타(Dandu Monara Yantra)가 공작새와 비슷하다는 설화와 관계 있다.

인도네시아 가루다항공(Garuda Indonesia)은 인도의 신화에 나오는 가루다에서 이름을 따왔는데, 가루다는 힌두교의 비쉬누 신(Vishnu 神)이 타고 다니는 신조(神鳥)이다. 인간의 몸체에 매의 머리와 날개, 다리, 발톱을 갖고 있고, 몸전체가 금색으로 빛나기 때문에 금시조(金翅鳥, Suparma)라고도 한다.

캐리비안항공(Caribbean Airlines)은 벌새(Humming Bird)를 로고로 사용하고 있는데, 중미지역에 트리니다드 토바고에 베이스공항이 있고 이 지역이 벌새의 주요 서식지인 것과 깊은 관계가 있다.

멕시코항공(Aero Mexico)의 로고는 수리(Eagle Knight)로 이 새는 리더십, 용감함의 상징이라고 한다.

에티하드항공(Etihad Airways)은 매(Falcon)를 로고로 채택하고 있다.

이집트항공(Egypt Air)은 매(Falcon) 즉, 파라오가 변신한 호루스(Horus)를 로고로 채택하고 있다.

이와 같이 각 항공사가 채택하고 있는 새 로고는 국가의 전설, 신화 등의 전통문화와 깊은 관련성이 있다는 것을 알 수 있다.

3 갈대밭에서 둥지를 바라보는 개개비

4 연꽃 봉오리에 앉아 있는 모습

5 갈대에 앉아 지저귀는 모습

붉은머리오목눈이 | 부비새 · *Sinosuthora webbianus*

우리나라에서는 흔히 볼 수 있는 텃새이다.

이름의 유래

붉은머리오목눈이의 학명 *Sinosuthora webbiana*에서 속명 *sino*는 '중국'을 뜻하는데, 이 종의 주 분포지가 중국인 것과 관계가 있으며, -suthora 는 네팔붉은머리오목눈이(*Suthora nipalensis*, Black-throated parrotbill)의 속명에서 기인하며 붉은오목눈이류라는 뜻이다. 그러므로, 중국을 중심으로 서식하는 붉은머리오목눈이라는 의미를 갖는다. 종소명 *webbiana*는 webbus와 라틴어 -anus(-에 속하는)의 합성어로 영국 식물학자 필립 바커웹(Philip Barker-Webb, 1793~1854)과 관련이 있다. 영명은 목 부분이 포도줏빛을 띠고 부리가 앵무새 모양과 비슷하여 Vinous-throated Parrotbill이라고 한다.

생김새와 생태

온몸의 길이는 13cm이며 생김새를 보면 몸 전체가 황갈색을 띠고 몸 아래쪽은 어두운 크림색이다. 부리는 어두운 갈색을 띠며 굵고 강하게 활 모양으로 굽어 있고 다리는 갈색을 띤다. 매우 시끄럽고 길게 '씨, 씨, 씨, 씨' 또는 '찍, 찍' 하고 운다.

농가의 울타리, 풀숲, 관목림 속에 둥지를 트는데 대개 지상 1m 안쪽 높이에 짓는다. 둥지는 깊은 항아리 모양으로 만드는데 마른 풀, 섬유, 이삭, 풀뿌리 등을 주재료로 쓰며 거미줄로 단단하게 엮는다. 알을 낳는 시기는 4~7월까지이며, 한배산란수는 3~5개이다. 주로 곤충류를 잡아먹고 거미류를 잡아먹기도 한다.

관목, 덤불, 갈대밭 등지에서 20~30마리 또는 40~50마리씩 무리 지어 바삐 움직이면서 시끄럽게 울며 떠돌아다닌다. 국내에서 '번식기의 붉은머리오목눈이의 사회 구조'에 대하여 조사한 결과에 따르면 무리를 짓는 것은 1년 내내 눈에 띄었지만 짝짓기는 3~8월에 한하였고, 무리는 가을을 지나면서 커졌다가 겨울에 안정되었다. 또 10월부터 이듬해 1월까지는 이 지역의 본류역(本流域)에 존재하는 3개의 겨울 무리(本流群)와 지류역(支流域)에 존재하는 몇 개의 겨울 무리(支流群)가 있었는데 본류군의 행동권은 개울 주위로 배열하여 서로 어느 정도 겹쳐져 있었다. 무리의 만남은 본류군과 지류군 사이에서 자주 일어났다. 번식기에는 무리 크기가 서서히 감소하였고 짝짓기는 같은 겨울 무리의 개체 사이에서 이루어져 겨울 무리의 행동권 안에서 둥지를 만들었다. 조사 지역 안에서 태어난 새끼새의 대부분은 둥지를 떠난 뒤 수개월 이내에 조사 지역 바깥으로 흩어지고 조사 지역 밖에서 온 다른 새끼새가 자리를 잡았다. 새끼를 쳤던 곳에서 지내는 어미새들은 주로 조사 지역 바깥의 새끼새와 무리를 이루었다고 한다.

분포

세계적으로 보면 주로 우수리강 유역, 만주, 한국, 중국, 미얀마, 타이완 등지에서 서식한다.

1 갈대숲 속에서 먹이를 찾는 모습

2 번식이 끝난 후 무리 지어 다니면서 활동하는 모습

3 둥지 속의 알
4 알을 품고 있는 붉은머리오목눈이
5 무리 지어 옹달샘에서 수욕을 하고 있다.
6 먹이를 받아 먹으려고 입을 벌린 새끼들
7 부들 열매를 먹고 있는 붉은머리오목눈이

 | 새와 사람

뱁새 속담의 주인공

흔히 붉은머리오목눈이는 '뱁새'라고 부르며, '뱁새가 황새를 따라가면 다리가 찢어진다'라는 속담의 주인공이다. 뱁새는 몸을 펴야 겨우 휴대폰만한 크기인데 황새는 초등학생만큼 크니 어찌 다리가 찢어지지 않겠는가. 이는 사람이 제 분수에 맞지 않은 일은 감당할 수 없음을 뜻한다.

새의 생태와 문화

구애의 필수조건, 둥지와 정원

일부다처인 개개비나 굴뚝새에게 둥지는 중요한 구애 수단이다. 하천 주변이나 풀밭 등에 찾아오는 여름 철새 개개비사촌은 거미줄로 갈대 잎을 매우 정교하게 엮어 둥지를 만든 뒤에 암컷을 둥지로 끌어들인다. 물론 그 둥지가 암컷의 마음에 들면 둘은 곧바로 교미를 한다. 이후 수컷은 알을 품거나 새끼를 돌보는 일을 아예 하지 않으며, 새끼를 키우는 일은 오로지 암컷의 몫이다. 교미를 끝낸 수컷은 다음 짝을 유혹하려고 새로운 둥지를 만든다. 일본의 한 연구 결과를 보면 한 번식기에 18개의 구애 둥지를 만들고 11마리의 암컷과 교미한 수컷도 있었다고 한다. 이처럼 둥지를 지어 암컷을 유인하는 과시행동을 구애집짓기(courtship nest building)라고 하며, 둥지는 보통 유인책으로 사용하고 산란을 위한 둥지는 암컷이 따로 만드는 경우가 많다. 검은머리직조새(Black-headed Weaver)나 정자새(Bower) 등도 이런 구애집짓기를 볼 수 있다.

사랑을 얻기 위해 둥지 말고도 다른 구조물을 만드는 새들이 있는데 오스트레일리아와 뉴기니에 서식하며 정원을 만들고 꾸미는 정자새가 그들이다. 정자새과의 새들은 수컷이 풀이나 작은 가지로 아름다운 구애용의 정자를 만들고 그 주위에 조개껍데기나 새의 깃털, 열매, 꽃 등 갖가지 장식품을 놓아 두어 암컷을 유혹하는 습성을 가지고 있다. 수컷이 만드는 정자는 규모나 정교함을 보면 소형 조류가 만들었다고 믿기 어려울 정도이다. 초기의 탐험가들은 그 지역사람들의 무덤이거나 어린이가 만든 놀이터로 생각했다고 한다. 아무리 암컷을 얻기 위함이라 할지라도 수컷이 정원을 만드는 데 들이는 노력과 시간은 정말 대단하며 수컷이 가엾게 여겨질 정도이다.

정자새들이 만드는 정자의 형태는 몇 가지가 있지만 가장 정원다운 정원을 만드는 새는 파푸아정원새이다. 파푸아정원새는 1940년에 신종으로 기록되었는데 뉴기니 고산 지대에 서식하는 새이다. 이들 정원새는 어두운 밀림의 땅바닥에 사방 약 2m에 걸쳐 불필요한 것을 모두 없앤 다음, 한쪽에 잘 마른 양치식물을 놓아 통로를 만들고 양쪽을 멋있게 꾸민다. 장식품으로는 달팽이 껍질을 즐겨 쓰는데 정자 주위의 몇 곳에 달팽이 껍질을 긁어모아 작은 산 모양으로 쌓는다. 그리고 주위의 나뭇가지나 쓰러진 나무에도 양치식물의 잎, 난의 줄기 등으로 커튼을 친 듯한 장식을 한다.

산솔새

| 산솔새 · *Phylloscopus coronatus*

IUCN 적색목록 LC
흔한 여름철새이다.

이름의 유래

산솔새의 학명 *Phylloscopus coronatus*에서 속명 *Phylloscopus*는 그리스어로 '잎'을 뜻하는 phyllon과 '관찰하다'는 뜻의 scopus의 합성어로 '나뭇잎에서 곤충을 찾아 잡아먹는 새'라는 뜻이다 종소명 *coronatus*는 라틴어로 '댕기깃이 있는'이라는 뜻으로, 머리 꼭대기가 탁한 녹색이며 흐린 선이 있는 것과 관계가 있다. 영명은 Eastern Crowned Warbler로, 이 또한 머리 부분의 색과 관계가 있다.

생김새와 생태

온몸의 길이는 12cm이다. 몸의 위쪽은 올리브 녹색으로 눈썹선이 하얗고 그 위는 어두운 색이며 또 그 위의 머리 가운데 줄은 잿빛을 띤 녹색이다. 큰날개덮깃은 좀 하얀 편이다. 몸 아래쪽은 어두운 흰색으로 옆구리에는 녹갈색 띠가 있다.

혼자 또는 암수가 함께 생활하며 무리를 짓지 않는다. 늘 나뭇가지 사이나 관목 숲속을 여기저기 민첩하게 돌아다니며 먹이를 찾는데 땅바닥에 내려오는 경우는 별로 없다. 날 때는 날개를 빠르게 움직여서 빠른 속도로 날아가고 높은 하늘이나 먼 거리를 날아가는 일이 드물며 흔히 가지에서 가지로 옮겨 간다. 울음소리는 '시찌, 비이, 시찌, 비이' 또는 '쵸 지이, 치치부, 쥬이, 치치부, 쥬아' 하는 높은 소리로 지저귄다. 낙엽활엽수림 또는 관목 숲속의 풀뿌리, 땅바닥 또는 절벽의 움푹 파인 곳에 둥지를 짓는다. 알을 낳는 시기는 5~6월이고, 한배산란수는 4~6개이다. 새끼는 알을 품은 지 13일이면 깨고, 알에서 깬 지 14일이면 둥지를 떠난다. 딱정벌레목, 벌목, 파리목, 나비목 등의 곤충류를 잡아먹는다.

필자는 낙엽활엽수림에서 산솔새의 먹이 자원 이용에 관한 연구를 한 적이 있다. 산솔새는 학명에서도 나타나듯이 주로 나뭇잎에서 먹이 자원을 찾지만 처음 찾아온 곳에 나뭇잎이 없을 때는 날아다니는 벌레를 잡아먹는 비율이 매우 높다. 그러나 숲 전체의 피도가 약 80% 이상일 때는 거의 잎에서 먹이를 찾는 것을 알 수 있었다. 이것은 야생 조류가 평소에는 주된 먹이 자원을 이용하지만 필요에 따라서는 또 다른 먹이 자원을 확보한다는 것을 의미한다.

분포

아무르강 유역, 우수리강 유역, 만주, 한국, 일본 등지에서 번식하며 인도차이나반도, 말레이반도, 수마트라 등지에서 겨울을 난다.

1 2 옹달샘을 찾아와 물을 마시기 전 주위를 경계하고 있다.

3
4

새의 생태와 문화

새소리(Vocalization)

조류는 다른 어떤 척추동물보다 소리를 잘 내며 효과적이고 풍부한 레퍼토리를 가지고 있다. 다양하고 정교한 소리로 울창한 산림 내에서도 멀리 떨어져 있는 같은 종의 다른 개체와도 교신할 수 있다. 뻐꾸기류와 솔새류 등 많은 조류가 외형이나 깃털색 만으로는 종을 구별하기 어려운데, 소리로는 동정이 쉽게 가능하다. 이러한 특징으로 인해 식생이 빽빽한 산림에서 조류 군집을 조사할 때 소리는 조류의 동정과 개체수를 추정하는 데 매우 중요하다. 그리고 조류의 소리는 크기에 비해 멀리 전달된다. 조류의 종에 따라서는 호흡과 울음을 동시에 할 수도 있으며 한 번에 두 가지 소리로 울 수도 있다.

조류의 소리는 다양한 기능과 역할을 하는데 소리를 통해 조류는 과시행동을 하거나 유전적으로 우수한 짝짓기 상대를 선택하며, 쌍을 이룬 암수가 유대관계를 유지한다. 소리의 형태는 크게 기계적인 소리(mechanical sounds)와 발성에 의한 소리(vocalizations)로 나누어 볼 수 있다.

먼저 기계적인 소리는 깃털과 부리, 그리고 식도를 통하여 내는 소리로 구분할 수 있다. 첫째, 깃으로 소리를 내는 종들은 소리내기에 적합한 구조의 깃을 가지고 있다. 꺅도요류는 꼬리깃으로 특이한 소리를 내는데, 특히 수컷이 암컷에게 구애행동을 할 때 요란한 소리를 낸다. 멧도요와 목도리들꿩(Ruffed Grouse)은 날개깃을 이용해 소리를 낸다. 둘째, 부리로 소리를 내는 종들이 있다. 딱다구리류는 나무를 두드려 소리(drumming)를 내면서 세력권을 과시한다. 올빼미류나 부엉이류는 위협을 느꼈을 때 자신을 방어하기 위해 부리를 딱딱거리며 소리를 낸다. 알바트로스의 경우 번식기에 구애행동을 하며 부리로 소리를 낸다. 황새도 마찬가지 이유로 목을 젖히고 부리로 소리를 낸다. 셋째, 식도로 소리를 내는 새들이 있다. 북미꿩꼬리들꿩(Sage Grouse), 북미알락해오라기(American Bittern)는 폐의 공기를 뱉으면서 식도를 울려서 소리를 낸다.

발성에 의한 소리는 조류만이 가진 소리를 내는 주요 기관인 울대(명관, syrinx)를 통해서 이루어진다. 반면에 포유류의 발성기관은 성대로 후두의 중앙부에 위치하고 있다. 포유류의 발성은 성대를 이루는 2개의 인대가 수축, 이완하며 공기 출입을 조절함으로서 날숨 시 진동하면서 이루어진다. 인간의 경우 후두에 위치한 성대가 단 2%의 공기만을 진동시켜 발성에 이용하는 반면, 조류의 울대는 거의 100%의 공기를 이용함으로서 매우 효율적으로 발성한다. 조류의 울대는 인간의 성대와는 다르게 더 깊은 곳인 기관지가 양쪽으로 나뉘는 지점에 있는 기관(trachea, 氣管)이다. 울대 안에는 인간의 성대와 비슷한 진동막(tympanic memberane)이 있고 진동막 아래에 고막(鼓膜)을 가진 고실이 있다. 새의 소리는 이러한 기관의 명관(울대)의 근육 운동, 공기의 흐름과 고막의 떨림, 고실의 압력과 울림이란 작용에 의해 나는 것이다. 새의 종류에 따라 진동 막의 수가 적거나 많아서 소리의 높낮이도 달라진다. 또한 새는 입(mouth)이 노래하는(singing) 데 큰 역할을 하지 않으므로, 입을 다물거나 먹이를 물고도 소리를 낼 수 있다.

3 4 목욕을 하려고 옹달샘에 찾아온 산솔새

긴꼬리딱새 | 삼광조 · *Terpsiphone atrocaudata*

멸종위기 야생생물 II급 / 국가적색목록 VU
우리나라에서는 보기 드문 여름철새이다.

1

이름의 유래

긴꼬리딱새의 학명 *Terpsiphone atrocaudata*에서 속명 Terpsiphone은 그리스어로 '즐거운' 이라는 뜻의 terpsis-와 '새의 노래' 라는 뜻의 -phōnē이 합쳐진 말로 '즐거운 노래를 부르는 새'라는 의미이며 긴꼬리딱새의 울음소리를 표현하고 있다. 또한 종소명 *atrocaudata*의 -atro는 어원이 ater로서 라틴어로 '검다'는 뜻이고 –caudata는 '긴 꼬리를 가졌다'는 뜻으로 검은 긴 꼬리를 가진 이 새에게 매우 잘 어울리는 이름이 아닐 수 없다.

긴꼬리딱새는 날아다니면서 날벌레를 잡아먹기 때문에 영명은 Flycatcher이며, '일본에 있는 천국의 새'라는 뜻으로 Japanese Paradise Flycatcher라고도 불린다. 여러 가지 색깔이 화려하여 일본식 이름인 삼광조(三光鳥)라고도 불려왔다. 삼광은 하늘에 반짝거리며 빛나는 3가지 천체, 즉 해, 달, 별을 가리키는 것으로, 일본인들은 긴꼬리딱새의 울음소리가 '쓰키(ツキ, 달), 히(ヒ, 해), 호시(ホシ, 별)' 하고 운다고 해서 삼광조라 하였다.

생김새와 생태

수컷의 꼬리가 긴 것이 특징이다. 수컷의 머리, 가슴, 옆구리는 자색을 띤 검은색이고 등은 검고 자색을 띤 갈색이며 꼬리는 까맣다. 부리와 눈의 주위는 코발트색이지만 배는 하얗다. 긴꼬리딱새의 몸길이는 약 19cm이나, 수컷의 꼬리 길이는 26cm에 달한다. 암컷의 꼬리 길이는 일반 조류와 비슷하지만, 수컷의 꼬리는 암컷보다 3배 이상 길다. 경계할 때나 싸울 때는 '과이 과이 과이' 또는 '쿠이 쿠이 쿠이' 하고 울고 '쯔키 히호시 뽀이 뽀이 뽀이' 하고 예쁘게 지저귀기도 한다.

알을 낳는 시기는 5~7월이고, 한배산란수는 3~5개며, 알을 품는 기간은 12~14일이다. 잡목림, 낙엽활엽수림, 인공 조림지, 관목 숲 등에서 1.5~15m 높이에 이르는 나무에 둥지를 짓는다. 주로 2~3가닥으로 된 작은 나뭇가지 사이에 만들며 보통 둥지 주위가 나뭇잎으로 덮여 있지 않다. 숲속에서 긴 꼬리를 번쩍이면서 날아다니는 벌레를 잡아먹고, 땅에는 잘 내려오지 않는다.

분포

우리나라와 일본에서 번식하고 동남아시아에서 겨울을 난다.

1 이소 직전 새끼들을 돌보는 수컷 모습

2 둥지를 벗어나 이소 중인 새끼 긴꼬리딱새

3 새끼에게 먹이를 주기 위해 곤충을 잡아온 암컷

4 어린 새끼에게 먹이를 먹이고 있는 수컷

5 새끼의 배설물을 멀리 갖다 버리기 위해 부리로 배설물을 집는 순간

새의 생태와 문화

긴 꼬리를 더 좋아하는 암컷 긴꼬리딱새

수컷의 긴 꼬리는 암컷을 유혹하기 위해 진화한 특성이며, 암컷은 꼬리가 짧은 수컷보다 더 긴 수컷을 매력적으로 느낀다고 한다. 1982년 긴꼬리금란조에 실시된 실험에서 어떤 수컷은 꼬리를 짧게 하고, 다른 수컷은 길게 했더니 꼬리가 긴 수컷이 보통의 수컷이나 짧은 꼬리를 가진 수컷보다 암컷의 선호도가 확연히 높게 나타났다고 한다. 하지만 이런 긴 꼬리는 비행에 방해가 되어 섭식을 하거나 포식자를 피하는 데 장애가 된다. 그럼에도 불구하고 번식에 유리하기에 극단적인 방향으로 진화가 일어난다. 이처럼 오히려 생존에 불리한 형질을 가지고 생활한다는 것은 그 수컷의 섭식능력, 면역력 등이 다른 개체보다 뛰어나다는 간접적인 증거가 되고, 이 때문에 암컷의 선호도가 높아진다고 한다. 이를 '좋은 유전자 가설'이라고 한다.

새들의 연주기(年周期, Annual cycles)

새들의 계절 구별은 달력에 따라 낮길이(日長), 기후, 먹이 자원에 따라 이루어진다고 할 수 있다. 계절은 온대에서는 기온변화와, 열대에서는 강수량의 변화가 관계된다. 새들의 1년은 여러 가지 중요한 임무로 이루어진다. 텃새(resident birds)의 1년은 번식(breed), 깃털갈이(煥羽, molt) 그리고 월동(overwinter)이 이루어지고, 철새(migrants)는 번식(breed), 깃털갈이(煥羽, molt), 월동(overwinter), 깃털갈이(煥羽, molt), 그리고 이동(migrate)으로 이루어진다. 또한 텃새나 철새는 이러한 생활 형태가 서로 중복되지 않는다. 그 이유는 텃새는 텃새 생활에 맞게 오랜 기간에 걸쳐 진화되어 왔으며, 철새 또한 마찬가지이다. 이동에 따른 생리적인 변화와 더불어 형태적인 변화, 각각의 서식지에 따른 번식전략, 먹이 등 그 생활사에 적합하게 진화되었으므로 중복되기가 어렵다.

이러한 번식, 깃털갈이 등과 같은 연주기의 유지는 생리적 과정(processes)들의 복잡한 과정들(series)이 필요로 하며 생리적 과정은 '체내시계(internal clock)'에 의해 조절된다.

연주기는 24시간주기(circadian rhythm)와 1년주기(circannual rhythm)가 있으며 광주기(光周期, photoperiod)가 주된 역할을 한다. 이들 두 주기는 시상하부(hypothalamus), 송과선(pineal gland)의 광수용기(photoreceptor)에 의해 조절된다. 하지만 정확히 24시간 주기는 아니다. 이 생체시계는 날마다 'zeitgebers(자연(생물)시계의 움직임에 영향을 주는 태양광, 기온, 등과 같은 외적 요소)'에 의해 재설정(reset) 된다. 이러한 연주기는 다양한데, 대다수가 1년주기이나 몇몇 종은 예외적이다. 임금펭귄(*Aptenodytes patagonicus*, King Penguin)는 18개월이고, 검은등제비갈매기(*Onychoprion fuscatus*, Sooty Tern)는 9~10개월이며, 알바트로스(Albatrosses)는 24개월, 붉은부리직조새(*Quelea quelea*, Red-billed Quela)는 조건이 갖춰질 때마다 이루어지고, 흰허리바다제비(*Oceanodroma castro*, Band-rumped Storm Petrel)는 12개월이지만 두 개체군이 6개월간 떨어져서 둥지를 짓고 같은 굴을 사용한다.

모든 새들은 해마다 일정한 기간에 번식을 한다. 즉 번식주기가 일정하다. 이것의 결정적인(진화적) 요인은 대부분 번식기는 번식 성공률을 최대화할 수 있을 때이다. 번식기는 먹이와 기온 그리고 식물의 생장에 큰 영향을 받는다. 첫째, 먹이는 어미 자신뿐만 아니라 새끼에게 먹일 먹이가 많은 시기여야 한다. 둘째, 알을 품거나 새끼가 자라기 적합한 기온이어야 한다. 추운 겨울에 알을 낳는 검독수리나 수리부엉이 같은 맹금류의 경우 알 품기에 많은 시간을 소비한다. 자리를 조금이라도 비우면 알은 금방 식게 되며, 이때 태어난 새끼도 늘 품고 있어야 한다. 그러므로 수컷 혼자만 사냥을 한다. 셋째, 식물생장이 활발할수록 먹이가 많아지는데, 특히 육추시기에는 대부분 곤충의 애벌레(幼蟲, caterpillar)를 많이 먹여야 하므로 유충의 생산이 많이 이루어지는 봄철에 식물의 새잎이 나오는 시기에 번식을 하게 된다.

그렇다면 앞의 조건들에 맞춰 동시에 번식을 할 수 있는 단서는 부가적인 요인으로서는 온대지역의 경우는 기온이고 열대지역은 강수량으로 알려져 있다. 열대지역인 코스타리카에서 140종의 1,357개의 둥지를 조사한 결과 강수량이 많아질수록 즉 건기가 끝날수록 둥지의 수가 늘어났다. 예외적으로 물총새류는 우기에 강이 범람하면 먹이를 구하기 힘들기 때문에 건기에 번식을 한다.

새들이 번식을 시작하게 되는 생리적과정은 내분비조절에 의한 번식은 광주기가 시상하부(hyphothalamus)에 영향을 주어 시작된다. 시상하부는 뇌하수체(pituitary gland)를 자극하고 이곳에서 3가지 호르몬이 분비에 관여한다. 3가지 호르몬의 기능은 다음과 같다. 첫째, 난포자극호르몬(FSH: follicle-stimulating hormone)으로 정소와 난소의 발달시킨다. 둘째, '황체형성호르몬(LH: luteinizing hormone)으로 뇌하수체전엽에서 분비되는 생식선자극호르몬이며, 여성호르몬(estrogen)과 수컷의 생식기관 발달에 영향을 미치는 남성호르몬(androgen)의 총칭으로 2차성징을 나타내며, 번식행동을 유도한다. 또 셋째, 황체유지호르몬 (polactin)으로 뇌하수체 전엽에서 분비되는 호르몬인데, 포란과 육추행동과 관계가 있다고 알려져 있다.

극락조 이야기

1) 극락조의 유래

인류 최초로 지구를 일주 항해한 것으로 알려진 페르디난드 마젤란(영어: Ferdinand Magellan, 스페인어: Fernando 또는 Hernando de Magallanes)은 1519년 9월 20일, 향신료를 얻기 위해 향신료제도인 말루쿠(Maluku)제도로 270명의 선원과 빅토리아호를 비롯한 5척의 배로 출발하였으나, 1522년 9월 6일 선단구성원 21명으로 이루어진 빅토리아호 한 척만이 스페인으로 귀환하였다. 이때, 유럽 최초의 극락조의 표본을 가지고 돌아왔다. 이는 향신료제도의 바찬(Bacan)섬의 왕이 스페인 왕에게 선물한 것이었다. 새의 가죽 표본은 황금빛 장식깃과 매우 긴 2개의 현(絃)장식깃(wire tail)이 특징적이었으며 날개와 발이 없었다. 따라서 스페인 선원들은 많은 사람들에게 이 새는 천상에 살며 평소에는 이슬만 먹고 살아가며 죽어서만 지상에 내려와 인간이 발견할 수 있다는 이야기를 전하여 유럽에서는 극락조는 신의 새라 믿어져 왔다. 향신료제도의 원주민들도 극락조를 "볼롱 디와타(Bolong Diwata)", 즉 "신의 새"라고 불렀다. 실은 원주민들이 극락조의 장식깃털을 장식용으로 사용하기 위해 인위적으로 극락조의 다리를 잘라낸 것이었다. 이에 기인하여 생물학의 기초를 세운 분류학자인 칼 폰 린네(Carl von Linné, 1707~1778)는 극락조류에 극락조속(*Paradisaea*)이라는 속명을 붙였으며 큰극락조(*Paradisaea apoda*, Greater bird-of-paradise)의 종소명으로는 *apoda*라 붙였는데 이는 라틴어로 "발이 없다"는 뜻이다. 이렇게 16세기 초에 처음 유럽에 소개된 후, 수 세기에 걸쳐서 더 많은 종들을 발견하게 되었으며 극락조의 화려한 깃털의 모양과 색의 아름다움에 매혹되어 자연사학자들과 화가들의 관심을 끌었다. 또한, 새로 발견한 종에 대해 명명할 때에도 유럽 왕족의 이름을 붙였다. 예를 들어 작센왕극락조(*Pteridophona alberti*, King of Saxony bird-of-Paradise), 독일황제극락조(*Paradisaea guilielmi*, Emperor of Germany of Bird-of-Paradise) 그리고 스테파니공주극락조(*Astrapia stephaniae*, Stephanie's astrapia) 등이 있다. 또한 유럽에서는 극락조의 표본을 수집하거나 전시하는 것을 취미로 삼아 권력을 과시하기도 하였으며, 19세기에서 20세기 초반, 여성들은 옷, 모자 등에 극락조의 깃털을 장식하여 과시하기도 하였다. 극락조가 주로 서식하는 뉴기니섬의 사람들도 극락조의 아름다움을 찬양하며 극락조의 깃털을 교환하거나, 남성들은 극락조의 깃털로 화려하게 치장하여 춤을 추거나 성적 매력을 과시하는 전통을 가지고 있었다.

2) 극락조의 생태

극락조과 새들은 14개 속(genus)에 41종(species)으로 이루어져 있는데, 대부분이 뉴기니섬과 그 인근 도서에 분포하며, 일부는 말루쿠 제도와 오스트레일리아 동부 지역에서 서식한다. 극락조들은 지형에 따라 서식지를 달리 하는데, 대부분의 극락조는 열대우림, 늪지대 및 이끼 숲을 포함한 열대림에 서식하고 이들 대부분은 단독성 수상서식자이다. 또 몇 종의 극락조는 해안 맹그로브 숲에 서식하고 있다. 중간산지 서식지는 가장 일반적으로 사용되는 서식지이며, 극락조 41종 중에서 30종이 해발고도 1,000~2,000m에서 관찰된다. 계통적으로는 까마귀과(Corvids)와 밀접한 관련이 있다. 극락조의 크기는 50g, 15cm의 왕극락조에서 44cm, 430g의 곱슬머리극락조(Curl-crested Manucode)에 이르기까지 다양하다. 대부분의 극락조들은 일부다처제로 알려져 있다. 이러한 극락조들은 정교한 짝짓기의식인 과시행동(display)이 매우 다양하다. 특히 왕극락조(King Bird of Paradise), 윌슨극락조(Wilson's Bird of paradise), 멋쟁이극락조(Magnificent Bird of Paradise), 서부극락조(Western Bird of Paradise) 등과 같은 종들은 짝짓기 춤을 고도로 의식화하였다. 이때, 극락조과에서는 암컷이 선호하는 구애행동은 수컷의 구애행동형성에 큰 영향을 미치며 소리, 색상 그리고 행동의 장식적인 조합의 진화에도 영향을 준다. 극락조는 구애행동으로 번식을 하기 위하여 둥지를 만드는데, 잎, 양치류 및 덩굴손과 같은 부드러운 재료를 집짓기에 사용한다. 한배산란수는 종에 따라 다르며 대형종은 대부분 1개이며, 소형종은 2~3개이다. 부화하는데 16~22일 정도 소요되고, 이후 새끼는 둥지를 떠난다. 극락조들은 과일과 절지동물을 주로 먹지만 소량의 과즙과 소형척추동물도 섭취하기도 한다. 어떤 종들은 과일을 많이 섭취하고 또 다른 종에서는 절지동물을 많이 먹기도 한다. 과일식 극락조들은 숲의 수관층에서 채식하는 경향이 있고, 곤충식 극락조들은 숲의 중간층에서 더 아래에서 먹이를 사냥한다. 이러한 식성(food habits)은 종들의 사회적 행동에 영향을 미치게 되는데 과일식 극락조들은 보다 독립적이고 세력권적인 곤충식 극락조보다 더 사회적인 경향이 있다. 또, 과일식 극락조들은 과일 선택에 있어서 종간의 차이가 있는데, 나팔극락조(Trumpet Manucode)와 목주름극락조(Crinkle-collared Manucode)는 대부분 무화과를 먹는 반면 귀술극락조(Laws'parotia)는 주로 베리열매를 채식하며, 큰댕기극락조(Greater Lophorina)와 라기아나극락조(*Paradisaea raggiana*, Raggiana bird-of-paradise)는 주로 꼬투리형과일을 섭취한다고 한다.

많은 극락조가 살고 있는 파푸아뉴기니라는 나라의 경우, 라기아나극락조를 나라의 심볼로서 국기와 국장에 사용되고 있다.

오목눈이 | 오목눈 · *Aegithalos caudatus*

IUCN 적색목록 LC

우리나라의 산림 지역에서 볼 수 있는 흔한 텃새이다.

1 나뭇가지에 앉아 휴식 중인 모습

2 이소한 어린새들을 보호 관리하기 위해서 나뭇가지에 나란히 앉혀 놓은 모습

3 흰머리오목눈이. 오목눈이의 아종이며 우리나라에는 드물게 찾아오는 새이다.

이름의 유래

오목눈이의 학명 *Aegithalos caudatus*에서 속명 *Aegithalos*는 그리스어 aigithalos에서 유래하며 박새류를 총칭하는 것으로서 아리스토텔레스는 aigithalos를 세 종류로 나누고 있다. 제1류는 박새 가운데 가장 큰 되새 정도의 크기를 말하고, 제2류는 산에서 생활하는 꼬리깃이 긴 새를 말하며, 제3류는 크기가 가장 작은 박새류를 말한다. 여기서 오목눈이는 제2류에 속하는데 오목눈이가 산에서 서식하고 꼬리가 긴 새임을 아리스토텔레스의 분류에서 잘 나타난다. 종소명 *caudatus*는 '긴 꼬리를 가진 새'라는 뜻이다. 이 새의 영명은 꼬리가 매우 길어 Long-tailed Tit이다.

생김새와 생태

몸이 작고 꼬리는 길고 부리는 작고 짧다. 머리 꼭대기는 하얗고 얼굴엔 검은 눈썹선이 있으며 등은 까맣고 붉은빛을 띤 자색이다. 날개와 꼬리는 까맣고 둘째날개깃의 바깥선과 꼬리깃의 바깥쪽은 하얗다. 몸 아래쪽은 하얗고 아랫배와 아래꼬리덮깃은 붉은빛을 띤 자색이다. '찌리, 찌리, 찌리' 하거나 '쮸리, 쮸리, 쮸리, 쮸리' 하고 운다.

번식기에는 암수가 같이 생활하지만 그 시기가 끝나면 4~5마리 또는 10마리씩 무리를 짓고 다른 종과 섞여 큰 무리를 이루어 생활할 때도 있다. 알을 낳는 시기는 4~6월이고 한배산란수는 7~11개이다. 알을 품는 기간은 13~15일이다. 둥지는 0.5~10m 높이의 관목이나 교목의 가지 사이나 나무줄기에 만드는데 이끼류를 많이 물어다가 거미줄로 밀착시켜 만들고 겉은 나무껍질로 씌워 긴 타원형의 자루 모양으로 만들어 마치 나무의 혹처럼 보인다.

오목눈이는 주로 나무 위에서 생활하는데 나무 위의 높은 꼭대기에서 무리를 지으며 관목 숲이나 작은 나무의 아랫가지에서 주로 먹이를 찾는다. 작은 나뭇가지 끝에 매달리거나 매우 활발하게 움직인다. 곤충류를 주로 먹지만 식물의 종자와 콩도 먹는다.

비슷한 새

오목눈이의 아종인 흰머리오목눈이(*A. c. caudatus*)는 우리나라에 드물게 찾아오는 겨울 철새로 머리와 목이 완전히 흰색이며, 가슴에 흑갈색 얼룩무늬가 없다. 최근 SNS 상에서 날갯짓을 하고 있는 흰머리오목눈이의 사진이 뱁새라는 이름과 함께 떠돌았으나, 뱁새는 비슷한 형태를 가진 붉은머리오목눈이를 일컫는 말이다. 오목눈이의 아종명은 *A. c. magnus*이다.

분포

유라시아 대륙의 중위도 지역에서 서식하며, 한국, 중국, 일본에서는 텃새이다.

4 소나무에 매달려 먹이를 찾고 있는 오목눈이

5 둥지 속에 어린 새끼들이 먹이를 달라고 졸라대고 있다.

6 남아프리카의 건조지대의 나무에 지은 떼베짜기새의 둥지. 둥지 일부가 무너져 땅바닥에 쌓여 있다.

새의 생태와 문화

세계에서 가장 큰 둥지를 만드는 새

남아프리카공화국, 나미비아, 보츠와나 등의 남서 아프리카에 서식하는 작은 참새목 조류는 길이 7m의 둥지를 만든다. 이 새는 사회성직조새(*Philetairus socius*, Sociable Weaver)로 전체 길이가 불과 14cm이고 몸무게는 26~32g이다, 몸 전체가 갈색빛으로 턱을 비롯한 부리 주위는 검은색이고 옆구리에 검은 무늬조각들이 있으며, 등의 깃털이 약간 검은 비늘무늬가 있다. 먹이는 거의 80%가 곤충이다. 서식지인 사막 건조지대에 적응하여 곤충먹이로부터 수분을 섭취하고, 또 종자나 식물 부산물들도 이용한다.

이 종은 길이 17.4m, 폭 4.4m, 높이 1.5m나 되는 세계 최대의 둥지를 만든다. 둥지는 마른 풀을 사용하여 아카시아나무나 전신주에도 만든다. 전체적으로 초가지붕처럼 보인다. 물론 1마리만으로 이렇게 큰 둥지를 만드는 것은 아니고, 수백 마리가 모여 함께 둥지를 만든다. 둥지를 짓기 위한 협력은 친척끼리만 이루어진다고 한다. 이 거대한 둥지는 우리나라의 아파트같이 둥지 아래쪽에 입구 구멍이 있고, 둥지 내부에는 많은 방이 있다. 입구의 너비는 약 76mm이고 최대 길이는 250mm이며, 천적의 접근을 막기 위한 날카로운 막대기를 두기도 한다.

이 둥지는 매우 튼튼해서 100년은 계속 사용할 수 있다고 한다. 사회성직조새가 서식하는 지역이 건조지대나 반건조지대이므로 100년을 지탱할 수 있는 것으로 생각된다. 둥지는 매년 새로운 방을 만들어 가기 때문에 점점 커져 무게가 1톤 가까이 되면 나무는 둥지의 무게에 지탱할 수 없어 무너지기도 한다. 사회성직조새의 둥지 아래에 떨어져 있는 새 배설물은 풍뎅이나 딱정벌레가 이용한다고 한다.

사회성직조새의 서식지인 남서 아프리카는 겨울에 기온이 -10°C 아래로도 떨어지고, 여름은 34°C로 올라 연교차가 큰 지역이다. 마른 풀로 만든 둥지의 내부는 온도 변화가 4~6°C 정도로 항상 일정하고 쾌적하다. 둥지 중앙내부의 방(chamber)은 열을 유지하고 밤에 잠자는 곳으로 사용한다. 바깥쪽 방은 낮에 그늘로 이용하며 외부 기온이 16~33°C 일지라도 내부 온도는 7~8°C로 유지된다고 한다. 이처럼 사회성직조새의 둥지는 겨울에도 따뜻하므로 기온이 낮은 시기부터 새끼들을 키우는 데 유리하다. 이 시기는 천적인 케이프코브라(Cape Cobra)라는 뱀의 활동이 둔화되기 때문에, 알이나 새끼들이 포식당할 위험이 낮아지는 장점이 있다.

6

곤줄박이

| 곤줄매기 · *Sittiparus varius*

IUCN 적색목록 LC

우리나라 어디서나 볼 수 있는 흔한 텃새이다.

이름의 유래

곤줄박이의 학명 *Sittiparus varius*에서 속명 *Sittiparus*는 '동고비속'을 뜻하는 Sitta와 '박새류'를 의미하는 parus의 합성어로 '곤줄박이속'을 나타내며 종소명 *varius*는 라틴어로 '여러 가지 색으로 만들어진'을 뜻하여 곤줄박이의 깃털과 관련이 있다. 영명은 Varied Tit인데 Tit는 '박새류'를 나타내는 단어이며 Varied 또한 학명과 비슷한 뜻이다. 우리나라에서 부르는 이름인 곤줄박이의 '곤'은 '까맣다'라는 '곰'의 의미이고, '박이'는 '박혀 있다'는 뜻으로, 곤줄박이는 '검은색이 박혀 있는 새'라는 의미로 머리와 멱 부위에 검은 부분이 있는 것과 관계가 깊은 것으로 보인다.

생김새와 생태

박새와 비슷한 크기로 머리는 검고 노란색의 반점이 있으며 배는 다갈색이고 어깨깃과 날개, 등, 꼬리는 어두운 청회색이다. 숲속에서 귀를 기울이면 작은 새들이 가까이 다가오는 것을 알 수 있다. '쭈릿- 쭈릿-' 하며 오목눈이 무리가 수관부에서 수관부로 옮겨 다니고, '쯔- 쯔-' 하면서 박새가 낮은 가지로 다가온다. 날개를 심하게 펄럭여 날아가면서 '쓰쓰 삥, 쓰쓰 삥' 또는 '쓰쓰, 삐이, 삐이, 삐이, 삐이' 하고 지저귀며, 경계할 것이 나타나면 높은 소리로 '씨이, 씨이, 씨이' 하고 운다.

번식기에는 암수가 함께 생활하며 그 뒤에는 다른 박새류와 혼성군(混成群)을 이룬다. 박새류는 가을부터 겨울에 걸쳐 무리를 지어 숲속 여기저기를 옮겨 다닌다. 한겨울에 쇠딱다구리가 나무줄기를 쪼면서 무리의 뒤를 따라가는 것을 볼 수 있다. 이를 박새류의 혼성군이라고 부른다.

낙엽활엽수림 또는 잡목림의 나무 구멍 속이나 인가의 건물 사이에 둥지를 짓고 인공 새집도 이용한다. 알을 낳는 시기는 4~7월이고, 한배산란수는 5~8개이다. 새끼는 알을 품은 지 12~13일이면 깨어난다.

곤줄박이는 낙엽활엽수림에서 주로 서식하며 백두산 지역과 개마고원 등 한국 북부의 험준한 산악 지대에는 분포하지 않는다. 대개 나무 위에서 생활하며 번식기에는 곤충을 주로 먹지만 가을과 겨울에는 까치박달 등의 씨를 먹고 산다. 큰 씨는 가지 위로 가져가 발로 누르고 부리로 알맞은 크기만큼 부수어 먹는다. 가을에는 먹이를 줄기의 갈라진 틈이나 썩은 나무의 작은 구멍 속에 감추었다가 겨울에 다시 꺼내 먹는다. 일본에서 조사 연구한 바에 따르면 곤줄박이는 단풍나무 등의 씨를 주로 저장하였는데 이 씨들은 한겨울에 먹이로 쓰였고 또 다음해의 번식기에는 새끼들의 먹이로도 이용되었다고 한다.

분포

한반도와 일본 열도, 쿠릴 열도 등지에 매우 제한적으로 분포한다.

1 나뭇가지에 앉아 있는 모습

2 나무에 앉아 있다가 날아가는 모습

3 영역 침범을 경고하며 경계음을 내는 곤줄박이

4 먹이를 물고 날아가는 모습

5 숨겨 놓은 먹이를 찾아 부리로 물고 있다.

| 새와 사람

점 치는 새

예부터 사람들은 야생 조류를 먹었는데 쪄 먹을 수 없는 새일지라도 구워서는 먹을 수 있었다고 한다. 그러나 이 곤줄박이 고기는 맛이 없어서 먹지 않았다고 전한다. 대신에 곤줄박이는 새점을 치는 데에 많이 이용되었고 그만큼 사람들에게 사랑을 받아 왔다. 90년대까지만 해도 서울의 남산이나 부산 용두산공원의 한 구석에서 새점을 치는 새 중에서는 곤줄박이를 심심찮게 볼 수 있었다.

새의 생태와 문화

새들의 포란과 포란하지 않는 새

새들은 알에서 새끼가 부화하려면 알을 품는 포란을 하지 않으면 안된다. 몇 가지 예외를 제외하고는 새 자신의 체온으로 일정기간(포란기간) 동안 알을 품고 일정한 적산온도에 도달하게 되면 알에서 새끼가 태어난다. 새들이 1회 번식으로 산란하는 알의 수는 소수이며 종에 따라 대체로 정해져 있다. 참새목 소형조류의 한배산란수는 대체로 3개에서 6개 정도이나, 박새는 보통 7~10개, 곤줄박이와 진박새는 5~8개, 쇠박새는 7~8개이다. 대형조류인 알바트로스류는 1개, 두루미는 1~2개, 재두루미 2개의 알을 산란한다. 소형조류들의 포란기간은 12~15일 정도이지만 흰알바트로스(*Diomedia epomophora*, Royal Albatross)는 80일간 계속해서 포란하는 노고를 아끼지 않는다.

알을 부화시키기 위해서는 새의 체온이 바로 알에 전달될 수 있도록 포란기간 동안 가슴이나 복부에 깃털이 빠져 피부가 노출된다. 이것을 포란반이라고 하며 모세혈관이 발달하여 보다 더 많은 열을 알에게 전달하게 된다.

조류 가운데 이런 포란반이 생기지 않는 종류도 있는데, 물새류는 깃털이 빠지면 생활에 지장을 초래하므로 포란반이 생기지 않는 경우가 많다. 그러나, 포란을 담당하는 암컷은 스스로 깃털을 뽑아 피부를 노출시킨다. 또 뽑은 깃털은 둥지재료로 이용한다.

펠리칸류나 얼가니새류는 포란반이 생기지 않으며 스스로 깃털을 뽑지도 않고, 발의 물갈퀴 위에 알을 올려놓는다. 이곳에는 혈관이 엄청 많이 분포하기 때문에 알을 따뜻하게 할 수 있다. 민물가마우지도 같은 방법으로 번식을 하나, 물갈퀴에 알을 놓으면 꼬리깃이 위로 올라간다고 한다. 이 경우 꼬리깃이 위로 올라가 있으면, 그냥 둥지에 있을 때는 알 수 없는 포란 중임을 알 수 있다.

새들은 새끼가 탄생하기까지 비가 오거나 바람이 불어도 그리고 무서운 천적이 접근해도 둥지에서 포란을 계속 해야만 한다. 새들의 번식생활에서 포란은 자원이 가장 많이 드는 작업이다.

그러나 세계의 조류 중에는 이러한 포란의 중노동에서 해방 된 새들이 있는데, 뻐꾸기와 같은 탁란하는 새들과 무덤새 종류이다. 무덤새들은 지상에 있는 구멍이나 쌓여 있는 낙엽 속에 알을 산란하여 자연열로 알을 따뜻하게 하여 부화시킨다.

무덤새 종류는 총 12종으로 말레이반도의 서쪽 니코바르제도에서부터 인도네시아, 필리핀, 뉴기니, 호주, 피지제도에 분포한다. 몸길이가 27~60cm 정도의 조류이다. 풀숲무덤새(*Leipoa ocellata*, Mallee Fowl)만 반사막지대에 서식하고, 나머지 종류들는 열대우림 서식지에 서식한다.

이 12종의 무덤새들은 모두 자연열로 알을 부화시키지만, 그 방법에는 몇 가지 유형이 있다. 구멍을 파고 태양열과 지열을 이용하는 유형, 바위틈에 산란을 하고 태양열로 부화시키는 유형, 낙엽 등을 쌓고 발효시켜 그 열을 이용하는 타입이다. 이러한 차이는 종에 따라 다르지만, 같은 종이라 하더라도 서식하는 환경이 달라지면 유형을 바꾸는 것도 있다. (388쪽 참조)

쇠박새

| 쇠박새 · *Poecile palustris*

IUCN 적색목록 LC

우리나라에 흔한 텃새로서 번식기에는 우거진 숲속이나 높은 산에서 지내는 까닭에 눈에 잘 띄지 않지만 겨울에는 시골의 외진 마을부터 도시의 주택 정원에까지 내려와 눈에 잘 띈다.

이름의 유래

쇠박새의 학명 *Poecile palustris*의 속명 *Poecile*는 고대 그리스어 poikilos에 기인하는데 '색이 다채롭다' 또는 '풍부하다'는 뜻이며, 관련어인 poikilidos는 '미동정 소형 조류'를 상징한다. 이 종을 1829년 독일의 박물학자 요한 야콥 카우프(Johann Jakob Kaup)가 속(genus)으로 지정하였으나 일반적으로는 박새과의 아속(subgenus)으로 생각하였다. 그런데 미국조류학회에서는 2005년 발표된 미토콘트리아 DNA 염기서열 분석에 근거하여 별도의 속으로 취급하기 시작하였다. 지금은 광범위하게 받아들여져 *Parus*와 다른 속으로 다루고 있다. 종소명 *palustris*는 '습지의'를 뜻하여, 영명은 '습지'를 의미하는 Marsh Tit이다. 근연종인 북방쇠박새의 학명인 *Poecile montanus*에서 *montanus*가 산을 나타내는 것과 대조된다.

생김새와 생태

근연종인 북방쇠박새(*Poecile montanus*)와 생김새가 너무 닮아서 쉽사리 구별할 수 없으나 그 울음소리로써 쉽게 구별되는데 쇠박새의 울음소리는 '쯔쯔삐이, 쯔쯔삐이, 삐이, 삐이, 삐이' 하고 울어 북방쇠박새보다는 소리가 높고 장단이 훨씬 빠르다.

번식기에는 암수가 함께 생활하지만 번식이 끝나면 박새, 곤줄박이, 진박새, 동고비 등과 무리를 짓고 둥지는 나무 구멍이나 딱다구리의 옛 둥지, 인공 새집도 이용한다. 알을 낳는 시기는 4~5월이고 한배산란수는 7~8개이다. 새끼는 알을 품은 지 13일 정도면 깨어나고 새끼를 키우는 기간은 15~16일이다. 딱정벌레목, 나비목의 유충, 매미목의 성충과 같은 곤충류와 거미류 그리고 식물성으로는 장미과의 열매도 즐겨 먹는다.

분포

세계적으로 영국, 유럽, 카스피해 부근, 몽골, 시베리아 남부, 중국 북부, 한국, 일본 홋카이도 등에 서식한다.

1 숲속에서 먹이를 찾고 있는 모습

2 해바라기 씨앗을 물고 있는 모습

새의 생태와 문화

산새의 먹이저장행동

쇠박새는 가을이 되면 먹이가 부족한 겨울에 대비하여 나무의 옹이나 틈 같은 곳에 까치박달의 종자 등을 저장한다. 종자에는 견과(堅果)의 일종인 도토리가 있는데 도토리는 바깥 부분의 과피(果皮), 내부의 자엽(子葉)과 자엽을 둘러싸고 있는 종피(種皮)로 되어 있다. 야생 조류나 포유류는 자엽 부분을 먹고 영양을 섭취하므로 종자의 입장에서는 발아의 근본이 되는 자엽을 야생동물이 먹고 소화시킴으로써 종자 산포 기회를 잃게 된다. 그러나 야생 조류는 초겨울부터 다음해 봄까지는 식량 부족에 대비하여 주로 딱딱한 열매를 저장한다. 이것이 야생 조류의 먹이저장행동의 결과인 저장식(貯藏食)이다.

곤줄박이는 한 알 한 알 입에 물어 운반한 구실잣밤나무의 열매를 넘어진 나무의 껍질 틈을 비롯하여 나무의 뿌리나 바위틈에 넣고 흙으로 덮는다. 어치는 도토리를 입에 가득 넣어 운반하고 땅바닥에 쌓인 낙엽을 치우고 한 알 한 알 땅 속에 얕게 묻고는 다시 낙엽으로 덮는다. 많을 때는 하루에 300개, 한 계절에 4,000개에 이른다고 한다. 진박새나 딱다구리류도 소나무나 가문비나무류의 종자를 나무 구멍이나 틈에 숨긴다. 또 잣까마귀는 눈잣나무 종자를 운반하여 도로 경사면에 저장하고 북방쇠박새는 주목의 열매를 저장하기도 한다. 북미의 도토리딱다구리(*Melanerpes formicivorus*, Acorn Woodpecker)는 둥지를 튼 나무에 수천 개, 심지어는 5만여 개까지 구멍을 뚫어 놓고 구멍에 하나씩 도토리를 보관한다.

소형 조류에서는 대체로 직경 수백 m에 이르는 가을, 겨울의 행동권 안에서 종자를 수집하고 알맞은 곳에 저장한다. 그러나 어치나 잣까마귀는 1km에서 수 km, 다른 나라의 경우에는 20km나 운반한 사례가 있다. 이렇게 몇백, 몇천 개의 종자를 저장한 장소를 야생 조류가 정확하게 기억하고 있다는 것은 매우 대단한 것이다. 저장한 종자는 겨울에서 다음해 봄 사이에 먹이로 사용된다. 곤줄박이는 다음해 봄에 새끼 먹이로도 쓴다. 그러나 저장행동을 하는 새 가운데 더러는 겨울 동안에 죽는 경우도 있고 또는 숨겨 놓은 곳을 잊어버리는 경우도 있다. 이렇게 하여 남아 있는 종자가 다음해 봄에 싹이 트는 것이다.

소나무 종자와 같이 날개가 있는 것과는 달리 너도밤나무 종자, 도토리와 같은 견과는 단순하게 낙하하는 것만으로 분포 영역을 넓히기 어렵다. 일본의 한 조사 연구에 따르면 신갈나무의 모수(母樹)가 없는 소나무 천연림에서 조사한 결과 20m x 20m의 방형구에서 143그루의 어린 신갈나무가 자라고 있었다. 이 어린 나무들은 어치를 비롯한 산새들이 운반한 것이다.

3 먹이를 물고 분홍아까시 나뭇가지에 앉아 있다.

4 먹이를 물고 둥지로 들어가기 전에 경계를 하고 있다.

5 둥지를 보수하려고 이끼를 물고 있는 쇠박새

진박새 | 깨새 · *Periparus ater*

IUCN 적색목록 LC

우리나라 어디서나 흔히 볼 수 있는 텃새이다.

1

2

이름의 유래

진박새의 학명 *Periparus ater*에서 속명 *Periparus*는 그리스어로 '매우, 전면적인' 뜻의 peri와 박새의 속명 *parus*를 합친 것으로 '진짜 박새'라는 의미로 생각된다. 또 국명도 진박새이므로 같은 뜻으로 유추해 볼 수 있다. 종소명 *ater*는 라틴어로 '검다'는 뜻으로 진박새의 머리와 가슴 부분에 검은 부분이 많기 때문에 붙여진 것으로 보인다. 영명은 Coal Tit로, 여기서 Coal은 '석탄', '석탄처럼 검은 것'을 의미하는데 이 새가 검다는 것을 나타내며 Tit은 '박새류'를 말한다.

생김새와 생태

몸집이 쇠박새만큼 작으며 꼬리가 아주 짧다. 부리 끝부터 꼬리 끝까지의 길이를 기준으로 우리나라에서 가장 작은 새 중 하나로 꼽히기도 한다.

'치이, 치이, 삐이, 삐이, 쯔비빙, 쯔비빙' 하면서 리듬에 맞추어 튕기는 듯한 소리를 낸다. 구애 울음은 빠른 3음절로 '치치삐, 치치삐, 치치삐' 하며 박새, 쇠박새에 비해 화려한 느낌을 준다.

겨울철 비번식기의 진박새는 주로 고도가 높은 지대에서 주로 관찰된다. 나무 위에서 많이 생활하며 가는 나뭇가지에 매달려 먹이를 찾기도 한다. 박새, 쇠박새, 오목눈이 등 다른 종과 혼성군을 이루기도 하지만 여타 박새류에 비하여 동종끼리 군집을 이루는 경향이 더 강하다. 적게는 5마리에서 많게는 20여 마리 이상의 군집을 이루며, 번식기 이후 이소한 어린새들이 가족과 함께 무리를 짓는 경우가 많다. 진박새는 상대적으로 평지나 숲가장자리보다 높은 고도의 침엽수림을 더 선호하는 특징이 있다.

번식기에는 암수 한 쌍이 함께 생활하며, 아고산대의 잡목림 또는 낙엽활엽수림에서 딱다구리류가 나무 줄기에 뚫어둔 낡은 둥지를 비롯하여 나무 줄기가 갈라진 틈에 둥지를 짓는다. 진박새는 특이하게도 지면과 가까운 곳 혹은 바위틈에도 둥지를 많이 트는 것으로 알려져 있다. 이러한 특성과 작은 몸집 때문에 나무 구멍을 이용하는 다른 새들에게 맞추어 제작된 인공새집은 거의 이용하지 않는다.

알을 낳는 시기는 5~7월이고, 한배산란수는 5~8개이다. 알을 품는 기간은 14~15일이다. 먹이는 딱정벌레목, 나비목, 벌목, 매미목 등의 곤충류가 주를 이루며 곤충이 줄어드는 겨울철이 다가오면 장과류 등의 열매, 침엽수의 종자 등 식물성 먹이를 많이 먹는다.

분포

유럽, 우랄 지방, 중국, 만주, 한국, 일본 등지에서 서식한다.

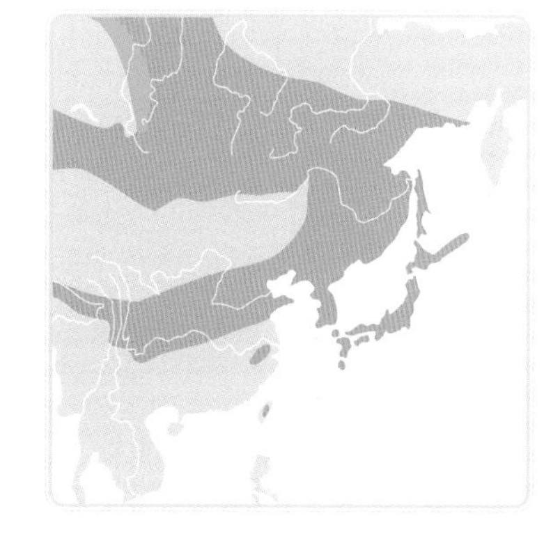

1 나뭇가지에 앉아 먹이를 찾고 있다.

2 솔방울에서 먹이인 솔씨를 찾고 있다.

3 소나무 줄기에서 먹이를 찾고 있는 진박새

4 숲에서 먹이를 찾고 있다.

5 쌓인 눈 위에 떨어진 먹이를 찾고 있다.

추위에 대한 적응

새는 사람보다 체온이 높아 추위에 더 민감하기 때문에 추위에 적응하기 위해 다양한 방법을 이용한다. 크게 형태적인 방법, 행동적인 방법, 생리적인 방법이 있다.

형태적인 방법(morphological adaptation)

1) 추운 지방에 서식하는 개체일수록 크기를 키워 부피당 표면적 비를 줄이는데 크기가 증가하면 에너지를 많이 소모하지만, kg당 소모하는 에너지를 줄이는 방식으로 적응해 왔다(Bergman's rule). 또한 추운 기후에 적응된 동물은 몸의 말단 부위 다리와 목, 날개 등이 짧아져 열을 발산하는 표면적을 최소화하여 열을 더 많이 저장할 수 있도록 적응해 왔다(Allen's rule). 2) 깃털을 이용해 추위에 적응했다. 첫째, 깃털색을 빛이 많이 흡수되는 어두운 색 계열로 적응시켜 왔다. 둘째, 단위 표면적당 깃털의 수를 늘려 왔다. 박새류는 깃털의 총 무게가 전체 몸무게의 10~11%를 차지하는데 그 외 다른 종은 6~8%이다. 셋째, 물새류의 경우 물로 인한 열손실이 많기 때문에 다른 종류보다 깃털이 더 많다. 넷째, 솜털(down)로 보온효과를 높여 왔다. 마지막으로, 다리를 통한 열손실이 제일 높으므로 부척(tarsus)이 털로 덮여 있는 경우도 있다.

행동적인 방법(behavioral adaptation)

1) 무리 속에서 휴식을 취한다. 2) 햇볕을 찾거나 수동(나무 구멍)에서 지낸다. 들꿩류와 버드나무박새(Willow Tit 등)는 눈 속의 굴을 이용하여 바람을 피함과 동시에 미기후(microclimate)를 이용한다. 3) 다리의 노출을 막기 위해 쪼그리고 앉거나 노출 부위를 최소화하는 자세를 취한다.

생리적인 방법(physiological adaptation)

1) 몸을 떨어 이때 발생하는 열로 체온을 유지한다. 2) 계절적 온도 변화에 따라 대사율을 조정하는데 보통 몇 주에서 몇 달 동안 지속된다. 한 예로, 미국황금방울새(American Goldfinch)는 겨울철에 영하 70°C에서 6~8시간 동안 정상체온을 유지하지만 여름철에 영하의 날씨에 노출될 경우 1시간 이상 체온을 유지하지 못한다. 3) 지방축적으로, 체온을 유지한다. 밤 동안 물질대사를 통해 축적하는데, 미국황금방울새의 경우 하루 동안 몸무게를 15% 증가시킬 수 있다. 4) 차가운 정맥과 따뜻한 동맥 사이의 열 교환 방식이 있다. 몸의 말단 부위에서 차가워진 정맥혈은 몸의 중심에서 나온 동맥혈에 의해 직접적으로 열을 전달받고 데워진다. 예를 들어, 큰풀마갈매기(Giant Petrel)는 다리 정맥혈의 온도가 5°C인데 넓적다리의 정맥혈은 30°C이다. 5) 일일휴면을 취한다. 주변의 온도에 맞게 체온을 내리는 것으로 저체온증과는 다른 것이다. 장기 휴면은 '동면'을 의미하며 이러한 현상은 쏙독새목(Caprimulgiformes)에서 나타난다. 일일휴면은 하루를 주기로 일어나는 휴면으로 밤 동안에 먹지 않고 에너지를 절약한다. 주로 크기가 작은 새들에게서 볼 수 있다. 작은 새들은 대사율이 높아 많은 양을 먹어야 하기 때문에 일일휴면을 한다. 일반적으로 조류의 체온은 37.7~43.5°C인데 벌새의 경우 외부 온도와 에너지 비축량에 따라 휴면 시 체온이 8~20°C까지 내려가는데, 에너지의 10%만 소모하며 빈도와 시간은 다양하다. 또 체온 20°C의 일일휴면 상태에서 통상적인 활동성으로 회복하는 데 걸리는 시간은 소형 벌새의 경우 약 1시간 정도이다.

박새

| 박새 · *Parus minor*

IUCN 적색목록 LC

제주도와 울릉도를 포함한 우리나라 어디서나 흔히 볼 수 있는 텃새이다.

1 나무등걸에 앉아 먹이를 찾는 모습　2 먹이를 발견하고 날아오르는 순간

이름의 유래

박새의 학명 *Parus minor*에서 속명 *Parus*는 라틴어로 '박새류'를 뜻하며 종소명 *minor*는 '-보다 작다'는 뜻이다. 영명은 '큰박새'라는 뜻의 Great Tit라고 이름 붙여졌다. 박새는 뺨 부분이 하얗다고 해서 예로부터 빅협됴(白頰鳥) 또는 빅겹됴라고 불렸으며, 비죽새, 박새라고도 하였다. 박새는 주로 유럽에 서식하는 노랑배박새(*Parus major kapustini*)와는 아종관계로 취급하였으나 최근에는 독립된 종으로 보는 경향이 우세하다. 노랑배박새는 서울에서 채집된 바 있는 길잃은새이다.

생김새와 생태

머리, 목둘레, 가슴, 배까지가 까맣고 등쪽은 청회색이며 목덜미와 특히 얼굴의 뺨 부분이 하얀 것이 인상적이다. 암수의 생김새는 거의 똑같지만 수컷은 배에 있는 검은 띠가 다리까지 이어져 있는 데 반해 암컷은 그렇지 않다. 일반적으로는 '쯔-삐 쯔-삐, 쯔쯔삐-쯔쯔삐' 하며 우는데 경계할 때는 '쥬쥬, 치이, 치이' 하는 높은 소리를 낸다.

번식기가 되면 암수가 함께 생활하고 그 시기가 지나면 4~5마리, 또는 10마리쯤의 작은 무리를 짓거나 진박새, 쇠박새, 오목눈이, 동고비, 심지어는 오색딱다구리, 쇠딱다구리와 함께 혼합 집단을 만들어 숲속을 돌아다닌다. 박새는 둥지를 주로 나무 구멍에 틀며 때때로 돌담의 틈이나 인가의 건물 등에도 짓는다. 둥지는 이끼류를 많이 사용하여 밥그릇 모양으로 틀며 알 낳는 자리에는 동물의 털, 머리카락, 나무껍질, 깃털, 솜 등을 깐다.

알을 낳는 시기는 4~7월이며 경우에 따라 2차 번식을 하기도 한다. 한배산란수는 4~13개(주로 7~10개)이다. 새끼는 알을 낳은 지 12~13일이면 깨어나 16~20일쯤 지나면 둥지를 떠난다.

박새는 환경 변화에 대한 적응력이 강하다. 설악산, 지리산, 속리산과 같은 높은 산에서부터 서울의 북한산이나 남산 주위, 인가 부근의 숲, 고궁, 공원, 주택 정원, 대학 캠퍼스 등지에서 서식하는 까닭에 가까운 곳에서 쉽게 볼 수 있다. 또한 나무 위에서 주로 생활하며 땅바닥에서 걷거나 깡충깡충 뛰면서 먹이도 찾고 물을 마시기도 한다. 나무 위에서 굵은 가지와 줄기의 여기저기를 옮겨 다니면서 먹이를 찾아 먹는다. 딱정벌레목, 파리목, 나비목, 메뚜기목 등의 곤충류를 주로 잡아먹는다.

비슷한 새

필자는 일본 홋카이도에서 박새와 박새의 근연종이며 경쟁종인 쇠박새의 생태를 낙엽활엽수림에서 비교 연구한 적이 있다. 연구 결과, 먹이 자원이 풍부한 번식기에는 박새와 쇠박새 모두가 나뭇잎에 있는 벌레들을 같이 잡아먹었다. 가을이 되면 쇠박새는 까치박달과 새우나무 등의 종자를 많이 먹고 겨울을 나기 위하여 종자를 나무 틈에 부지런히 저장했으며 겨울에는 나무줄기와 굵은 가지에서 먹이를 찾아 먹었다. 반면에 박새는 가을에 나무줄기 표면에 있는 벌레를 주로 잡아먹었으며 겨울에는 나무줄기나 땅바닥에서 주로 먹이를 주워 먹었다. 이렇게 이들 두 종류의 근연종이 가을과 겨울에는 자원을 분할 이용하여 공존의 길을 꾀하며 생존하고 있었다. 이 또한 생물의 자연에 대한 적응이자 진화인 것이다. 먹이에서 볼 수 있듯이 박새는 해충을 잡아먹는 유익한 새임을 알 수 있다.

박새는 진박새와 달리 인공 새집도 매우 잘 이용하기 때문에 우리가 원하는 곳에 인공 새집을

3 나무 구멍에서 먹이를 찾아 먹고 있다.
4 먹이를 찾아 물고 날아 가고 있다.
5 먹이를 찾고 있는 박새
6 둥지 재료인 이끼를 물고 이동하는 순간
7 먹이인 열매를 물고 있는 모습

달아놓으면 박새가 올 가능성이 크다. 또한 야생 조류들에게 가장 힘든 시기인 겨울철에 인공 먹이대를 설치하고 곡식이라든가 해바라기씨 등을 뿌려 준다면 정원과 공원 등에서는 얼마든지 볼 수 있고 그 아름다운 노랫소리도 들을 수 있다.

분포

유럽, 스칸디나비아반도, 만주, 한국, 중국 중남부, 일본 등 유라시아 대부분의 지역에서 서식한다.

새의 생태와 문화

새들은 번식시기를 어떻게 결정할까?

우리는 뻐꾸기가 울고 제비가 농가의 처마 끝에서 둥지를 틀면 봄이 왔다고 느끼게 된다. 우리가 일반적으로 알고 있는 상식은 대부분의 조류가 봄부터 여름에 걸쳐 번식을 한다는 것이다. 여기서 봄부터 여름이라는 것은 북반구인 우리나라에서는 대체로 3월부터 8월까지라고 볼 수 있다.

즉 봄부터 여름의 이 시기에는 기온이 높아지기 때문에 곤충과 뱀, 개구리 등의 변온동물이 많이 출현하게 된다. 이러한 곤충을 비롯한 개구리 뱀 등의 새들의 새끼 생장에 매우 필요한 먹이 자원이다. 그러므로 새들이 봄에 번식을 시작하는 이유는 이 시기에 많은 에너지와 양질의 먹이를 새끼에게 공급할 수 있기 때문이다.

또 평소에 씨앗을 주로 먹는 조류로 알려진 노랑턱멧새와 참새 등은 어떻게 할까? 가을에 씨앗을 많이 수확할 수 있기 때문에 이 시기에 번식을 하는 것이 바람직할 것으로 생각할 수 있다. 그러나 실제로는 노랑턱멧새와 참새도 새끼의 생장을 위해 무기질과 칼슘이 다량 함유된 곤충이 잘 공급되는 시기에 번식을 하게 된다. 그러므로 가을에 논에 있는 벼를 먹어 피해를 주는 새(害鳥)라고 알고 있는 참새도 해충을 먹기 때문에 이로운 새(益鳥)이다.

봄부터 여름에 걸쳐 연못이나 강에서는 수변에 식생이 형성되므로 작은 물고기가 많아진다. 작은 물고기를 주로 잡아먹는 물총새는 이 시기에 먹이를 포획하기 더 쉽기 때문에 번식을 한다. 그러나 민물가마우지 경우 물고기 잡히는 양이 증가하는 계절이 장소에 따라 다르기 때문에 물고기를 사냥하는 장소의 차이에 의해 번식의 계절이 약간씩 달라진다고 한다. 결국, 이러한 새들은 새끼를 기르는데 필요한 먹이가 많이 공급되는 시기에 맞추어 번식기를 결정하고 있다고 할 수 있다.

대형 맹금류인 수리부엉이는 바위절벽에 추운 겨울인 2월에 2~3개를 산란하고 약 34~36일을 포란하고 35일정도 육추를 하게 된다. 수리부엉이가 엄동설한에 산란을 하는 이유는 대형조류의 경우 새끼새의 생장에 많은 시간이 걸리기 때문이다. 봄이 되기 전에 산란하여 새끼새가 부화하였을 때가 되면 봄이 되므로 먹이 자원이 풍부한 시기와 맞추기 위한 번식 전략이라고 볼 수 있다.

열대지방은 기온으로 보았을 때는 4계절이 뚜렷한 온대와 한대에 비하여 계절변화가 없다고 볼 수 있지만, 우기와 건기라는 계절의 변화가 있으며 새들은 여기에 맞추어 번식한다고 할 수 있다. 우기에 번식할 것인지 건기에 번식할 것인가는 새들에 따라 먹이가 다르기 때문에 다양하다. 기본적으로는 새들은 새끼새의 먹이가 풍부한 시기에 번식을 결정하는 전략을 가지고 있다.

동고비

| 동고비 · *Sitta europaea*

IUCN 적색목록 LC

우리나라 어디서나 볼 수 있는 흔한 텃새이다.

이름의 유래

동고비의 학명 *Sitta europaea*에서 속명 *Sitta*는 그리스어 sittē에서 유래하여 '동고비속'을 뜻한다. 종소명 *europaea*는 '유럽에 속하는'을 뜻하지만 실제로는 유라시아 대륙, 한반도, 일본까지 구북구에 폭넓게 분포하는 종이다. 영명 Eurasian Nuthatch에서 Nuthatch는 '종자'를 뜻하는 Nut와 '(무엇을) 까먹다'라는 hatch의 합성어로 '종자를 까먹는 새'라는 뜻이다.

생김새와 생태

머리에서부터 몸의 위쪽은 푸른 회색이며 눈 위에 희고 가는 줄이 있다. 또한 부리와 눈을 지나는 검은 줄이 있으며 몸의 아랫부분은 하얗고 옆구리는 황갈색이다.

혼자 또는 암수가 함께 생활하며 나무줄기나 가지를 교묘하게 오르내리면서 나뭇가지에 붙어 있는 먹이를 찾는다. 나무 위에서 주로 생활하며 땅으로 내려오지는 않는다. 침엽수, 혼효림, 잡목림 등의 숲에서 번식하며 딱다구리가 파 놓았던 고목(古木)의 나무 구멍을 이용하여 둥지를 짓는다. 둥지를 지을 때 진흙을 이용하여 자신의 몸 크기에 맞춰 둥지를 보수한다.

알을 낳는 시기는 4~6월이고, 한배산란수는 7개이다. 알을 품는 기간은 14~15일이며 동물성인 곤충류나 거미류뿐만 아니라 식물성인 종자나 열매도 먹는다.

동고비는 겨울철 박새류나 딱다구리 등과 함께 혼성군을 형성한다. 이때 동고비는 나무줄기를 타며 먹이를 찾고, 박새류는 나뭇가지나 땅에서 먹이를 찾으며, 딱다구리는 나무줄기 속의 먹이를 찾기에 서로 먹이가 겹치지 않는다. 이러한 생태적 격리는 경쟁적 배제의 원리에 따라 이루어지는데, 이는 같은 서식지 내에서 동일한 생태를 가진 종이 서로 공존할 수 없어 서로 간에 차이를 만들게 됨을 뜻한다. 도요물떼새류도 같은 갯벌에서 먹이를 찾지만, 부리가 긴 마도요는 게를 먹고, 중간인 검은머리물떼새는 흙 속의 어패류를 먹으며, 부리가 짧은 꼬까도요는 바위틈에서 먹이를 찾는 등 섭식행동에 차이를 보인다.

분포

세계적으로는 중국, 만주, 한국, 일본, 우수리강 유역, 유럽 남부 등지에서 서식한다.

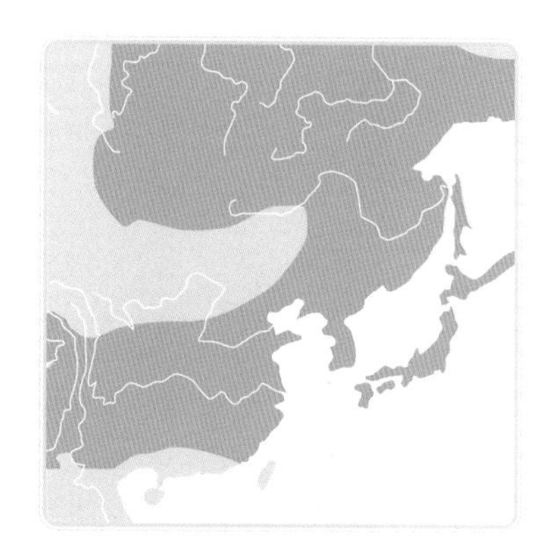

1 나무줄기에 거꾸로 매달려 움직이면서 먹이를 찾고 있는 모습
2 나뭇가지 위에서 먹이를 찾고 있는 모습
3 딱다구리가 사용했던 둥지를 재활용을 하기 위해 진흙으로 출입구를 좁게 막는 작업을 하고 있다.

4 나뭇가지 위에서 먹이를 찾는 동고비

5 나무의 옹이 속에 있는 둥지로 들어가기 전 주위를 경계를 하고 있다.

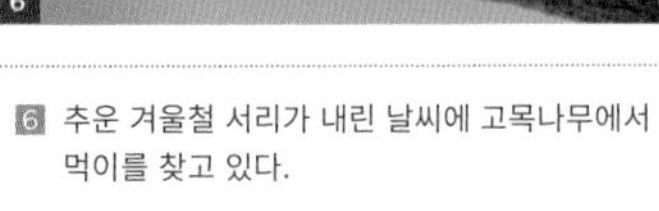

6 추운 겨울철 서리가 내린 날씨에 고목나무에서 먹이를 찾고 있다.

새의 생태와 문화

새들이 좋아하는 장소

새들을 가만히 살펴보면 저마다 선호하는 장소가 있는 것을 금방 알아차릴 수 있다. 직박구리는 나무 위를 좋아하고, 지빠귀는 낙엽 바닥을 걸어다니며, 때까치는 시야가 열리는 개활지 근처를 서성인다. 이렇게 유사한 방식으로 동일한 장소나 먹이 등을 이용하는 종들의 모임을 '길드(guild)'라고 하며, 환경에 대한 평가나 관리에 자주 이용된다. 조류의 길드는 둥지를 짓는 장소에 따른 영소길드(nesting guild)와 먹이를 먹는 장소에 따른 채이길드(foraging guild)로 분류하는 경우가 많다. 예를 들어, 박새는 나무 구멍에 둥지를 트는 수동 영소길드에 속하며, 공중이나 나뭇잎, 가지 등에서 섭식을 하는 수관층 채이길드에 속하는 것이다. 길드를 이용해 새들을 분류하면 서식지 환경의 변화가 조류 군집에 미치는 영향을 측정하기 쉬워진다. 예를 들어, 산불이 나면 초기에는 개활지 채이길드의 새들이 많이 관찰되다가 차츰 관목이 자람에 따라 하층식생 채이길드의 새들이 늘어나고, 산림이 복원되면 수관층 채이길드의 새들이 많이 관찰되는 것을 볼 수 있다.

조류와 매운 맛

조류와 매운 고추 간의 생태적인 연관성은 1992년 Donald Norman 등에 의해 처음으로 밝혀졌다. 고추에 들어 있는 매운맛인 '캡사이신(capsaicins)'은 활성화된 화학 성분으로 3차 신경을 통해 포유류의 구강 상피와 미뢰에 타는 감각을 느끼게 하며 속쓰림, 복통, 설사 등의 현상을 일으키기도 한다. 일반적으로 야생 고추의 캡사이신 농도 1000ppm 정도는 포유류인 설치류에게는 끔찍한 통증을 느끼게 하지만 조류에게는 별 문제가 되지 않는다. 오히려 조류는 2만 ppm 이상의 캡사이신도 섭취할 수 있다고 한다.

이는 조류가 포유류와 다른 미각수용체를 가지고 있는 것과 깊은 관련이 있을 것이다. 고양이가 단맛을 느끼는 감각이 부족하다고 알려져 있듯이 모든 동물은 맛을 느끼는 감각이 서로 다르다. 인간의 경우 10,000개에 가까운 미뢰를 가지고 있으며 설치류를 포함한 다른 포유류도 비슷한 수의 미뢰를 가진다. 반면에 닭은 24개(최근 연구에 따르면 767개), 비둘기는 40개의 미뢰를 가지는데 조류의 미뢰수가 매우 적어 캡사이신에 대한 민감도가 포유류에 비해 현저히 낮게 나타나는 것으로 판단된다.

따라서, 야생 고추가 캡사이신을 가지게 된 것은 종자를 분산시키기 위한 진화의 전략으로 보인다. 보통 소형 조류가 야생 고추를 먹게 되면 종자가 소화되지 않고 내장기관을 통과하여 배설하게 된다. 조류는 날아다니며 소화되지 않은 종자를 배설하기 때문에 포유류보다 더 멀리 종자를 분산하게 된다. 만약에 열매가 포유류에 의해 포식된다면 종자는 체내에서 소화되거나 부모 개체와 가깝게 분산되어 야생 고추의 분산 효율이 떨어질 것이다. 실제로 야생 고추 종자의 대부분은 조류에 의해 분산된다는 연구 결과가 존재한다.

고추는 비타민과 단백질, 지질이 풍부하며, 특히 비타민A는 깃털의 질, 색상 및 광택을 향상시키는 것으로 알려져 있는데 비타민A의 좋은 공급원이기도 하다. 또한 고추는 항산화제, 면역력보강 및 통증완화를 포함하여 인간뿐만 아니라 조류에게도 건강상 이점이 있다고 알려져 있다. 조류가 먹는 고추 중에는 'bird pepper'라 불리는 야생 고추도 있는데 일반 고추보다 선호도가 높다.

동박새

| 동박새 · *Zosterops japonicus*

IUCN 적색목록 LC
한반도 중부 이남의 도서인 인천 앞바다의 여러 섬, 거제도, 울릉도, 제주도 등지에서 흔히 볼 수 있는 텃새이다.

1

이름의 유래

동박새의 학명 *Zosterops japonicus*에서 속명 *Zosterops*는 그리스어로 '띠'를 의미하는 zōstēr와 '눈'을 의미하는 ōps의 합성어로 '둥근 띠를 가진 눈'을 뜻하는데, 동박새의 눈 주위에 희고 둥근띠가 있는 것과 관계가 있으며, 종소명 *japonicus*는 '일본의'라는 뜻이다. 영명은 Japanese White-eye이었으나 최근에는 Warbling White-eye로 사용한다.

과거에는 작은동박새(*Z. j. simplex*)는 동박새(*Z. j. japonicus*)의 아종으로 취급하였으나 최근 International Ornithologists' Union의 IOC World Bird List version 10.2(2020)에 의하여 즉 작은동박새(*Z. j. simplex*)를 별개의 종으로 독립하여 취급하게 되었다. 영명은 Swinhoe's White-eye이다.

생김새와 생태

몸의 위쪽은 어두운 황록색이고 눈의 바깥 둘레는 하얗다. 목이 노란색에 가슴 아래쪽은 혼탁한 흰색이며 옆구리는 자색을 띤 갈색이다.

온몸의 길이는 12.5cm로 작은 편에 속하며, 몸의 크기에 비해 에너지 소비가 크다. 이런 소형 조류들은 에너지를 아끼기 위해 매일 밤이면 휴면을 통해 체온을 기온과 비슷한 수준까지 내리는 경우가 많으며, 먹이 또한 에너지 효율이 높은 것 위주로 찾아 먹는다. 그 중 하나가 꿀인데, 동박새는 동백꽃 꿀을 좋아하여 동백꽃이 필 무렵에는 동백나무 숲에 무리를 지어 꿀을 빨아먹는다. 울음소리는 '쮸, 쮸, 찌이, 찌이, 찌이, 찌이' 하며 높은 소리를 내며, 경계할 때는 '킬, 킬, 킬, 킬' 하는 소리를 낸다.

번식기에는 암수가 함께 살지만 그 밖의 계절에는 대개 무리 생활을 한다. 둥지는 잡목림, 소나무림, 관목림의 가지나 교목의 아랫가지 또는 교목에 감겨 있는 칡넝쿨 등에 짓는데 흔히 땅 위에서 0.8~2.1m 높이에 두 가닥으로 된 작은 나뭇가지 사이에 있다. 알을 낳는 시기는 5~6월이며 한배산란수는 4~5개이다. 알을 품는 기간은 11~12일이며 새끼를 기르는 기간은 11~13일이다.

나무 위에서 주로 생활하며 낙엽활엽수림 속에서 무성하게 뻗은 나뭇가지 사이를 여기저기 옮겨 다니면서 먹이를 찾는다. 날 때는 날개를 몹시 펄럭이고 주로 거미류, 진드기류, 곤충류 등을 잡아먹는다. 곤충류로는 벌목, 파리목, 나비목, 딱정벌레목, 매미목, 메뚜기목, 잠자리목 등이 주된 먹이인데 기타 연체동물 가운데 하나인 복족류도 즐겨 먹는다. 또한 동백꽃이나 매화꽃의 꿀을 빨아먹을 뿐만 아니라 식물의 열매도 즐겨 먹는다.

분포

한국, 일본, 중국 중남부, 타이완, 하이난섬, 북부 필리핀 등지에서 서식한다.

1 피라칸다의 열매를 먹고 있는 동박새

새의 생태와 문화

새들이 좋아하는 씨앗과 열매

숲속의 야생 조류는 새끼를 기를 때 곤충과 벌레 등의 동물성 먹이를 많이 잡아먹지만, 우리나라에 서식하는 새들은 8~9월부터 여물거나 익기 시작한 씨앗이나 열매를 먹이로 하여 살아가는 경우가 더 많다. 야생 조류 종에 따라 곡물을 좋아하는 무리, 씨앗을 좋아하는 무리, 과실을 좋아하는 무리 등으로 나눌 수 있는데 곡물을 좋아하는 무리 가운데는 참새가 대표적이다. 잡초의 씨앗을 좋아하는 새는 멧새와 멋쟁이, 도토리를 좋아하는 새로는 어치 등을 들 수 있고 감이나 배 등의 과실을 즐기는 새로는 직박구리와 물까치 등을 꼽을 수 있다.

야생 조류는 부리의 생김새나 크기, 서식 장소에 따라서 좋아하는 씨앗과 열매가 다르다. 우리나라와 같이 결실기가 비교적 한정된 온대 지역에서는 서로 다른 종류의 새일지라도 먹이를 구하는 영역이 꽤 많이 겹칠 뿐만 아니라 즐겨 먹는 먹이가 다 떨어지고 나면 무리하게 다른 종자를 먹는 경우도 있다.

야생 조류가 먹는 열매 중에서 밤나무, 산수유, 뽕나무, 푸조나무, 머루 등의 열매는 사람도 즐겨 먹는 것이지만 도토리는 떫고 약간 쓴맛을, 먼나무 열매는 쓴맛을, 초피나무 열매는 신맛을 낸다. 또 새들이 잘 먹는 가막살나무, 벚나무 열매같이 맛이 좋다고 할 수 없는 것도 있다. 야생 조류가 특히 장과류를 좋아하는 데서 알 수 있듯이 가막살나무나 마가목의 열매 같은 붉은색과 노박덩굴이나 감 같은 노란색을 좋아하는 경향이 있다.

2 나뭇가지에 앉아 있는 동박새 암수

3 배꽃의 꿀을 먹고 있는 동박새

4 팽나무 가지에 앉은 동박새

새의 생태와 문화

나뭇잎이 주식인 새, 호아친(Hoatzin)

곤충은 식물의 잎을 채식하는 종류가 매우 많이 있다. 그러나 식물의 잎을 먹는 새는 매우 적다. 왜 새들이 식물의 잎을 거의 먹지 않는 것일까? 그 이유는 식물의 잎은 영양분이 적고 소화도 잘 되지 않는 먹이이므로 영양분을 얻으려면 새로운 변환이 필요하다. 멧토끼와 소, 말 등의 초식성 포유류는 특수한 위(胃)인 반추위를 가지고 박테리아를 이용하여 몇 번이고 되새김질을 하여 잎으로부터 영양분을 획득한다.

새들은 하늘을 날기 때문에 무게가 많이 나가는 포유류처럼 큰 위와 씹을 수 있는 치아를 가지기 어렵고, 긴 시간 먹이를 몸 안에서 저장할 수도 없다. 그런데 일부 새는 잎을 주식으로 한다. 대표적인 새인 기러기류는 가장 소화하기 수월한 생장중의 엽선만 먹고 가능한 한 짧은 시간 내에 소화관을 통과시켜 배설한다. 이러한 방법은 끊임없이 계속 먹지 않으면 안되기 때문에 매우 어려운 일이다. 실제로 기러기류는 깨어 있는 시간의 대부분 풀을 섭취하는데 소비한다.

남아메리카 아마존의 맹그로브와 수변림, 늪이나 오리노코(Orinoco)강 유역에는 호아친(*Opisthocomus hoazin*, Hoatzin)라는 새가 서식하는데, 식성이 독특하여 새들 중에서는 유일하게 항상 나뭇잎을 먹고 살아 가는 엽식동물(folivore)이다.

호아친의 학명의 속명 *Opisthocomus*는 머리의 뒤쪽에 긴 댕기깃이 있는 새라는 뜻이며, 종소명 *hoazin*는 중앙아메리카의 아즈텍(Aztec)족을 포함한 나와틀(Nahuatl)족의 언어로 이 새의 이름인 'uatzin'에서 유래했으며, 영명 'Hoatzin' 또한 이것으로부터 유래한다. 호아친은 꿩 크기의 새로 몸 전체 길이는 65cm이고 목이 길고 머리가 작으며, 적갈색 눈과 깃털 없는 푸른 얼굴이며 머리에는 갈색의 뾰족한 댕기깃이 있다.

호아친의 먹이는 한때는 천남성과의 아룸속(*Arum*)과 맹그로브의 잎만 먹을 수 있다고 생각했지만 현재는 50여 종의 잎을 먹는 것으로 알려져 있다. 베네수엘라에서 수행된 한 연구에서 호아친의 먹이는 잎 82%, 꽃 10%, 과일 8%였다고 한다. 이 종은 다른 새들에게는 볼 수 없는 독특한 소화 시스템을 가지고 있는데 2개의 방으로 접혀 있는 큰 모이주머니(小囊, crop)와 여러 개로 나뉜 큰 방의 하부식도이다. 매우 큰 모이주머니는 몸크기의 1/3정도로 많은 잎을 보관하고 소화시키는 곳인데 이곳은 잎을 분해하는 박테리아가 있으며 벽을 움직여 소화를 촉진시킨다. 모이주머니가 너무 커서 다른 새들보다 전위와 모래주머니가 훨씬 작고, 쇄골과 흉골, 흉근이 압박을 받아 변형되고 퇴화되어 있다. 그렇기 때문에 아주 멋있는 날개를 가지고 있음에도 불구하고 100m 정도 밖에 날 수 없다. 먹이인 잎을 많이 먹어 모이주머니가 가득 차면, 무게중심이 앞으로 기울어져 다리만으로 몸체를 지탱할 수 없어 가슴아래에 있는 가지로 지탱한다고 한다.

또 호아친이 배설한 똥은 잎에 있는 방향족 화합물과 박테리아 발효로 인해 불쾌하고 거름 같은 냄새가 나며 소똥냄새와 비슷하다고 한다. 원주민은 호아친의 고기는 냄새가 나서 먹지 않는다고 한다.

5 동백꽃의 꿀을 먹고 난 다음 경계 중인 한국동박새(*Zosterops erythropleurus*). 옆구리에 짙은 적갈색 반점이 있는데 동박새와는 구별되는 특징이다.

6 나뭇가지에서 주위를 경계하는 한국동박새

쑥새 | 뿔멧새 · *Emberiza rustica*

IUCN 적색목록 VU

우리나라에서 겨울을 나는 멧새과 중에서 우점성이 가장 강한 흔한 겨울철새이다.

이름의 유래

쑥새의 학명 *Emberiza rustica*에서 속명 *Emberiza*는 옛 독일어로 '멧새'를 뜻하고 emberitz가 라틴어화한 단어이다. 종소명 *rustica*는 '시골'이란 뜻의 라틴어 rustica에서 유래한다. 영명도 '시골에 주로 서식하는 멧새'를 뜻하는 Rustic Bunting이며 Rustic 또한 라틴어 rustica에서 유래한 것이다.

생김새와 생태

온몸의 길이는 14cm이며, 짧은 뿔 모양의 머리깃이 있다. 수컷의 여름깃은 머리 꼭대기와 뺨 부분이 까맣고 눈썹선과 멱 이하의 아래쪽은 하얗다. 가슴에 갈색 띠와 세로로 까만 무늬가 있다. 암컷과 수컷의 겨울깃은 머리 꼭대기와 뺨 부분이 갈색이며 뒷머리 가운데 쪽에 회색 선이 있으며 몸 아래쪽은 하얗고 가슴에서부터 배까지 세로로 갈색 무늬가 있다. 허리는 적갈색이다.

겨울에는 주로 땅바닥에서 낙엽을 뒤져 먹이를 찾아 뛰어다니지만 때때로 나무 위에서도 먹이를 찾는다. 둥지는 습지 가까이에 있는 잡목 숲의 땅바닥이나 1m도 안 되는 관목의 가지 위나 땅바닥에 있다. 풀을 이용해서 밥그릇 모양의 둥지를 틀고, 둥지 밑바닥에는 가느다란 풀이나 섬유, 동물의 털을 깐다. 울음소리는 '찟, 찟, 찟' 하는 날카로운 소리이다. 특히 이동할 때 많이 지저귀며 나무의 높은 가지 위에 무리를 지어 '삐삐, 삐삐, 삐요, 삐삐, 삐요, 삐삐, 삐요, 치칫구, 치칫구, 칫구' 하는 마치 종다리의 울음소리를 낮고 가늘게 흉내 내듯이 지저귄다.

알을 낳는 시기는 5월 하순부터 7월 상순까지이고, 한배산란수는 4~6개이다. 주로 암컷이 알을 품는다. 새끼는 알을 품은 지 12~13일이면 깨어나고 깬 지 14일 만에 둥지를 떠난다.

겨울에는 주로 풀씨를 먹고 더러는 솔잎혹파리의 충영(기생하는 곤충 때문에 이상 발육하여 혹처럼 된 식물체)을 파먹거나 곤충을 먹으며, 여름에는 딱정벌레목, 나비목, 메뚜기목, 파리목 등의 유충과 성충을 잡아먹는다. 주로 경작지 주변과 구릉, 소림, 낙엽활엽수, 침엽수, 혼효림 같은 곳에서 적게는 20~30마리, 많게는 100~200마리 이상의 무리도 쉽게 볼 수 있다.

분포

스웨덴, 핀란드, 동유럽, 시베리아, 캄차카반도 등지에서 번식하며, 우즈베키스탄, 중국, 한국, 일본 등지에서 겨울을 난다.

1 땅에서 먹이를 찾고 있다.

2 3 나뭇가지에서 휴식을 취하는 모습

노랑턱멧새

| 노랑턱멧새 · *Emberiza elegans*

IUCN 적색목록 LC

우리나라 어디서나 볼 수 있는 흔한 텃새이다.

1

2

이름의 유래

노랑턱멧새의 학명 *Emberiza elegans*에서 속명 *Emberiza*는 옛 독일어로 '멧새'를 뜻하는 embritz가 라틴어화한 것이며, 종소명 *elegans*는 '우아하고 품위 있는'이라는 뜻으로 장식깃을 가진 노랑턱멧새의 생김새와 깊은 관계가 있다. 영명은 '노란 턱을 가진 멧새류'라는 뜻으로 Yellow-throated Bunting이라 부른다.

생김새와 생태

머리에 있는 관 모양의 머리깃이 눈에 띈다. 수컷은 머리 꼭대기가 검은 갈색이며 뺨 부분은 까맣고 멱과 눈 위쪽이 노란색이다. 등은 회갈색에 갈색과 검은색의 세로로 난 반점이 있고 허리는 회색이다. 가슴에는 검은색의 삼각형 반점이 있으며 배는 하얗고 옆구리에는 세로로 갈색 반점이 있다. 암컷의 눈 밑은 황갈색이고 목에서 가슴까지도 황갈색이다.

'치칫, 치칫' 하는 소리로 울며 때로는 '쥬이, 쥬이' 하기도 하며, 번식기에는 교목이나 관목에 앉아 촉새와 비슷한 낮고 아름다운 소리로 지저귄다.

알을 낳는 시기는 5월 중하순 무렵이고, 한배산란수는 5~6개이다. 가을부터는 북쪽에서 내려오는 번식 집단이 뒤섞여 10월 중순 무렵부터는 한반도의 중부 이남까지 폭넓게 서식한다. 여름에는 암수가 함께 생활하지만 이동할 때는 흔히 떼를 지어 다닌다. 둥지는 풀밭이나 관목, 나무가 드물게 자라는 수풀 같은 곳에 짓는데 관목이나 나무뿌리가 있는 땅 위에 벼과 식물의 마른 잎과 줄기를 써서 밥그릇 모양의 둥지를 튼다. 둥지 밑바닥에는 식물의 잔뿌리와 동물의 털 등을 깐다. 겨울철에는 주로 식물의 씨앗을 먹으며, 여름에는 각종 곤충의 유충과 성충을 잡아먹는다. 새끼에게는 나비목의 유충을 먹인다.

분포

아무르강, 우수리강, 중국 동부, 한국, 일본 등지에 서식한다.

1 나뭇가지에 앉아 노래를 부르는 수컷

2 돌 위에 앉아 먹이를 찾는 암컷

새의 생태와 문화

야생 조류의 공익적 기능, 씨 뿌리기

야생 조류는 그들이 의도하지 않은 행동으로도 숲의 조성에 크게 이바지한다. 즉, 야생 조류는 먹이 저장, 배설, 깃털에 부착, 실수로 떨어뜨림 등의 방법으로 식물 종자를 퍼뜨린다. 또한 꽃의 꿀을 먹으며 꽃가루받이를 하는 동박새나 직박구리, 고목의 분해를 촉진하는 딱다구리류 등에서 보는 것처럼 야생 조류는 산림의 천이와 성장에 매우 깊이 관여한다. 따라서 식물과 야생 조류는 서로 의존적인 관계에 있음을 알 수 있다.

가막살나무와 층층나무의 장과는 맨 안쪽의 자엽과 종피로 종자가 만들어지며 종자의 바깥은 내과피(內果皮)와 중과피(中果皮), 외과피(外果皮)로 이루어진다. 많은 야생 조류는 중과피의 싱싱한 과육 부분을 주된 영양으로 섭취하고 딱딱한 내과피와 종자의 바깥 부분을 배설물과 함께 배설하거나 펠릿으로 토해 낸다. 이렇게 배출된 종자는 그냥 퍼뜨려진 종자보다 발아율이 높다. 일본 도호쿠대학에서 실험한 바에 따르면, 까마귀류의 펠릿에 섞인 곰의말채 종자의 발아율은 61%인데 비하여 자연 낙하한 종자의 발아율은 34%에 지나지 않았다고 한다. 또 도쿄에서 조사한 바에 따르면 직박구리의 배설물 속에서 꺼낸 계수나무의 종자는 100% 가까이 발아한 데 반하여 과육이 붙어 있는 자연 종자는 1개도 발아하지 않았다고 한다. 그만큼 장과류 열매를 가진 식물은 종자번식을 야생 조류에게 크게 의존한다고 말할 수 있다.

발아율이 높아지는 이유는 종자가 야생 조류의 소화 기관을 통과하면서 필요 없는 껍데기인 외과피가 벗겨지고 내과피와 종피도 알맞게 부드러워지기 때문이다. 이것은 위산과 관계가 있다. 일본의 경우에 새들의 몸 속을 통과하여 뿌려지는 종자의 비율을 보면 교목은 35%, 관목은 76%에 달했다고 한다. 보르네오섬에서는 종자가 새의 몸 속을 거쳐서 퍼지는 것이 40%, 나이지리아 열대림에서는71%나 된다고 한다. 숲 가꾸기에 야생 조류가 크게 이바지하고 있음은 실로 두말할 나위조차 없다.

8

3 둥지 속의 알
4 알을 품고 있는 어미 노랑턱멧새
5 계곡에서 목욕하는 수컷
6 먹이를 먹는 노랑턱멧새
7 계곡에서 목욕하는 암컷
8 덩굴식물 가지에 앉은 수컷

방울새 | 방울새 · *Chloris sinica*

IUCN 적색목록 LC

우리나라 어디서나 볼 수 있는 흔한 텃새이다.

1 둥지 근처 나뭇가지에서 경계를 하고 있다.

2 땅바닥에 떨어진 먹이를 먹고 있다.

이름의 유래

방울새의 학명 *Chloris sinica*에서 속명 *Chloris*는 그리스어 Chloris에서 유래되었으며 황록색을 뜻한다. 즉, 황록색의 방울새를 표현하고 있다. 종소명 *sinica*는 '중국의' 라는 뜻으로 이 새가 중국과 한국 등 동아시아에서만 서식하는 것과 깊은 관계가 있다. 영명은 Grey-capped Greenfinch인데, 머리가 회색빛이기에 회색 모자를 쓴 것 같아 grey-capped가 붙었으며 '종자를 즐겨 먹는 푸른빛을 띤 새'라는 뜻으로 greenfinch를 썼다.

생김새와 생태

몸은 올리브색을 띤 갈색으로 날개깃이 까맣고 한쪽이 황색을 띠기 때문에 날 때 폭이 넓은 황색 띠가 눈에 들어온다. 날아오를 때는 날개깃 기부의 노란색이 뚜렷하게 보인다. 셋째날개깃의 바깥쪽은 회백색이다. 수컷의 머리 부분은 황록색보다 강하고 눈에서 부리의 기부까지는 검은색이다. 어린새는 전체적으로 색깔이 엷고 아래쪽에는 어두운 색의 세로로 된 반점이 있고 날개의 누런 부분은 엷은 편이다.

날 때 '또륵, 또륵, 또륵' 하고 울며 흔히 소나무나 미루나무의 꼭대기에 앉아서 '또르르르륵, 또르르르록, 또륵, 또륵' 하고 방울 소리를 내듯이 운다.

봄철이 되면 암수가 짝을 지어 번식하는데, 이때 수컷은 높은 나뭇가지에 앉아 목을 좌우로 흔들면서 '키리, 키리, 진 진' 하는 소리로 울어댄다. 번식이 끝나고 가을부터는 수십 마리의 무리에서 겨울에는 수백 마리에 이르기까지 큰 무리를 지어 살지만, 보통 20~30마리씩 작은 무리를 이룬다. 주로 낙엽송을 비롯한 침엽수에 둥지를 튼다. 알을 낳는 시기는 4월 중순에서 8월 상순까지이고, 한배산란수는 2~5개(보통 4개)이다. 알을 품는 기간은 12일이다.

대개는 평지와 구릉 또는 시골 마을 주변의 야산에서 생활한다. 흔히 논밭 같은 곳에 내려앉아 먹이를 찾는다. 주로 식물성을 먹이로 한다. 잡초의 씨가 전체 먹이의 57%를 차지하고 다음으로는 곡류가 27%이다. 여름, 특히 새끼를 기를 때는 거의 곤충류를 먹이로 한다.

분포

중국, 만주, 한국, 일본 등지에서 서식한다.

새와 사람

동요 「방울새」

우리가 어린 시절에 많이 불렀던 「방울새」라는 동요가 있다. '방울새야 방울새야 쪼로롱 방울새야... 쪼로롱 고방울' 이 동요에서는 방울새의 울음소리를 '쪼로롱 쪼로롱'으로 재미있게 표현하였다.

새의 생태와 문화

명금류의 소리와 진화

명금류(songbirds)는 말 그대로 '노래를 하는 새'를 일컫는다. 명금류는 일반적으로 참새목(Passeriformes)의 하위분류인 참새아목(Passeri)에 속하는 새의 집단을 뜻하며, 새들의 세계에서 비교적 작은 몸집과 더불어 아름답고 복잡한 울음소리(song)를 내는 것이 특징이다. 봄부터 초가을까지 우리 주변에서 들을 수 있는 고운 새소리는 대부분 이들 명금류의 번식기 울음소리이다.

이 울음소리는 새들의 발성기관인 명관(syrinx)을 거쳐 나오는데, 이는 포유류와 달리 성대가 없는 조류의 발성을 담당하는 기관으로 체강 내의 기관과 2개의 기관지 접합부에 위치하고 있다. 화려한 소리를 내는 종일수록 발달된 명관근육을 가지는데 대부분의 조류는 한 쌍의 좁은 근육을 가지는 반면, 명금류는 이외에 6쌍의 근육이 명관 내에 추가로 있다. 이는 명금류가 진화학적으로 다른 분류군에 비해 뒤늦게 출현하였음을 증명하며, 이로 인해 복잡하고 다양한 화음을 구사할 수 있다.

물새와 맹금류 같은 육상조류 가운데 일부 종은 명관이 아예 발달하지 않았거나 발달이 미비하여 단순한 음밖에 내지 못하며, 이러한 새들은 번식과 의사소통에서 소리가 차지하는 비중이 명금류보다 훨씬 적다. 명금류의 울음소리는 구애나 세력권 과시 등 주로 번식을 위한 목적으로 사용된다. 복잡한 울음소리를 가진 명금류는 구애행동을 소리에 의존하기 때문에 비교적 시각적인 자극이 덜한 편이다. 반대로 울음소리가 단순하고 세력권이 작은 경우에는 시각적 과시행동에 의존하게 된다. 특히 공작과 들꿩류 같은 경우 수컷이 암컷에게 매력적으로 보이기 위해 꼬리깃을 펼쳐서 하는 구애행동인 '꼬리깃펼치기 과시행동(fan-tailed display)'이 유명하다. 과시행동은 생물의 진화에서 중요한 역할을 하는 성 선택(sexual selection)의 결과물이다.

소리에 의존하는 조류는 복잡하고 다양한 울음소리를 구사하는 수컷일수록 암컷에게 선택받을 가능성이 높다고 알려져 있다. 동물의 암컷은 번식을 할 때에 다양한 기준으로 수컷의 번식 능력을 평가한다. 복잡하고 다양한 울음소리를 가진 수컷은 자신의 생존을 해결하고서도 울음소리를 발달시키는 데 투자할 에너지, 즉 번식에 투자할 에너지가 충분하다는 것을 의미한다. 또한 주변이 잘 보이는 높은 곳에 올라 울음소리를 내기도 하는데, 이는 천적의 눈에 띄기 쉬운 자리에서 울음소리를 내는 위험을 부담할 만큼 건강함을 과시하는 것이다. 명금류는 본능적으로 울음소리를 깨우치기도 하지만 주변 개체로부터 추가로 습득하거나 세대를 거쳐 발전시키기도 하는 등 후천적 영향을 강하게 받는다. 그러한 결과로 같은 종 내에서도 지역에 따라 울음소리가 달라지기도 하는데 이를 방언, 사투리라고 표현하기도 한다.

3 물가에 나온 어린 방울새
4 나뭇가지에 앉은 어린새 두 마리
5 서양민들레 열매를 먹고 있다.
6 둥지에서 새끼를 돌보는 어미
7 둥지 보수 재료를 물고 있는 방울새

멋쟁이새 | 산까치 · *Pyrrhula pyrrhula*

IUCN 적색목록 LC

한국의 전역에 걸쳐 불규칙하게 찾아오는 흔하지 않은 겨울철새이다.

이름의 유래

멋쟁이새의 학명 *Pyrrhula pyrrhula*는 '멋쟁이새'를 뜻하는 그리스어 pyrrhulas에서 유래하는데, 이는 '엷은 색깔(그리스어 pyrrhos)의 새'라는 뜻도 있다. 영명은 Eurasian Bullfinch이다.

생김새와 특징

부리가 짧고 두껍다. 수컷의 머리 꼭대기는 까맣고 멱과 뺨 부분은 붉은색이다. 날개의 대부분과 꼬리는 까맣고 큰날개덮깃의 끝은 회백색, 허리는 흰색이며 몸의 나머지 부분은 회색이다. 암컷은 수컷의 붉은 부분과 회색 부분이 회갈색이며 뒷머리도 희색이다. 어린새는 암컷과 비슷하지만 머리 꼭대기와 뒷머리가 회갈색이다.

마치 휘파람과 같은 '휘, 휘' 하는 소리를 내면서 부드럽게 운다. 무리를 이룰 때는 '히휘, 히휘' 하고 서로 지저귀는데 이 새는 날면서도 운다.

여름에는 암수가 함께 살고, 가을과 겨울에는 작은 무리를 이룬다. 나무 위에서 주로 살지만 물을 먹을 때나 수욕을 할 때는 땅바닥으로 내려온다. 2,000~2,500m 높이까지 아고산대의 침엽수림에 둥지를 트는데 둥지는 1~2.7m 높이에 있는 나뭇가지에 있으며 둥지의 주위는 침엽수의 잎으로 덮여 있다. 마른 나뭇가지, 마른 풀줄기, 이끼류를 재료로 해서 밥그릇 모양의 둥지를 틀고, 둥지의 밑바닥에는 자잘한 뿌리와 깃털을 깐다. 주로 나무 위에서 생활하며 사람을 그렇게 겁내지 않기 때문에 가까이 다가가도 태연할 때가 많다.

알을 낳는 시기는 5~7월이고 한 해에 2번 번식하며, 한배산란수는 4~6개이다. 암컷만이 알을 품고 수컷은 알을 품고 있는 암컷에게 먹이를 잡아다 먹인다. 새끼는 알을 품은 지 12~14일이면 깨어나고 12~16일 만에 둥지를 떠난다. 눈이 틀 무렵의 복숭아나무, 벚나무, 매화나무의 어린 눈 또는 잎을 먹는다. 버드나무의 어린 눈이나 콩과 식물의 종자도 즐겨 먹는다. 여름에는 곤충류인 나비목의 유충, 파리목, 딱정벌레목 등을 잡아먹는다.

비슷한 새

아종 중에는 수컷의 배가 붉은 붉은배멋쟁이새(*P. p. cassinii*)도 있으며, 가슴이 회색인 재색멋쟁이새(*P. p. griseiventris*)도 드물게 존재한다.

분포

유라시아 대륙 일부와 스칸디나비아반도 일부 등지에서 번식하고, 스페인, 그리스, 터키, 카스피해, 중앙아시아, 만주, 한국 등에서 겨울을 나며, 유럽, 이란, 연해주, 일본, 캄차카반도 등에서는 텃새이다.

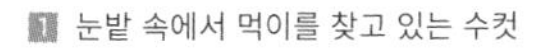

1 눈밭 속에서 먹이를 찾고 있는 수컷

2 수컷이 달맞이꽃 씨앗을 먹기 위해 매달려 있다.

3 나뭇가지에서 땅바닥을 향해 내려앉는 순간

4

5

4 눈속에 삐죽이 나와 있는 잡초에서 먹이를 찾고 있는 암컷 5 나뭇가지에 앉아서 휴식을 하고 있는 수컷 멋쟁이새

새와 사람

멋쟁이새 바꾸기

일본의 한 지방에서는 눈이 많이 내리는 해일수록 멋쟁이새가 많다는 이야기가 있다. 산에 눈이 많이 쌓이면 지난 가을에 열린 식물의 열매들이 눈에 덮여 먹을 것이 없어진 멋쟁이새가 무리 지어 평지로 내려오기 때문이다.

일본에서는 멋쟁이새 바꾸기 행사를 하는 곳이 있다. 살아 있는 진짜 새를 교환하는 것은 아니고 1년 동안 한 신사에 놓아둔 멋쟁이새 목각을 새해에 새로운 멋쟁이새 목각으로 바꾸는 것이다. 새 멋쟁이새의 힘으로 지난해의 나쁜 일이 좋은 일로 바뀌기를 바라는 데서 시작되었다. 이렇게 멋쟁이새가 사람들에게 사랑받게 된 것은 이 신사의 기둥에 벌이 날아다녀 불편했는데 멋쟁이새가 벌을 먹어 치워 더 이상 벌 때문에 곤란을 겪지 않아도 되었기 때문이라고 한다. 멋쟁이새 목각은 버드나무나 편백으로 만들어 색을 칠해서 사용한다.

새의 생태와 문화

계절에 따라 증감하는 새의 장기기억 저장소 해마

새의 뇌 속 해마와 뇌신경세포인 뉴런에 대한 연구에서 새의 먹이저장 능력과 기억력이 생존에 미치는 영향이 매우 크다는 것을 알 수 있었다. 명금류의 어른새(成鳥)를 대상으로 울음소리와 공간기억을 조절하는 신경회로에 관한 연구에서는 새도 뇌의 미세구조가 불변하지 않고 끊임없이 변화한다는 것을 밝혀냈다.

카나리아(Atlantic Canaries)는 봄철이 되면 시냅스(synapses)라는 신경에 새로운 접합 부위를 형성하고 새로운 울음소리를 학습한다. 이 접합 부위는 울음의 시기가 끝나는 가을이 되면 분리된다. 이후에 이러한 쥐 등 여러 동물의 새로운 뉴런(neuron) 연구들이 활발하게 이루어졌다.

미국북방쇠박새류는 겨울철 안정적인 먹이 확보를 위해 가을에 씨앗을 저장하는 습성이 있다. 이 새는 씨앗저장 시기에 해마의 세포를 새로 생성하고 부피를 약 30% 증가시켜 종자의 저장 위치를 기억하는 능력을 향상시킨다. 이듬해 신선한 먹이원인 곤충을 얻을 수 있는 봄이 오면 해마는 다시 작아진다. 이와 같이 명금류의 어른새는 새로운 신경세포를 형성하여 오래된 신경세포를 대체할 수 있을 뿐만 아니라 뇌의 공간을 계절의 활동에 맞추어 시기적절하게 재분배하는 것이다. 이 과정은 새로운 뉴런에 관한 연구로 성인의 뇌, 해마에서도 신경세포가 생성된다는 첫 발견이 1988년 발표된 바 있다.

또한 명금류의 특정 신경회로에서는 뇌 세포가 몇 주 또는 몇 개월이라는 짧은 수명을 가지고 일시적으로만 존재한다. 이 뇌 세포는 울음과 먹이저장, 사회적 상호관계 등의 행동을 제어하는 신경회로 속에서 계절에 따라 주기적으로 사라지거나 대체되는 것이다. 이 점은 오래된 신경세포의 일부가 새로운 신경세포로 대체됨으로써 신경회로가 회춘하고 이를 통해 새로운 정보와 기술을 학습하는 능력이 유지되며, 장기기억은 대체되지 않은 오래된 신경 세포에 남아있게 된다는 것이다.

명금류의 뇌에서 일어나는 신경세포의 교체에 관한 연구는 손상된 뇌와 척수 치료에 관한 연구에 도움을 주었다. 금화조(Zebra Finch)를 이용한 연구에서는 신경 성장인자를 분리하는 과정에서 뉴로류킨(neuroleukin)이라 불리는 큰 단백질 분자를 발견하였으며, 이에 대한 작용부위에 대한 기능적 구조를 분석하여 인간의 뇌 세포를 파괴하고 치매를 유발하는 AIDS 바이러스 연구에 기여하였다.

밀화부리

| 밀화부리 · *Eophona migratoria*

국가적색목록 LC / IUCN 적색목록 LC

흔치 않은 나그네새이며 드문 겨울철새이자 여름철새이다.

이름의 유래

밀화부리의 학명 *Eophona migratoria*에서 속명 *Eophona*에서 Eo-는 그리스어로 '새벽'을 뜻하는 eos가 어원이며 –phone는 '새의 노래'라는 뜻으로 이 둘을 합성하면 '새벽을 노래하는 새'가 된다. 종소명 *migratoria*는 migrotorius의 여성형으로서 '철새'라는 뜻이며 이 새가 여름에 이동하는 것과 관계가 깊다. 영명은 Chinese Grosbeak인데, 여기서 Grosbeak는 '밀화부리의 큰 부리'를 나타내는 것으로 보이며 Chinese는 중국에 서식하는 것으로 생각되어 붙여졌다. 이 새는 예부터 호됴(鳸鳥), 쌍효(桑鳸), 쌍호(桑扈), 졀지(竊脂), 랍취됴(蠟嘴鳥), 랍취쟉(蠟嘴雀), 고지새 등으로 불렸다.

생김새와 생태

꼬리는 길고 깊이 들어간 요(凹)자형이다. 부리는 두껍고 등황색이지만 번식기에는 녹색을 띠거나 부리의 기부만 푸른 기운을 띤 검은색으로 바뀐다. 수컷은 머리부터 목까지 광택이 있는 검은색이며 목덜미에서부터 등까지는 갈색이고 날개는 광택이 있는 검은색으로 날개 끝과 중간의 반점은 하얗고 허리는 회백색이며 꼬리는 까맣다. 가슴에서부터 목 부분까지는 담갈색이고 아랫배의 가운데쯤에는 뚜렷한 주황색이다. 암컷은 머리도 몸도 회갈색이고 날개는 까맣다. 어린 수컷의 날개는 암컷과 비슷하다.

도시 주변, 교외의 작은 숲, 혼효림 등 숲에서 번식하는 것을 흔히 볼 수 있다. 번식기에는 암수 한 쌍이 함께 생활하지만 그 시기가 지나면 무리를 지어 생활한다. 알을 낳는 시기는 5~6월이고 한배산란수는 4~5개이다. 알을 품는 기간은 5일이며 암컷이 품는다. 둥지는 낙엽활엽수림에 비교적 낮게 수평으로 뻗어 나온 교목의 곁가지에 짓는다. 둥지의 재료는 벼과 식물의 잎과 잡초의 줄기로 밥그릇 모양으로 만든다.

대개 나뭇가지에 앉아서 먹이를 먹으며 날 때는 물결치듯이 날아간다. 주로 식물성 먹이를 먹는데 특히 식물의 씨앗을 좋아한다. 이런 종류를 영어로는 'finch(핀치류)'라고 하며 부리의 길이와 종자의 크기가 깊은 상관관계를 가지고 있는 것으로 알려져 있다.

분포

만주, 한국, 중국 중부 등지에서 번식하고 중국 남부, 일본 규슈, 타이완 등지에서 겨울을 난다.

1 숲속에서 휴식을 취하고 있는 수컷

2 단풍나무류 가지에 앉아 있는 암컷

3 여름철 튼튼한 부리로 이팝나무 열매를 먹고 있다.

4 단풍잎돼지풀 열매를 먹고 있는 밀화부리

5 물을 마시려는 암컷을 두고 수컷이 경쟁하고 있다.

새의 생태와 문화

진화론의 중요한 단서, 다윈핀치

'다윈핀치(Darwin's Finch)'라는 새는 다윈이 『종의 기원(The Origin of Species)』을 쓰는데 큰 영감을 준 새로 매우 널리 알려져 있다. 이 새들은 갈라파고스제도(Islas de Galapagos)에 서식하며 먹이의 종류에 따라 같은 계통에서 갈라져 나와 다양한 생김새의 부리를 가지게 되었다. 또한 지리적 격리와 시간의 흐름에 따라 각기 다른 환경에 적응하여 살아왔다. 이들은 '갈라파고스핀치'라고도 불리며 다윈의 진화론을 뒷받침할 중요한 근거자료가 되기도 하였다.

갈라파고스제도에 서식하는 핀치는 여러 종이 있으며 크게 나무핀치(Tree Finches), 휘파람핀치(Warbler Finch), 땅핀치(Ground Finches) 3종류가 있다. 먼저 나무핀치로는 열매를 먹고 앵무새 부리를 가진 초식 나무핀치(Vegetarian tree Finch), 곤충을 먹고 쪼는 부리를 가진 대형 나무핀치(Large Tree Finch)와 중형 나무핀치(Medium Tree Finch), 곤충을 먹고 구멍을 파는 부리를 가진 딱따구리핀치(Woodpecker Finch)가 있다. 휘파람핀치는 곤충을 먹고 구멍을 파는 부리를 가진 휘파람핀치(Warbler Finch)가 유일하다. 땅핀치는 선인장을 먹고 구멍을 파는 부리를 가진 선인장핀치(Cactus Finch)와 종자를 먹고 부수는 부리를 가진 대형 땅핀치(Large Ground Finch), 중형 땅핀치(Medium Ground Finch), 소형 땅핀치(Small Ground Finch)가 있다. 이들은 단일종의 조상에서 유래되었음이 유전적 연구를 통해 입증되었으며, 적응방산(adaptive radiation)의 과정을 거쳐 먹이의 종류에 따라 부리의 크기와 형태의 다양성을 진화시켰다. 한편, 하와이에서 서식하는 고유종인 하와이꿀빨이새류(Hawaiian honeycreeper)도 적응방산의 예로서 유명하다.

적응방산이란 단일종이 먹이 자원과 서식환경 등 여러 주변 요소에 의해 다수의 종으로 분화하는 과정이다. 땅핀치의 부리 깊이(bill depth)와 먹이 종자 두께와의 상관관계에서 잘 나타나 있다. 부리 깊이의 평균치는 소형에서 중형, 대형 땅핀치로 갈수록 증가하며 이러한 차이로 인해 이들의 먹이 종자 크기의 비율이 달라진다. 소형 땅핀치의 작은 부리는 크고 단단한 종자를 섭취하는 데 제한을 받으나 대형 땅핀치는 작고 무른 종자부터 크고 단단한 종자까지 보다 넓은 범위의 종자를 섭취할 수 있다. 이로 인해 소형 땅핀치는 0~1mm, 중형 땅핀치는 2~3mm, 대형 땅핀치는 4~5mm의 두께를 가진 종자를 주로 이용한다. 결론적으로 새의 부리 크기(bill depth)는 먹이원인 종자의 크기와 유형의 잠재적 범위를 결정하게 된다.

콩새

| 콩새 · *Coccothraustes coccothraustes*

IUCN 적색목록 LC

우리나라 어디서나 흔히 볼 수 있는 겨울철새이다.

이름의 유래

콩새의 학명 *Coccothraustes coccothraustes*에서 속명과 종소명 *Coccothraustes*는 그리스어로 장과(漿果)와 곡물을 나타내는 kokkos와 '부수다'는 뜻의 thraustes의 합성어로 '장과나 곡식을 부수어 먹는 새'라는 뜻이며, 영명은 Hawfinch인데, 여기서 haw는 '식물의 열매'라는 뜻이고 이것을 '부수어 먹는 새'라는 뜻인 finch와의 합성어이다. 우리말 이름도 '콩을 먹는 새'라는 뜻의 콩새라고 부르는 것을 보면 아무리 시대와 민족이 달라도 똑같은 생태를 가진 생물에 대한 인간의 인식은 비슷하다는 것을 알 수 있다.

생김새와 생태

온몸의 길이는 18cm이다. 수컷의 깃은 이마에서 뒷머리까지는 살구색을 띤 갈색이며 뒷머리에서는 좀 짙어진다. 목의 옆쪽과 목덜미는 잿빛이고, 등과 어깨깃은 초콜릿 빛깔처럼 어두운 갈색이다. 눈 앞, 부리 주위, 멱은 검은색이고 뺨과 귀깃은 엷은 살구색이며 기타 아랫면은 엷은 잿빛 갈색으로 포도색을 약하게 띠고, 배의 가운데 부분은 엷은 색이다. 암컷의 깃은 수컷과 비슷하지만 갈색이 좀 더 엷다. 부리는 매우 강하고 원추형이며 겨울에는 엷은 살구빛 갈색으로 끝만 좀 짙다. 홍채는 잿빛을 띤 흰색이고, 다리는 엷은 갈색이다.

'찌껏, 찌껏' 또는 '쪼쫏, 쪼쫏' 하는 금속성의 날카로운 소리로 울며, 새끼를 칠 무렵이 되면 휘파람 비슷한 소리로 지저귄다.

공원이나 정원, 교정, 교외의 수풀과 우거진 혼효림 지대를 떼 지어 다니며 단풍나무 열매 같은 각종 낙엽활엽수의 열매를 먹으면서 겨울을 난다. 이동 시기에는 10마리 안팎의 작은 무리를 이룬다. 둥지는 낙엽활엽수림의 가장자리에 있는 관목 또는 하구의 관목림에 짓는데 보통 땅 위에서 2~3m 높이 또는 그보다 더 높은 나뭇가지에 짓는다. 마른 풀, 마른 줄기, 마른 넝쿨 등을 써서 얕은 밥그릇 모양의 둥지를 튼다. 둥지 밑바닥에는 잔뿌리라든가 헝겊, 섬유 등을 깐다.

알을 낳는 시기는 5~6월이고 연 2회 번식하며, 한배산란수는 3~6개이다. 암컷만이 알을 품고 수컷은 알을 품는 암컷에게 먹이를 운반한다. 새끼는 알을 품은 지 9~10일이면 깨어나고 10~11일쯤 자라면 둥지를 떠난다. 식물성 먹이를 주로 먹는데 가을에서 봄까지는 느릅나무과나 녹나무과의 씨 또는 열매를 즐겨 먹으며 여름에는 장미과의 씨나 복숭아 등을 먹고 번식기에는 딱정벌레목의 곤충들을 잡아먹는다.

분포

우랄 지방, 몽골, 러시아 중부, 우수리강 유역, 아무르강 유역 등지에서 번식하고, 터키, 중앙아시아, 중국 동부, 한국, 일본 등지에서 겨울을 난다.

1 나무 위에서 바닥의 먹이를 찾고 있다.

2 물가에 내려앉아 목욕을 하기 전 주변을 경계하고 있다.

새와 사람

콩새의 자태

예부터 중국에서는 콩새를 새장에서 길렀다. 소리나 모습이 눈에 띄게 아름답지 않고 고기를 먹기 위해서도 아닌데 자태가 특이하다는 이유만으로 길렀다. 콩새의 부리는 매우 두꺼워서 다른 새에 비할 바가 아니며, 몸체는 약간 동글동글하며 몸 색은 짙은 밤색으로 옅거나 짙으며 흰색, 검정색 등이 섞여 있어 나름대로 독특하다. 또한 이름 그대로 콩을 비롯한 여러 종자를 먹는데 익은 종자를 먹을 때 "바싹 바싹" 하고 나는 소리가 귀를 즐겁게 하고, 먹이를 잘 먹은 콩새는 통통하니 귀엽게 생각하여 새장에서 기른 것으로 보인다.

새의 생태와 문화

새의 귀와 청각

새는 귀가 어디에 있는지 쉽게 찾아보기가 어려운데, 그 까닭은 귀가 밖으로 튀어나와 있지 않기 때문이다. 그러나 다른 척추동물과 마찬가지로 새의 귀도 머리 옆, 눈 뒤쪽에 있다. 닭이나 독수리나 따오기류와 같이 귀의 구멍이 드러나 있는 것도 있지만 대체로 새들의 귓구멍은 비행 시 귀를 보호하기 위해 귀깃이라고 불리는 특별한 깃털로 덮여 있다. 귀깃은 소리의 통과를 방해하지 않는 구조로 되어 있고 근육으로 치켜 세우는 것도 할 수 있는데, 새가 무엇인가를 들으려고 할 때면 바로 귀깃이 세워진다. 또 바다쇠오리나 펭귄류 등의 잠수성 조류는 귀깃을 닫아 외부의 높은 수압으로부터 내부의 중이와 내이를 지켜준다. 새의 귀는 포유류에 비해서 들리는 범위가 좁은 것이 보통이다. 인간의 귀가 들을 수 있는 범위는 개인차가 있기는 하지만 대체로 20~20,000Hz(헤르츠)쯤이고 다만 민감한 주파수의 범위는 1,000~3,000HZ이다. 카나리아를 예로 들면 250~10,000Hz로 민감한 주파수는 2,800Hz라는 연구 결과가 있다. 새가 민감하게 반응하는 주파수의 범위는 종에 따라 차이가 매우 심하다. 이것은 그 종이 내는 음성의 주파수와 비슷하기 때문이다. 그렇지만 대체로 말한다면 1,000~5,000Hz쯤에 집중하고 있다고 할 수 있다. 또 주파수의 차이를 인식하는 능력은 대체로 인간과 비슷하다. 이전에는 새의 청각이 인간보다도 훨씬 더 뛰어날 것으로 여겨져 왔지만 연구를 통해 대체로 인간의 청각과 크게 다르지 않음이 밝혀졌다. 그러나 한편에서는 딱다구리와 같이 나무 줄기 속에 있는 벌레가 움직이는 소리를 듣고 구멍을 뚫어 아주 정확하게 벌레를 잡아낸다든지, 지빠귀류가 땅 속의 벌레가 있는 곳까지 일직선으로 걸어가서 흙을 파헤쳐 벌레를 잡아내는 것을 보면 인간의 귀에는 전혀 들리지 않는 작은 소리까지도 들을 수 있는 새도 있다는 것을 알 수 있다. 남미의 동굴에 사는 쏙독새류는 박쥐와 같이 컴컴한 동굴 안에서 훨훨 날아다닐 수 있다. 다만 포유류인 박쥐의 경우는 초음파에 의존하지만 이 쏙독새류는 초음파가 아니고 인간의 귀에도 들리는 소리를 내서 그 반향을 이용한다.

3 나뭇가지에 앉아 먹이를 찾는 콩새
4 겨울철 신나무 열매를 먹고 있다.
5 수욕을 하려고 물가로 나왔다.
6 수욕을 하는 모습

솔잣새

| 솔잣새 · *Loxia curvirostra*

IUCN 적색목록 LC
드문 겨울철새이다.

이름의 유래

솔잣새의 학명은 *Loxia curvirosta*로 속명 *Loxia*는 그리스어 '교차하고 있다'는 뜻의 loxos에서 기인하며 '부리가 교차하고 있는 새'라는 의미로 솔잣새의 부리형태를 잘 표현하고 있다. 종소명 *curvirostra*는 근대 라틴어로 curvirostrus의 여성형으로 '구부러진'이라는 뜻의 curvus와 '부리'라는 뜻의 rosrum의 합성어로 결국 이 종의 부리가 구부러진 것과 관계가 있다. 국명인 솔잣새는 이 종이 솔방울과 잣을 주식으로 하는 것과 연관성이 높으며 영명은 Red Crossbill인데 '부리가 어긋나다'라는 뜻의 crossbill과 솔잣새 수컷의 몸 전체가 붉기 때문에 red를 합쳐 Red Crossbill로 명명한 것으로 판단된다.

생김새와 생태

몸길이 약 16.5cm이다. 한반도 전역에서 겨울을 나는 드문 겨울철새이다. 10월 중순부터 도래하여 월동하며, 5월 초순까지 머무르기도 한다. 머리가 크고 꼬리는 짧으며, 부리가 크고 끝이 교차되어 윗부리와 아래부리가 어긋나 있다. 솔잣새는 알에서 부화 후 며칠 지나지 않은 새끼새일 때는 일반새와 같은 부리를 가지고 있다가 1~2주의 시간이 경과함에 따라 부리의 끝이 교차하게 된다고 한다. 수컷은 몸 전체가 적갈색이며 날개와 꼬리는 갈색을 띤 검은색이다. 날개에는 흰색 선이 없다. 암컷은 몸전체가 연한 회색을 띤 노란색이다. 어린새는 몸 전체가 연한 갈색이며, 흑갈색 세로줄무늬가 뚜렷하다. 울음소리는 맑게 소리를 내는데 '삐쥬, 삐쮸' 또는 '집, 집, 집' 하고 운다. 한반도에 도래하는 개체수는 연도에 따라 불규칙하다.

북반부의 아한대와 한대 아고산의 침엽수림을 중심으로 광범위하게 분포하며, 침엽수림에서 먹이를 찾고 무리 지어 날아다니는데, 한 곳에 오래 머물지 않고 이동하며 먹이를 구한다.

대개 알을 낳는 시기는 3월에서 4월까지이나, 때로는 1월에서 2월이나 6~7월까지도 산란하고 연 2회 번식한다. 한배산란수는 3~5개(평균 4개)이며, 암컷만이 포란하고 수컷은 포란 중인 암컷에게 먹이를 가져다 준다. 알을 품는 기간은 12~13일이고 새끼를 키우는 일, 즉 육추는 암수가 같이 하며 기간은 14일 정도이다. 먹이로는 주로 소나무 또는 잣나무 등의 소나무과 나무의 열매를 부리로 쪼갠 뒤에 안에 있는 씨앗을 먹는다. 소나무과의 나무열매는 많은 유지(乳脂)가 포함되어 칼로리가 높은 먹이이다. 장미과나 국화과 식물의 씨앗이나 나무의 눈(冬芽)도 먹으며 동물성 먹이로는 나비목의 유충이나 딱정벌레목과 파리목 등의 곤충을 잡아먹는다.

분포

중국 북부, 아무르강 하류, 우수리 등지에서 번식하고 한국, 일본, 중국 동부 등지에서 월동한다. 이 종의 북부의 번식 집단은 텃새이나 남부의 번식 집단은 겨울에 월동지로 이동한다.

1 솔씨를 까먹으려는 수컷

2 물을 마시려고 땅에 내려 앉은 암수 솔잣새

3 소나무 새순에 앉아 주위를 살피는 솔잣새

4 떼 지어 물을 마시는 모습

새의 생태와 문화

새의 부리

서양에서는 솔잣새가 예수님이 십자가에 못박혔을 때, 못을 빼내다가 굽은 부리가 되었다고 전승되어 왔다. 기독교문화권에서는 이러한 속설로 솔잣새에게 '의인'이란 이미지를 부여하게 되었다고 한다.

이 지구상에는 특별한 부리를 하고 있는 새가 솔잣새만이 아니다. 첫째, 뉴질랜드의 고유종인 굽은부리물떼새(*Anarhynchus frontalis*, Wrybill)가 있다. 이 종은 뉴질랜드 남섬 중앙부에서 번식하고 겨울에 뉴질랜드 북섬이나 남섬의 북부로 북상하여 월동한다. 몸길이는 20~21cm이며 몸의 위쪽은 회색이고 아래쪽은 하얀 깃털로 되어 있다. 이 종의 부리는 약간 위로 향하고 또 우측으로 굽어져 있어 조류에서는 유일한 좌우 비대칭 조류로 영명 또한 '굽어진 부리'라는 뜻의 'Wrybill'이다.

둘째, 새의 부리가 숟가락처럼 생긴 새도 있다. 그것은 희귀한 여름철새이며 희귀한 텃새인 저어새와 적은 개체수의 겨울철새인 노랑부리저어새이다. 이 두 종의 저어새류는 숟가락과 같은 부리를 물속에 넣고 반 정도 열어 둔 상태에서 좌우로 휘저으며 물고기와 갑각류, 수서곤충 등을 포획한다. 옆으로 평평한 부리는 한번에 넓게 먹이를 찾을 수 있어 효율이 좋았을 것이다.

셋째, 우리나라 봄, 가을에 모습을 볼 수 있는 나그네새인 넓적부리도요(*Eurynorhynchus pygmeus*, Spoon-billed Sandpiper)가 있는데 이 종 또한 부리가 주걱 모양으로 전체 몸길이는 16cm 정도이다. 이 종은 저어새와 같이 물이나 개펄의 진흙 속에 부리를 넣어, 왼쪽과 오른쪽으로 흔들면서 전진하여 조개나 갑각류, 작은 물고기 등의 먹이를 채집한다. 최근 조사에 의하면 전세계 개체군이 450여 마리 밖에 없어 멸종이 우려되는 종이다.

어미새가 새끼새에게 먹이를 주는 횟수

조류의 종류에 따라 어미새가 새끼새에게 먹이를 공급하는 빈도는 매우 다양하다.

예를 들어, 알바트로스류 같은 조류는 2~3일 간격으로 먹이를 운반하며, 바다새류와 칼새류 그리고 맹금류는 하루에 1~2회 먹이를 공급한다고 한다. 또한 새끼수가 많은 소형 육상조류의 일부는 1분에 1회 공급한다고 한다. 소형 및 중형의 육상조류는 평균적으로 시간당 4~12회의 빈도로 먹이를 운반하는 것으로 알려져 있다. 비단날개새류(Trogons)는 시간당 1회 둥지로 먹이를 가지고 오며, 흰머리수리(Bald Eagle)는 하루에 4~5회, 그리고 가면올빼미(Barn Owl)는 하룻밤에 10회 빈도로 먹이를 운반한다.

한배산란수가 많은 조류들은 새끼새들이 있는 둥지로 신속하게 먹이를 운반한다. 극단적인 경우로 박새는 하루에 990회, 집굴뚝새(House Wren)는 하루에 491회를 운반한다고 한다.

새끼새들이 성장함에 따라 어미새들의 먹이운반 빈도는 변화하게 된다. 부화 한 지 얼마 되지 않는 새끼새는 에너지 요구량이 적어 소량의 먹이만 필요로 하지만, 점차 성장과 함께 식욕이 증가하게 된다. 알락딱새(Eurasian Pied Fycatcher)의 경우, 2분마다 먹이를 가지고 둥지로 돌아오는데, 새끼새가 부화한 후부터 둥지를 떠나는 이소 때까지 총 6,200번 먹이를 운반하게 된다.

일반적으로 어미새는 새끼새의 에너지 필요량을 충족시키기 위하여 자신이 필요한 양보다 2~3배보다 많은 먹이를 포획하지 않으면 안된다. 유럽칼새(Common Swift of Europe)의 경우, 필요한 에너지 요구량을 충족시키기 위해 공중에서 날벌레들을 포획하려고 하루에 1,000km도 날아다닌다고 한다.

참새

| 참새 · *Passer montanus*

IUCN 적색목록 LC
우리나라 어디서나 볼 수 있는 매우 흔한 텃새이며
도시와 농촌, 바닷가 마을을 가리지 않고 잘 번식한다.

이름의 유래

참새의 학명 *Passer montanus*에서 속명 *Passer*는 라틴어로 '참새'란 뜻이다. 종소명 *montanus*에서 montis- 는 라틴어로 '산'을, -anus는 '속하는'을 뜻하며 합성하여 '산에 산다'는 뜻인데, 똑같은 어원으로 영어의 montane(산의, 산이 많은)이 있다. 그러나 학명과는 달리 주로 마을에서 사람과 가까이 산다. 영명은 Tree Sparrow이다. 우리나라에서는 예로부터 쟉(雀), 빈쟉(賓雀), 와쟉(瓦雀) 등으로 불렸다. 중국에서는 참새를 마작(麻雀)이라 표현하는데, 이는 중국 전통 놀이의 이름과도 같다. 마작은 4명이 136개의 패(牌)를 가지고 짝짓기를 하여 승패를 겨루는 놀이인데, 패를 뒤섞을 때의 소리가 마치 대나무 숲에서 참새들이 떼 지어 재잘대는 소리와 같다고 해서 쓰이게 된 말이다. 또 일본에서는 단순히 작(雀)으로 쓰는데, 이는 '꼬리가 짧은 새'를 가리키는 말이다.

생김새와 생태

머리가 자색을 띤 갈색이고 등은 갈색에 세로로 검은 띠가 있으며 날개에는 2개의 가는 흰색 띠가 있다. 얼굴은 하얗고 뺨 부분에 검은 반점이 있으며 목둘레에 흰 줄이 새겨져 있다. 암수가 같은 색이며 어린새는 전체적으로 색이 조금 엷고 뺨 부분의 검은 반점이 크게 나타나지 않는다.

알을 낳는 시기는 2~7월이고, 한배산란수는 4~6개이다. 새끼는 알을 품은 지 12~14일이면 깨어나고 깨어난 지 13~14일 만에 둥지를 떠난다. 식성은 잡식성이며 여름철에는 곤충류인 딱정벌레목, 나비목, 메뚜기목 등을 주로 잡아먹고 낟알이나 풀씨, 나무 열매 등과 같은 식물성 먹이도 먹는다.

종류와 분포

참새속에 속하는 종류는 전세계적으로 51종이 있고 이 가운데에서도 세계 3대 참새가 있다. 참새(*Passer montanus*, Tree Sparrow), 집참새(*Passer domesticus*, House Sparrow), 그리고 회색머리참새(*Passer griseus*, Grey-headed Sparrow)가 있다. 참새는 유라시아 대륙에 폭넓게 서식하는데, 특히 동아시아부터 동남아시아에 걸쳐 벨트 모양으로 분포한다. 북미 대륙에는 참새속이 서식하지 않았지만 유럽에서 이주하는 사람들이 참새를 가져가면서 북미 대륙에도 참새들이 퍼지기 시작했다. 참새는 한때 북미 각지에서 고르게 퍼지기 시작했지만 집참새에게 쫓겨 자취를 감추게 되었다. 집참새는 다섯 대륙에 고루 분포하는데 그 중 남미, 북미, 오세아니아주는 사람이 데려와 퍼진 것이다. 이렇게 옮겨진 집참새는 인가를 중심으로 차츰 분포를 넓혀 갔다. 유라시아 대륙의 각지에서도 집참새는 참새의 영역까지 침입하여 서식 조건이 나쁜 주변부로 쫓아내고 있는 상황이 여기저기서 일어나고 있다. 집참새는 현재 시베리아까지 동진(東進)하였고, 한반도에서도 몇 회 관찰된 바가 있다.

북미에 도입된 집참새는 몸의 크기에 지리적인 변이가 일어나는데 그 변이의 속도가 생각보다 훨씬 빠르다. 다시 말해 집참새가 서식하지 않던 아메리카 대륙에 도입된 집참새가 불과 100년 사이에 아메리카 대륙 전체로 분포 영역을 넓혀감과 동시에 분포하는 곳에 따라서 몸의 크기나 날개색의 차이가 발생한 것이다. 이러한 사실을 두고 볼 때 진화는 의외의 곳에서 더욱

1 나뭇가지 위에 앉아 있는 참새

2 덤불 위에 앉아 휴식을 취하는 참새

3 귀제비가 사용했던 둥지를 재활용해서 쓰고 있다.

4 먹이를 먹고 있는 참새

5 오동나무에 앉아 있는 무리

6 수욕을 하러 나온 무리

7 모래욕을 하는 무리

빠른 속도로 진행되고 있음을 추측해 볼 수 있다. 회색머리참새는 아프리카 대륙 중부 이남에 서식하고 있다. 회색머리참새는 참새처럼 암수가 같은 색이다. 고온 지대의 인가 주변 농경지나 관목 숲이 서식 환경이 되고 있으며 울음소리는 전형적인 참새 소리와 비슷하다.

새와 사람

해로운 새라는 불명예를 벗은 참새

옛날에는 참새고기를 작육(雀肉)이라고 하였고 알을 작란(雀卵)이라고 불렀다. 한방에서는 참새고기가 강장제 가운데 하나로서 알은 위음증(萎陰症) 또는 여성의 대하증 등에 특효가 있다고 알려져 있으며, 특히 겨울 참새가 효험이 있는 것으로 알려져 있었다. 이 겨울 참새를 '납일(臘日, 섣달, 겨울)에 잡히는 새'라는 뜻인 '랍됴(臘鳥)'라고 불렀다. 일본 후쿠오카에 전해 내려오는 이야기 가운데에는 흰 참새가 발견되면 그 해에는 풍년이 든다는 속설이 있다. 또 설날에 흰 참새를 발견하면 부자가 된다고도 하는데, 이는 모두 흰 참새가 매우 드물기 때문에 생긴 말들이며, 흰 참새를 자신들의 행운과 결부시켜 소박한 바람 하나씩을 가져 보려는 생각에서 비롯되었다. 옛날에는 참새뿐만 아니라 다른 흰 새들도 길조로 여겨 매우 귀하게 여겼다.

옛날 프러시아의 프리드리히 대왕은 자신이 좋아하는 버찌를 참새가 먹어 치우는 것에 화가 나서 참새를 모조리 잡아들이라고 명령하였다. 그리고 두 해가 지나자 벚나무에 해충이 생겨 피해가 심했다. 결국 참새의 역할을 새로이 알게 된 대왕은 참새를 보호하게 되었다고 한다. 중국에서는 사해(四害) 추방 운동이라고 하여 쥐, 참새, 파리, 모기를 전멸시키는 운동에 온 국민이 나선 적이 있다. 그리고 그렇게 잡아들인 참새들을 손수레에 실어 온 나라를 돌면서 사람들의 사기를 진작하는 데 쓰기도 했다. 중국은 이 운동을 통하여 1967년까지 사해를 뿌리 뽑을 방침을 정하고 적극적인 구제(驅除)를 실시했지만 참새가 줄어들면 줄어들수록 논밭에는 해충이 더욱 극성을 부려 흉작의 원인 가운데 하나로 작용하였다. 그리하여 참새는 사해라는 불명예에서 벗어나게 되었다.

참새는 언제나 '해로운 새인가, 아니면 이로운 새인가'라는 논쟁의 대상이 되어 왔지만 실제로 참새의 먹이 조사를 해 보면 그렇게 해로운 새가 아님을 알 수 있다. 하지만 예로부터 참새는 곡식이 익기 시작할 무렵부터 낟알을 쪼아 먹기 때문에 이를 막으려고 허수아비를 만들어 세우거나 사람들이 직접 쫓아내기도 하였다. 또 요즘에는 빛이 되비치는 테이프를 쓰거나 가늘고 질긴 그물을 가장자리에 설치해 참새의 접근을 막기도 한다.

8
9

새의 생태와 문화

새가 걷는 방법

새가 걷는 방법은 두 가지인데, 하나는 두 다리를 가지런히 모아 총총 뛰어가는 호핑형(hopping)이고, 다른 하나는 다리를 서로 엇갈리며 한 걸음씩 걷는 워킹형(walking)이다. 참새를 비롯한 개똥지빠귀, 멧새, 박새, 물까치, 어치 등이 호핑형으로 걷고, 멧비둘기, 찌르레기, 할미새류, 꿩, 오리류 등의 물새가 워킹형으로 걷는다. 한편, 까마귀는 두 가지 방법을 모두 써서 걸을 수 있다.

야생 조류가 숲에 미치는 영향과 가치

야생 조류는 그들이 생존하고자 하는 노력만으로도 이미 생태계에서 대단히 중요한 자리를 차지하고 있다. 생태계는 산업화 사회의 영향으로 급격한 변화를 겪고 있지만 야생 조류는 뭇 생물들의 보금자리인 산림을 지키는 데에 매우 큰 몫을 맡고 있다. 야생 조류는 곤충이나 그 애벌레를 먹이로 삼기 때문에 이상 번식을 막아 산림이 황폐해지는 것을 막는다. 물론 그것은 새들이 의도해서가 아니라 스스로 생존과 대를 잇는 데에 기본적으로 필요한 에너지를 얻으려는 아주 보편적이고 단순한 행동이다. 그러나 그렇게 함으로써 새들은 산림의 건강성을 지켜 주고 숲은 새들에게 좋은 서식지를 제공해 준다.

다음의 사례는 야생 조류와 숲의 상호 관계를 구체적으로 보여 주고 있다. 박새가 한 해 동안 먹어 치우는 곤충과 그 애벌레의 숫자는 무려 85,000여 마리에 이르며, 뻐꾸기의 경우만 해도 송충이 같은 모충(毛蟲)을 약 90,000여 마리 이상 잡아먹는 것으로 알려져 있다. 이렇게 보았을 때 우리나라의 야생 조류가 한 해 동안 먹어 치우는 벌레의 숫자만 해도 실로 어마어마하다. 2010년 국립산림과학원에서 산림성 조류가 잡아먹는 해충의 방제비용을 산출한 결과, 국내 산림 지역에서 84,735억 마리의 곤충이 매년 포식되고 있었으며, 그중 10%를 해충으로 계산하면 1조 6,647억 원의 가치가 있는 것으로 추정되었다. 더욱이 그만큼의 돈을 들여 농약을 써서 살충했을 때에 빚어지는 피해는 사람의 생활에도 많은 영향을 끼칠 뿐만 아니라, 전혀 뜻하지 않았던 곳에서 생태계의 불균형 현상을 불러올 것이다.

산업화 사회 속에서 우리가 할 수 있는 최선의 길은 어떤 식으로든 자연 생태계에 대한 인간의 간섭을 줄여 나가는 것이다. 어떤 생물이든 그 자연 환경과 서로 상호 작용하면서 진화해 왔을 뿐만 아니라, 한 생물이 생존한다는 것은 그 자체만으로도 자연 생태계를 굳건히 지켜 주고 있다. 바로 이렇게 야생 조류가 먹이를 채집함으로써 자연 생태계의 불균형을 미리 막아 공익에 도움을 주는 것을 수치로 나타내는 것이 '공익 기능의 계량화'이다. 이러한 계량화를 통하여 자연환경의 관리와 이용 계획을 세울 수 있다. 공익 기능의 계량화는 세계 곳곳에서 이루어지며, 미국에서는 자연이 해충을 통제하는 비용을 약 540억 달러로 계산하고 있다. 또한 실제로 야생 조류는 단지 해충을 통제하는 비용 외에도 새를 탐조하거나 사냥하면서 즐기는 이익을 주기에 더욱 더 높은 가치를 매길 수 있을 것이다.

8 이소 직후 천적을 보고 깜짝 놀라서 고개를 내밀고 있다.

9 가을철 군집 상태로 활동하고 있는 참새

찌르레기 | 찌르러기 · *Spodiopsar cineraceus*

IUCN 적색목록 LC

우리나라 어디서나 볼 수 있는 흔한 여름 철새이고 일부가 흔하지 않은 겨울철새이다.

이름의 유래

찌르레기의 학명 *Spodiopsar cineraceus*는 그리스어로 '회색의'를 뜻하는 spodios와 '얼굴'을 뜻하는 ōps가 합쳐져 '회색 얼굴'을 뜻하며, 찌르레기의 외부 형태가 반영된 표현이다. 종소명 *cineraceus*는 라틴어로 '회색'을 뜻하며 이는 찌르레기의 몸 일부의 색깔이 회색인 것과 관계가 있다. 영명은 '얼굴 부분이 흰 찌르레기'라는 뜻으로 White-cheecked Starling이라 한다.

생김새와 생태

꼬리는 짧고 몸은 대체로 회색을 띤 검은색으로 머리와 날개는 검은색이 강하고 얼굴에는 하얀 깃털이 있으며 둘째날개깃은 옅은 색이다. 허리 부분은 하얗고 바깥꼬리깃의 끝부분도 하얗다. 부리와 다리는 등색, 암컷은 조금 더 갈색 기운이 강하고 어린새는 갈색 기가 더욱 강하다.
도시의 공원, 정원, 교정, 농경지, 구릉, 산록, 사원 둥지에서 번식하며 무리를 지어 다닌다. 번식기에는 암수가 같이 생활하지만 번식이 끝날 무렵에 모이기 시작해서 겨울부터 봄까지는 큰 무리를 이룬다. 번식기에는 '큐킷, 큐리리릿' 하고 울지만 날 때는 '큐리릿, 큐리릿' 하고 운다. 알을 낳는 시기는 3월 하순에서 7월 무렵까지이고 한배산란수는 4~9개이다. 암수가 번갈아가며 알을 품고, 품은 지 9~10일이면 깨어난다. 나무 구멍, 건물의 지붕 또는 돌담의 틈, 딱다구리의 낡은 둥지 등에 집을 짓는다. 나무 위에서도 먹이를 먹지만 땅바닥에서 먹이를 찾는 경우도 많다. 먹이로는 양서류의 무미목, 연체동물의 복족류, 쥐류, 곤충류 등의 동물성과 참밀, 보리, 완두, 과실 등이 있는데, 특히 버찌를 좋아한다.

분포

세계적으로는 아무르 강 유역, 우수리 강 유역, 몽골 동부, 한국 등지에서 번식하며 중국 동북부, 만주, 일본에서는 텃새이고 중국 중남부에서 겨울을 난다.

새와 사람

이상세계로 인도하는 찌르레기

찌르레기는 예나 지금이나 문학 작품에 많이 등장하는데, 울음소리에서 비롯된 찌르레기라는 이름이 여러 가지로 사람들에게 정감을 불러일으키기 때문일 것이다. 시인 장석남은 「새떼들에게로의 망명」이라는 시에서 찌르레기를 '찌르라기'라고 부르고 "쌀 씻어 안치는 소리처럼 우는 검은 새떼들"이라고 표현하면서 찌르레기를 현실을 벗어나 이상세계로 가기 위한 매개체로 형상화하였다.

1 나무 위에서 주변을 경계하는 찌르레기

2 찌르레기 어른새(왼쪽)와 어린새(오른쪽)

3 4 나무 구멍 둥지에서 먹이를 먹으려고 입을 벌리고 있는 새끼와 먹이를 물고 온 어미

5 간섭에 의해 어린새는 이동하고 어른새는 경계음을 내고 있다.

6 돌 위에 앉아 휴식을 취하는 찌르레기

새의 생태와 문화

철새가 길을 찾는 법

철새들은 몇 백, 몇 천 km에 이르는 번식지와 월동지 사이를 옮겨 다니는데 무엇을 지표로 삼아 정확한 서식지로 이동하는지에 대해서 많은 조류학자들이 관심을 가져 왔다. 이동경로상의 지형지물을 기억하여 방향을 결정한다는 것은 간단히 생각할 수 있으며, 낮에 이동하는 새들이나 둥지로 돌아가는 비둘기가 방향을 알기 위해서 태양의 위치를 이용한다는 것과 밤에 비행하는 새들이 천체인 별을 길잡이로 삼는다는 것도 이미 잘 알려진 사실이다. 북반구에서 별을 나침반으로 이용하는 경우 방위 감각을 이용하여 북쪽의 북두칠성과 카시오페이아 두 별자리를 가지고 북쪽을 알며, 태양이나 별을 보고 방위감각을 익히고 지형지물을 파악하여 정확한 목적지를 찾기 위해서는 새끼 때부터 학습이 필요하다고 한다. 때문에 기러기류나 두루미류, 고니류 등은 월동지까지 새끼와 함께 이동하며 학습한다고 한다. 야생 조류들의 이동에는 지구 자기장, 냄새 등의 요소들이 복합적으로 작용한다는 사실들이 속속 밝혀지고 있다. 지구 자기장은 지구 전체에 퍼져 있는 미약한 자기장으로, 위치와 지형에 따라서 다른 패턴을 나타낸다. 최근의 연구에서는 지구 자기장이 빛의 편광을 유도하고, 새들은 방위에 따른 빛의 편광을 보고 이동방향을 결정함을 알아냈다. 철새들은 이처럼 자연계의 여러 가지 것을 나침반으로 삼아 자신이 목적한 곳으로 정확히 이동하는 것이다.

조류와 자기장

최근 과학기술의 발달로 철새들의 이동경로는 소형 위치추적기(geolocator)를 이용하여 추적한다. 이때 철새의 위치는 배터리가 소모될 때까지 10분에 한 번씩 햇빛의 양으로 위도, 경도를 측정하여 알게 된다. 이렇게 위치추적기로 철새의 이동경로 및 거리는 알 수 있지만 철새가 어떻게 목적지를 찾아가는지는 알 수 없었다.

1950년대 독일의 연구자가 실시한 유럽울새(European Robin)와 방향찾기 새장(orientation cage)을 이용한 실험을 토대로 철새는 자기(磁氣) 나침반이 있어 지구의 자기장을 철새들이 이용한다는 것이 알려졌다. 철새들이 자기장을 감지하는 능력 즉 자각(磁覺)을 가지고 있다는 것이다. 이러한 지구자기장(geomagnetics)를 감지하는 능력은 철새를 비롯한 텃새, 포유류, 바다거북, 나비 등 일부 동물 또한 지구 표면 및 그 주위의 공간에서 만들어지는 자기장을 감지해 위치나 방향을 판단하는 것으로 알려져 있다. 특히 조류는 자기(磁氣) 정보를 지역적 또는 전 지구적 규모로 방향을 찾기 위해 이용하고 있다.

또한 조류는 지구자기장을 이용하여 자신의 위치를 정위(定位)하는 것으로 알려져 있는데 이는 1980년대 비둘기의 눈 주위와 비강에서 발견된 미세한 자철광(magnetite)과 관련이 있는 것으로 알려져 있다. 이러한 자철광의 성분은 조류의 머리, 특히 뇌신경에서 연장눈신경에서 보이며, 안와의 전방에 있는 얇은 사골에서도 보인다. 철새인 쌀먹이새(Bobolink)의 경우도 눈 신경세포에 자철광을 가지고 있어 적절한 방향으로 이동하여 정위한다. 이러한 자기장 감지는 조류의 왼쪽 눈과 오른쪽 눈에서 다르게 나타나는데, 왼쪽 눈은 방향을 잘 찾지 못하나 오른쪽 눈은 잘 찾는 것으로 나타났다. 이는 오른쪽 눈만이 자기장을 감지하여 나타나는 현상이다.

가끔 낙뢰와 같은 자연현상으로 일상적이지 않은 자기장의 변화가 나타나는데 동물들은 이러한 자기장의 변화와 일상적인 자기장의 변화를 구분한다. 유럽울새의 경우, 자기장이 평소보다 25% 이상 강해지면 방향 탐색에 이 정보를 이용하지 않는다고 한다.

붉은부리찌르레기

붉은부리찌르레기 · *Spodiopsar sericeus,*

IUCN 적색목록 LC

이 종은 소수의 개체가 번식하는 희귀한 텃새이며
적은 수의 개체가 한반도를 통과하는 드문 나그네새이다.

이름의 유래

붉은부리찌르레기의 학명 *Spodiopsar sericeus*에서 속명 *Spodiopsar*는 그리스어로 '회색의'이라는 뜻인 spodios('회색'을 뜻하는 spodos와 '얼굴' 또는 '눈'을 의미하는 그리스어 ops의 합성어)와 찌르레기를 뜻하는 psar의 조합으로 '회색 찌르레기'라는 뜻으로 이 종의 몸체가 회색인 것과 관계가 있다. 종소명 *sericeus*는 라틴어로 '비단과 같은'이라는 뜻이며 그리스어로 비단을 의미하는 serikon로부터 기인한다. 이것은 이 종의 목, 머리, 어깨의 깃털이 실과 같으므로 비단같이 부드럽다는 것을 뜻하는 것으로 생각된다. 영명으로는 부리가 붉다는 Red-billed와 찌르레기의 Starling이 합쳐져 Red-billed Starling으로 명명된 것으로 판단된다.

생김새와 생태

몸길이는 24cm이며, 부리는 길고 뾰족하며 붉은색이고 부리의 끝부분은 검다. 눈의 홍채는 암갈색이다. 다리는 어두운 붉은색이다. 머리, 목, 어깨깃은 실과 같으며 약간 긴 경향이 있다. 날개와 꼬리는 광택이 있는 검은색으로 날개에 흰색 반점이 있다. 수컷의 머리와 가슴은 흰색으로 머리꼭대기에 노란빛을 띤다. 몸의 윗면과 아랫면이 옅은 청회색이다. 암컷은 전체적으로 흐린 황갈색이다. 날개깃와 꼬리깃은 녹색 광택이 있는 검은색이다.

국내에서는 2000년 4월 강화도에서 처음 관찰된 후 관찰 개체수가 증가하고 있다. 그리고 2007년 5월에 제주도에서 처음 번식이 확인된 이후에 부산, 강원 강릉, 경기 파주 등지에서 번식 기록이 점점 증가하고 있다.

붉은부리찌르레기는 작은 무리를 이루기도 하고 다른 종류의 찌르레기 무리에 섞여서 통과하기도 한다. 농경지 정원 마을주변에서 서식한다. 먹이로는 열매나 곤충류 등을 잡아 먹는다. 산란하는 한배산란수는 6~7개이며, 포란기간은 14일 정도이고 새끼의 육추기간은 17~20일 정도가 소요된다.

분포

중국의 중부 또는 남부에서 서식하는 텃새이며 일부 개체군은 베트남 북부로 이동하여 월동하기도 한다.

1 천적의 습격을 피하기 위해 배설물을 받아 제거하는 모습
2 먹이를 물고 둥지로 들어가는 어미새
3 4 둥지에 들어가기 전 경계를 하는 모습

꾀꼬리

| 꾀꼬리 · *Oriolus chinensis*

IUCN 적색목록 LC

우리나라 어디서나 볼 수 있는 흔한 여름철새이다.

이름의 유래

꾀꼬리의 학명 *Oriolus chinensis*에서 속명 *Oriolus*는 '꾀꼬리'를 뜻하는 것으로 '금빛 색깔을 가진 새'라는 뜻이다. 종소명 *chinensis*에서 -ensis는 라틴어로 그 동물이 가장 먼저 채집된 '기산지(基産地)'를 나타내는 것으로 중국이 이 새의 기산지임을 알 수 있다. 날개깃과 꼬리는 까맣고, 온몸이 뚜렷한 노란색이므로 예부터 꾀고리, 잉(鶯, 鸎), 황됴(黃), 황쟉(黃雀), 황리(黃鸝), 김의공ᄌ(金依公子) 등으로 불렸다. 영명은 Black-naped Oriole이다.

생김새와 생태

암수의 생김새가 비슷하여 야외에서 쉽게 구별하기 힘들며, 부리는 엷은 빨간색이고, 눈에서 뒷머리까지 검은색 띠가 있다. 날 때는 파도 모양으로 날며 '우갸야, 우갸야' 하는 고양이의 울음소리와 비슷한 소리를 내는데, 번식기에는 나뭇잎 사이에서 '뼛 삐요코 삐요, 뼛 삐요코 삐요' 하며 매우 아름다운 소리를 낸다. 아름다운 목소리를 꾀꼬리에 비유하는 것은 여기에서 나온 것으로 생각된다.

꾀꼬리는 공원, 정원, 사찰, 농경지의 소림, 침엽수림, 낙엽활엽수림, 혼효림 등의 여러 지역에서 번식한다. 이러한 짙푸른 숲속에서 노란 꾀꼬리가 날아가거나 가지에 앉아 울고 있는 장면을 보면 녹색과 대비되어 매우 깊은 인상을 준다.

암수 함께 또는 혼자 나무 위에서 주로 생활하는 꾀꼬리는 수욕(水浴)을 좋아하여 나무 위에서 물속으로 날아들어 수욕을 하고 나무 위로 돌아와 날개를 가다듬는다. 또 겁이 많기 때문에 언제나 나무 위의 높은 곳에서 나뭇잎 뒤에 숨어 있다.

둥지는 높은 나뭇가지에 만드는데 벼과 식물의 잎, 마른 풀, 잡초의 가는 뿌리 등을 거미줄 따위로 엮어 깊은 밥그릇 모양으로 만들고 나뭇가지에 거미줄로 매단다. 알을 낳는 시기는 5~7월까지이며 보통 4개의 알을 낳는데, 그 가운데 부화되는 것은 2~3개뿐이고 둥지를 떠날 때는 대개 1~2마리만이 살아남는 경우가 많다. 봄에는 딱정벌레목, 나비목, 매미목, 메뚜기목 등의 곤충류와 거미류를 즐겨 먹고 가을에는 벚나무 열매, 산딸기, 머루 같은 식물 열매를 먹는다.

분포

중국, 한국, 만주, 우수리강 유역, 아무르강 유역 등지에서 번식하고 인도차이나반도, 미얀마, 인도네시아, 중국 남부 등지에서 겨울을 난다.

1 느티나무 가지에 앉아서 노래를 부르고 있다.

2 튤립나무 가지에 앉아서 먹이를 물고 경계를 하고 있다.

새와 사람

최초의 서정시에 등장한 꾀꼬리

『삼국사기』권 13 고구려본기에는 고구려 제2대 왕인 유리왕이 꾀꼬리를 보고 지은 「황조가(黃鳥歌)」가 있다.

펄펄 나는 꾀꼬리는
암수 서로 놀건마는
외로울사 이 내 몸은
뉘와 함께 돌아갈꼬

이 고대 시가는 유리왕이 연인을 찾아 헤매다가 나무 그늘에 앉아 쉬면서 나뭇가지에 앉아서 서로 부리를 맞대고 정답게 놀고 있는 꾀꼬리 한 쌍을 바라보면서 짝을 잃은 자신의 외로운 심정을 옮긴 우리나라 최초의 서정시로 꼽힌다. 한편 단순한 사랑노래가 아니라 고구려 건국 초기의 정치적 세력다툼을 상징하는 시가라는 해석도 있다.

새의 생태와 문화

공동육아로 새끼를 키우는 새

아이를 돌보기 힘든 맞벌이 부부들은 친척이나 어린이집 등에 아이를 맡기고 일을 나가는 경우가 많다. 새들의 사회에서도 이런 모습이 나타나는데, 친척이나 형제자매가 어미새와 함께 육추를 도와줌으로써 번식의 부담을 줄이는 형태의 공동육아 방식이다. 한 쌍의 어미새와 도우미새들이 새끼를 함께 양육하면서 공동으로 영역을 방어하고 새끼에게 먹이를 제공한다. 이러한 공동육아는 번식 성공률을 확연히 높여주는 것으로 보인다.

새들의 번식을 조사한 외국 자료를 보면 도우미가 있는 경우 플로리다어치는 1.3배, 회색머리딱새(Grey-crowned Babbler)는 2배 이상 번식 성공률이 높아졌다. 우리나라에서는 꾀꼬리의 공동육아가 관찰되며, 지난해 태어난 어린 새끼가 어미의 번식을 돕는다. 둥지 가까이에 침입자가 접근하면 함께 경계하고, 공격할 뿐 아니라 갓 태어난 새에게 먹이를 제공한다. 이러한 도우미는 2년 후 어른새의 깃으로 갈아입으며 독립하는 것으로 여겨진다.

얼핏 생각하면 공동육아에서 도우미는 어미새들을 위해 희생하는 이타적인 모습으로 보인다. 하지만 사실 도우미가 대부분 어미새의 친척이기에 번식을 성공적으로 도움으로써 자신의 유전자를 퍼뜨릴 수 있다. 더욱이 육추를 도움으로써 자신의 새끼를 기를 때 필요한 기술을 습득하고, 번식 환경이 나쁠 때는 친척의 육추를 돕다가 좋은 환경이 갖추어질 때 번식을 시작할 수 있다. 또한 공동육아를 함으로써 종내의 지나친 자원 경쟁을 피할 수도 있다. 공동육아는 새들의 세계에서도 드문 번식 형태이지만, 서로 간에 양보를 통해 함께 이익을 보는 멋진 번식 전략이다.

3 어미가 먹이를 가지고 오자 새끼들이 입을 크게 벌리고 경쟁을 하고 있다.
4 새끼에게 먹이를 주는 꾀꼬리
5 이소 직전 새끼를 돌보는 암컷과 수컷
6 천적인 까치가 다가오자 큰 소리로 경계음을 내는 새끼
7 갓 이소한 새끼

어치 | 어치 · *Garrulus glandarius*

IUCN 적색목록 LC

우리나라 어디서나 흔히 볼 수 있는 텃새이다.

이름의 유래

어치의 학명 *Garrulus glandarius*에서 속명 *Garrulus*는 '잘 떠들다'는 뜻이며 '갸아 갸아 갸아, 과아 과아 과아' 하고 시끄럽게 우는 이 종의 습성에서 비롯한다. Glans가 도토리와 같은 견과를 뜻하므로 종소명 *glandarius*는 '도토리를 좋아하는'이란 말로 풀이할 수 있으며 이 말은 또한 가을에 도토리를 주로 먹으며 겨울을 대비하여 도토리를 저장하는 이 새의 생태를 잘 표현하였다. 어치의 서식 분포는 대체로 참나무의 분포와 일치한다. 영명은 Jay이며, 이 단어는 '잘 지껄이는 사람'을 일컫는 속어로서 이 새에 아주 잘 어울리게 지어졌다. 때때로 어치는 다른 새를 비롯하여 고양이 소리 와 매, 말똥가리 등의 울음소리를 그럴 듯하게 흉내 낸다. 어치의 옛이름은 '가짜 비둘기'라는 뜻의 '가(假)비둙기(鳩)'와 '언치새'로서 이것이 어치의 어원이라고 생각된다. 어떤 지방에서는 어치를 산에 있는 까치라 생각하여 산까치라고도 부르며 '산까치'라는 제목을 가진 대중가요도 있다.

생김새와 생태

까치보다는 작고 몸은 대개 갈색이지만 머리에는 세로로 잿빛을 띤 검은 얼룩무늬가 있으며, 등과 허리는 잿빛을 띤 포도주색이고 위꼬리덮깃은 흰색이다. 아랫부리 기부에서 뺨에 이르기까지에는 굵고 검은 줄이 있으며, 눈 앞쪽은 어두운 갈색이다. 귀깃은 황갈색이며 배 쪽은 잿빛을 띤 흐린 황갈색이다. 부리는 검은색이며 옆에서 보면 포물선 모양이고 다리는 갈색이다.

알을 낳는 시기는 4월 하순에서 6월 하순까지이고 한배산란수는 4~8개이다. 낙엽활엽수림, 침엽수림, 혼효림 등으로 가득 우거진 해발고도 1,200m쯤의 한라산, 설악산, 지리산 중턱에 이르기까지 널리 분포한다. 식성은 포유류의 설치목, 조류의 알과 새끼, 양서류의 무미목, 파충류의 도마뱀, 어류, 연체동물과 같은 동물성 먹이와 벼, 옥수수, 콩 등의 농작물 및 나무의 열매와 과실 등 식물성 먹이를 모두 먹는 잡식성이다.

분포

전세계적으로 유럽, 우랄 지방, 몽골, 만주, 한국, 일본, 중국 등지에 분포한다.

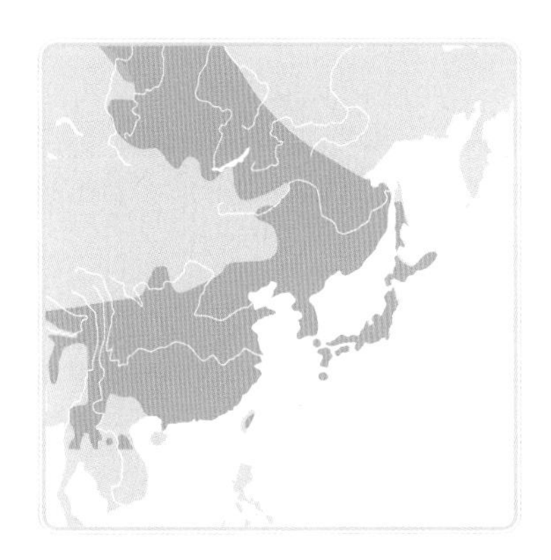

1 2 옹달샘에서 수욕을 즐기고 있다.

3 소나무숲에서 휴식을 하고 있는 어치
4 수욕을 마친뒤 나무에서 깃털을 손질하고 날아가는 모습
5 옹달샘을 찾아와 주위를 경계하고 있다.
6 향나무에 둥지를 틀고 새끼를 키우는 모습

새의 생태와 문화

어치의 먹이저장행동

가을이 되어 신갈나무나 졸참나무 등의 도토리가 여물면 그 나무 위나 밑에서 매우 분주히 움직이는 새를 볼 수 있게 된다. 이 새가 바로 어치이다. 어치는 야생 조류에게 가장 지내기 힘든 겨울에 대비하여 도토리를 다른 장소에 몰래 감추어 놓고 뒤에 다시 찾아먹는 새로서 다른 새들과는 조금 색다른 습성을 가지고 있다. 이것을 '저장행동'이라고 하는데, 특히 박새류에게서 많이 보인다. 어치는 도토리를 열심히 먹는데 먹을 때 목 부분이 주머니와 같이 부풀어 오른다. 바로 그 주머니에 열매를 담고 날아가서 저장 장소에 보관한다. 주머니에 도토리가 대체로 4~5개, 많을 때는 10개 이상도 들어간다. 이 행동은 도토리가 여물기 시작할 때부터 눈이 많이 쌓일 무렵까지 계속된다. 어치의 도토리 저장량은 무리를 이룰 때의 개체에 따라서 다르고 이때 서열이 낮은 개체일수록 저장량이 적다.

어치는 하층 식생이 적은 숲의 땅바닥에 구멍을 판 뒤 도토리 한 알을 넣고 낙엽이나 이끼 같은 것으로 덮어 감춘다. 이렇게 몇 번씩 되풀이해서 감추어 나간다. 이 저장 장소는 찾기가 매우 어렵다. 또한 지상뿐만 아니라 나뭇가지 사이에도 저장한다. 이 경우에는 나무가 갈라진 틈이라든지 나무와 나무 사이의 빈틈에 감추는데 마찬가지로 낙엽이나 나무껍질을 덮어서 감춘다. 나무 위의 저장은 눈이 땅바닥에 쌓일 때부터 많이 관찰된다. 어치는 기억력이 아주 좋기 때문에 그렇게 감춘 먹이를 결코 어렵지 않게 찾아낸다.

새끼새의 자극적인 구강색은 배가 고프다는 신호

큰부리까마귀의 어미새가 새끼에게 먹이를 주는 동기는 시각이나 음성에 의한 신호소리에 의해 촉진된다. 어느 쪽이든지 신호자극에 의해 자동적으로 행동하게 되는 것이다.

가장 일반적인 신호는 새끼새의 입속 구강 색깔이다. 구강이 빨간색이나 노란색으로 자극적인 원색으로 눈에 띄는 색이면 어미새는 먹이를 급이해야 하는 것으로 판단한다. 큰부리까마귀의 새끼의 입 속의 구강도 새빨간 색인데 어미새가 '까악' 하고 울면 새끼가 입을 벌린다. 어버이새가 새빨간 구강을 보면 새끼에게 먹이를 준다. 큰부리까마귀의 새끼의 구강이 빨간색을 띠는 기간은 어미새로부터 먹이를 공급받는 동안만이고, 스스로 먹이를 채식할 수 있는 시기가 되면 까맣게 바뀌게 된다.

또, 구강의 색은 새끼새의 입의 위치를 어미새가 재빨리 알아차려 먹이를 급이하도록 작동하는 것으로 알려져 있다. 특히 나무 구멍(樹洞)과 같이 어두운 둥지에서는 중요한 사항으로 오스트렐리아에 서식하는 화려한 새인 무지개새(*Chloebia gouldiae*, Gouldian Finch)의 새끼는 구강 양쪽에 유백색을 띠는 청색이나 녹색의 기묘한 4개의 혹이 있다. 이것은 어두운 곳에서 약간의 빛에도 반사되어 잘 보인다. 어미새는 혹을 보고 새끼의 위치, 그리고 구강이 있는 장소를 알게 된다.

구강의 색깔은 어떤 새끼새의 배가 얼마나 고픈지를 나타내는 지표(barometer)인 경우도 있다. 유럽에 서식하는 붉은가슴방울새(*Acanthis cannabina*, Common Linnet)의 새끼새 구강색은 새빨갛지만 배고픔이 감소하는 경우에 따라 색이 변한다. 배가 고프면 붉은 기가 증가하고, 배가 부르면 색이 약해진다. 어미새는 새끼새의 구강색으로 배가 고픈 정도를 판단한다고 한다.

까치 | 까치 · *Pica pica*

IUCN 적색목록 LC
우리나라에서 흔히 볼 수 있는 텃새이다.

1 먹이를 발견하고 돌진하는 모습

2 먹이가 부족한 겨울철에는 다른 동물의 사체를 먹기도 한다.

이름의 유래

까치의 학명 *Pica pica*에서 속명 *pica*는 라틴어로 '얼룩의, 반점의'를 의미하는 pingo에서 유래되었으며 '까치속'을 뜻한다. 1920년대에는 이 새를 쟉(鵲), 희쟉(喜鵲), ㅆ차치, ㅆ차치, 가치라고 불렀으며 울음소리는 '깟깟'으로 표현하였다. 또 이 무렵의 중국인들은 울음소리를 '챠챠'로 표현하였다. 영명은 Eurasian Mapie이다.

최근, 이 종의 학명은 International Ornithologists' Union의 IOC World Bird List version 10.2(2020)에 의하면 *Pica serica*이다. 종소명 *serica*는 라틴어로 비단옷이라는 의미이며, 까치의 깃털이 약간 광택이 있는 것과 관계가 있어 보인다. 새로운 영명은 Oriental Mapie이다.

생김새와 생태

어깨깃, 배, 첫째날개덮깃은 하얗고, 몸의 나머지 부분은 녹색을 띠지만 전체적으로 자색 광택이 있는 흑색이다. 부리와 다리도 까맣다. 일반적으로 새는 암수 가운데 수컷이 훨씬 화려하고 아름답지만 까치는 겉모습만 보고는 암수 구별이 불가능하다. '카치카치' 또는 '카칵카칵' 하고 울거나 '카샤카샤' 또는 '가칫가칫' 하고 우는데 까치라는 이름은 바로 까치의 이러한 울음소리에서 비롯되었다.

번식할 때는 수컷이 머리 꼭대기의 깃털을 치켜세우거나 눕히며, 꼬리를 높게 치켜들고 꼬리 끝을 넓게 폈다 접었다 하는 과시행동을 보인다. 알을 낳는 시기는 2~5월 무렵까지이며 연 1회 번식하고 한배산란수는 2~7개(보통 5~6개)이다. 알은 암컷만 품는다. 새끼는 알을 품은 지 17~18일이면 깨어나고 그로부터 22~27일쯤 지나면 둥지를 떠난다.

까치는 둥지를 시골마을 또는 시가지의 아까시나무, 미류나무, 버즘나무 등의 교목에 짓는데 둥지는 지상 10~15m 높이의 나뭇가지에 튼다. 그러나 최근에는 전봇대나 송전탑에 둥지를 트는 경우가 늘어나고 있으며, 이 때문에 정전사고가 자주 일어나 도시의 까치둥지는 골칫덩어리이기도 하다. 암수가 힘을 합쳐서 집을 짓는데, 둥지의 재료 운반을 빠르면 12월 무렵, 보통 2~3월 무렵부터 시작한다. 둥지는 낡은 둥지 위에 덧붙여서 만들거나 낡은 둥지를 보수하여 이용하는 경우도 있지만 대개는 새로 짓는다. 나뭇가지를 주재료로 하고 흙을 이용하여 둥근 모양으로 트는데 옆면에 출입구를 낸다.

까치는 울릉도를 포함한 일부 도서 지역을 뺀 우리나라 어디에서나 서식하지만 높은 산이나 외진 곳에서는 보기 힘들다. 땅바닥에서 양다리를 모아 총총 뛴다든지, 두 다리를 번갈아 걸어 다니면서 먹이를 찾는다. 놀랐을 때는 옆으로 재빨리 날아서 도망간다. 걸을 때면 늘 꼬리를 치켜 올린 모습을 볼 수 있는데 마치 연미복을 입은 신사가 걸어가는 것을 연상케 한다. 까치는 혼자서 생활하는 경우가 많고, 사람과 쉽게 친해지며 농부가 밭을 갈 때 아주 가까이까지 다가와서는 태연하게 먹이를 찾을 때면 능글맞아 보이기까지 한다. 성질은 매우 민감하고 낯선 사람이 나타나면 매우 경계한다. 밤에는 침엽수림이나 잡목림에서 잔다. 잡식성으로 설치류, 작은 새의 알과 새끼, 뱀, 곤충 등을 먹기도 하며 농작물이나 사과, 복숭아 같은 과일의 살도 먹는다. 까치는 매우 공격적이기도 하다. 둥지에 접근하는 고양이, 맹금류, 사람 등에게 겁먹지 않고 무리를 불러 위협한다. 아무리 강한 포식자라 할지라도 까치 무리를 피해 도망갈 수밖에 없다. 실제로 까치에게 황조롱이나 말똥가리 등의 맹금류가 쫓기는 모습을 드물지 않게 볼 수 있으며, 월동하는 독수리 무리 사이에서 독수리의 먹이를 뺏어 먹고 있는 모습도 종종 목격할 수 있다.

분포

세계적으로 알래스카, 캐나다, 미국 서부에서부터 한국, 중국, 영국 등을 포함한 유라시아 대륙과 북아프리카에까지 분포한다.

새와 사람

동방의 길조, 까치

우리 모두가 어린 시절에 즐겨 불렀던 윤극영의 「설날」 동요는 까치로 시작한다. 이는 까치가 우리 겨레와 더불어 살아왔다는 것을 의미한다. 또 까치가 울면 반가운 손님이 찾아온다는 이야기는 우리뿐 아니라 중국과 몽골의 공통된 문화로 알려져 있다.

30년여 전에 필자는 일본의 조류 사진작가와 함께 새 관찰을 하려고 주남저수지에 함께 간 일이 있었다. 그때 이 일본인은 까치를 발견하자마자 카메라의 셔터를 누르기 시작하여 계속 사진을 찍어댔다. 그때 필자는 흔하디 흔한 이 새를 왜 그렇게 열심히 찍어 대는지를 이해할 수가 없었다. 일본에서는 까치가 매우 희귀한 새이며, 번식지 자체가 천연기념물이라는 사실을 나중에야 알게 되었다. 한반도와 일본 열도 사이에는 바다가 있어서 생물지리학적인 격리로 말미암아 본디 일본에는 까치가 서식하지 않았지만 도요토미 히데요시(豊神秀吉)가 조선을 침략하면서 조선에서 가져갔으며 그 뒤에 일본에 토착화되었다. 지금의 서식 분포는 이때의 침략 항구였던 하카타(博多)가 있는 북규슈 지방의 후쿠오카현, 사가현, 나가사키현, 구마모토현이다. 까치를 일본어로 '가사사기(カササギ)'라고 하지만 사가현에서는 '까치카라스(カラス, 까마귀)'라고 부르는 것이 매우 흥미롭다. 이는 까치라는 한 개체와 그 이름까지 그대로 옮겨간 좋은 보기이다. 독신을 뜻하는 총각이란 단어가 지금도 일본 사회에서 통용되는 것과 비슷한 사례이다.

중국의 기록에는 '세 선녀가 있었는데 장백산(백두산)의 동녘 산상의 연못(천지로 추정)에서 목욕을 하였다. 이때 까치가 지저귀며 날아오더니 빨간 열매 하나를 한 선녀의 옷에 올려놓았다. 선녀는 빨간 열매를 먹고 한 사내아이를 낳았는데 이 아이가 자라서 청나라의 시조가 되었다'는 내용의 신화가 알려져 있다. 만주 지방에 살고 있는 중국인 여성의 머리를 땋는 방법이 명나라 때부터 전해져 기혼 여성 사이에서 유행했는데 이를 '까치머리'라고 불렀다. 까치를 길조로 여기는 풍습은 동방의 공통된 정서이다. 중국의 고서 『본초강목(本草鋼目)』과 『회남자(淮南子)』에는 까치가 다음해의 바람 부는 방향을 미리 알고 둥지를 만드는데 바람이 많을 것 같으면 반드시 낮은 곳에 둥지를 만든다고 적었다.

칠월 칠석과 관련한 전설은 본디 중국에서 나온 것으로 다음과 같은 이야기가 전한다. 하늘의 강(天之川) 서쪽에는 아름다운 별 세 개가 있고 중국인들은 이것을 직녀 3성(星)이라고 불렀다. 이 세 별 가운데에 제일 위에 있는 별이 천제의 딸이었다. 이 하늘강 동쪽에 있는 큰 별은 견우성(牽牛星)으로서 밭을 경작하여 벼를 비롯한 곡식을 가꾸는 성신이었다. 천제의 딸은 견우와 맺어져 하늘 강

3 나뭇가지에 앉아서 쉬고 있는 까치 무리

4 둥지에서 이소 직전 어미와 함께 활동하는 새끼들

의 동쪽으로 시집을 갔다. 두 사람은 너무도 사랑하여 한 시도 떨어질 줄 몰랐기 때문에 베 짜기도 농사일도 까맣게 잊어버리고 말았다. 천제가 이것을 알고 매우 노하여 직녀를 하늘의 강 서안(西岸)으로 유배를 보냈다. 그리고 일 년에 꼭 한 번 음력 7월 7일에만 하늘의 강을 사이에 두고 만날 수 있도록 하였다. 그러나 두 사람은 하늘의 강을 건널 수가 없었다. 이듬해 7월 7일 두 사람이 안타까이 바라만 보고 있을 때 그들의 슬픈 사연을 전해들은 까치와 까마귀 떼가 일제히 하늘로 날아올랐다. 오작의 무리는 곧바로 자신들의 몸을 잇고 이어 은하수를 가로지르는 멋진 다리를 놓았다. 견우와 직녀는 까치와 까마귀들이 만든 다리를 건너 비로소 만나게 되었다. 훗날 이 다리를 '오작교'라고 부르게 되었으며 견우와 직녀를 이어준 사랑의 가교가 되었다. 우리나라에는 위의 전설에 더하여 견우와 직녀가 오작교를 건너면서 까치의 머리를 밟는 바람에 까치의 머리에 깃털이 없어졌다고 전해진다.

새의 생태와 문화

까치의 섬 토착화 훈련, 그 후

1989년 10월부터 한 매스컴에서 까치가 살지 않는 제주도에 까치를 보낸 일이 있다. 또 1991년에는 경상북도가 울릉도에 까치를 보낸 뒤에 토착화 훈련을 실시한 바도 있다. 한반도는 제주도나 울릉도 그리고 일본 열도와는 바다를 사이에 두고 있어 생물지리학적으로 수많은 세월이 흐름에 따라서 생태적 격리가 일어나 까치가 서식하는 반도와 그렇지 못한 섬으로 나뉘었다. 제주도의 까치는 결국 환경에 적응하여 번성하게 되었으며, 현재에는 제주도를 침입한 외래종으로서 문제가 되고 있다. 까치는 먹이 그물의 상위 포식자이기에 기존에 제주도에서 서식하던 까마귀 등의 토착종들의 생태를 교란할 뿐 아니라 과수에도 피해를 주고 있다. 다행히 울릉도의 까치는 토착화하지 못하고 사라졌다. 사람의 간섭으로 인해 섬에 들어간 까치가 문제를 일으킬 것은 어렵지 않게 예상할 수 있었고, 지금이라도 생물의 인위적인 방조를 금지하는 것이 자연을 지키고 사랑하는 올바른 방법일 것이다.

까치의 남진

1982년 필자는 전라도 광양의 서울대학교 남부학술림에서 조류상조사를 하였는데 까치는 관찰할 수 없었다. 당시 해남에도 까치가 없었다고 들었다. 지금은 까치가 전국에서 관찰되지만 까치는 본래 북방종으로 점차 남진을 하였기 때문이다. 1980년대 초반까지도 까치는 광양 또는 해남까지 남하하지 못했던 것이다. 이러한 현상은 까막딱다구리도 마찬가지로 나타난다. 1970년대는 중부지방에서 까막딱다구리가 관찰되었으나 이후 점차 남하하여 지금은 남부지방인 지리산에서도 관찰된다. 들꿩의 경우도 해방전까지는 38선 이북에만 서식하였으나 지금은 지리산, 월출산, 광양 백운산에도 서식한다. 이것은 북방종인 새들이 남쪽으로 생물학적 분산한 것으로 생각된다. 역으로 남방종인 크낙새가 동남아시아에서 점차 북으로 분산하여 대마도를 거쳐 19세기 후반 무렵 서울, 개성, 경기도 등에서 채집되었으며 제2차세계대전 때까지 강원도, 경기도, 황해도 등 중부지방까지 서식하였다고 판단된다. 이것은 남방종이 북으로 분산한 예라고 생각된다.

5 비상하는 까치 6 물가에 앉아 경계하는 모습 7 수욕을 하는 모습 8 백화 현상이 일어난 흰색 까치

까마귀

| 까마귀 · *Corvus corone*

IUCN 적색목록 LC

우리나라 전역에 걸쳐 서식하는 귀한 텃새이자 흔한 겨울철새이다.

이름의 유래

까마귀의 학명은 *Corvus corone*인데 여기서 *Corvus*는 라틴어 cornix에서, *corone*는 그리스어 korone에서 유래하는 것으로서 둘 다 '까마귀'를 뜻한다. 영명은 Carrion Crow인데, 여기서 Carrion은 '썩은 고기'를 뜻하며 Crow는 '까마귀류'를 뜻하는 말로서 까마귀가 썩은 고기를 먹는 습성과 관계가 있다. 과거에는 까마귀를 효됴(孝鳥), 오(烏), 한아(寒鴉), ᄌᆞ오(慈烏), 가마괴, 가마귀, 가막이 등으로도 불렀다.

생김새와 생태

몸은 암컷과 수컷 모두 자줏빛 광택이 있는 검은색이다. 새끼는 갈색 기만 있고 광택이 없다. 부리와 다리도 검은색이다. 까마귀 종류의 어미새와 어린새를 구별할 수 있는 한 가지 방법이 입 속의 색깔인데 어미새는 검고 어린새는 핑크색이다. 이 방법은 검은딱새의 경우에도 마찬가지이며 표식 조사(banding)를 할 때 쓰인다. 까마귀는 큰부리까마귀보다 탁한 소리로 '과-, 과-, 과-, 과-' 하는 소리를 3~4번 내다가 조금 간격을 두고 다시 운다.

알을 낳는 시기는 3월 하순에서 6월 하순이며 품는 기간은 19~20일이고 새끼는 알을 깬 지 30~35일이면 둥지를 떠나며, 둥지를 떠난 어린새는 그 뒤로도 오랫동안 어미새와 지낸다.

농촌의 인가 부근이나 해변, 산 등의 높은 나뭇가지 위에 암수가 함께 둥지를 만드는데, 나뭇가지를 많이 사용하여 밥그릇 모양으로 만들며 작은 나뭇가지, 풀뿌리, 마른 풀, 깃털, 짐승 털, 헝겊 등을 깐다. 조류의 알과 새끼, 포유류 설치목의 들쥐, 농작물, 곡류, 과실 등을 먹이로 하며 그 밖에 갑각류, 곤충류 등도 먹는 잡식성이다.

흔히 우리 주변에서 볼 수 있는 까마귀는 큰부리까마귀로, 보통 까마귀보다 부리가 더 길고 두툼한 편이다.

분포

세계적으로는 유럽, 유라시아 대륙, 한국, 일본 등지에 서식한다.

1 나뭇가지에서 먹잇감을 찾고 있다.

새와 사람

길조이거나 흉조이거나, 알쏭달쏭한 까마귀의 이미지

예부터 까마귀는 효도를 하는 새로 알려져 반포지효(反哺之孝)라는 사자성어도 생겨났다. 까마귀의 새끼가 다 자란 뒤에 어미새에게 공양한다는 이야기인데 까마귀와 같이 보잘것없어 보이는 새도 부모에게 효도를 다하듯이 사람도 마땅히 효도를 하지 않으면 안 된다는 것을 강조한 말이다. 그러나 실제 까마귀의 생태를 보면, 어린 까마귀가 태어난 뒤 초반에는 어미새가 먹이를 물어다 주지만, 조금 지나면 암수가 함께 먹이를 물어다 주는데, 이때 먹이를 목 부분에 넣어 온다. 어미새의 보호 속에서 자란 어린 수컷 까마귀는 둥지를 떠날 때쯤에는 몸집이 꽤 커 있다. 그런데 이러한 장면을 어린 새끼가 어미에게 먹이를 먹이는 것으로 착각하여 까마귀가 효도를 하는 새라는 착오를 일으킨 것이라고 생각된다.

까마귀는 옛이야기 속에도 자주 등장한다. 그리스 신화에서는 원래 까마귀가 흰 몸을 가진 새였으나, 태양의 신인 아폴론의 명령을 듣지 않자 아폴론의 분노를 받아 까맣게 타버렸다고 한다. 성경에서 노아(Noah)는 비둘기와 까마귀를 날려 홍수가 끝났는지를 알아오게 했는데, 불충실한 까마귀는 돌아오지 않았다. 결국 까마귀는 노아의 저주로 깃털 색깔이 흰색에서 검은색으로 바뀌었다. 동양에서는 세 개의 발을 가진 까마귀, 삼족오 이야기가 유명하며 태양을 상징하는 신성한 길조로 여겨진다. 태양을 상징하는 삼족오는 번영과 풍요를 가져다주는 새로 고구려 벽화의 사신도에서 중앙을 차지하고 있다.

까마귀가 매우 긍정적인 역할을 하는 전설도 있다. 북미 원주민의 민속적 이야기에는 홍수로 인해 오도가도 못하게 된 인간과 음식을 나눴다는 까마귀의 관용을 그리고 있다. 고대 스칸디나비아 선원은 지구 반대편 힌두교의 선원이 한 것처럼 까마귀를 배에 태워 항해를 한 후 육지에 상륙하도록 방사하였다는 이야기도 있으며, 알렉산더 대왕이 암몬 신전의 선지자를 만나기 위해 이집트 사막을 횡단하는 긴 여행 도중에 모래 폭풍을 만났을 때 두 마리의 까마귀가 나타나 유도함으로써 선지자를 만나게 하였다고 알려져 있다. 그리고 일본에서도 진무 천황의 길을 안내하였다는 여덟 까마귀의 이야기도 있다.

예부터 까마귀가 무리를 이루는 것을 빗대어 별 볼일 없는 무리라는 뜻의 오합지졸(烏合之卒)이란 말이 있다. 많고 많은 새 가운데 까마귀만큼 인간이 싫어하는 새도 드물 것이다. 몸 색깔이 온통 검을 뿐만 아니라 생김새도 추하며 울음소리 또한 을씨년스럽다. 아무거나 뒤져 먹는 잡식성이며 다른 새의 알이나 새끼도 잡아먹기 때문일 것이다. 까마귀가 울면 사람이 죽는다든가, 집 앞에 가까이 다가오면 불길한 사자(使者)로까지 생각하였다. 이토록 까마귀는 옛날 사람들에게는 미움을 받아 왔지만 사람의 죽음이나 화재 등을 미리 알리는 능력이 있는 동물로서 외경의 대상이 되기도 하였다.

2 수욕을 마치고 깃털 손질로 마무리하고 있는 까마귀

3 밤나무에서 번식을 마친 둥지 모습

조류의 지능

머리가 좋지 않은 사람을 흔히 새의 머리에 비유하곤 한다. 그러나 실제로는 새의 지능은 상당히 높은 편이며, 대부분의 포유류와 같이 몸무게의 2~9%가 뇌의 무게에 해당한다. 많은 새들에게서 발견된 복잡한 사회적 상호작용과 창의적인 섭식행동은 새의 높은 지능을 대변한다. 연구에 따르면 큰까마귀와 앵무새는 7까지 숫자를 헤아릴 수 있으며, 암컷 물닭은 자신이 낳은 알의 수를 헤아리고 탁란된 알을 방치한다. 박새 사회에서 우유의 뚜껑을 따서 내용물을 먹는 방법, 이집트독수리 무리에서 돌을 던져 타조의 알을 깨는 방법 등은 한 개체가 발견하면 곧 다른 개체들이 학습하여 전체 무리에 퍼져나간다. 또한 한 실험에서는 비둘기가 다른 비둘기에게 질문하여 정보를 얻고 감사를 표하는 행동을 확인한 바 있다.

까마귀과의 새들은 수많은 새들 가운데서도 독보적으로 높은 지능을 가진 것으로 알려져 있다. 까마귀는 견과류를 높은 곳에서 떨어뜨려 껍질을 깰 뿐 아니라 최근 도시화된 지역에서는 차도에 견과류를 놓은 후 빨간불일 때 멈춘 차 사이를 유유히 걸어가 먹이를 가져가는 것이 확인되었다. 또한 동물이 보는 앞에서 먹이를 숨겨 찾게 만드는 실험에서 고양이와 토끼, 닭이 낮은 성적을 받은 것에 반해 개와 까마귀는 곧바로 문제를 해결하였다.

미국의 한 어치 종류는 그들이 숨긴 먹이의 종류와 장소를 기억하고 상하는 음식을 먼저 찾아 먹었으며, 그들이 먹이를 숨긴 위치를 아는 동료가 생기면 저장지점의 위치를 바꾸었다. 까마귀는 어려울 때를 대비하여 먹이를 저장하기도 하는데 일본의 한 도시에 서식하는 까마귀는 먹이의 종류에 따라 저장하는 기간이 다른 것으로 알려져 있다. 삶은 계란이나 어묵 같이 상하기 쉬운 것은 반 이상을 그 날 안에 먹어 치우고 나머지도 3일 안에 먹어 치워 평균 저장기간이 1.95일이었다. 그러나 빵은 평균 2.34일, 호두와 같은 보존하기 쉬운 먹이의 대부분은 10일 이상이었고 먹이의 저장 기간은 평균 13.6일, 그 중에는 2개월 가량 보존된 예도 보고되었다. 까마귀는 단순히 먹이를 저장만 하는 것이 아니고 어느 것이 썩기 쉽고 어느 것이 장기간 보존할 수 있는 것인지 먹이의 성질을 파악하고 있는 것으로 알려져 있다. 이 먹이저장행동의 의미는 먹이가 부족할 때에 대비하는 것으로 극한 환경에 처할 경우 자신들의 생명을 구해 줄 수 있으며 또 새끼를 키워낼 수 있다. 까마귀는 기억력이 뛰어나 비축한 먹이의 대부분을 이용하는 것으로 알려져 있다. 지능이 상당히 높다는 증거이다.

까마귀는 특히 사냥할 때는 팀워크가 매우 좋고, 기억력, 먹이의 처리 및 비축 방법, 위험으로부터의 도피법 등이 남다르다. 까마귀가 다른 새들과 달리 좀 더 지혜가 있어 보이는 까닭은 강한 호기심과 세심하지만 대담한 행동, 그리고 정보 수집, 집단 학습 등에서 비롯하는 것으로 보인다. 호두 같은 딱딱한 열매는 까마귀의 강한 부리로도 쉽사리 깰 수 없다. 망치나 돌멩이로 부수어 알맹이를 꺼낼 수 있는 사람과 달리, 까마귀는 자유롭게 도구를 사용할 수 없기 때문에 호두를 부리에 물고 공중으로 날아올라 바위나 아스팔트 등에 떨어뜨려 쪼개져 빠져 나온 호두의 알맹이를 주워 먹는 것이다. 호두와 같이 딱딱한 조개류의 껍데기를 공중에서 떨어뜨려 안에 있는 조개의 살을 먹는 행동이 관찰되기도 한다. 또한 까마귀는 사냥할 때나 어린 고양이나 개를 공격할 때에 때때로 양동 작전을 쓴다. 한 마리는 얼굴을 공격하고 또 한 마리는 꼬리를 쪼아 상대방의 얼을 빼앗고 결국 지쳐서 죽게 만든다.

그러니 우리가 흔히 하는 농담 가운데 정신없는 사람에게 '저 사람이 까마귀 고기를 먹었나' 하는 말은 적절치 못한 비유이다. 일본 도쿄에 서식하는 까마귀는 먹지 않는 물건이라도 숨기는 습성이 있는데 때로는 구슬, 맥주 뚜껑, 비누, 시계 등과 같은 것도 숨긴다. 아마도 이것은 먹이저장행동이 변한 것으로 여겨진다.

까마귀 목욕

'까마귀 목욕'이라는 말이 있다. 이는 까마귀가 수욕(水浴)을 순식간에 끝내는 데서 유래한 말로서 물에 몸만 담갔다가 곧바로 나와 목욕을 끝내는 사람을 비유한 말이다. 새에게는 깃털이 매우 중요하다. 깃털에 묻은 오물이나 노폐물, 기생충을 제거하여 늘 깨끗하게 해야 한다. 또 방수도 필요하다. 그러므로 새들은 깃털고르기(preening)를 매우 열심히 한다. 하나의 중요한 방편이 수욕인데, 대개의 새는 얕은 물에 들어가 몸이나 날개, 꼬리에 물을 끼얹고 몸을 마구 흔드는 방법으로 수욕을 한다.

까마귀의 수욕은 보통 1~2분, 길어야 수 분이다. 까마귀 말고도 대부분의 소형 조류, 오리나 갈매기류, 도요새나 물떼새류들도 비슷한 시간이 걸린다. 멧비둘기는 빗물에 수욕을 하는데 비가 내리면 몸을 옆으로 하고 한 쪽 날개를 수직으로 펴서 안으로부터 겨드랑이 부분까지 비를 맞도록 한다. 참새는 연못 등의 수면에 거의 닿을 듯이 날면서 몸을 흔들어 수욕을 한다. 물총새는 물속으로 뛰어들어 수욕을 한다. 상모솔새나 박새류와 같은 소형 조류는 나뭇잎의 이슬이나 빗방울로 수욕을 한다.

꿩이나 메추라기 등은 수욕 대신 모래욕을 한다. 가령 모래밭에서 옆으로 눕는다든지 발로 모래를 파서 날개에 끼얹어 깃털 속까지 모래를 넣는다거나 깃털을 비비는 것이 모래욕이다. 햇볕이 잘 내리쬐고 알맞게 마른 안전한 장소에서 모래욕을 하는데 우리나라에서는 주로 무덤가에서 이루어진다.

새들의 놀이

놀이는 인간의 전유물이 아니며 원숭이, 강아지, 고양이도 놀이를 한다. 서로 쫓거나, 매달려 회전하거나 무언가를 굴리거나 한다. 반면에 '새가 논다'라는 것은 의외로 알려져 있지 않다. 그러나 포유류와 같이 고등척추동물이면서 지능의 발달한 새는 꽤 다양한 놀이행동을 한다. 새들 중에서는 잉꼬류나 까마귀류에서 놀이행동이 자주 관찰된다. 잉꼬류는 사육하는 새가 놀이행동을 한다. 까마귀류는 다양한 행동을 하는데 몇 가지의 사례를 소개한다.

까마귀류는 미끄럼타기를 좋아하는데 일본의 도심에서는 공원의 미끄럼틀에서 까마귀가 미끄럼타기를 하고 있는 것을 자주 관찰할 수 있다. 미끄럼틀을 타고 내려온 까마귀는 또 다시 위로 가서 다시 미끄럼틀을 타는데, 미끄러져 내려오는 동안, 날개를 조금 파닥이며 균형을 유지한다.

자연에서도 까마귀가 눈의 사면에서 놀고 있는 듯한 모습이 관찰되는데 홋카이도의 시레토코 등지에서는 겨울에 도래하는 큰까마귀나 텃새까마귀와 큰부리까마귀가 눈의 급사면에서 미끄러지거나 구르거나 한다. 가슴이나 등을 눈의 표면에 붙여서 미끄러지기도 한다. 구를 때는 몸을 옆으로 하여 데굴데굴 굴러가거나 소위 말하는 공중제비처럼 앞부분으로 구르기도 한다. 가슴이나 등을 붙여서 미끄러져 내려가는 모습은 판을 사용하지 않지만 마치 썰매놀이를 하는 것처럼 보이며 즐기고 있다는 것을 알 수 있다.

유럽의 뿔까마귀(*Corvus cornix*)도 크고 동그란 뚜껑 위에 올라타고 눈이 쌓인 지붕 위에서 날개로 균형을 잡으면서 미끄러진다. 지붕의 아래까지 미끄러지면 뚜껑을 물고 다시 꼭대기까지 날아가 같은 행동을 반복한다. 흥미로운 점은 몸을 옆으로 해서 미끄러지거나 정면을 바라보고 미끄러지거나 한다. 마치 사람이 썰매나 스노보드라도 타고 노는 것처럼 보인다.

부록 | *Appendix*

부록1

- 두루미의 번식지와 도래지
- 남극의 새, 펭귄

부록 2

- 보호, 멸종위기 조류 목록
- 북한의 새 이름

부록 1 | *Appendix 1*

두루미의 번식지와 도래지

- 중국 자룽습지
- 일본 구시로습원
- 일본 이즈미 평야
- 극동러시아 두루미류 번식지

남극의 새, 펭귄

- 킹조지섬 세종과학기지의 펭귄마을
- 남극대륙 장보고과학기지의 펭귄
- 펭귄 보육원

두루미, 재두루미, 흑두루미 등이 우리나라에서 겨울을 보내고 있지만 번식지에 대해서는 그동안 소개된 적이 별로 없다. 중국의 자룽습지는 두루미의 번식지이다. 두루미가 일년내내 사는 서식지인 일본의 구시로 습원과 재두루미와 흑두루미의 월동지인 일본의 이즈미, 러시아의 두루미 번식지도 함께 수록하였다.

펭귄은 세계적으로 남극, 남아메리카, 남아프리카 등지에서 살고 있지만 주로 남극대륙과 그 주변 섬에 가장 많은 종류의 펭귄이 서식하고 있다. 그 가운데 우리나라의 남극 연구기지인 세종과학기지와 장보고과학기지 근처에도 펭귄들이 많이 서식하고 있다. 필자는 2012년부터 2018년에 걸쳐 4차례나 겨울(남극에서는 여름)에 남극 킹조지섬 세종과학기지를 방문한 바 있다. 연구를 위해 방문한 킹조지섬 펭귄마을의 펭귄 서식지를 소개한다. 최근 우리 과학자들이 연구 중인 남극대륙 장보고과학기지 주변에 서식하는 황제펭귄에 대해서도 알아본다. 펭귄은 최근 많은 다큐멘터리와 도서를 통해 잘 알려져 있다. 그럼에도 펭귄의 생태와 행동에 대해서는 비교적 최근에야 새롭게 알려지는 정보가 많다. 여기에 부록으로나마 펭귄의 번식행동 등을 수록하여 펭귄 연구에 앞장서고 있는 우리의 연구 현장을 소개한다.

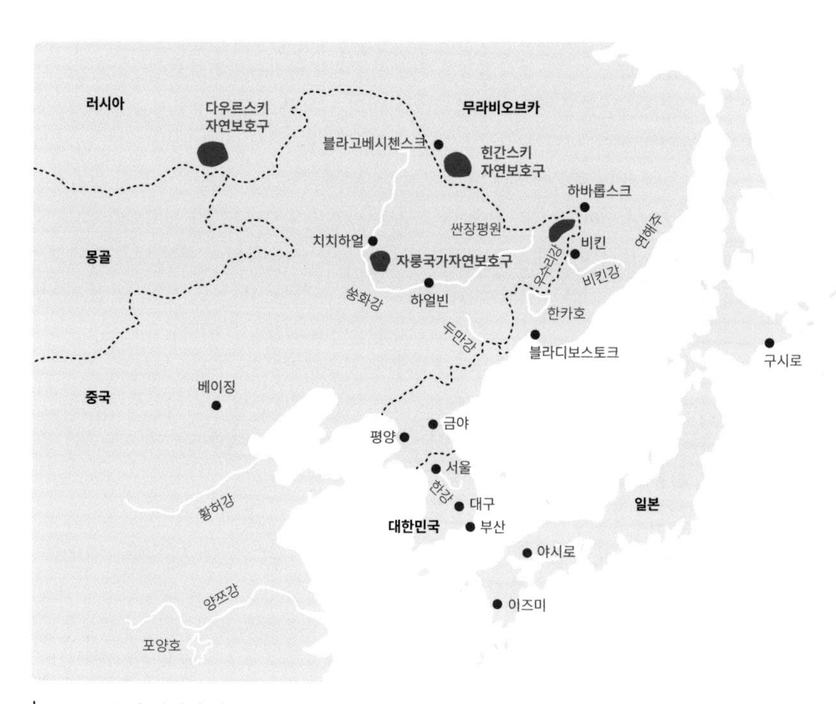
러시아
다우르스키 자연보호구
무라비오브카
블라고베시첸스크
힌간스키 자연보호구
하바롭스크
싼장평원
치치하얼
비킨
연해주
몽골
자룽국가자연보호구
우수리강
비킨강
하얼빈
쑹화강
한카호
두만강
블라디보스토크
구시로
중국
베이징
금야
평양
서울
한강
대구
황허강
일본
대한민국
부산
야시로
양쯔강
이즈미
포양호

| 주요 두루미 번식지 지도

중국 자룽습지

자룽(札龍)습지의 정식명칭은 헤이룽장자룽국가급자연보호구(黑龙江扎龙国家级自然保护区)이다. 중국 헤이룽장성 치치하얼의 남동쪽 30km 지점에 위치하고 있으며 면적은 210,000ha이다. 아시아에서 가장 큰 습지이며, 세계에서는 네번째로 크다. 세계 최대의 갈대습지이기도 하다. 중국에서는 1979년 처음으로 헤이룽장성 성급 두루미 및 습지유형보호구로 지정되었으며, 1987년 국가급자연보호구로, 1992년 람사르습지에 등록되어 있다.

이곳은 대륙성 온대기후로 겨울이 길고 봄은 바람이 많이 불고 여름은 덥고 비가 많이 오며 가을은 서늘하다. 연평균기온은 3.5℃ 최고기온은 39.9℃, 최저기온은 -39.5℃로 연교차가 큰 곳이다.

이곳은 초원, 습지초원, 갈대를 비롯한 사초군락지인 소택지 등으로 구성되어 있으며, 갈대가 광대한 지역에 걸쳐 분포하고 있다, 약 500여 종의 고등식물이 서식하고, 저서무척추동물인 연체동물, 환형동물, 절지동물도 많이 서식한다 척추동물로는 물고기 51종, 양서류 6종, 파충류 6종 포유류 37종이 있다.

1980년대부터 새들의 천국으로 알려져 있으며 265종이 서식한다. 그리고 중국 내 두루미 번식지로 유명하며 두루미 개체군은 약 400~500마리 정도가 서식하는 것으로 알려져 있다. 재두루미도 번식하며, 흑두루미 및 검은목두루미는 나그네새이다. 이곳 갈대군락지의 물깊이는 30cm 안팎으로 두루미의 둥지틀기와 번식에 매우 적합하다. 이 두루미들은 양쯔강 하구의 포양호와 동정호에서 월동한다.

1 필자를 따라다니는 사육 중인 새끼 두루미들

2 먹이를 먹고 있는 사육 중인 새끼 두루미

3 자룽습지에서 물목욕을 하는 두루미

4 물에서 먹이를 찾는 두루미

5 비상하는 두루미

6 7 자룽습지에서 먹이를 찾는 두루미

일본
구시로습원

구시로습원국립공원(釧路湿原国立公園) 일본 홋카이도(北海道) 동부를 흐르는 구시로천과 지류를 품고 있는 일본 최대의 구시로습원 및 습원을 둘러싼 구릉지로부터 형성되는 구시로 평야에 있는 습지이다. 구시로습원은 1987년도에 국립공원으로 지정되었으며 면적은 약 28,000ha이며, 저층습원에는 갈대, 사초 및 오리나무을 중심으로 식생이 펼쳐진다. 물이끼(고층)습원에는 면사초나 시로미 등의 한지성 고산성식물이 서식하고, 호소군에서는 마름이나 개연꽃 등 식물 약 700종류와 일본의 특별 천연기념물인 두루미를 비롯한 조류가 약 200종, 포유류 39종, 파충류5종, 어류38종, 곤충 1,100여 종 등 동물 약 1,300종류가 서식하고 있다. 대표적인 종은 북해도사슴, 북해도여우, 흰꼬리수리 등이다. 이러한 풍부한 생물다양성으로 1980년 일본 최초로 람사르협약 등록 습지로 지정되었다.

두루미는 이곳에서 번식생활을 한다. 평소에는 습지 안쪽에서 생활하기 때문에 관찰이 매우 어렵지만 먹이가 부족한 겨울에는 구시로습원 서쪽에 있는 아칸국제두루미센터를 비롯한 인공먹이급이장으로 몰려 들기 때문에 두루미를 잘 관찰할 수 있다. 한때 두루미는 남획 및 환경의 변화로 감소하고 일시적으로 절멸의 위기에 처하기도 했으나 이후 다양한 보호활동으로 개체수가 회복되고 있다. 2019~2020년 겨울두루미조사에서 약 1,800여 마리가 서식하는 것으로 기록되었다.

1 두루미 전시관에 있는 두루미 깃털과 날개 색의 변화를 그림으로 나타낸 전시물

2 3 두루미 전시관 야외의 두루미

4 5 인공급이하는 모이를 먹으려고 모여든 두루미와 큰고니

6 7 두루미를 위해 공급된 물고기를 물고 가는 붉은여우

8 두루미에게 물고기를 공급을 하니 나타난 흰꼬리수리

일본
이즈미 평야

이즈미 두루미류 도래지는 일본 가고시마현(鹿児島県) 이즈미(出水)시에 있는 일본 최대 두루미류 도래지이다. 매년 10월 중순부터 12월에 걸쳐 10,000마리가 넘는 두루미류가 월동하기 위해 시베리아로부터 도래하여 3월경까지 체류한다. 도래하는 두루미류 중 흑두루미의 번식지는 바이칼호수~아무르강 중류지역이고, 재두루미의 번식지는 아무르강 중류~상류지역이다.

일본 문화재청과 환경성은 두루미류가 도래하기 전인 10월 초순에 농민으로부터 논을 일부 빌리고 30cm 정도의 무논을 만든다. 두루미류가 월동할 때 너구리와 족제비에 습격을 받지 않도록 잠자리를 제공하기 위해서다. 가을에 수확이 끝나도 이곳의 날씨는 온화해서 2번째 나오는 벼이삭과 잡초 씨, 감자, 개구리 등 두루미들이 먹는 먹이가 풍부하다. 또한 연간 약 75톤의 보리를 중심으로 현미, 콩 등의 인공적인 먹이가 공급되며, 두루미류들이 러시아로 돌아가기 전에 양질의 단백질을 제공하기 위하여 약 8톤의 정어리를 공급한다.

두루미류의 도래 개체수와 종수에 있어서는 일본 최다로 알려져 있으며, "국가의 특별천연기념물(가고시마현 두루미 및 도래지)"로 지정되었다. 이곳에서 20년 이상 매년 1만 마리 이상의 두루미류를 관찰할 수 있고 두루미들의 날기 위해 이륙하는 우아한 모습이나 푸른 창공을 날아가는 모습을 볼 수 있다.

2020년 겨울에는 흑두루미가 12,000~14,000마리, 재두루미가 3,000마리~3,500마리, 검은목두루미, 캐나다두루미, 시베리아흰두루미, 쇠재두루미, 흑두루미와 검은목두루미의 잡종이 관찰되었다. 그리고 일본의 조류 약 600종 중에서 약 300종을 관찰할 수 있는 탐조의 성지이기도 하다.

탐방객들이 두루미류들의 월동을 방해하지 않으면서 관찰할 수 있는 "두루미전망대"가 두루미류의 잠자리가 된 간척지 논 앞에 있다. 2층과 옥상에서 두루미류의 품위 있는 학춤이나 인공먹이를 먹는 모습, 우아하게 걸어가는 모습과 비상하는 모습을 볼 수 있다. 또 두루미류의 생태를 비롯하여 두루미류와 인간과의 관계를 알 수 있는 일본 유일의 두루미박물관인 '두루미파크이즈미(Crane Park IZUMI)'가 있다. 건물의 외관은 알을 품고 있는 어미두루미와 새끼두루미를 형상화한 모습이다.

1 이즈미의 재두루미 잠자리

2 아침에 공급되는 먹이를 먹으려고 모여든 흑두루미와 재두루미

3 검은목두루미와 흑두루미 잡종

4 비상하는 재두루미와 흑두루미

극동러시아 두루미류 번식지

극동러시아 지역의 중요한 두루미류 번식지는 프리모르스키주(Primorsky Province)이며 연해주라고 알려져 있다. 한카호(Khanka Lake Basin)가 중심이며, 북동쪽의 비킨강(Bikin River) 주변지역까지 이어진다. 또한 북서쪽으로는 러시아와 중국의 국경 사이를 흘러가는 아무르(Amur)강의 중류지역에 있는 힌간스키(Khingansky)자연보호구와 아무르강 상류지역의 무라비오브카(Muraviovka)자연보호구까지 포함된다.

한카호는 면적이 4,190km^{2}로, 호수 주변은 세계적으로 중요한 람사르습지로 등록되었다. 일본이나 태평양 일대에서 날아오는 철새들이 많이 서식하며, 두루미와 재두루미의 중요한 번식지이다. 프리모르스키주 두루미 개체군의 약 70%, 러시아 두루미 개체군의 30% 이상이 서식한다. 2000년대 초부터 번식쌍의 수가 증가하였는데 최근 3년간에도 증가 추세가 지속되고 있다. 그 밖에도 많은 멸종위기의 조류, 양서류, 파충류, 곤충 등이 서식한다.

비킨강 주변지역은 두루미를 비롯한 흑두루미, 재두루미, 황새 등이 번식한다.

힌간스키자연보호구는 1963년 10월 3일에 범아무르지역 남부의 초원과 산림, 그리고 조류 번식지가 해당되며 재두루미의 보호를 위해 지정되었다. 총 면적은 97,073ha이고 보호면적은 27,025ha로, 전체의 70%가 평지이며 다수의 호소가 있는 습지이고 나머지는 산지이다. 이 보호구는 몬순기후로 겨울에는 눈이 적으나 안개가 많다. 람사르습지로 등록되어 있다. 재두루미, 두루미 황새 등 대형 희귀조류들이 번식하고 있으며 많은 종류의 조류를 비롯한 생물들이 서식하고 있다. 재두루미가 인공위성추적연구를 통해 이 보호구에서 우리나라로 도래하는 경로가 밝혀지기도 하였다.

무라비오브카자연보호구는 1993년 6월에 지정되었다. 재두루미, 두루미, 황새, 시베리아흰두루미, 쇠재두루미 등이 번식한다. 이곳은 많은 흑두루미와 물새들의 잠자리 장소이기도 하다. 그리고 봄, 가을 동안 많은 철새들이 이동 중 휴식을 취하고 에너지를 재충전하는 중간 기착지 역할도 한다.

1

2

1 흑두루미의 새끼와 알
2 포란 중인 흑두루미
3 연해주의 두루미 서식지
4 아무르강 주변의 습지
5 황새의 어린새가 있는 둥지
6 비킨강 주변의 산림
7 연해주습지에 번식하는 두루미와 둥지

킹조지섬 세종과학기지의 펭귄마을

1 | 남극 펭귄마을의 펭귄 서식지

펭귄은 남반구에만 서식하며, 우리나라에서는 동물원에서나 볼 수 있다. 그러나 남극에는 우리나라가 관리하고 있는 펭귄 서식지가 있다. 이는 세종과학기지에서 약 1.5km 떨어져 있는 남극특별보호구역인 나레브스키 포인트로 세종기지의 연구원들은 이를 '펭귄마을'이라 부른다. 펭귄마을에는 젠투펭귄과 턱끈펭귄이 서식하고 있으며, 두 펭귄이 모여 5,000쌍 이상의 무리가 번식을 한다. 두 종류의 펭귄들은 매년 10월에 펭귄마을에 도착하여 새끼를 기르고 4월에 떠나간다. 세종기지의 연구원들은 매년 펭귄을 비롯한 남극의 동식물상에 대한 연구 활동과 보호를 위한 관리를 진행하고 있으며, 그 노력에 힘입어 특별보호구역으로 지정된 후 펭귄마을에 도래하는 펭귄의 숫자는 지속적으로 증가하는 추세에 있다.

세종기지의 연구자들은 매년 펭귄마을을 찾은 펭귄 수를 세고 이소한 새끼 수를 세는 것은 물론 펭귄의 이동과 잠수 패턴을 조사하는 등 다양한 연구를 하고 있다. 펭귄마을에서 번식하는 젠투펭귄은 해안가에서 언덕을 올라 언덕 위 평지에서 작은 무리를 지어 번식하는 반면에 턱끈펭귄은 해안가 주변에서 큰 무리를 지어 번식하고 있다. 두 펭귄 종은 한 번에 2개의 알을 낳으며, 그 해 먹이환경과 날씨 등에 따라 대략 40~75%의 새끼들이 무사히 성장하여 독립한다. 펭귄마을의 젠투펭귄과 턱끈펭귄의 먹이를 조사한 결과, 이들은 70% 이상 크릴을 먹으며 그 외 물고기와 오징어 등을 섭식하는 것으로 밝혀졌다. 또한 이들은 번식기에 교대로 사냥을 하며, 육지로부터 20km 이상 이동한 후 평균 약 80초간 최대 130m까지 잠수하면서 먹이를 찾는 것으로 조사되었다. 펭귄 부모는 새끼를 먹이기 위해 얼음처럼 차가운 남극해에서 하루 평균 약 8~14시간 동안 생활하며, 또한 새끼에게 적절한 먹이를 선별하여 새끼를 먹이는 모성애를 보여 준다. 번식하는 펭귄들에게 가장 큰 위협은 근처에서 번식하는 남극도둑갈매기와 갈색도둑갈매기로, 이들은 펭귄 어른새를 공격하지는 못하지만 어미가 품고있는 알이나 작은 새끼를 훔쳐내어 포식한다. 뿐만 아니라 바다에서 먹이를 찾는 어미는 포식자인 표범물범에게 노출되어 있어 남극에서 새끼를 기르는 것이 쉽지 않은 일이다. 그러나 남극 전체 생태계로 보았을 때 번식하는 펭귄 부모들이 둥지로 옮겨온 남극해의 풍부한 먹이 자원은 펭귄의 배설물과 펭귄을 잡아먹는 남극도둑갈매기 등의 포식자에 의해 세종기지가 위치한 킹조지섬 전체로 확산되고 이는 다양한 이끼와 지의류 등의 식생에 다시 활용된 후 다시 바다로 돌아간다.

1 턱끈펭귄 집단 번식지의 바위에 앉아 휴식을 취하는 도둑갈매기. 도둑갈매기가 알을 뺏으려 날아오르면 어미 펭귄들은 경계에 들어간다.

2 턱끈펭귄 집단 번식지는 해안가 근처 경사지에 큰 무리로 구성된다.

2 | 젠투펭귄의 생태, 번식행동

젠투펭귄은 펭귄 중에서 세 번째로 큰 종이며, 턱끈펭귄, 아델리펭귄과 함께 턱끈펭귄속에 속한다. 젠투펭귄은 배가 희고 등이 검은 펭귄의 일반적인 특징 외에도 주황빛 부리와 머리 위 흰 반점을 가지고 있다.젠투펭귄은 남극 및 아남극권의 일부 섬과 남미에서 번식한다. 젠투펭귄의 크기는 보통 75cm 정도이고 몸무게는 6~7kg이다.

턱끈펭귄속의 펭귄들은 일반적으로 2개의 알을 낳아 새끼를 기르며, 암수가 교대로 크릴이나 물고기를 사냥하여 게워내어 새끼에게 먹인다. 새끼는 충분히 크면 둥지를 떠나 보육원을 형성하고, 부화 후 약 두 달이 지나면 털갈이를 마쳐 어미와 구별하기 어려워진다.

3 먹이채집을 마치고 돌아온 젠투펭귄 어미가 새끼를 먹이고 있다.

4 개체들 간의 싸움은 서로의 둥지 영역을 침범하면서 종종 발생하며, 일반적으로는 경계음만 내지만 때로는 피가 나올 때까지 심하게 싸우는 경우도 있다.

5 새끼들이 어미에게 먹이를 달라고 보채고 있다.

6 수면 위에서 헤엄치며 휴식을 취하고 있는 젠투펭귄. 젠투펭귄은 뛰어난 수영능력을 가지고 있다.

7 젠투펭귄들이 사냥을 마치고 짝이 있는 둥지로 돌아가고 있다.

8 보육원이 형성되기 시작하는 단계에는 새끼들이 둥지를 나와 근처에 조금씩 모여 휴식하는 모습을 볼 수 있다.

9 크릴을 먹는 젠투펭귄의 분변은 붉은빛을 띠며, 번식이 진행되면서 둥지 주변에 분변이 쌓임에 따라 분홍빛 오물을 묻힌 새끼들을 쉽게 볼 수 있다.

3 | 턱끈펭귄의 생태, 번식행동

턱끈펭귄은 턱 아래에 끈처럼 이어진 검은 선이 특징적이며, 어린 새끼는 몸이 완전히 회색빛을 띤다. 턱끈펭귄은 남극뿐 아니라 남극 근처의 여러 섬에서 번식한다. 턱끈펭귄은 보통 70cm까지 자라며, 몸무게는 4~5kg이다.

10 웨델물범이 유빙 위에 누워 휴식을 취하고 있다. 웨델물범은 세종기지 근처에서 쉽게 관찰되는 해표이다.

11 남극가마우지가 바다 가운데 바위에 앉아 휴식을 취하고 있다.

12 새끼를 품고 있는 턱끈펭귄 어미

13 번식 초중반 동안 턱끈펭귄 어미는 교대로 새끼를 품는다.

14 턱끈펭귄 집단 번식지

15 도둑갈매기와 같은 포식자가 둥지 위를 날고 있으면 고개를 들어 단체로 경계음을 낸다.

남극대륙 장보고과학기지의 펭귄

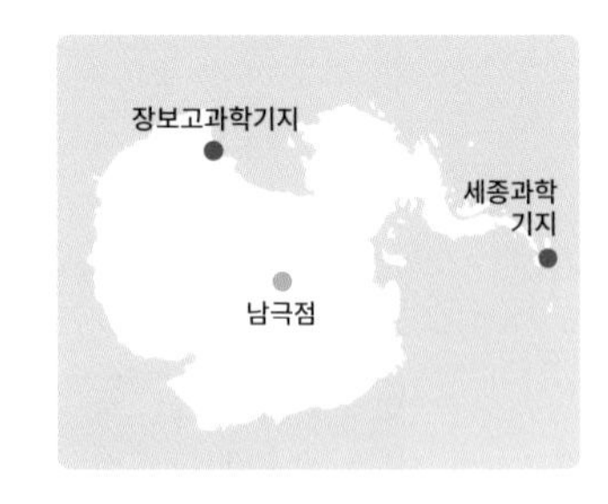

1 | 황제펭귄과 아델리펭귄의 번식지

남극 장보고과학기지가 위치한 로스해(Ross Sea)는 남극해 해양보호구역으로 주변에 전 세계 아델리펭귄의 32%와 황제펭귄의 26%가 번식하는 장소이다. 약 35km 떨어진 위치에는 황제펭귄의 번식지가 있다. 장보고과학기지에서 약 35km 떨어진 장소에 각각 아델리펭귄의 번식지인 인익스프레서블섬(Inexpressible Island)과 황제펭귄의 대형 번식지인 케이프 워싱턴(Cape Washington)이 위치하고 있으며, 기지 북쪽 약 320km와 약 215km에는 아델리펭귄의 대형번식지인 케이프 할렛(Cape Hallett)과 로스해 지역 최대 황제펭귄 번식지인 쿨먼섬(Coulman Island)이 있다.

약 25,000여 쌍의 아델리펭귄이 매년 인익스프레서블섬에서 번식한다. 로스해 인근 번식지의 황제펭귄은 4월에 번식지에 도착하여 6월에 알을 낳고 8월에 부화한 새끼를 부모 중 한쪽이 돌본다. 10월이 되면 새끼들끼리 보육원을 형성한다. 케이프 워싱턴은 남극특별보호구역 171번으로 지정된 황제펭귄 번식지로 매년 약 17,000마리의 새끼가 기록되고 있다.

케이프 할렛은 남극특별보호구역 106번으로 지정된 아델리펭귄 번식지로 매년 약 50,000여 번식쌍이 기록되며, 매년 장보고기지의 연구원들이 방문하여 조사하고 있다.

쿨먼섬에서는 매년 24,000마리의 황제펭귄 새끼가 기록되고 있는 지역이며, 신규 남극특별보호구역 제안을 위해 새끼수 파악을 위한 조사가 이루어지는 장소이다.

1

1 케이프 할렛에서 번식하는 펭귄들이 번식지 주변 해빙이 녹은 자리에서 수영을 즐기고 있다.

2 케이프 할렛의 아델리펭귄들이 사냥 후 둥지로 돌아가는 길에 휴식을 취하고 있다.

3 케이프 워싱턴에서 번식하는 황제펭귄들은 둥지 또는 바다로 이동하기 위해 빙판을 걸어야 한다.

2 | 아델리펭귄의 생태, 번식행동

아델리펭귄은 턱끈펭귄속에 속하는 펭귄으로, 많은 캐릭터화가 이루어져 대중들에게 친숙한 펭귄이다. 아델리펭귄은 몸 위가 검고 배가 희며, 눈주위에 흰테가 있다. 아델리펭귄은 남극에서 가장 흔한 펭귄이며, 대부분의 개체군들이 남극에서 번식하는 종이다. 아델리펭귄은 보통 60cm까지 자라며, 몸무게는 3.5~5kg이다.

4 멀리서 바라본 케이프 할렛에 위치한 아델리펭귄의 집단 번식지의 모습이다.

5 아델리펭귄 어미들이 포란 중에 있다. 이곳 케이프할렛에서는 약 6만여 쌍의 아델리펭귄이 번식하고 있다.

6 아델리펭귄이 둥지재료인 돌을 물고 바쁘게 걸어가고 있다.

7 열심히 육추 중인 아델리펭귄 어미들과 어느덧 무럭무럭 자란 아델리펭귄 새끼들. 어미의 가슴쪽 붉은 얼룩은 새끼들에게 먹이를 먹일 때 묻은 크릴 얼룩이다.

8 알을 품고 있는 도둑갈매기. 보통 남극의 도둑갈매기는 2개의 알을 낳아 새끼를 키운다.

9 갓 태어난 아델리펭귄 새끼. 새끼 옆으로 알껍질이 보인다.

10 둥지를 만들고 산란을 한 아델리펭귄이 알을 품다가 교대할 짝을 기다리고 있다.

11 바다에서 사냥을 마치고 돌아온 아델리펭귄이 서로 교대를 하는 모습이다.

12 새끼를 육추 중인 아델리펭귄의 모습. 일반적으로 1~2마리의 새끼를 키우지만 특이하게 3마리의 새끼를 볼 수 있다.

13 아델리펭귄 어미가 새끼에게 먹이를 게워내어 주고 있다.

3 | 황제펭귄의 생태와 번식행동

황제펭귄은 바다얼음 위에서 번식을 하는 종으로, 남극대륙에서만 번식이 이루어진다. 때문에 3월 남극의 얼음이 얼기 시작하면 해가 뜨지 않는 4월경부터 황제펭귄이 번식지로 모여들기 시작한다. 5월경에 황제펭귄은 짝짓기를 마치고 6~7월경에 알을 낳는데, 황제펭귄은 매년 1개의 알을 낳는다. 황제펭귄은 둥지를 짓지 않고 발등 위에 알을 올려놓고 포란이 이루어지며, 알을 낳은 암컷은 수컷에게 알을 전달한 후 바다의 사냥터로 떠난다. 알을 받은 수컷은 발등 위에 알을 올려놓고 65~75일 가량 포란에 들어가며, 그동안 아무것도 먹지 못하고, 암컷이 올 때까지 기다린다. 9~10월경에 암컷이 돌아오면 부화한 새끼에게 이유식을 먹이며, 수컷은 사냥을 하러 암컷과 교대한다. 자란 새끼들은 보육원을 형성하고, 12월경 바다얼음이 깨지기 시작하면 어미가 새끼곁을 떠나며 새끼들도 번식지를 벗어나 바다로 나아간다. 황제펭귄의 수명은 20년으로 알려져 있으며 오랜시간을 살아가는 대신 번식을 위한 기간 또한 길어서 약 8개월이 걸린다. 그러나 포식자나 극한의 날씨, 바다얼음의 빠른 해빙은 황제펭귄의 번식을 실패하게 만들 수 있으며, 최근 기후변화로 인해 황제펭귄의 대규모 번식실패 사례가 종종 보고되고 있다.

14 황제펭귄 어미들과 어느정도 자란 새끼들의 한가로운 모습이다.

15 황제펭귄 어미가 새끼에게 먹이를 게워내어 주고 있다.

16 케이프 워싱턴의 황제펭귄들의 모습. 이곳에서는 약 2만 쌍의 황제펭귄이 번식하는것으로 알려져 있다.

17 옹기종기 모여있는 황제펭귄 새끼들의 모습. 인기 있었던 애니메이션 「해피피트」의 모델이 바로 황제펭귄이다.

15
16
17

펭귄의 보육원

남극의 펭귄 새끼 사진을 찾아보면 드물지 않게 수십에서 수백 마리의 새끼들이 한군데 모여 무리를 이루고 있는 모습을 찾아볼 수 있다. 이를 보육원(crèche, kindergarten)라고 부르며, 황제펭귄속(*Aptenodytes*: 날개 없는 잠수자)에 속하는 황제펭귄(Emperor Penguin), 임금펭귄(King Penguin), 그리고 턱끈펭귄속(*Pygoscelis*: 다리가 몸 후방에 있는 새)에 속하는 젠투펭귄(Gentoo Penguin), 턱끈펭귄(Chinstrap Penguin), 아델리펭귄(Adelie Penguin)의 집단 번식지에서 번식기 후반에 나타나는 모습이다.

임금펭귄은 새끼가 부화 후 4~5주가 지나면 둥지를 벗어나 서로 모이기 시작하며, 최대 3개월 동안 보육원에서 자라다 독립하게 된다. 턱끈펭귄속 펭귄들은 보통 부화 후 3~4주면 보육원이 형성되고, 그로부터 약 1개월 후 독립한다. 보육원은 작게는 10마리 남짓되는 새끼새들로 이루어지지만 날씨나 주변환경이 좋지 않을 경우 그 크기가 더욱 커지며, 100마리 이상의 새끼새가 모인 보육원도 볼 수 있다. 이러한 번식생태는 남극의 극한 환경에서 새끼새들이 추위와 비바람을 버티기에 유리하며, 또한 외부의 포식자로부터 방어하기도 적합하다. 보육원이 형성되면 펭귄 새끼새들을 위협하는 포식자인 큰풀마갈매기나 도둑갈매기들이 접근할 경우 주변의 어른 펭귄들이 이를 경계하여 쫓아내며, 이는 새끼새의 생존율을 높여준다.

또한 보육원을 형성함으로서 부모 펭귄들 또한 다른 개체에게 새끼새 보호를 맡기고 먹이사냥을 나갈 수 있으며, 때문에 번식기 초기 어버이새 중 어미새나 아비새 하나가 계속해서 둥지에 머무는 것과는 달리 어버이새 모두 먹이를 가져와 새끼를 먹일 수 있게 된다. 보육원은 남극이라는 극한 환경에서 번식하는 펭귄들이 효율적으로 새끼새를 보호하고, 함께 협력하여 새끼새를 키우는 공동육아 형태로 놀라운 번식전략이 아닐 수 없다.

1 황제펭귄 어른새 두 마리가 새끼들이 모인 보육원을 지키고 있다.

2 번식 후기가 되면 많은 보육원이 형성되어 새끼들이 추위를 피하고 도둑갈매기 등의 천적으로부터 몸을 보호한다.

3 황제펭귄 부부와 새끼의 모습. 황제펭귄의 이름에 걸맞게 화려한 색과 귀여운 새끼의 모습이다.

보호, 멸종위기 조류 목록

* 조류의 이름과 학명은 발표기관에 따라 차이가 있다.

멸종위기 야생생물 I 급(14종)

번호	조류	학명
1	**검독수리**	*Aquila chrysaetos*
2	**넓적부리도요**	*Eurynorhynchus pygmeus*
3	**노랑부리백로**	*Egretta eulophotes*
4	**두루미**	*Grus japonensis*
5	**매**	*Falco peregrinus*
6	**먹황새**	*Ciconia nigra*
7	**저어새**	*Platalea minor*
8	**참수리**	*Haliaeetus pelagicus*
9	**청다리도요사촌**	*Tringa guttifer*
10	**크낙새**	*Dryocopus javensis*
11	**호사비오리**	*Mergus squamatus*
12	**혹고니**	*Cygnus olor*
13	**황새**	*Ciconia boyciana*
14	**흰꼬리수리**	*Haliaeetus albicilla*

멸종위기 야생생물 II 급(49종)

번호	조류	학명
1	**개리**	*Anser cygnoides*
2	**검은머리갈매기**	*Larus saundersi*
3	**검은머리물떼새**	*Haematopus ostralegus*
4	**검은머리촉새**	*Emberiza aureola*
5	**검은목두루미**	*Grus grus*
6	**고니**	*Cygnus columbianus*
7	**고대갈매기**	*Larus relictus*
8	**긴꼬리딱새**	*Terpsiphone atrocaudata*
9	**긴점박이올빼미**	*Strix uralensis*
10	**까막딱다구리**	*Dryocopus martius*
11	**노랑부리저어새**	*Platalea leucorodia*
12	**느시**	*Otis tarda*
13	**독수리**	*Aegypius monachus*
14	**따오기**	*Nipponia nippon*
15	**뜸부기**	*Gallicrex cinerea*
16	**무당새**	*Emberiza sulphurata*
17	**물수리**	*Pandion haliaetus*
18	**벌매**	*Pernis ptilorhynchus*
19	**붉은배새매**	*Accipiter soloensis*
20	**붉은어깨도요**	*Calidris tenuirostris*
21	**붉은해오라기**	*Gorsachius goisagi*
22	**뿔쇠오리**	*Synthliboramphus wumizusume*

번호	조류	학명
23	뿔종다리	*Galerida cristata*
24	새매	*Accipiter nisus*
25	새호리기	*Falco subbuteo*
26	섬개개비	*Locustella pleskei*
27	솔개	*Milvus migrans*
28	쇠검은머리쑥새	*Emberiza yessoensis*
29	수리부엉이	*Bubo bubo*
30	알락개구리매	*Circus melanoleucos*
31	알락꼬리마도요	*Numenius madagascariensis*
32	양비둘기	*Columba rupestris*
33	올빼미	*Strix aluco*
34	재두루미	*Grus vipio*
35	잿빛개구리매	*Circus cyaneus*
36	조롱이	*Accipiter gularis*
37	참매	*Accipiter gentilis*
38	큰고니	*Cygnus cygnus*
39	큰기러기	*Anser fabalis*
40	큰덤불해오라기	*Ixobrychus eurhythmus*
41	큰말똥가리	*Buteo hemilasius*
42	팔색조	*Pitta nympha*
43	항라머리검독수리	*Aquila clanga*
44	흑기러기	*Branta bernicla*
45	흑두루미	*Grus monacha*
46	흑비둘기	*Columba janthina*
47	흰목물떼새	*Charadrius placidus*
48	흰이마기러기	*Anser erythropus*
49	흰죽지수리	*Aquila heliaca*

천연기념물(47종)

번호	지정번호	조류
1	제197호	크낙새
2	제198호	따오기
3	제199호	황새
4	제200호	먹황새
5	제201호	고니류
6	제201-1호	고니
7	제201-2호	큰고니
8	제201-3호	혹고니
9	제202호	두루미
10	제203호	재두루미
11	제204호	팔색조
12	제205호	저어새류
13	제205-1호	저어새
14	제205-2호	노랑부리저어새
15	제206호	느시
16	제215호	흑비둘기
17	제228호	흑두루미
18	제242호	까막딱따구리
19	제243호	수리류
20	제243-1호	독수리
21	제243-2호	검독수리
22	제243-3호	참수리
23	제243-4호	흰꼬리수리
24	제265호	연산 화악리 오계
25	제323호	매류
26	제323-1호	참매
27	제323-2호	붉은배새매
28	제323-3호	개구리매
29	제323-4호	새매
30	제323-5호	알락개구리매
31	제323-6호	잿빛개구리매
32	제323-7호	매
33	제323-8호	황조롱이
34	제324호	올빼미, 부엉이류
35	제324-1호	올빼미
36	제324-2호	수리부엉이
37	제324-3호	솔부엉이
38	제324-4호	쇠부엉이
39	제324-5호	칡부엉이
40	제324-6호	소쩍새
41	제324-7호	큰소쩍새

보호, 멸종위기 조류 목록

번호	지정번호	조류
42	제325호	**기러기류**
43	제325-1호	**개리**
44	제325-2호	**흑기러기**
45	제326호	**검은머리물떼새**
46	제327호	**원앙**
47	제361호	**노랑부리백로**
48	제446호	**뜸부기**
49	제447호	**두견**
50	제448호	**호사비오리**
51	제449호	**호사도요**
52	제450호	**뿔쇠오리**
53	제451호	**검은목두루미**

국가적색목록

번호	조류	학명
1	**가창오리**	*Anas formosa*
2	**개구리매**	*Circus spilonotus spilonotus*
3	**개리**	*Anser cygnoides*
4	**검독수리**	*Aquila chrysaetos japonica*
5	**검은머리갈매기**	*Larus saundersi* (Swinhoe, 1871)
6	**검은머리물떼새**	*Haematopus ostralegus osculans*
7	**검은머리촉새**	*Emberiza aureola*
8	**검은목두루미**	*Grus grus lilfordi*
9	**고니**	*Cygnus columbianus*
10	**고대갈매기**	*Larus relictus*
11	**긴꼬리딱새**	*Terpsiphone atrocaudata*
12	**긴점박이올빼미**	*Strix uralensis*
13	**까막딱다구리**	*Dryocopus martius*
14	**넓적부리도요**	*Eurynorhynchus pygmeus*
15	**노랑때까치**	*Lanius cristatus*
16	**노랑부리백로**	*Egretta eulophotes*
17	**노랑부리저어새**	*Platalea leucorodia*
18	**느시**	*Otis tarda dybowskii* Taczanowski, 1874
19	**독수리**	*Aegypius monachus* (Linnaeus, 1766)
20	**두루미**	*Grus japonensis* (P. L. S. Muller, 1776)
21	**따오기**	*Nipponia nippon* (Temminck, 1835)
22	**뜸부기**	*Gallicrex cinerea* (J. F. Gmelin, 1789)
23	**말똥가리**	*Buteo buteo japonicus* Temminck & Schlegel, 1844
24	**매**	*Falco peregrinus japonensis* J. F. Gmelin, 1788
25	**먹황새**	*Ciconia nigra* (Linnaeus, 1758)
26	**무당새**	*Emberiza sulphurata* Temminck & Schlegel, 1848
27	**물수리**	*Pandion haliaetus haliaetus* (Linnaeus, 1758)
28	**밀화부리**	*Eophona migratoria* Hartert, 1903
29	**벌매**	*Pernis ptilorhynchus orientalis* Taczanowski, 1891
30	**붉은가슴흰죽지**	*Aythya baeri* (Radde, 1863)
31	**붉은발도요**	*Tringa totanus ussuriensis* Buturlin, 1934
32	**붉은배새매**	*Accipiter soloensis* (Horsfield, 1822)
33	**붉은뺨멧새**	*Emberiza fucata* Pallas, 1776
34	**붉은해오라기**	*Gorsachius goisagi* (Temminck, 1835)
35	**비둘기조롱이**	*Falco amurensis* Radde, 1863
36	**뿔논병아리**	*Podiceps cristatus cristatus* (Linnaeus, 1758)
37	**뿔쇠오리**	*Synthliboramphus wumizusume* (Temminck, 1836)
38	**뿔종다리**	*Galerida cristata* (Linnaeus, 1758)
39	**새매**	*Accipiter nisus nisosimilis* (Tickell, 1833)

번호	조류	학명
40	새호리기	*Falco subbuteo subbuteo* Linnaeus, 1758
41	섬개개비	*Locustella pleskei* Taczanowski, 1889
42	소쩍새	*Otus sunia* (Hodgson, 1836)
43	솔개	*Milvus migrans lineatus* (J. E. Gray, 1831)
44	쇠검은머리쑥새	*Emberiza yessoensis* (Swinhoe, 1874)
45	쇠뜸부기사촌	*Porzana fusca erythrothorax* (Temminck & Schlegel, 1849)
46	쇠부엉이	*Asio flammeus* (Pontoppidan, 1763)
47	쇠제비갈매기	*Sterna albifrons* Pallas, 1764
48	쇠황조롱이	*Falco columbarius insignis* (Clark, 1907)
49	수리부엉이	*Bubo bubo* (Linnaeus, 1758)
50	시베리아흰두루미	*Grus leucogeranus* Pallas, 1773
51	알락개구리매	*Circus melanoleucos* (Pennant, 1769)
52	알락꼬리마도요	*Numenius madagascariensis* (Linnaeus, 1766)
53	알락쇠오리	*Brachyramphus perdix* (Pallas, 1811)
54	알락해오라기	*Botaurus stellaris stellaris* (Linnaeus, 1758)
55	양비둘기	*Columba rupestris* Pallas, 1811
56	올빼미	*Strix aluco* Linnaeus, 1758
57	왕새매	*Butastur indicus* (J. F. Gmelin, 1788)
58	원앙	*Aix galericulata* (Linnaeus, 1758)
59	원앙사촌	*Tadorna cristata* (N. Kuroda, Sr., 1917)
60	재두루미	*Grus vipio Pallas*, 1811
61	잿빛개구리매	*Circus cyaneus cyaneus* (Linnaeus, 1766)
62	저어새	*Platalea minor* Temminck & Schlegel, 1849
63	조롱이	*Accipiter gularis gularis* (Temminck & Schlegel, 1844)
64	종다리	*Alauda arvensis* Linnaeus, 1758
65	참매	*Accipiter gentilis schvedowi* (Menzbier, 1882)
66	참수리	*Haliaeetus pelagicus pelagicus* (Pallas, 1811)
67	청다리도요사촌	*Tringa guttifer* (Nordmann, 1835)
68	청머리오리	*Anas falcata* Georgi, 1775
69	칡부엉이	*Asio otus* (Linnaeus, 1758)
70	크낙새	*Dryocopus javensis* (Horsfield, 1821)
71	큰고니	*Cygnus cygnus* (Linnaeus, 1758)
72	큰기러기	*Anser fabalis serrirostris* Swinhoe, 1871
73	큰꺅도요	*Gallinago hardwickii* (J. E. Gray, 1831)
74	큰논병아리	*Podiceps grisegena holboellii* Reinhardt, 1853
75	큰덤불해오라기	*Ixobrychus eurhythmus* (Swinhoe, 1873)
76	큰말똥가리	*Buteo hemilasius* Temminck & Schlegel, 1844
77	큰소쩍새	*Otus bakkamoena* Pennant, 1769
78	털발말똥가리	*Buteo lagopus menzbieri* Dementjev, 1851
79	팔색조	*Pitta nympha* Temminck & Schlegel, 1850
80	항라머리검독수리	*Aquila clanga* Pallas, 1811
81	호사도요	*Rostratula benghalensis benghalensis* (Linnaeus, 1758)
82	호사비오리	*Mergus squamatus* Gould, 1864
83	혹고니	*Cygnus olor* (J. F. Gmelin, 1789)
84	홍여새	*Bombycilla japonica* (Siebold, 1824)
85	황새	*Ciconia boyciana* Swinhoe, 1873
86	흑기러기	*Branta bernicla nigricans* (Lawrence, 1846)
87	흑두루미	*Grus monacha* Temminck, 1835
88	흑비둘기	*Columba janthina* Temminck, 1830
89	흰기러기	*Anser caerulescens caerulescens* (Linnaeus, 1758)
90	흰꼬리수리	*Haliaeetus albicilla albicilla* (Linnaeus, 1758)
91	흰눈썹황금새	*Ficedula zanthopygia* (Hay, 1845)
92	흰목물떼새	*Charadrius placidus* Gray & Gray, 1863
93	흰이마기러기	*Anser erythropus* (Linnaeus, 1758)
94	흰죽지수리	*Aquila heliaca* Savigny, 1809
95	흰줄박이오리	*Histrionicus histrionicus* (Linnaeus, 1758)

북한의 새 이름

번호	조류	북한이름	페이지
1	가창오리	반달오리	126
2	갈색제비	모래제비	348
3	개개비	갈새	422
4	개똥지빠귀	티티새	412
5	개리	물개리	86
6	검은댕기해오라기	물까마귀	50
7	검은딱새	흰허리딱새	390
8	고니	고니	102
9	곤줄박이	곤줄매기	444
10	괭이갈매기	개갈매기	258
11	굴뚝새	쥐새	378
12	긴꼬리딱새	삼광조	434
13	까마귀	까마귀	522
14	까막딱다구리	검은딱다구리	330
15	까치	까치	516
16	깝작도요	민물도요	244
17	꼬마물떼새	알도요	226
18	꾀꼬리	꾀꼬리	508
19	꿩	꿩	188
20	노랑딱새	노랑솔딱새	398
21	노랑부리백로	노랑부리백로	66
22	노랑턱멧새	노랑턱멧새	472
23	노랑할미새	노랑할미새	350
24	댕기물떼새	댕기도요	234
25	덤불해오라기	쇠물까마귀	46
26	독수리	번대수리	150
27	동고비	동고비	460
28	동박새	동박새	464
29	되지빠귀	되지빠귀	410
30	두견이	두견이	278
31	두루미	흰두루미	208
32	들꿩	들꿩	182
33	따오기	따오기	82
34	딱새	딱새	386
35	때까치	개구마리	368
36	뜸부기	뜸부기	196
37	말똥가리	저광이	164
38	매	꿩매	168
39	멋쟁이새	산까치	480
40	멧비둘기	멧비둘기	266
41	물까마귀	물쥐새	374
42	물닭	물닭	204
43	물레새	숲할미새	360
44	물수리	바다수리	142
45	물총새	물촉새	308
46	민물가마우지 042	갯가마우지	42
47	밀화부리	밀화부리	484
48	바다직박구리	바다찍박구리	400
49	박새	박새	456
50	방울새	방울새	476
51	붉은머리오목눈이	부비새	426
52	붉은배새매	붉은배새매	160
53	붉은부리찌르레기	붉은부리찌르레기	506
54	뻐꾸기	뻐꾸기	272
55	뿔논병아리	뿔농병아리	38
56	산솔새	산솔새	430
57	새호리기	검은조롱이	174

번호	조류	북한이름	페이지
58	**소쩍새**	접동새	292
59	**솔잣새**	솔잣새	492
60	**쇠기러기**	쇠기러기	90
61	**쇠딱다구리**	작은베알락딱다구리	322
62	**쇠뜸부기사촌**	쇠뜸부기사촌	194
63	**쇠물닭**	쇠물닭	200
64	**쇠박새**	쇠박새	448
65	**쇠부엉이**	쇠부엉이	284
66	**수리부엉이**	수리부엉이	282
67	**쏙독새**	쏙독새	296
68	**쑥새**	뿔멧새	470
69	**알락꼬리마도요**	알락꼬리마도요	254
70	**알락할미새**	알락할미새	354
71	**어치**	어치	512
72	**오목눈이**	오목눈	440
73	**오색딱다구리**	알락딱다구리	324
74	**올빼미**	올빼미	288
75	**왜가리**	왁새	70
76	**울새**	울타리새	382
77	**원앙**	원앙	110
78	**유리딱새**	류리딱새	384
79	**재두루미**	재두루미	216
80	**저어새**	저어새	78
81	**제비**	제비	344
82	**종다리**	종다리	340
83	**중대백로**	중대백로	62
84	**직박구리**	찍박구리	364
85	**진박새**	깨새	452
86	**찌르레기**	찌르러기	502
87	**참새**	참새	496
88	**청둥오리**	청뒹오리	116
89	**청머리오리**	붉은꼭두오리	130
90	**청호반새**	청호반새	300
91	**콩새**	콩새	488
92	**크낙새**	클락새	332
93	**큰고니**	큰고니	98
94	**큰뒷부리도요**	큰되부리도요	250
95	**파랑새**	청조	314
96	**팔색조**	팔색조	336
97	**할미새사촌**	분디새	362
98	**호랑지빠귀**	호랑티티	404
99	**호반새**	호반새	304
100	**호사도요**	흰꼬리눈도요	238
101	**호사비오리**	비오리	138
102	**혹고니**	혹고니	94
103	**혹부리오리**	꽃진경이	108
104	**황로**	누른물까마귀	58
105	**황새**	황새	74
106	**황여새**	황여새	372
107	**황조롱이**	조롱이	176
108	**회색머리아비**	짧은부리다마지	34
109	**후투티**	후투디	318
110	**휘파람새**	휘파람새	416
111	**흑두루미**	흰목검은두루미	220
112	**흰꼬리수리**	흰꼬리수리	146
113	**흰눈썹황금새**	흰눈썹황금새	394
114	**흰뺨검둥오리**	흰뺨오리	122
115	**흰죽지**	흰죽지오리	134
116	**힝둥새**	숲종다리	358

참고문헌

| 국내문헌

국립공원관리공단. 2009. 한국의 맹금류. 드림미디어. 164p
국립생물자원관. 2012. 우리가 지켜야 할 멸종위기의 새. 184p
국립생물자원관. 2017. 한눈에 보는 멸종위기 야생생물
국립생물자원관. 2018. 겨울철새
국립생태원, 환경부. 2018. 인공구조물에 의한 야생조류 폐사방지 가이드라인
국립생태원, 환경부. 2018. 인공구조물에 의한 야생조류 폐사방지 대책수립 보고서
김정훈. 2018. 사소하지만 중요한 남극동물의 사생활. 지오북. 175p
데이비드 애튼버러, 에롤 풀러. 2013. 낙원의 새를 그리다(Drawn from Paradise). 까치. 256p
박종길. 2014. 야생조류 필드가이드. 자연과 생태. 680p
안산시. 2013. 안산을 찾는 철새들
우한정, 윤무부. 1989. 원색한국조류도감. 아카데미서적
원병오. 1981. 한국동식물도감 제25권 동물편-조류 생태. 문교부. 1126p
원병오. 1994. 천연기념물-동물편. 대원사. 308p
원병오. 1993. 한국의 조류. 교학사. 462p
이우신, 구태희, 박진영. 2000. 한국의 새. LG 상록재단. 321p
이우신, 구태희, 박진영. 2014. 한국의 새. LG 상록재단. 1차개정증보판. 383p
이우신, 구태희, 박진영. 2020. 한국의 새. LG 상록재단.2차개정증보판.403p
이우신, 박찬열, 임신재. 2010. 야생동물 생태 관리학 2판. 라이프사이언스. 342p
이우신. 2006. 우리가 정말 알아야할 우리새 백 가지. 현암사 .499p
이원영. 2019. 물속을 나는 새. 사이언스북스. 223p
팀 버케드. 2015. 새의 감각(Bird Sense). 에이도스. 303p
한국조류보호협회. 2002. 한국의 천연 기념물: 동물편 야생조수류
환경부. 2012. 철새 보전을 위한 가이드라인
환경부. 2014. 수도권매립지 안암호 탐조 가이드북

한겨레. 제주도에서는 까치가 흉조(凶鳥)?.
http://www.hani.co.kr/arti/science/kistiscience/269468.html.

| 해외 문헌

논문

Byers, B. E., Kroodsma, D. E. 2009. Female mate choice and songbird song repertoires. *Animal Behaviour*, 77. 1. 13-22
Gill, F. B., Slikas, B., Sheldon, F. H. 2005. Phylogeny of titmice (Paridae): II. Species relationships based on sequences of the mitochondrial cytochrome-b gene. *The Auk*, 122. 1,.121-143.

Hayes, F. E., Rooks, C. 2001. Bait-fishing by the Striated Heron (*Butorides striatus*) in Trinidad. *Journal of Caribbean Ornithology*, 14. 1. 3-4.

Isack, H. A., H.-U. Reyer. 1989. Honeyguides and Honey Gatherers: Interspecific Communication in a Symbiotic Relationship. Science 243 (4896), 1343-1346

Komeda, S. 1983. Nest attendance of parent birds in the painted snipe (*Rostratula benghalensis*). *The Auk*, 100.1. 48-55.

Koenig, W. D., Stahl, J. T. 2007. Late summer and fall nesting in the acorn woodpecker and other North American terrestrial birds. *The Condor*. 109. 2. 334-350.

Kusmierski, R., Borgia, G., Crozier, R. H., Chan, B. H. Y. 1993. Molecular information on bowerbird phylogeny and the evolution of exaggerated male characteristics. *Journal of Evolutionary Biology*, *6*. 5. 737-752.

Kusmierski, R., Borgia, G., Uy, A., Crozier, R. H. 1997. Labile evolution of display traits in bowerbirds indicates reduced effects of phylogenetic constraint. *Proceedings of the Royal Society of London. Series B: Biological Sciences, 264*. 1380. 307-313.

Kyle H. E., Robert E. R., Anthony J. G., Scott A. H., John R. S., Gail K. D. 2013. High flight costs, but low dive costs, in auks support the biomechanical hypothesis for flightlessness in penguins. Proceedings of the National Academy of Sciences. 110. 23.

Le Bohec, C., Gauthier-Clerc, M., Le Maho, Y. 2005. The adaptive significance of crèches in the king penguin. *Animal Behaviour, 70*. 3. 527-538.

Norman D. M., J. R. Mason and L. Clark. 1992. Capsaicin Effects on Consumption of Food by Cedar Waxwings and House Finches. The Wilson Bulletin. 104: 549-551.

Loss, S. R., Will, T., Loss, S. S., Marra, P. P. 2014. Bird–building collisions in the United States: Estimates of annual mortality and species vulnerability. *The Condor*. 116. 1. 8-23.

Lyon, B. E. (1993). Conspecific brood parasitism as a flexible female reproductive tactic in American coots. Animal Behaviour, 46(5), 911-928.

Lyon, B. E., & Shizuka, D. 2020. Extreme offspring ornamentation in American coots is favored by selection within families, not benefits to conspecific brood parasites. Proceedings of the National Academy of Sciences, 117(4), 2056-2064.

MaMing, R., Lee, L., Yang, X., Buzzard, P. 2016. Vultures and sky burials on the Qinghai-Tibet Plateau. *Vulture News, 71*. 1. 22-35.

Meyer, H. V. 1861. Archaeopteryx lithographica (Vogel-Feder) und Pterodactylus von Solnhofen. Neues Jahrbuch für Mineralogie, Geognosie, Geologie und Petrefakten-Kunde, 1861. 6. 678-679.

Rajapaksha, P, et al. 2016. Labeling and analysis of chicken taste buds using molecular markers in oral epithelial sheets. Scientific reports 6.1 : 1-10.

Reinhardt, J. T. 1843. More detailed information on the dodo head found in Copenhagen. *Nat Tidssk Krøyer. 4*, 71-72

Sheldon, B. 1998. Host–Parasite Evolution: General Principles and Avian Models. *Parasitology Today, 14*. 2. 84.

Silver, R. 1984. Prolactin and parenting in the pigeon family. *Journal of Experimental Zoology, 232*. 3. 617-625

Székely, T., Szentirmai, I. 2002. Do Kentish plovers regulate the amount of their nest material? An experimental test. *Behaviour, 139*. 6. 847-859.

Wesley, H. D. 1993. Breeding behaviour sequential polyandry and population decline in Rostratula benghalensis. *Bird Conservation: Strategies for the Nineties and Beyond*, 166-172.

참고문헌

단행본

American Birding Association. 2017. American Birding Association Code of Birding Ethics

Beason, R. C. 2004. What can birds hear?. In *Proceedings of the Vertebrate Pest Conference*.

Beckett, B. S. 1987. Biology: A Modern Introduction. Oxford University Press.

Bond, M. 2003. Principles of Wildlife Corridor Design. Center for Biological Diversity

Brown, L.B. and Dean A. 1989. Eagles, Hawks & Falcons of the World. The Wellfleet press.945p.

Burton, M.; Burton, R. 2002. International Wildlife Encyclopedia.

Burn, H. 1987. Wildfowl: An identification guide to the ducks, geese and swans of the world. A&C Black.

Cambell B. Elizabeth L.. 1997. A Dictionary of Birds. T & A D POYSER. 670p

Catchpole, C., Slater, P. J. B. 2008. Bird song: biological themes and variations. Cambridge

Cramp, S., Brooks, D. J. 1988. *Handbook of The Birds of Europe the Middle East and North Africa Vol. V*. Oxford University Press.

Cyrino, M. S. 2010. Aphrodite (Gods and Heroes of the Ancient World). Routledge

Davis, N.B. 2000. Cuckoos, Cowbirds and Other Cheats. T & A D POYSER. 310p.

Dixon-Kennedy, M. 1998. Coronis/Corvus. Encyclopedia of Greco-Roman mythology.

Del Hoyo,J., Elliott,A. and Sargatal,J. eds.1992-2002. *Handbook of the Birds of the World*. Vol. 1-7.

Del Hoyo,J., Elliott,A. and Charistie,D.A. eds.2003-2011. *Handbook of the Birds of the World*. Vol. 8-16.

Fuller, Errol. 2002. Dodo – From Extinction To Icon. Collins

Gelfand, Stanley. 2010. Essentials of Audiology. Thieme.

Grant, P. R. 1986. *Ecology and evolution of Darwin's finches*. Princeton University Press Princeton.

Gill, F. B. 2007. Ornithology. third edition. W.H. Freeman and Company. 758p

Hauber, M. E. 2014. The Book of Eggs: A Life-Size Guide to the Eggs of Six Hundred of the World's Bird Species. University of Chicago Press.

Hayman, P., Marchant, J., Prater, T. 1986. Shorebirds: an identification guide to the waders of the world. Boston: Houghton Mifflin.

Hoose, P. 2012. *Moonbird: A year on the wind with the great survivor B95*. Macmillan. Madge, Steve;

Lack, D. 1947. Darwin's Finches. CUP Archive

Manuel C. M. 2016. Ecology : Concepts & Applications, Seven Edition. McGraw-Hill

National Audubon Society. 2001.The Sibley Guide to Bird Life & Behavior. 608p

Olson, K. M. Hans L. 2005. Gulls of Europe, Asia and North America. CHRISTOPHERHELM .608P.

Piotr O. S. 2001. Eunuchs and castrati: a cultural history.

Rosen, S., Howell, P. 2011. *Signals and systems for speech and hearing*. Brill.

Rossing, T. 2007. Springer Handbook of Acoustics. Springer Science & Business Media

Rothstein,S. I. Scott K. R. eds. 1998. Parasitic Birds and Their Hosts. Oxford University Press. 444p.

Shaw, J H. 1985. *Introduction to wildlife management*. McGraw-Hill

Schreiber, E. A. and Joanna B. eds. 2002. Biology of Marine Birds. CRC PRESS. 722p.

Simpson, J., Weiner, E. 1989. Raven. Oxford English Dictionary.

Smith T. M. Robert L. M. 2015. Elements of Ecology 9th Edition. Pearson. 704p

Snow, D., Perrins, C. M., eds. 1998. The Birds of the Western Palearctic (BWP) concise edition.

Wallraff, H. G., Wallraff, H. G. 2005. *Avian navigation: pigeon homing as a paradigm*. Springer Science & Business Media.

Wild Bird Society of Japan. 1982. A field guide to the birds of Japan. Kodansha International.

Williams, T. D. 1995. The Penguins. Oxford, England: Oxford University Press.

Young, P. 2008. Swan. London: Reaktion

일본문헌

内田清一郎. 1987. 鳥類学名辞典. 東京大学出版会. 1207p

清棲幸保. 1978. 日本鳥類大図鑑 I II III IV. 講談社.

黒田長久. 1982. 鳥類生態学. 出版科学総合研究所. 614p

高野伸二. 2015. フィールドガイド日本の野鳥増補改訂新版. 日本野鳥の会. 392p

中村和雄. 1986. 鳥のはなし I. 持報堂出版. 193p

中村和雄. 1986. 鳥のはなし II. 持報堂出版. 173p

中村登流. 1976. 鳥の社会. 思索者. 298p

日本野鳥の会. 2007. 野鳥と風車. 日本野鳥の会. 246p

日本鳥類保護連盟 2002. 鳥630図鑑 増補改訂版. 日本鳥類保護連盟. 410p.

羽田健三. 1975. 野鳥の生活. 築地書館. 183p

羽田健三. 1985. 續 野鳥の生活. 築地書館. 210p

樋口広芳. 2016. 鳥ってすごい! 山と渓谷社. 230p

日高敏隆編. 1983. 動物行動の意味. 東海大学出版会. 225p

藤原幸一. 2013. ペンギンガイドブック. 阪急コミュニケーションズ. 175 p

正富宏之. 2000. タンチョウそのすべて. 北海道新聞社. 327p

村田懋麿. 1936. 鮮満動物通鑑. 目白書院. 805p

森岡弘之ほか. 1985. 現代の鳥類学. 朝倉書店. 247p

山岸哲, 樋口広芳. 2002 これからの鳥類学. 裳華房. 501p

山階鳥類研究所. 2004. おもしろくてためになる鳥の雑学事典. 日本実業出版社. 241p

웹사이트

Conservation Magazine. To save the scavengers, open up vulture restaurants. https://www.conservationmagazine.org/2014/10/to-save-the-scavengers-open-up-vulture-restaurants/

ENCYCLOPÆDIA BRITANNICA, Flight, https://www.britannica.com/animal/bird-animal/Flight#ref49217. 10 February 2020

Klem, D. 2008. Avian mortality at windows: The second largest human source of bird mortality on Earth, http://www.partnersinflight.org/pubs/mcallenproc/articles/PIF09_Anthropogenic%20Impacts/Klem_PIF09.pdf

Independent. 2006. The secret life of sparrows. https://www.independent.co.uk/environment/the-secret-life-of-sparrows-5330021.html

IUCN Redlist. The IUCN redlist of threatened species. https://www.iucnredlist.org.

John James Audubon Center. The extinction of The Great Auk. 10 February 2020. https://johnjames.audubon.org/extinction-great-auk.

Smithsonian magazine. When the Last of the Great Auks Died, It Was by the Crush of a Fisherman's Boot. https://www.smithsonianmag.com/smithsonian-institution/with-crush-fisherman-boot-the-last-great-auks-died-180951982/

The spruce. 2012. Bird Senses and they use them. https://www.thespruce.com/birds-five-senses-386441.

Today I Found Out. THE SPITEFUL END OF THE GREAT AUK. http://www.todayifoundout.com/index.php/2019/07/the-end-of-the-great-auk/

찾아보기

* 이 책에서 다룬 122종에 대한 이름과 본문 페이지는 굵게 표시하였다.
이 외에 '비슷한 새' '새와 사람', '새의 생태와 문화'에서 다룬 종은 가늘게 표시하였다.

한글이름

ㄱ

ㄴ

ㄷ

ㄹ

ㅁ

ㅂ

학명

A

B

C

D

E

영명

지은이 소개

지은이 | **이우신**

서울대학교 임학과를 졸업하고, 같은 대학 대학원에서 새를 본격적으로 공부하기 시작했다. 1990년 홋카이도대학 대학원에서 응용동물학 박사학위를 받았다. 오리건주립대학(Oregon State University, OSU) 객원교수, 한국조류학회 및 복원생태학회 회장, 한국환경복원기술학회 회장, 공공기관 환경보전협회 회장을 역임하였다. 1997년부터 2020년까지 서울대학교 농업생명과학대학 산림과학부 교수로 재직하였으며 야생동물학, 야생동물 생태관리학 등을 강의하였다. 서울대 산림과학부 명예교수이다.

사진 | **조성원**

강원도 산림과학연구원에서 20년간 일했다. 2000년부터 강원도청 환경정책과, 원주지방환경청 야생동물 전문위원, 전국 자연환경조사 전문조사원으로 일했다. 2015년부터 미얀마, 라오스에서 동남아시아 생물자원 조사 수행을 수행하고 있다.

사진 | **최종인**

안산시청에서 20여 년 동안 일하고 있다. KBS 환경스페셜 등 각종 언론 매체에 시화호의 자연생태를 담은 영상과 자료를 제공했다. 환경생태전문가이자 시화호 지킴이로 자연환경 보전을 위해 노력하고 있다. 한국습지보전연합(Wetland Korea)의 부회장을 역임하고 있다.

사진 도움 주신 분

- **강근원**(DMZ생태연구소) 156p_1, 2, 3, 158p_4, 5, 6, 196p_1, 2 ,3, 197p_4, 5, 238p_1, 2, 240p_3
- **강승구**(국립생태원 멸종위기종복원센터) 278p_1
- **김성진**(창녕군 우포따오기복원센터) 82p_1, 2, 3, 84p_4, 5
- **김성현**(국립호남권생물자원관) 446p_3, 468p_5, 6
- **김용웅**(조류 사진작가) 348p_1, 2, 3
- **김종우**(극지연구소) 546p_1, 547p_2, 3, 548p_4, 5, 6, 7, 549p_8, 9, 10, 549p_11, 12, 13, 550p_14, 551p_15, 16, 17, 552p_1, 553p_2, 3
- **변영숙**(산림교육전문가) 406p_3, 4, 5, 6, 7, 408p_8, 9, 10, 11, 12
- **황선미**(순천시 주무관) 220p_1, 2, 224p_6
- **이성민**(서울대학교 산림과학부) 128p_4
- **전영재**(춘천MBC) 212p_4, 215p_8
- **진익태**(철원군 자원봉사센터장) 219p_6
- **최창용**(서울대학교 산림과학부) 160p_1, 168p_1, 12
- **유조 후지마키**(오비히로축산대학) 538p_1, 2, 539p_4, 5, 6
- **율리아 모모세**(국제두루미네트워크) 539p_3, 7

한국의

새

생태와 문화

—

THE ECOLOGY
AND CULTURE OF
BIRDS IN KOREA

초판 1쇄 발행 2021년 3월 30일
초판 2쇄 발행 2022년 4월 10일

지은이 이우신
사진 조성원, 최종인
펴낸곳 지오북(GEOBOOK)
펴낸이 황영심
편집 전슬기, 정진아
디자인 THE-D

주소 서울특별시 종로구 새문안로5가길 28, 1015호
(적선동, 광화문플래티넘)
Tel_02-732-0337 Fax_02-732-9337
eMail_book@geobook.co.kr
www.geobook.co.kr
cafe.naver.com/geobookpub

출판등록번호 제300-2003-211
출판등록일 2003년 11월 27일

ISBN 978-89-94242-79-8 03490